프렌즈 시리즈 30

프렌즈
홋카이도

정꽃나래 · 정꽃보라 지음

생애 첫
여행친구

프렌즈
Travel Guide

Hokkaido

중앙books

Prologue
저자의 말

여행작가의 길로 접어든 후부터 일 년 중 한국에 머무는 시간이 3개월도 채 되지 않을 만큼 이곳저곳을 떠돌아다니며 독자를 만족시킬 명소를 찾아다닙니다. 매 순간이 작업이기에 사실 취재를 하면서 여행 기분을 느끼기는 쉽지 않습니다. 보고 먹고 걷고 사진을 찍고 정보를 얻고, 이 모든 과정을 기록으로 남기는 것은 여행작가에겐 어디까지나 '일'에 지나지 않으니까요. 맛있는 음식을 끼니마다 먹는다든지 아름다운 풍경을 자주 접한다든지 감동이 잦아지면 그 감각도 조금씩 무뎌지는 부작용이 생기기 마련입니다.

하지만 홋카이도는 달랐습니다. 이곳을 취재하면서 여태까지 경험해 본 적 없는 다양한 체험을 즐겼기 때문입니다. 마치 여행을 하는 것처럼 말이지요. 한여름에 무릎까지 쌓인 눈을 밟으며 등산을 했고, 곰이 출몰했다는 제보에 긴장 속에서 밀림을 걸었으며, 2~3m 높이의 파도와 마주하며 뱃멀미를 호소했던 섬으로의 이동, 자전거로는 가기 힘든 거리를 힘껏 페달을 밟아 내달리는 등 하루하루가 참 다이내믹했습니다. 눈길에 엉덩방아를 찧는 일은 부지기수였고, 기차와 버스 안에서 장시간을 보내는 건 예삿일이었습니다. 그럼에도 불구하고 이러한 고된 여정을 희석할 만큼 홋카이도가 선사한 즐거움은 실로 대단했습니다.

홋카이도는 일본이라고 다 같은 일본이 아니라는 걸 제대로 느낄 수 있는 여행지입니다. 색다른 일본을 경험하고 싶으시다면 지금 당장 삿포로행 항공권을 예약하시길 권합니다. 굳이 이런 말씀을 드리지 않아도 『프렌즈 홋카이도』를 읽으신다면 아마도 그런 생각이 저절로 드실 겁니다.

홋카이도는 방문할 때마다 다른 감상을 느끼게 하는 곳입니다. 자연의 신비로움으로 감탄사를 자아낼 때도 있고 설국의 차갑고 서늘한 분위기가 마음을 시리게 할 때도 있습니다. 다음 홋카이도는 또 어떤 모습으로 우리를 반길지 사뭇 궁금해집니다.

2024년, 겨울을 기다리며
정꽃나래, 정꽃보라

2024년 2월, 토마무에서

How to Use
일러두기

이 책에 실린 정보는 2024년 10월까지 수집한 정보를 바탕으로 하고 있습니다. 현지 교통·볼거리·레스토랑·쇼핑센터의 요금과 운영 시간, 숙소 정보 등이 수시로 바뀔 수 있음을 말씀드립니다. 때로는 공사 중이라 입장이 불가능하거나 출구가 막히는 경우도 있습니다. 저자가 발빠르게 움직이며 바뀐 정보를 수집해 반영하고 있지만 예고 없이 현지 요금이 인상되는 경우가 비일비재합니다. 이 점을 감안하여 여행 계획을 세우시기 바랍니다. 새로운 정보나 변경된 정보가 있다면 아래로 연락 주시기 바랍니다. 더 나은 정보를 위해 귀 기울이겠습니다.

저자 이메일 kobbora@gmail.com, jung.kon.narae@gmail.com

1. 알차게 홋카이도를 여행하는 법
홋카이도를 처음 방문하는 초보 여행자도 낯설지 않게 홋카이도를 여행할 수 있도록 한눈에 알아보는 홋카이도, 테마별 홋카이도 여행지 소개, 홋카이도에 가면 꼭 먹어봐야 하는 음식, 꼭 사야 하는 쇼핑 아이템, 알기 쉽게 정리한 홋카이도 여행 정보 등을 소개했다. 낯선 여행지에 대한 두려움을 해소하고 알차고 재미있게 홋카이도를 여행할 수 있다.

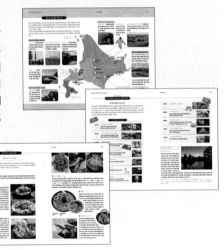

2. 도시별 최신 여행 정보 수록
이 책은 홋카이도의 거점 도시 13곳(삿포로, 오타루, 후라노, 비에이, 아사히카와, 토야, 노보리베츠, 하코다테, 토카치 오비히로, 쿠시로, 아바시리, 시레토코, 왓카나이)을 도시별로 나누어 소개한다. 이외에도 각 도시를 여행하며 함께 방문하면 좋은 근교 여행지(Plus Area) 14곳도 함께 소개하고 있으니, 홋카이도를 더욱 알차고 깊게 여행하고 싶다면 근교 여행지를 참고하자. 여기에 저자가 제공하는 알짜배기 여행 팁 Pick up, 여행지를 더 세세하게 뜯어보는 Zoom in 코너, 여행의 즐거움이 배가 되는 스페셜 코너 Feature를 참고하면 더욱 알찬 여행을 즐길 수 있다.

3. 도시 간 이동 수단 및 소요 시간을 한눈에!

광범위한 면적의 홋카이도는 동서남북 지역으로 나뉘어 크고 작은 도시들로 분포되어 있다. 거점도시를 기준으로 도시 간은 비행기, 열차, 버스 등 다양한 대중교통수단을 이용해 이동이 가능하다. 『프렌즈 홋카이도』에서는 거점 도시 간 베스트 이동 수단과 소요 시간을 한눈에 볼 수 있는 표를 맵북 표지 안쪽에서 소개했다. 또, 각 거점 도시의 교통 부분에서 다른 거점 도시 간 이동 방법을 상세히 소개하고 있으니, 효율적인 여행을 위해 참고한다.

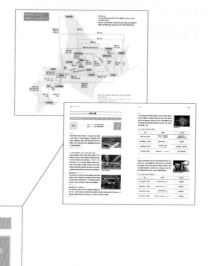

4. 길 찾기도 척척! 지역별 최신 지도

책에서 소개하는 모든 관광, 식당, 쇼핑 명소와 숙소는 본문 속 또는 맵북 지도에 위치를 표시했다. 본문 속 **맵북 P.2-A3** 는 해당 스폿이 표시된 맵북 페이지와 구역 번호를 의미한다. 모든 지도는 지도만으로도 길을 찾기 쉽도록 길 찾기의 표식이 될 수 있는 표지물, 길 이름 등을 표기했다.

5. 스마트폰 여행자들을 위한 '키워드'

스마트폰이 일상 속에서 활용도가 높아짐에 따라 여행에서도 스마트폰의 활용도가 높아졌다. 지도 애플리케이션을 이용해 길을 찾는 여행자들이 많은데, 이때 한글이나 영어는 입력이 수월하지만 일본어를 입력하긴 어렵다. 『프렌즈 홋카이도』에서는 이를 위해 모든 스폿 정보 부분에 키워드를 입력해 두었다. 이는 지도 애플리케이션인 구글 맵스 Google maps에 입력 시 해당 스폿의 위치를 바로 짚어주는 키워드로, 활용 시 일본어를 입력하기 어려운 여행자가 길을 찾는 데 더욱 용이하다.

Contents
홋카이도

홋카이도 전도

N

0 20km

왓카나이
稚内

왓카나이 공항
稚内空港

레분섬
礼文島

리시리섬
利尻島

40

40

40

나요로
名寄

시베츠
士別

아사히카와
旭川

아사히카와 공항
旭川空港

40

비에이*
美瑛町

타키카와
滝川

후라노
富良野

38

샤코탄
積丹

오타루
小樽

조잔케이 온천
定山渓温泉

요이치*
余市町別

삿포로
札幌

유바리
夕張

토마무
トマム

쿳찬*
倶知安町

시코츠 호수
支笏湖

치토세
千歳

신치토세 공항
新千歳空港

니세코*
ニセコ町

토마코마이
苫小牧

토야*
洞爺湖町

37

노보리베츠
登別

무로란
室蘭

5

오오누마 국정공원
大沼国定公園

하코다테 공항
函館空港

홋카이도 신칸센 北海道新幹線

하코다테
函館

몬베츠
紋別

몬베츠 공항
紋別空港

아바시리
網走

시레토코 반도
知床半島

샤리
斜里町

메만베츠 공항
女満別空港

키타미
北見

아사히다케
旭岳

39

쿳샤로 호수
屈斜路湖

마슈 호수
摩周湖

아칸 호수
阿寒湖

네무로
根室

44

오비히로
帯広

38

탄초쿠시로 공항
たんちょう釧路空港

쿠시로
釧路

44

오비히로 공항
帯広空港

중국

홋카이도

조선민주주의
인민공화국

동해

황해

대한민국

일본

동중국해

대만

* 일본의 행정 단위상 정町. 시市보다 작은 행정 단위다.

한눈에 알아보는 홋카이도

일본 47개 광역자치단체 중 하나인 홋카이도. 일본 열도 중 최북단에 위치한 섬으로, 일본 총 면적의 약 22%에 달하는 거대 면적을 자랑한다. 사계절 다른 매력을 선사하는 홋카이도에는 아름다운 자연경관, 다채로운 액티비티, 풍성한 먹거리, 다양한 즐길 거리를 내세운 관광명소가 각 지역에 분포되어 있으며, 저마다 내세우는 특징이 다른 점도 매력으로 꼽는다.

홋카이도는 면적이 광범위해 권역을 세분화시켜 나타내는 편으로, 행정기관의 위치를 기준으로 크게 도앙 道央, 도남 道南, 도북 道北, 도동 道東으로 나뉜다. 홋카이도의 도청 소재지인 삿포로는 중부 지역인 도앙 지역에 위치한다.

도북 道北

왓카나이 稚内

도앙 道央(홋카이도 중부 지역)

삿포로 札幌 홋카이도 여행의 시작점이자 종착점. 볼거리, 맛집, 쇼핑 등 여행의 삼박자를 고루 갖추고 있다.

토야&노보리베츠 洞爺&登別 화산의 흔적을 고스란히 담은 지질공원 토야와 일본 굴지의 온천 관광지 노보리베츠.

오타루 小樽 무역과 경제의 중심이었던 과거의 영광을 관광지로 탈바꿈시켜 제2의 전성기를 누리고 있다.

토마무 トマム 운해, 목장, 무빙, 얼음, 겨울 스포츠 등 자연을 이용한 다양한 액티비티를 즐길 수 있는 리조트 마을.

도앙 道央

오타루 小樽

삿포로 札幌

신치토세 공항

토야 洞爺

노보리베츠 登別

도남 道南(홋카이도 남부 지역)

하코다테 函館 일본 최초의 개항지답게 이국적인 정취가 물씬 풍기는 서양식 건물과 일본의 전통가옥이 혼재하는 매력적인 도시.

하코다테 函館

도남 道南

도북 道北(홋카이도 북부 지역)

왓카나이 稚内 어업과 낙농업이 발달한 일본 최북단의 도시로 동상, 기념탑, 방파제 등이 자연과 조화를 이룬다.

아사히카와 旭川 동물들의 깜찍한 재롱잔치가 열리는 아사히야마 동물원으로 대표되는 지역.

후라노&비에이 富良野&美瑛 '여름의 홋카이도' 하면 떠오르는 이미지가 이곳. 무지개색 꽃,보랏빛 라벤더 밭의 향연과 청량한 나무가 반긴다.

도동 道東(홋카이도 동부 지역)

아바시리&시레토코 網走&知床 홋카이도 개척의 상징인 아바시리 감옥이 있는 아바시리, 지역 전체가 유네스코 세계자연유산인 시레토코.

시레토코知床

아사히카와
旭川

아바시리
網走

도동 道東

비에이美瑛

후라노富良野

쿠시로釧路

토카치 오비히로
十勝帯広

토마무トマム

쿠시로 釧路 웅장한 대자연 속 홋카이도 동쪽 지방의 산업, 경제, 관광의 중심지로 발돋움한 도시.

토카치 오비히로 十勝 帯広 홋카이도의 대표적 곡창지대인 토카치 평야의 중심, 오비히로. 이 지역에서 생산하는 신선한 농산물이 홋카이도의 맛을 책임지고 있다.

Nature

홋카이도, 여행의 순간

홋카이도를 여행하면서 마주하는 행복한 순간은 아름다운 나무, 꽃, 바다, 건축물을 병풍 삼아 북쪽 나라의 대지를 마음껏 감상할 때 찾아온다. 침침했던 눈이 개안을 하듯 맑고 푸른 풍경이 하루가 멀다 하고 눈앞에 펼쳐지는데, 딱딱한 빌딩에 익숙하던 우리에게 자연이 선사하는 선물은 피로한 몸을 다독여주고 마음속에 짙은 여운을 남긴다. 홋카이도의 맛과 향이 담긴 음식을 먹을 때, 기념으로 간직할 무언가를 쇼핑할 때도 마찬가지다. 비옥한 토지에서 수확한 풍부한 먹거리는 홋카이도 여행의 든든한 동반자 같은 느낌이며, 구매욕을 한껏 끌어올리는 토산품은 약방에 감초와도 같다.

왓카나이
일본 최북단에 있는 리시리섬&레분섬利尻島&礼文島. 해안선을 따라
기이한 모양의 곶과 기암을 보거나 트레킹을 즐길 수 있다. P.379

여행의 순간 첫 번째
황홀경에 빠지게 하는 파노라마, 대자연

인간의 손이 닿지 않았던 북쪽의 커다란 섬이 개척을 시작하고 홋카이도라는 이름으로 불리기 시작한 지 어느덧 150년. 짧지만은 않았던 시간, 놀라우리만치 무한한 변신을 거듭했지만 경이와 신비를 자아내는 웅장한 대자연은 여전히 그 자리에 남아 드라마틱한 순간을 연출해낸다. 살면서 쉽게 볼 수 없을 것만 같은 날것의 풍경을 홋카이도에서라면 얼마든지 만끽할 수 있다.

비에이
우연이 빚어낸 자연의 신비로운 연출, 청의 호수青い池 P.201

시레토코

홋카이도 동쪽 끝에 위치해 '일본의 마지막 비경'이라 불리는 원시 자연,
시레토코 知床 반도. 유네스코 세계자연유산으로 지정됐다. P.360

쿠시로

일본 최대 규모의 습원이자 대자연의 보고, 쿠시로 습원 釧路湿原 P.332

Four Seasons
홋카이도, 여행의 순간

여행의 순간 두 번째
자연이 빚어낸 네 가지 표정, 사계절

홋카이도는 우리나라나 일본 본토보다는 조금은 느리게 혹은 빠르게 계절이 찾아온다. 3월 하순이면 개화를 시작해 4월이면 지자 만개 후 져버리는 벚꽃을 여기서라면 5월에도 볼 수 있으며, 가을을 만끽해야 할 10월과 11월에는 이미 겨울의 시작을 알리는 눈이 찾아와버리는 청개구리같은 매력을 지녔다.

봄 春 *spring* 삿포로 '오오도오리 공원大通公園' P.93

여름 夏 *summer*
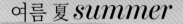
후라노 '팜 토미타 ファーム富田' P.190

가을 秋 *autumn*
니세코 '요테이산 羊蹄山' P.175

겨울 冬 *winter*
비에이 '크리스마스트리 나무 クリスマスツリーの木' P.198

여름 vs 겨울

홋카이도의 여름

다른 일본 지역과 비교해 한 박자 느리게 여름이 찾아오는 홋카이도. 본격적인 여름이 시작되는 6월 중순부터 차츰 기온이 오르고 9월 중순에는 서서히 기온이 내려가면서 가을을 맞이한다. 홋카이도 대다수 지역의 평균 기온은 30도를 넘지 않고 낮과 밤의 기온 차가 큰 점이 특징이다. 여름의 가장 큰 볼거리인 후라노 '팜 토미타'의 보랏빛 라벤더 밭과 비에이 '사계채 언덕'의 알록달록한 꽃밭이 7월이 최고 절정기. 이를 비롯해 신비로운 푸른빛을 자아내는 비에이 '청의 호수'와 홋카이도 각지의 다채로운 자연경관을 만끽하고 싶다면 7~8월에 방문하도록 하자. 뿐만 아니라 아사히다케, 요테이산, 리시리섬, 레분섬 등지에서 등산과 트레킹을 즐기기에도 최적기이다.

Pickup 여름 여행 시 주의할 점
벌레가 기승을 부리는 시기이므로 벌레 퇴치용 준비물(벌레 퇴치 스프레이, 모기 패치, 물파스나 연고 등)을 항시 소지하도록 하자.

벌레 퇴치 스프레이

모기패치

홋카이도 여행 최적의 시기는?

홋카이도의 겨울

일본 현지인에게 홋카이도 여행이라 하면 여름보다 겨울을 떠올리는 이가 많다. 사방이 온통 새하얀 눈으로 뒤덮인 설경은 홋카이도의 대표 풍경이라고 해도 과언이 아니다. 10월 하순부터 첫 눈이 내리고 12월 중순부터는 쌓이기 시작하면서 대다수 지역은 4월 중순, 일부 지역은 5월 상순까지 눈을 볼 수 있을 정도로 겨울이 길다. 2월 삿포로 눈 축제를 시작으로 아사히카와, 오타루 등 홋카이도 곳곳에서는 이러한 기후를 이용하여 눈과 얼음을 테마로 한 다채로운 축제가 열린다. 덕분에 겨울 동안에는 여름 못지않게 수많은 관광객이 홋카이도를 방문한다. 겨울에만 만나볼 수 있는 아바시리, 몬베츠의 유빙, 겨울에 한해 운행하는 관광열차 등 이 시기가 아니면 즐길 수 없는 체험이 풍성하다.

Pickup 겨울 여행 시 주의할 점
방한복, 방한화, 모자, 손난로는 강추위를 이겨내기 위해서는 반드시 챙겨야 할 필수품이다. 신발 바닥에 부착해 눈길, 빙판길 미끄러짐을 방지할 아이젠은 편의점이나 생활용품 전문점에서 구매할 수 있다.

여름에 가면 좋을 홋카이도의 명소 리스트

① **후라노** 팜 토미타&화인가도 P.190, 192

② **비에이** 패치워크의 길&파노라마 로드 P.196, 198

③ **후라노·비에이** 노롯코 열차 P.188

④ **비에이** 청의 호수 P.201

⑤ **토야** 토야 호수(롱런불꽃축제) P.248

⑥ **아사히카와** 아사히다케 P.222

⑦ **토카치** 홋카이도 정원가도 P.316

⑧ **쿠시로** 쿠시로습원 노롯코 열차 P.334

겨울에 가면 좋을 홋카이도의 명소 리스트

❶ **삿포로** 눈 축제 P.96

❷ **오타루** 유키아카리노미치 P.160

❸ **아사히카와** 후유마츠리 P.216

❹ **아사히카와** 아사히야마 동물원 P.212

❺ **하코다테** 겨울 일루미네이션 P.282

❻ **아바시리&시레토코** 유빙 P.354

❼ **아바시리** 유빙이야기호 열차 P.358

❽ **쿠시로** SL겨울 습원 열차 P.338

Seasons
시즌별로 보는 홋카이도

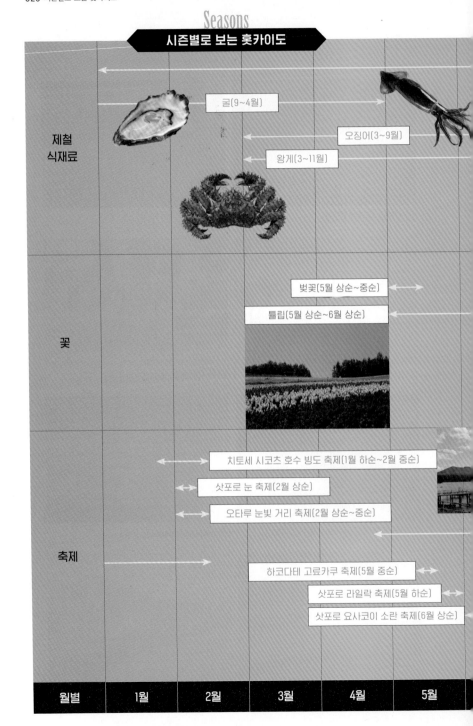

제철
식재료

굴(9~4월)

오징어(3~9월)

왕게(3~11월)

꽃

벚꽃(5월 상순~중순)

튤립(5월 상순~6월 상순)

축제

치토세 시코츠 호수 빙도 축제(1월 하순~2월 중순)

삿포로 눈 축제(2월 상순)

오타루 눈빛 거리 축제(2월 상순~중순)

하코다테 고료카쿠 축제(5월 중순)

삿포로 라일락 축제(5월 하순)

삿포로 요사코이 소란 축제(6월 상순)

| 월별 | 1월 | 2월 | 3월 | 4월 | 5월 |

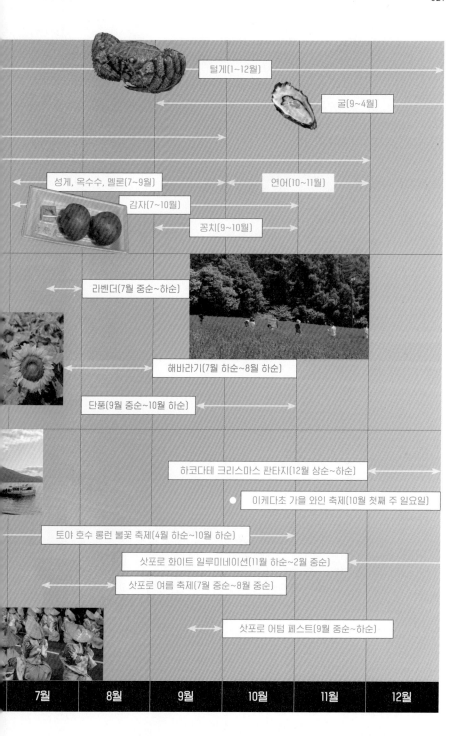

털게(1~12월)

굴(9~4월)

성게, 옥수수, 멜론(7~9월)

연어(10~11월)

감자(7~10월)

꽁치(9~10월)

라벤더(7월 중순~하순)

해바라기(7월 하순~8월 하순)

단풍(9월 중순~10월 하순)

하코다테 크리스마스 판타지(12월 상순~하순)

이케다초 가을 와인 축제(10월 첫째 주 일요일)

토야 호수 롱런 불꽃 축제(4월 하순~10월 하순)

삿포로 화이트 일루미네이션(11월 하순~2월 중순)

삿포로 여름 축제(7월 중순~8월 중순)

삿포로 어텀 페스트(9월 중순~하순)

| 7월 | 8월 | 9월 | 10월 | 11월 | 12월 |

City Scenery
홋카이도, 여행의 순간

여행의 순간 세 번째
개척의 역사가 담긴 다채로운 풍경, 도시경관

어업이 중심이었던 탓에 해안가 주변에만 마을이 형성되고 내륙 쪽은 원시림으로 둘러싸여 있던 홋카이도. 지적 측량, 도로 개발 등의 기초 사업부터 이주정책까지 무에서 유를 창조하는 정비가 시작된 1871년이 지나서야 비로소 도시의 면모를 갖추게 된다. 아무것도 없던 황량한 벌판이 멋스러운 거리로 변신하는 과정이 홋카이도 곳곳에 그대로 남아 있다.

무로란
해안가 자연 풍경과 공장지대가 어우러진 무로란 室蘭 P.256

오타루
홋카이도 개척 시절의 흔적이 고스란히 남은 오타루 운하 小樽運河 P.150

아바시리
개척에 필요한 노동력을 위해 만들어진 아바시리 감옥 박물관 博物館 網走監獄 P.352

하코다테
서양 문물이 빠르게 유입되면서 형성된 이국적인 분위기의 하코다테와 시내 곳곳을 다니는 노면전차 市電 P.265

Experience
홋카이도, 여행의 순간

여행의 순간 네 번째
백만 가지 다이내믹한 세계, 체험

'세상은 넓고 갈 곳은 많다'는 누군가의 말처럼 드넓은 대지가 펼쳐지는 홋카이도는 어느 지역보다도 특색 있는 체험거리가 풍성한 지역이라 할 수 있다. 자연과의 협업으로 탄생한 짜릿한 액티비티는 여행의 즐거움이 배가 될 최적의 요소. 지역별로 즐길 수 있는 액티비티가 다르므로 취향껏 선택해 가슴에 오래 남을 추억을 만들어보자.

오비히로
경마 체험, 반에이토카치 ばんえい十勝 P.314

토보리베츠
온천 원천 체험, 지고쿠다니 地獄谷 P.252

토야
화산 활동 체험, 화산의 흔적 P.250

아바시리
유빙 流氷 체험 P.354

아사히카와
아사히야마 동물원 旭山動物園 체험 P.212

아사히카와
아사히다케 旭岳 트레킹 P.222

Experience
호텔에서 특별한 도시 체험

저마다 여행의 경험치가 쌓여 눈높이가 높아진 여행자들. 여태까지와는 다른 새로운 여행을 갈구하는 이들이 늘어난 만큼 욕구를 충족시켜줄 만한 업계의 다양한 도전이 눈에 띈다. 호텔을 그저 머물기만 하는 숙박시설로만 인식하던 시절은 이미 지난 지 오래지만 아직은 정형화된 곳이 많은 것이 사실이다. 하지만 숙박업계에서도 새로운 시도를 보여주는 곳이 있는데, 바로 일본의 대표 호텔 체인 업체 중 하나인 호시노리조트 星野リゾート이다. 호시노리조트는 새로운 도시 여행법을 호텔을 통해서 제안한다. 이와 같은 행보는 홋카이도의 삿포로, 오타루, 아사히카와, 하코다테에서 경험할 수 있다.

호시노리조트의 도시여행 프로젝트, 오모 OMO

오모는 호시노리조트에서 야심차게 선보이는 새로운 감각의 호텔이다. 호텔이 지닌 우수한 시설뿐만 아니라 호텔이 위치하는 지역의 매력을 한층 더 느낄 수 있도록 다양한 체험 프로그램과 서비스를 마련하고 있다는 부분이 여타 호텔과는 차별화된 점이다.
일본 전국 각지에 흩어져 있는 모든 오모 호텔은 우선 기본에 충실하다. 안락하고 깔끔한 객실과 풍성하고 먹음직스러운 음식을 선보인다. 이와 더불어 관내에서는 호텔 직원이 직접 겪어보고 느낀 경험치를 최대한 살려 다채로운 즐길 거리와 알찬 여행 정보를 제공하며, 호텔리어가 지역 안내자(오모레인저라 불린다)로 변신하여 함께 거리를 돌아다니는 투어를 실시한다. 호텔에서 느낄 만한 기본적인 편안함과 신선함은 물론이고 즐거움과 재미를 체감할 수 있는 서비스와 프로그램을 선사해 1석 2조의 만족도를 노리는 것이다.
전화 050-3134-8095 체크인 15:00 체크아웃 11:00

Pickup OMO 숫자의 비밀
호텔명인 오모 뒤에 표기된 숫자는 무엇을 의미하는 걸까? 정답은 호텔마다 지닌 콘셉트를 숫자로 나타낸 것이다. 오모의 큰 장점인 로컬 가이드 오모레인저와 함께 하는 투어 액티비티와 지역 여행 정보를 소개하는 공간은 모든 오모 지점에 필수로 갖추고 있다. 삿포로 지점의 3은 가볍게 여행을 즐기러 온 이들을 위한 가장 기본적인 베이직 호텔로, 관내 음식점이나 카페는 없지만 간편식을 무인 편의점 방식으로 판매하여 조식을 제공하는 서비스를 실시하고 있다. 오타루 지점과 하코다테 지점 5는 지역의 매력과 디자인이 어우러진 부티크 호텔로, 관내 카페에서 조식을 즐길 수 있다. 아사히카와 지점인 7은 도시의 랜드마크로 자리매김할 야심을 가진 호텔이다. 관내 카페와 음식점을 모두 갖추고 있으며, 뷔페 스타일의 조식을 선보인다.

오모3 삿포로 OMO3札幌

삿포로 최대 번화가인 스스키노 중심지에 있는 호텔. 호텔 문을 들어서자마자 펼쳐지는 가상의 가게 간판들을 보는 순간 삿포로의 핵심에 있다는 사실을 실감하게 된다. 1층 로비에서는 호텔 직원들이 엄선한 인근 추천 맛집을 대형 지도로 확인할 수 있으며, 홋카이도의 먹거리를 자유롭게 골라 즐길 수 있는 푸드 코너도 마련되어 있다.

발음 오모삿포로 **주소** 札幌市中央区南5条西6-14-1 **홈페이지** hoshinoresorts.com/ja/hotels/omo3sapporosusukino **가는 방법** 시영지하철 난보쿠 南北線 스스키노 すすきの 역 4번 출구에서 도보 5분. **주차장** 26대 **키워드** 오모삿포로

오모5 오타루 OMO5小樽

오타루 관광의 핵심인 오타루 운하 인근에 위치하는 호텔. 옛
오타루 상공회의소로 쓰였던 건물과 바로 옆 신축 건물 두 곳으
로 운영되고 있다. 상공회의소 건물은 옛 분위기는 그대로 살리
되 깔끔하고 편안하게 재건축된 객실과 라운지로 새롭게 탄생
하였다. 오타루가 가진 도시 전체 경관과도 잘 어우러지는 분위
기로 평가받는다.

발음 오모오타루 **주소** 小樽市色内1-6-31 **홈페이지** hoshino resorts.
com/ja/hotels/omo5otaru **가는 방법** JR 전철 오타루 역에서 도보 10
분. **주차장** 6대 **키워드** 오모 오타루

CHECK
LIST

- □ 레트로 분위기 물씬 나는 호텔 라운지
  에서 오르골 소리 들으며 칵테일 한 잔
- □ 와인, 디저트 등을 즐기며 동네 한 바
  퀴 도는 오타루 운하 크루징
- □ 삼각시장에서 싱싱한 해산물덮밥으로
  아침밥 먹기
- □ 오모레인저와 역사적 건축물을 둘러
  보는 사카이마치 산책

오모7 아사히카와 OMO7旭川

아사히카와 시내 중심지에 자리하는 호텔. 아사히카와의 주요 관광과 즐길 거리를 한층 더 재미있게 즐길 수 있는 프로그램과 시설이 마련되어 있다. 대표 명소인 아사히야마 동물원과 시내 관광의 알찬 정보를 소개하는 강좌와 투어는 물론이고 겨울이 되면 몰려드는 스키장 고객을 위한 직통버스, 티켓 카운터, 왁스 바, 장비 건조실 등을 운영한다.

발음 오모아사히카와 **주소** 旭川市6条通9 **홈페이지** omo-hotels.com/asahikawa **가는 방법** JR 전철 아사히카와 旭川 역 북쪽 중앙 출구에서 도보 13분. **주차장** 인근 제휴 주차장 이용 **키워드** OMO7 아사히카와

CHECK LIST

☐ 오모레인저와 함께 하는 로컬 먹거리 탐방 투어
☐ 아사히야마 동물원에 사는 동물들의 토막 지식 강좌
☐ 5층 야외 모닥불 바에서 홋카이도산 음료를 마시며 '불멍'하기
☐ 밤에 먹는 디저트! 홋카이도 명물 시메 파르페 먹기

오모5 하코다테 OMO5函館

2024년 7월에 문을 연 따끈따끈한 호텔이다. JR 전철 하코다테 역에서 도보 5분이면 도착하는 최적의 위치, 하코다테를 120% 즐길 수 있도록 마련된 다양한 체험이 숙박객을 맞이하고 있다.

발음 오모하코다테 **주소** 函館市若松町24番1 **홈페이지** hoshinoresorts.com/ja/hotels/omo5hakodate **가는 방법** JR 전철 하코다테 函館 역 중앙 출구에서 도보 5분. **주차장** 28대 **키워드** OMO5 Hakodate

CHECK LIST

☐ 밥, 덮밥, 라멘 등 인근 해안에서 잡은 해산물이 가득한 조식 뷔페
☐ 하코다테의 굵직한 주요 관광지를 한 바퀴 도는 숙박객 한정 무료 버스 운행
☐ 오징어잡이 어선의 조명을 배경 삼아 술 한잔 기울이는 야간 라운지 체험
☐ 하코다테 시민의 부엌! 오모렌저와 함께 떠나는 자유시장 안내 투어

Experience
홋카이도에서 즐기는 온천과 료칸

온천 료칸을 아시나요?

명칭 그대로 온천지에 위치하며 대욕장이나 노천탕 등의 시설을 갖춘 료칸을 이르는 말로, 온천과 더불어 식사를 즐기는 것을 주된 목적으로 하고 있는 숙박시설이다. 노보리베츠 登別, 조잔케이 定山渓, 니세코 ニセコ, 시코츠코 支笏湖, 포로토코 ポロト湖 등 삿포로와 신치토세 공항 인근 지역에 온천 료칸이 운영되고 있으며, 열차와 버스를 이용해 2시간 이내로 접근할 수 있어 편리하다. 홋카이도의 아름다운 자연을 벗삼아 신선 놀음을 즐길 수 있는 온천 료칸에서 심신이 치유되는 체험을 누려보자.

1일차

1박 2일 온천 료칸 체험

15:00
료칸 체크인 후 객실 둘러보기
객실 창 너머로 사계절의 색을 품은 풍경이
펼쳐져 홋카이도에 왔다는 실감이 든다.

16:00
료칸 주변 푸른 경치 바라보며 산책하기
아이누족의 전통가옥에서 영감을 받은 시설을
둘러본 다음 포로토 호수의 대자연을 만끽한다.

17:00
아이누 문화 체험하기
'이케마'라고 하는 식물과 홋카이도에서 나는 각종 허브를
조합해 악귀를 쫓아내는 아이누식 부적 만들어보기.

18:00
천혜의 해산물로 채운 카이세키 요리로 저녁 만찬
아이누 문화에서 영감을 받은 식기에 제철 식재료로 만든 음식을
듬뿍 담아 제공하는 카이세키 요리는 눈과 입이 즐겁다.

19:30
커피를 마시며 라이브러리에서 휴식
각종 음료를 마시며 홋카이도 관련 서적을 잠시만 감상해본다.

20:30
1층 난로 라운지에서 술 한잔
아이누족이 소중히 여겨온 불을 바라보며 홋카이도만의
술과 안주를 음미한다.

22:00
동그라미 온천에서 피로 풀기
신비로운 동굴 속에 있는 듯한 기분이 드는 동그라미 온천은
천장 꼭대기에 구멍이 뚫려 있어 호수의 자연을 간접적으로 느낄 수 있다.

2일차

07:00 산뜻한 공기를 마시며 아침 체조

08:00 지역색이 듬뿍 담긴 조식
홋카이도의 식재료와 전통 조리법을 이용한 특별한 조식.
'연어감자전골'을 중심으로 구성된다.

09:30 아침에 즐기는 삼각 온천
내부 욕탕과 노천탕에서 즐기는 몰 온천. 신록, 단풍, 설경 등
사시사철 변하는 계절 풍경도 함께 느낄 수 있다.

10:30 아이스크림과 함께 차가운 휴식
삼각창에 비친 포로토 호수를 바라보며 아이스크림이나
녹차로 뜨거워진 몸을 식힌다.

12:00 아쉬운 마음 달래며 체크아웃
느긋하게 아침을 보낸 후 다음 일정을 위해 출발!

함께 한 온천 료칸

카이 포로토 界ポロト

홋카이도의 원주민 아이누족의 문화와 역사를 소개하는 우포포이 박물관 인근에 위치하는 온천 료칸으로 일본 전국에서도 찾아보기 드문 '몰 온천'이 샘솟는 곳으로 알려져 있다. 몰 온천이란 오랜 기간 퇴적된 식물성 유기물을 포함한 알칼리성 수질로, 천연 보습 성분이 함유되어 있어 담그기만 해도 피부가 매끄러워지고 부드러운 촉감을 느낄 수 있다. 건조한 피부에 윤기를 주고 오래된 각질을 제거하는 효과가 있다고 하여 특히 여성에게 인기가 많다고. 홋카이도 원주민인 아이누족의 식문화를 적극적으로 반영한 식사를 제공하며, 그들이 꽃피운 다양한 문화를 직접 만들어보는 체험 행사도 마련해 더욱 밀도 있는 홋카이도를 느낄 수 있다.

발음 카이포로토 **주소** 白老郡白老町若草町1-1018-94 **전화** 050-3134-8092 **홈페이지** hoshinoresorts.com/ja/hotels/kaiporoto **요금** ¥47,000~ **체크인** 15:00 **체크아웃** 12:00 **가는 방법** JR전철 시라오이(白老) 역에서 도보 10분. **주차장** 42대
키워드 카이포로토

Experience

온천을 제대로 즐기는 법

지하에서 자연스럽게 솟아난 25도 이상의 온수 또는 25도 미만이라도 특정 성분 물질이 기준치 이상 함유된 물을 천연온천이라 정의한다. 신체의 온열 작용뿐만 아니라 혈액과 림프 순환이 촉진되어 피로회복과 피부미용에 효과가 있어 인기가 높다. 일본에서 처음 온천을 이용할 때 당황하지 않고 능숙하게 즐길 수 있도록 아래 내용을 숙지해두자.

온천이용시주의사항

- 온천에 몸을 담그는 행위는 하루 1~3회가 적당하다.
- 식사 전 또는 식후 즉시나 음주 후 입욕은 피하자.
- 격한 운동이나 과로로 몸이 피곤할 경우 입욕하지 않도록 한다.
- 노약자나 어린이는 혼자 입욕하기보다는 동반자와 함께한다.
- 혈압과 심장 관련 지병이 있다면 입욕을 권장하지 않는다.

온천에서 지켜야할 매너

- 몸에 문신을 한 사람은 원칙상 온천 출입이 불가능하다.
- 긴 머리는 올려 묶어서 머리카락이 직접적으로 물에 닿지 않도록 한다.
- 위생상의 문제로 수영복 착용이 금지되어 있다.
- 온천수가 뜨겁다는 이유만으로 다른 물을 더해 희석해서는 안 된다.
- 주변에 사람이 없어도 온천 내에서의 사진촬영은 금지된다.
- 세균이 침투할 수 있으므로 욕조 안에 수건을 담그지 않는다. 단, 머리에 얹는 것은 가능.

올바른 온천 이용 절차

❶ 입욕 전 충분한 수분 보충하기
온천 1회 입욕으로 약 800ml의 수분을 잃는다고 한다. 입욕 15~30분 전 물이나 비타민 음료, 스포츠이온 음료, 보리차 등을 1~2잔 마셔두자.

❷ 욕조에 들어가기 전에 샤워장에서 몸 씻기
온천 1회 입욕으로 약 800ml의 수분을 잃는다고 한다. 입욕 15~30분 전 물이나 비타민 음료, 스포츠이온 음료, 보리차 등을 1~2잔 마셔두자.

❸ 명치까지만 잠기는 반신욕으로 시작하기
반신욕으로 몸을 길들이면 온도와 수압에 의해 발생하는 급격한 부담을 줄일 수 있다. 욕조 가장자리에 머리를 눕히고 몸을 띄우는 침욕도 좋다.

❹ 한 번에 장시간 있기보다는 간격을 두고 전신욕 진행하기
3분간 전신을 담그다가 욕조에서 나와 3~5분간 휴식을 취한 후 다시 온천에 몸을 담그는 것을 2~3회 반복하는 분할욕을 추천한다.

❺ 머리에 젖은 수건 얹기
실내 욕조나 여름 노천탕에선 어지러움 방지를 위해 차가운 수건을, 겨울 노천탕에서는 뇌혈관 수축을 막고자 따뜻한 수건을 사용하자.

❻ 욕조에서 손과 발 움직이기
몸이 익숙해지면 물속에서 손발 관절과 근육을 움직여보자. 혈액 속 노폐물을 배출하고 혈액순환을 촉진시켜 피로회복에 효과가 있다.

❼ 마지막 샤워는 하지 않기
피부 표면에 막을 형성해 보습 효과를 높이고 온천의 약효 성분을 그대로 유지하기 위해서 샤워하지 않고 수건으로 가볍게 닦고 나오자.

❽ 입욕 후 30분간 휴식 취하기
온천욕으로 빼앗긴 수분을 보충하고 체력을 회복할 시간이 필요하다. 물을 마시고 보온을 위해 최대한 몸을 움직이지 않고 쉬어주자.

Experience
료칸을 제대로 즐기는 법

지하에서 자연스럽게 솟아난 25도 이상의 온수 또는 25도 미만이라도 특정 성분 물질이 기준치 이상 함유된 물을 천연온천이라 정의한다. 신체의 온열 작용뿐만 아니라 혈액과 림프 순환이 촉진되어 피로회복과 피부미용에 효과가 있어 인기가 높다. 일본에서 처음 온천을 이용할 때 당황하지 않고 능숙하게 즐길 수 있도록 아래 내용을 숙지해두자.

료칸을 제대로 즐기는 법

료칸(旅館)이란?

일본의 전통 바닥재인 다다미로 이루어진 방에서 지내며 향토요리를 맛보거나 온천시설을 이용하는 등 일본인의 전통 생활양식을 체험하고 문화를 즐길 수 있는 숙박시설. '카이세키 요리 会席料理'라고 하는 이른바 일본 전통 음식의 코스 요리를 저녁 식사로 제공하며, 노천탕이나 다양한 설비를 갖춘 대욕장 등 료칸마다 특징이 있는 온천을 이용할 수 있다. 일본 고유의 접객 서비스를 만끽할 수 있는 점도 료칸의 장점 중 하나다.

료칸 이용 시 주의사항

- 체크인 당일 도착 예정 시각보다 늦어질 경우 반드시 료칸에 미리 연락을 해두자.
- 객실 내 사용한 이불은 다시 본래대로 갤 필요가 없다.
- 공용공간에서 유카타 차림으로 걷는 것은 시설마다 정해진 규칙이 다르므로 주변 분위기를 보고 결정할 것.
- 원칙상 바깥에서 구입한 음식물은 반입이 제한되어 있다.

료칸에서 지켜야 할 매너

- 현관에서 신발을 벗고 올라온 다음 직접 반대 방향으로 돌리고 가지런히 둘 것.
- 캐리어 가방은 질질 끌지 않고 들고 이동하도록 한다.
- 벽 한편에 족자와 장식물로 꾸며진 '토코노마 床の間'에는 물건을 두지 않는다.
- 문턱과 다다미 가장자리는 밟지 않도록 한다.
- 객실 내 여닫이문은 앉아서 조용히 열고 닫는다.

료칸의 실내복인 '유카타' 입는 방법

❶ 옷자락의 길이가 좌우 균등해지도록 걸친다.
❷ 오른쪽 부분을 왼쪽 허리에 감는다.
❸ 남은 왼쪽 부분을 오른쪽 허리에 감는다.
❹ 허리띠를 배의 중심에 맞춰 감는다.
❺ 허리띠를 묶는다.

* 여성은 옷 뒷깃을 아래로 살짝 당겨 목덜미가 보일 만큼 틈을 만들면 예뻐 보인다. 남성은 허리띠 매듭을 뒤로 한 다음 배꼽 부근까지 내리면 보기 좋다.

일식 풀 코스, 카이세키 요리

제철 식재료를 가지고 재료 본연의 장점을 살려 정성스럽게 만든 카이세키 요리는 료칸 체험의 하이라이트와도 같다. 국물 한 가지와 반찬 세 가지로 구성된 이치주산사이 一汁三菜 를 기본으로 하여 간단한 입가심부터 시작해 다양한 음식이 차례대로 제공된 다음 마지막으로 과일이나 디저트로 마무리하는 순서로 진행된다. 음식은 나온 순서대로 먹으면 되고 한꺼번에 나온 경우라면 먹고 싶은 음식부터 먹어도 상관없다.

음식 제공 순서의 예

입가심 先付け ▶ 국물 吸い物 ▶ 생선회 向付け
▶ 구이요리 焼き物 ▶ 조림요리 煮物
▶ 튀김요리 揚げ物 ▶ 찜요리 蒸し物
▶ 절임요리 酢の物 ▶ 밥 御飯 ▶ 디저트 甘味

Experience

홋카이도 설원을 만끽하는 최고의 방법, 스키

11월부터 눈이 내리기 시작해 겨울 내내 엄청난 적설량을 기록하는 데다 가벼우면서 잘 뭉치지도 않는 자연설이 있어 스키 즐기기에 최적의 환경을 제공하는 홋카이도. 입으로 눈을 불면 쉽게 날아간다 하여 파우더스노라 불릴 만큼 컨디션은 세계 어디에도 뒤지지 않는다. 게다가 끝없이 펼쳐지는 아름다운 자연경관은 덤. 때문에 국내 스키장을 마다하고 시간을 내어 홋카이도로 스키여행을 떠나는 이가 적지 않다. 홋카이도는 일본 전국 500여 개 스키장 가운데 약 20%인 99개가 위치하는 굴지의 스키 지역으로, 각지에 좋은 설질을 자랑하는 곳이 분포되어 있다.

홋카이도 스키 여행 Q & A

스키를 타기 전 알아두면 좋은 점. 참고로 스키장에서는 안전규칙만 잘 지켜준다면 이용하는 데 큰 어려움은 없다.

Q. 베스트 시즌은 언제일까?
A. 보통 11월에 문을 열어 3월에 문을 닫는 스키장은 새 눈이 내리고 상태가 좋기로 손꼽히는 1~2월이 스키 타기 좋은 시기다.

Q. 특별히 준비해 가야 할 것은?
A. 사고 발생 가능성도 염두에 두고 스키 관련 여행자보험에 반드시 가입할 것. 장비는 대여가 가능하므로 자신에게 꼭 맞는 것 이외에는 들고 가지 않아도 된다. 만일에 대비해 핫팩, 비상담요, 약품 등을 챙기는 것도 좋다.

Q. 우리나라에서부터 장비를 가지고 간다?
A. 장비를 직접 가지고 비행기를 탈 경우 저가항공을 제외한 대부분의 항공사는 포장된 장비의 몸무게가 23kg 이내이고 세 변의 합이 277cm를 초과하지 않으면 수하물로 보낼 수 있다. 현지에 도착하면 장비가 있는 경우 렌터카를 이용하는 것이 편리하지만, 눈이 많이 오는 시즌은 현지 도로 사정이 좋지 않은 경우가 많고, 우리나라와 운전석이 반대이기 때문에 익숙지 않다면 그다지 추천하지 않는다.

Q. 장비가 없으면 대여할 수 있을까?
A. 스키에 필요한 모든 장비는 대부분의 리조트에서 대여할 수 있다. 빈손으로 방문한 이용객들을 위한 '빈손 풀세트 手ぶらフルセット'를 구비해두고 있으며 필요한 장비 하나씩만을 대여하는 것도 물론 가능하다. 대여료는 풀세트 기준 ¥10,000~15,000선이다.

● 홋카이도 추천 스키장

100여 곳의 홋카이도 스키장 가운데 강력 추천하는 스키장을 소개한다. 연간 이용자가 많은 점, 잘 갖춰진 부대시설, 다양한 코스 등을 고려해 엄선해 보았다.

스키장명	특징	면적	코스수	최장 슬로프 거리	리프트수
니세코 유나이티드 ニセコユナイテッド 맵북 P.2-A3	일본을 대표하는 스키장. 4개 스키장의 총칭으로 외국인 방문객이 특히 많기로 유명.	323ha	71개	5,600m	37개
루스츠 리조트 ルスツリゾート 맵북 P.2-A3	초급자부터 상급자까지 전 레벨이 즐길 수 있는 곳. 삿포로에서 무료 셔틀버스 운행 중.	170ha	37개	3,500m	18개
후라노스키장 富良野スキー場 맵북 P.2-B3	중급자가 즐길 수 있는 코스가 풍부한 편. 타 스키장과 비교해 한산한 편.	168ha	28개	4,000m	9개
호시노 리조트 토마무 星野リゾートトマム 맵북 P.2-B3	시즌 중 맑은 날이 약 70%로 많은 편. 초보자와 상급자가 즐길 만한 코스가 많다.	255ha	29개	4,500m	6개
키로로 스노우 월드 キロロスノーワールド 맵북 P.2-A3	홋카이도에서 가장 적설량이 많은 곳. 11~5월까지 시즌이 길다.	115ha	23개	4,050m	9개
삿포로 코쿠사이 스키장 札幌国際スキー場 맵북 P.2-B3	적설량이 많고 삿포로에서 설질이 좋기로 손꼽힌다. 가격이 저렴한이며, 주차장도 무료.	45ha	7개	3,600m	5개

Epicurism

홋카이도, 여행의 순간

여행의 순간 다섯 번째
입이 즐거워지는 특별한 시간, 식도락

금강산도 식후경이라고 천혜의 자연경관도 배고픔 앞에서는 맥을 추지 못할 것. 풍부한 식재료를 사용한 맛있는 먹거리가 넘쳐나는 홋카이도에서라면 더더욱 말이다. 대지의 풍요를 몸소 느낄 수 있는 각 지역 별미는 여행에 필요한 좋은 에너지원이 되어 줄 것이고 더불어 첫 경험의 감동도 선사할 것이다.

홋카이도 대표 음식

미식 천국 홋카이도를 대표하는 음식은 무엇일까? 존재만으로도 홋카이도 사람들에게 마음의 위안을 준다는 홋카이도의 소울푸드이자 홋카이도에 갔다면 꼭 한 번은 즐겨야 후회하지 않는다는 홋카이도의 대표 음식을 소개한다.

✿ 징기스칸 ジンギスカン

이름 때문에 몽골요리로 착각하기 쉽지만 전혀 관련이 없다. 중화요리 '꿔양로우 鍋羊肉'를 응용해 만든 순수 홋카이도 향토요리이다. 중국 북동부 만주지방에 진출한 일본군이 일본인 입맛에 맞는 양고기 조리 방법을 궁리하다 고안한 것이 첫 시작이라고 한다. 정중앙이 동그랗게 솟은 산 모양의 철판냄비 위에 생후 1년 미만의 어린 양고기(ラム, Lamb)와 생후 1년 이상의 양고기(ムトン, Mutton)를 얹고 그 주변으로 양파, 숙주나물, 피망, 당근 등의 채소를 놓고 소스를 뿌려 구워 먹는다. 요리 이름은 양고기 하면 몽골을 떠올리는 사람이 많아 몽골의 제1대 왕의 이름인 칭기즈칸을 따 지어졌다는 설이 있다.

✿ 해산물덮밥 海鮮丼

홋카이도 각지에서 잡은 싱싱한 해물을 듬뿍 담은 덮밥도 홋카이도다운 음식 중 하나. 삿포로, 오타루, 하코다테, 쿠시로 등 각 지역의 수산시장에서는 새우, 연어, 성게, 조개관자, 게 등 해산물을 2~5가지 조합한 덮밥을 선보이고 있다. 워낙 메뉴가 많아 원하는 종류가 들어간 맛을 고를 수 있으며, 쿠시로 釧路 등지에서는 덮밥에 올라가는 재료를 자신이 직접 고를 수도 있다.

✿ 게 요리 蟹(カニ)

홋카이도산 게를 다양한 방식으로 조리해 먹는 게 요리. 큰맘 먹고 도전해야 할 만큼 다른 요리에 비해 가격대가 있는 편이지만, 홋카이도 해산물의 경험할 수 있는 최고의 방법이다. 대게 ズワイガニ, 털게 毛ガニ, 왕게 タラバガ 二, 홍게 ベニズワイ, 하나사키게 花咲ガニ 등의 종류를 찌거나 삶거나 날것 그대로 먹기도 한다. 홋카이도의 주요 게 요리 전문점에서는 다양한 조리방식으로 게를 요리해 코스별 요리로도 즐길 수 있도록 하고 있다. 점심시간대 에 이용하면 ¥5,000~8,000 사이 합리적인 가격에 즐길 수 있다.

✿ 라멘 ラーメン

지방마다 다른 맛으로 승부하는 홋카이도 라멘. 시린 추위에 따끈한 국물만큼 어울리는 음식도 없다. 흔히 들 삿포로 札幌의 미소된장라멘과 더불어 하코다테 函館의 소금라멘, 아사히카와 旭川의 간장쇼 유라멘을 홋카이도의 3대 라멘으로 꼽지 만 최근 얇은 곱슬면과 간장육수로 대표 되는 쿠시로 釧路 라멘의 존재감이 커 지면서 4대 라멘으로 구별하는 사람들이 많아졌다.

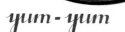

✿ 수프카레 スープカレー

삿포로의 한 음식점에서 탄생한 요 리가 선풍적인 인기를 끌면서 홋카 이도를 대표하는 음식으로 급부상했 다. 흔히 일본식 카레 하면 걸쭉하고 자박한 소스를 떠올리는데, 이와는 달리 수프카레는 소스보 다는 국에 가까울 정도로 많은 국물이 특징이다. 닭고 기와 채소로 우린 육수에 각종 향신료를 배합해 만드 는 육수를 베이스로, 닭, 돼지, 양고기, 해산물을 메인 으로 하여 홋카이도에서 나고 자란 감자, 양파, 브로콜 리, 호박, 가지 등 채소를 넣고 만든다.

Epicurism
홋카이도, 여행의 순간

홋카이도 지역별 음식

오타루

앙카케 야키소바
あんかけ焼きそば

구운 면 위에 전분을 넣은
간장쇼유 소스를 부어먹
는 소바.

무로란

카레라멘
カレーラーメン

카레를 베이스로 한 라멘.

삿포로

수프카레 スープカレー

돼지나 소뼈를 우려낸 육수에 향
신료를 넣고 별도로 조리한 재료
를 듬뿍 넣어 만드는 카레.

미소라멘 味噌ラーメン

미소된장을 베이스로 만든 라멘.

delicious♡

왓카나이
稚内

리시리섬
利尻島

하코다테

럭키피에로 ラッキーピエロ

하코다테가 낳은 햄버거 브랜드로
일본식 양식도 판매한다. P.298

시오라멘 塩ラーメン

소금을 베이스로 만든 라멘.

시스코라이스 シスコライス

버터라이스 위에 미트소스와 프
랑크 소시지를 얹은 음식. 캘리포
니아 베이비 P.298 에서 맛볼 수
있다.

야키토리벤토 やきとり弁当

흰 쌀밥 위에 닭고기나 돼지고기
꼬치를 얹은 도시락.

스테이크필라프
ステーキピラフ

볶음밥 위에 스테이크가 얹힌 음
식. 졸리 젤리피시 P.299 의 간판
메뉴다.

오타루小樽

삿포로札幌

✈ 신치토세 공항

토야洞爺
무로란室蘭
노보리베츠
登別

하코다테
函館

리시리섬

우니메시동 うにめし丼

성게를 섞어 만든 밥으로, 향토음식대회에서 2년 연속 그랑프리를 수상했다.

미르피스 ミルピス

오직 리시리섬에서만 맛볼 수 있는 유산균 음료.

아사히카와

쇼유라멘 醬油ラーメン

간장쇼유를 베이스로 만든 라멘.

아바시리

오호츠크아바시리잔기동
オホーツク網走ザンギ丼

생선장, 고추장, 참기름으로 만든 특제소스를 뿌린 연어튀김 덮밥.

yum - yum

시레토코知床

아사히카와
旭川

아바시리
網走

비에이美瑛

후라노富良野

쿠시로 釧路

토카치 오비히로
十勝帯広

쿠시로

캇테동 勝手丼

흰 쌀밥 위에 자신이 원하는 해산물을 선별해 얹어먹는 덮밥.

스파카츠 スパかつ

스파게티와 돈카츠와의 만남. 스파게티 위에 커다란 돈카츠가 얹어 나온다.

쿠시로 라멘
釧路ラーメン

얇은 곱슬면과 간장쇼유 육수를 기본으로 한 라멘.

비에이

카레우동 カレーうどん

카레우동을 오븐에 구운 야키멘 焼き麺과 우동을 카레에 찍어먹는 츠케멘 つけ麺이 있다.

후라노

오므카레 オムカレー

오므라이스와 카레를 혼합한 요리. 프랑크 소시지도 얹어 나온다.

토카치 오비히로

부타동 豚丼

소스를 발라 구운 돼지고기를 밥 위에 얹은 덮밥 요리.

Epicurism
홋카이도 도민의 명물 음식

잔기 ザンギ
일본식 닭튀김인 카라아게를 홋카이도에서는 잔기라고
부른다. 특별한 차이는 없지만 잔기가 카라아게보다 더 간장
맛이 강한 편. 쿠시로의 '토리마츠 鳥松'가 원조다.

이모모찌 いももち
으깬 감자를 전분에 섞어 동그랗게
빚은 후 튀긴 향토 음식.

옥수수 とうきび
옥수수를 일본어로 하면 '토모로코시
とうもろこし'이지만 홋카이도를 포함한
일부 지역에서는 토오키비라고 부른다.
홋카이도는 일본의 대표적인 옥수수 재배지다.

Yum!

아게이모 あげいも
감자를 튀김 옷에 묻혀 튀긴 향토 음식.
나카야마토게 中山峠의 휴게소 '보요나카야마
望羊中山'에서 판매하는 것이 유명하다.

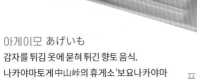

프렌치도그
フレンチドッグ
도동 道東 지방에선
핫도그를 먹을 때 케첩을
뿌리지 않고 설탕을 듬뿍 발라
먹는다. 한국 분식집에서는
흔한 광경이지만, 일본에서는
꽤나 독특한 풍경이라고 한다.

라멘샐러드 ラーメンサラダ •
홋카이도 이자카야에서 자주 볼 수 있는 메뉴 중 하나로,
면과 샐러드가 5:5비율 또는 샐러드 비중을 더 높인 것이
특징이다. 참깨 드레싱이나 시저 샐러드 드레싱 등 다양한
맛의 소스를 넣어 먹는다.

• **교자카레 ぎょうざカレー**
일본식 군만두, 교자 전문 체인점
'미요시노みよしの(P.127)'의 간판
메뉴가 삿포로의 명물 음식으로
승격되었다. 걸쭉하고 달콤한 카레
위에 폭신폭신 부드러운 교자를
얹은 단순한 조합이지만 호불호
없이 누구나 즐길 수 있다.

산타의 수염 サンタのヒゲ •
후라노에 있는 디저트 전문점 '포플러팜ポプラファーム'에서 탄생한 대표
메뉴로 시작했으나 현재는 홋카이도를 방문하면 반드시 먹을 디저트로
언급된다. 반으로 자른 멜론 위에 아이스크림이 듬뿍 담겨 있다.
후라노 본점은 4~10월에만 운영하며, 오타루에도 일년 내내 운영하는
지점이 있으니 참고하자.
후라노 본점 주소 空知郡中富良野町東1線北18号ホテルラ・テール敷地内
오타루 지점 주소 小樽市色内1-1小樽出抜小路内
키워드 popura farm

시메파르페 しめパフェ •
고기를 먹은 후 냉면으로 마무리하는 것처럼
일본인은 술자리 후 라멘으로 마무리를 하는
경우가 많다. 반면 삿포로는 마무리를
라멘이 아닌 파르페로 하는
습관이 자연스레 생겼다.
이러한 풍경을 뒷받침하듯
늦은 밤까지 운영하는
파르페 전문점이 많다.
'파르페, 커피, 술,
사토'(P.134)가
대표적.

치쿠와빵 ちくわパン •
삿포로의 인기 빵집 동구리ど
んぐり(P.131)가 고안한 '구운
어묵 빵ちくわパン'은 빵 속에
참치마요를 넣어 더욱 맛있다.

Epicurism

지나칠 수 없는 달콤한 유혹, 소프트 아이스크림

낙농업이 발달한 홋카이도에 왔다면 신선한 홋카이도산 유제품으로 만든 소프트 아이스크림을 놓칠 수 없다. 일본에서는 소프트 아이스크림을 줄여서 '소프트크림 ソフトクリーム'이라 부르는데, 홋카이도 각지 휴게소나 매점, 음식점에서 판매하는 명물 소프트크림을 소개한다.

홋카이도 전역에서 만날 수 있는 편의점 소프트크림

세이코마트 セイコーマート
'멜론앤밀크 メロン&ミルク' 와
'하스카프앤바닐라 ハスカップ&バニラ'

Delicious♡

시코츠 호수

아이스노사토 アイスの里
'멜론앤밀크 メロン&ミルク'

레분섬

스코톤곶 시마노히토
スコトン岬 島の人
'콘부소프트
昆布 (こんぶ, 다시마)ソフト'

아바시리

오호츠크 유빙관 オホーツク流氷館
'유빙 소프트크림 流氷ソフトクリーム (塩キャラメル 소금캐러멜)'
아바시리 휴게소 道の駅流氷ガイド網走
'유빙 소프트크림 流氷ソフトクリーム(レモンミント 레몬민트)'
아바시리 식당카페 만마 食堂カフェmanma
'아바시리 우유 소프트크림 あばしり牛乳ソフトクリーム'

샤코탄 카무이곶

카무이반야 カムイ番屋
**'샤코탄블루
しゃこたんブルー'**

후라노

팜 토미타 ファーム富田
**'라벤더 소프트크림
ラベンダーソフトクリーム'**

삿포로

시로이코이비토파크
白い恋人パーク
**'초코앤밀크
チョコ&ミルク'**

아사히카와

우에노팜 上野ファーム
**'우유 소프트크림
牛乳ソフトクリーム'**

오비히로

마나베 정원 真鍋庭園
카페그린 カフェグリーン
**'카푸치노&바닐라
カプチーノ&バニラ'**

마슈 호수

마슈 호수 휴게소
レストハウス
'마슈블루 摩周ブルー'

왓카나이

왓카나이 공원 매점 稚内公園売店
**'쿠마자사 소프트크림 熊笹
(くまざさ, 얼룩조릿대)*ソフトクリーム'**

오타루

오타루 수족관 뉴산코 ニュー三幸 **'라무네 ラムネ'**
야마나카 목장 山中牧場 **'바닐라 バニラ'**

Pickup 얼룩조릿대

볏과 식물로, 대나무의 일종이지만 대나무보다는 키가 작고 잎에 얼룩이 있다. 주로 우리나라와 일본에서 차 또는 약제로 사용한다. 특히 잎에 살균, 항암, 방부작용을 하는 성분이 있어 다양한 효능이 있다고 알려져 있다.

Japan Food
일본 대표 음식

일본 내에서도 미식 지역으로 손꼽히는 홋카이도. 각종 향토요리를 음미하는 것만으로도 벅찰테지만 신선하고 좋은 재료로 만든 일본 전통음식을 먹지 않고는 못 베길 것이다. 초밥부터 면요리까지 다양하게 즐기면 좋을 일본의 대표 음식을 소개한다.

✿ 초밥 寿司

식초와 소금으로 간을 한 하얀 쌀밥과 날생선이나 조개류를 조합한 것이다. 일반적으로 알려진 밥 위에 재료를 얹은 초밥을 니기리즈시 握り寿司, 김밥과 형태가 비슷한 마키즈시 巻き寿司, 밥과 재료를 김으로 감싼 원뿔형 초밥 테마키즈시 手巻き寿司, 유부초밥 이나리즈시 稲荷寿司, 날생선과 계란 등을 뿌린 치라시즈시 ちらし寿司, 나무 사각틀에 밥과 재료를 넣어 꾹 누른 사각형 초밥 오시즈시 押し寿司, 성게나 연어알 등을 밥에 얹어 김으로 감싼 군칸마키 軍艦巻き 등이 있다. 미국에서 시작된 것으로 게맛살, 아보카도, 마요네즈를 넣어 돌돌 만 것을 캘리포니아롤 カリフォルニアロール이라고 하는데 일본에도 역수입되어 흔히 볼 수 있게 되었다.

재료	일본어명 ◀») 발음	재료	일본어명 ◀») 발음	재료	일본어명 ◀») 발음
참치	マグロ ◀») 마구로	꽁치	サンマ ◀») 산마	오징어	イカ ◀») 이카
참치살 중 지방이 많은 뱃살 부위	大トロ ◀») 오오토로	가자미	カレイ ◀») 카레이	문어	タコ ◀») 타코
오오토로 이외에 지방이 적은 참치 부위	中トロ ◀») 츄토로	방어	ぶり ◀») 부리	성게	ウニ ◀») 우니
붕장어	アナゴ ◀») 아나고	새끼 방어	はまち ◀») 하마치	샤코	シャコ ◀») 갯가재
장어	ウナギ ◀») 우나기	도미	たい ◀») 타이	가리비	ホタテ ◀») 호타테
연어	サーモン ◀») 사아몬	잿방어	かんぱち ◀») 칸파치	전복	アワビ ◀») 아와비
고등어	サバ ◀») 사바	넙치	ひらめ ◀») 히라메	피조개	アカガイ ◀») 아카가이
정어리	イワシ ◀») 이와시	광어 지느러미	えんがわ ◀») 엔가와	연어 알	イクラ ◀») 이쿠라
전갱이	アジ ◀») 아지	새우	エビ ◀») 에비	청어 알	かずのこ ◀») 카즈노코
가다랑어	カツオ ◀») 카츠오	게	カニ ◀») 카니	달걀	たまご ◀») 타마고

❀ 라멘 ラーメン

중국의 전통음식인 라미엔 拉麵이 일본으로 건너
와 현재의 형태로 발전하면서 일본의 대표 음식으
로 자리 잡았다. 홋카이도는 대표적인 라멘 격전지
로 삿포로 札幌 미소라멘 味噌ラーメン(미소된장),
하코다테 函館 시오라멘 塩ラーメン(소금), 아사
히카와 旭川 쇼유라멘 醬油ラーメン(간장쇼유)이
홋카이도 3대 라멘으로 꼽힌다. 각종 육수에 면을
담고 반숙 달걀, 파, 차슈(チャーシュー, 돼지고기
조림), 멘마(メンマ, 죽순을 유산 발효시킨 가공식
품) 등 다양한 재료를 얹은 단순한 조합으로 구성
된다.

Delicious!

❀ 소바 そば

메밀가루로 면을 만들어 쯔유에 찍어 먹거나 육수
에 넣어 먹는 요리. 쯔유는 지역마다 만드는 방식이
다르나 일반적으로는 가다랑어를 쪄서 말린 가츠
오부시, 다시마, 표고버섯 등을 우려낸 육수에 간
장, 설탕, 미림 みりん 등을 넣어서 만든다. 소바는
크게 쯔유에 찍어 먹는 모리소바 もりそば와 육수
를 그릇에 부어 국물과 함께 먹는 카케소바 かけそ
ば, 다양한 재료와 함께 볶아 먹는 야키소바 焼き
そば로 나뉜다.

❀ 우동 うどん

밀가루를 반죽하여 길게 늘어뜨린 면을 간장육수
에 넣어 먹는 요리. 우동의 종류는 국물과 함께 먹
는 카케우동 かけうどん과 소바처럼 면을 찬물에
헹궈 대발에 올린 자루우동 ざるうどん, 소량의
간장소스나 쯔유를 뿌려 먹는 붓카케우동 ぶっか
けうどん, 면을 볶아 먹는 야키우동 焼うどん 등이
있다.

Japan Food
일본 대표 음식

✿ 돈부리 どんぶり

일본 가정식의 대표 격인 돈부리는 밥 위에 반찬을 얹어 그대로 먹는 일본식 덮밥을 말한다. 간편한 한 끼 식사로 인기가 높으며 위에 올려진 반찬에 따라 이름이 달라진다. 대표적인 것으로는 규동(牛丼, 소고기), 부타동(豚丼, 돼지고기), 텐동(天丼, 튀김), 오야코동(親子丼, 닭고기와 계란), 카츠동(カツ丼, 돈카츠), 우나동(鰻丼, 장어), 카이센동(海鮮丼, 해산물) 등이 있다.

✿ 스키야키 すき焼き & 샤부샤부 しゃぶしゃぶ

일본식 전골인 나베 요리의 대표, 스키야키 すき焼き는 얇게 썬 소고기와 양파, 두부, 버섯, 파 등의 재료를 냄비에 넣고 끓이면서 간장과 설탕으로 맛을 낸 것으로 재료가 익으면 날계란에 찍어 먹는다. 또 다른 나베 요리 샤부샤부 しゃぶしゃぶ는 스키야키보다 한국에서 다양한 형태로 만나볼 수 있는 음식으로 고기와 채소를 뜨거운 육수에 넣어 익힌 다음 참깨소스나 폰즈 ポン酢라고 하는 과즙식초에 찍어 먹는다.

yum - yum

✿ 야키토리 焼き鳥

일본의 대표 꼬치 요리인 야키토리는 닭고기를 한 입 사이즈로 자른 다음 나무꼬치에 꽂아 직화구이한 것이다. 닭다리살(もも, 모모), 닭가슴살(むね, 무네), 닭껍질(皮, 카와), 닭고기와 파를 번갈아 끼운 것(ねぎま, 네기마), 닭의 횡격막(ハラミ, 하라미), 닭꼬리뼈 주위 살(ぼんじり, 본지리), 닭연골(なんこつ, 난코츠), 닭의 간(レバー, 레바), 닭날개(手羽先, 테바사키), 닭염통(ハツ, 하츠), 다진 닭고기(つくね, 츠쿠네) 등 다양한 종류가 있다.

✿ 일본식 양식

일본에는 서양음식을 일본화하여 고유의 음식으로 정착한 요리가 많다. 대표적인 것은 인도의 전통음식인 카레 カレー다. 일본에서는 카레라이스 カレーライス라 불리는데 인도에서 직접 들어온 것이 아닌 메이지 明治 시대 인도를 지배했던 영국 해군에 의해 전해진 것이라 한다. 향신료가 강한 인도의 카레와 달리 고기나 해산물, 채소 등 재료의 풍미를 살린 매콤달콤한 맛이 특징이다.

돈카츠 とんかつ 또한 일본이 만든 것으로 영국에서 건너온 커틀릿(일본에서는 카츠레츠 カツレツ라 한다)을 독자적인 스타일로 발전시킨 것이다. 기본적으로 커틀릿은 소고기나 양고기로 만드는데, 돼지고기로 만든 커틀릿을 포크카츠레츠라고 하다가 돼지를 의미하는 한자 '돈 豚'을 사용해 지금의 단어로 바뀌었다.

오므라이스 オムライス는 프랑스의 달걀 요리인 오믈렛 Omelette에 케첩을 섞은 밥을 더해 데미그라스 소스를 끼얹어 먹는 것으로 오믈렛과 라이스 Rice(밥)를 합친 조어다. 1900년대 양식 전문점이 치킨라이스와 오믈렛을 합친 음식을 제공하기 시작하면서 탄생한 음식이다.

✿ 술

일본에서 가장 대중적인 주류는 맥주 ビール다. 대표적인 맥주회사로는 기린 Kirin, 아사히 Asahi, 삿포로 Sapporo, 산토리 Suntory 등이 있다. 맥주에 가까운 맛을 내지만 보리 함량이 적고 사용 원료가 다른 '발포주 發泡酒'와 보리 이외의 것을 주원료로 하여 제조했거나 발포주에 보리 증류주를 첨가한 '신장르 新ジャンル'도 맥주의 한 종류다. 맥주만큼 인기를 누리는 것은 바로 니혼슈 日本酒다. 쌀을 원료로 한 양조주로 세이슈 清酒라고도 불린다. 일본 법에 의해 알코올 도수 22도 미만으로 규정되어 있지만 대부분 15~16도다. 차갑게 해서 마시는 레이슈 冷酒, 데워서 마시는 칸자케 燗酒, 상온으로 즐기는 조온 常温, 유리잔에 얼음을 띄워서 마시는 로꾸 ロック 등이 있다. 추하이는 소주를 뜻하는 쇼추 焼酎의 '추'와 하이볼(하이볼, 위스키와 소다수를 섞은 술)의 '하이'를 합친 단어로 증류주를 베이스로 하여 과즙과 탄산을 섞은 것을 말한다. 사와는 위스키나 소주 등의 알코올 음료와 레몬, 키위, 라임, 매실 등과 소다를 섞어 만든 칵테일의 일종이다. 알코올 도수가 낮은 편이고 달달한 맛이 강하므로 여성에게 인기가 높다.

Shopping

홋카이도, 여행의 순간

여행의 순간 여섯 번째
여행의 빼놓을 수 없는 재미, 쇼핑

명과와 디저트 銘菓とスイーツ

일본에서 유제품 생산량 1위를 차지하는 지역인 만큼 홋카이도의 우유, 버터, 치즈를 사용한 다채로운 디저트가 발달했다. 감자, 멜론 등 특산품을 활용한 먹거리는 물론 기념품으로 구매하기 좋은 추천 토산품 14가지를 소개한다.

1

롯카테이 마루세이버터샌드
六花亭 マルセイバターサンド

바삭한 쿠키 사이에
화이트초콜릿, 건포도, 버터를
섞은 크림을 끼운 과자.

2

시로이코이비토
白い恋人

우리에게 친숙한 과자인
쿠크다스의 고급 버전이라
생각하면 이해가 빠르다.

3

로이즈 생초콜릿
ロイズ生チョコレート

적당한 달달함으로
어른의 입맛을 사로잡은
로이즈 간판 상품.

4

키타카로
홋카이도개척오카키
北菓楼北海道開拓おかき

홋카이도 각지의 특산품을
재료로 만든 일본 전통 쌀과자.

5

르타오
두블루프로마주
ルタオ ドゥーブルフロマージュ

상단은 레어치즈, 하단은
베이크드치즈로 이루어진
궁극의 치즈 케이크.

6

하나바타케보쿠조
생캐러멜
花畑牧場生きゃらめる

재료에 공을 들여 만든
수제 캐러멜로 입안에서
사르르 녹는다.

7

호리 유바리멜론 퓨어젤리
ホリ 夕張メロンピュアゼリー

멜론의 과육이 듬뿍 담긴 젤리.

8

포테이토팜 자가포크루
ポテトファーム じゃがポックル

바삭바삭한 포테이토
스틱 과자.

9

류게츠 산포로쿠
柳月 三方六

초콜릿이 코팅된
말차 바움쿠헨.

10

캐러멜시리즈
ご当地キャラメルシリーズ

버터, 연유, 히비스커스, 멜론,
하스카프 등 홋카이도스러운
맛을 선보이는 캐러멜.

11

홋카이도 밀크 쿠키 삿포로 농학교
北海道ミルククッキー
札幌農学校

홋카이도산 우유, 밀가루,
버터를 배합해 풍부하면서
부드러운 밀크 맛을 내는 쿠키

12

키노토야 치즈타르트
きのとや 焼きたてチーズタルト

두 번 구워 더욱 바삭한 타르트
식감과 폭신한 치즈 무스가
어우러지는 치즈 타르트

13

홋카이도 우유 카스텔라 진한 치즈케이크
北海道牛乳カステラ 濃厚チーズケーキ

생김새는 버터이나 실체는 3시간 저온으로
숙성한 진한 크림치즈맛 케이크이다.

14

모리모토 하스카프주얼리
もりもと ハスカップジュエリー

하스카프 열매로 만든 잼과 버터크림,
초콜릿을 듬뿍 넣은 쿠키로 40년이 넘는
역사를 자랑한다.

Shopping
홋카이도, 여행의 순간

전문점 專門店

구경만 해도 시간 가는 줄 모를 정도로 재미나고 기발한 상품들이 진열되어 있는 전문점은 일본 여행 중 쇼핑에서 빠질 수 없는 코스다. 현지인뿐만 아니라 한국인 관광객에도 인지도가 높은 전문점들은 삿포로에 반드시 지점을 두고 있다.

핸즈 HANDS

토큐핸즈가 '핸즈'로 사명을 변경했다. 참신한 아이디어 생활용품이 돋보이는 잡화 전문점. 아기자기한 디자인 상품도 많아 구경하는 재미가 쏠쏠하다.

돈키호테
ドン・キホーテ

없는 물건이 없을 정도로 방대한 상품 구성에 가격 또한 저렴해 손님몰이에 앞장서고 있는 대형 종합 할인매장.

프랑프랑 Francfranc

독자적인 오리지널 디자인의 아기자기하고 깔끔한 상품을 내세워 여심을 자극하는 생활용품 전문점. 특히 주방용품과 패션 잡화의 인기가 높다.

무인양품 無印良品

브랜드 로고가 없는
단순하지만 세련된
디자인으로 인기를
끄는 브랜드. 저렴한
가격에 비해 품질이
좋다. 깔끔하고
세련된 디자인의
생활용품이 돋보인다.

로프트 LoFt

핸즈와 더불어
기발한 아이디어
생활용품이 많다.
특히 문구용품,
미용용품 등이
돋보인다.

가전양판점

빅카메라 ビッグカメラ,
요도바시카메라 ヨドバシカメラ, 라비
LABI 등 다양한 전자 브랜드의
상품을 한데 모아 판매하는 가전제품
전문매장도 쇼핑 코스 중 하나. 일본
국내의 웬만한 전자 브랜드 상품들은
모두 만나볼 수 있다. 샘플 기계가
비치되어 있어 직접 만져보고 사용해
볼 수 있으며 전문 스태프들이
친절하게 상품을 설명해준다. 세금
제외 ¥5,000 이상 구입 시에는 면세
수속도 가능하여 잘하면 한국보다
저렴하게 구입할 수 있다.

저가형 잡화점

대표적인 저가형 균일가
잡화점으로 캔두
CanDo, 다이소 ダイソ
ー, 스리코인즈 3COINS,
세리아 Seria가 있다.
저가라고 해서 품질이
떨어질 것이라는 생각은
버리자. 실용적이고
쓰임새가 좋은 것은 물론
디자인까지 예쁜 상품이
모여 있다.

Shopping

홋카이도, 여행의 순간

편의점&슈퍼마켓 コンビニ&スーパー

목이 마르거나 입이 심심할 때, 또는 화장실이 가고 싶거나 현금을 인출해야 할 때 등 상황에 따라
탁월한 대처능력을 보여주는 것은 다름 아닌 편의점이다. 24시간 영업, 기똥찬 위치 선정으로 여행
의 든든한 동반자가 되어 줄 편의점 가운데 홋카이도에만 있는 프랜차이즈로는 세이코마트 セイコ
ーマート가 있다. 홋카이도 어디서든 'Seicomart'라 적혀있는 주황색 간판을 심심찮게 만나볼 수
있는데, 홋카이도산 식재료로 만든 다양한 제품을 선보인다. 이 밖에 한국인에게도 친숙한 세븐일
레븐 セブンイレブン, 패밀리마트 ファミリーマート, 로손 ローソン 등이 있으며, 브랜드 별로 홋카
이도 한정 오리지널 상품을 개발하고 판매하는 데 주력하고 있다. 홋카이도 곳곳에 자리한 슈퍼마
켓 프랜차이즈로는 슈퍼아크스 スーパーアークス, 코프 コープ, 이온 イオン 등을 꼽을 수 있다. 대
형마트인 만큼 웬만한 상품은 모두 찾아볼 수 있으며 다양한 할인행사로 인해 생각지도 않은 득템
을 할 수도 있다.

✿ 홋카이도 한정! 편의점&슈퍼마켓 추천 상품

더블라멘
ダブルラーメン

컵라면

홋카이도 컵라면의 대표 격 자리는 '야키소바벤
토 やきそば弁当'가 지키고 있다. 다른 야키소바
컵라면과 달리 뜨거운 물을 버리지 않고 동봉된
가루를 넣으면 수프로 변신! 야키소바와 함께 마
시는 것을 권장한다.

봉지라면

도산코 道産子(홋카이도에서 태어나고 자란 사
람을 이르는 말)의 야키소바 사랑은 봉지라면으
로도 이어진다. 액체 소스와 후레이크가 별도로
들어 있는 '야킷페 やきっぺ'와 면에 이미 맛이
배어 있는 '홍콩 야키소바 ホンコンやきそば'가
양대 산맥. 소금, 미소된장, 간장쇼유 세 가지 맛
으로 구성된 '더블라멘 ダブルラーメン'도 예부
터 사랑 받고 있는 봉지라면이다.

양념·소스

소바나 우동에 쓰이는 멘츠유 소스 めんつゆ 가운데 홋카이도에서
만 판매하는 '멘미 めんみ', 징기스칸 소스로 달달한 맛이 강한 '소라
치 ソラチ'와 간장 맛이 진한 '베루 ベル'가 대표적인 소스다. 일본식
고춧가루 시치미 七味, 오코노미야키의 뿌려 먹는 소스 お好み焼き
ソース, 일본식 카레가루 カレールー, 미소된장 味噌汁 등 일본음식
관련 제품도 빼놓을 수 없다.

반찬

홋카이도에서 팥을 넣은 찰밥을 먹을 때 반드시 넣어 먹는 '아마낫토 甘納豆'는 슈퍼에서 구입할 수 있는 홋카이도스러운 반찬. 매실 절임 우메보시 梅干し, 콩을 발효시킨 식품 낫토 納豆, 녹차에 밥을 말아 먹는 오차즈케 お茶漬け도 반찬으로 추천하는 제품이다.

러브러브샌드

빵

홋카이도 편의점이나 슈퍼마켓에서만 구입할 수 있는 한정 빵 하면 어린이의 영양을 생각한 '비타민 카스텔라 ビタミンカステーラ', 식빵에 다양한 소스나 재료를 끼워 만든 '러브러브샌드 ラブラブサンド'를 들 수 있다.

음료

오렌지와 자몽을 섞은 듯한 탄산음료 '리본나폴린 リボンナポリン', 군인용 영양 음료였다가 홋카이도산 유산균 음료로 정착한 '소프트카츠겐 ソフトカツゲン', 아마존 밀림지대에서 자라는 덩굴식물 과라나 액기스로 만든 '코업과라나 コアップガラナ'는 홋카이도에서만 만날 수 있는 음료수이다. 홋카이도 한정 맥주 '삿포로 클래식 SAPPORO CLASSIC'도 빼먹지 말 것!

편의점 PB상품

세이코마트에서 선보이는 '어묵빵 ちくわパン'과 '휘핑카스타드빵 ようかんパン', 아이스크림 '옥수수모나카 とうきびモナカ', 소금맛 과자 '시오A지프라이 しおA字フライ'는 홋카이도를 방문한 현지인의 기념품으로도 인기있다.

쿠시로잔기
くしろザンギ

오니기리 おにぎり

한국에서도 흔히 볼 수 있는 삼각김밥을 말한다. 홋카이도 한정 맛은 버터간장쇼유 バター醤油, 징기스칸 ジンギスカン, 쿠시로잔기 くしろザンギ, 감자콘버터 じゃがバターコーン 등이 있다

Shopping

홋카이도가 사랑하는 편의점, 세이코마트

홋카이도에서 탄생한 로컬 편의점으로 도내에 천 개가 넘는 지점을 운영하고 있는 현존하는 일본 최초의 편의점 세이코 마트 セイコーマート. 세븐일레븐, 패밀리마트보다 먼저 탄생한 첫 편의점이며 여타 편의점 보다 저렴한 가격, 홋카이도에서만 맛볼 수 있는 한정 먹거리, 어디서든 찾기 쉬운 접근성, 든든한 한 끼를 해결할 만한 다양한 상품 종류 등 무수한 매력을 지니고 있어 홋카이도 도민의 자부심이 대단하다.

✽ 추천! 세이코마트의 다채로운 먹거리

돼지고기덮밥
豚丼

핫셰프
ホットシェフ

세이코마트 오리지널 도시락과 간식 브랜드. 홋 카이도의 풍부한 자연 환경에서 탄생한 자원을 활용해 홋카이도만의 상품을 개발하고 있다. 그중 핫셰프는 현지인의 허기진 배를 채워주는 요리사 역할을 톡톡히 해내고 있는데, 단순 조 리가 아닌 재료를 손보고 밥을 짓고 간을 하여 용기에 담아내기까지 모든 과정을 점포 내부에 서 직접 진행한다는 점이 강점이다. 돈카츠덮밥 カツ丼, 돼지고기덮밥 豚丼, 징기스칸 도시락 ジンギスカン弁当, 후라이드 치킨 フライドチ キン, 후라이드 포테이토 フライドポテト가 대 표 메뉴로 꼽힌다.

돈카츠덮밥
カツ丼

후라이드 치킨
フライドチキン

세코마 오리지널 주류

본래 주류 전문매장으로 시작한 세이코마트는 이러한 역사적 배경을 살려 사워 サワー, 와인ワイン, 니혼 슈日本酒, 쇼츄 焼酎 등 다양한 종류의 주류를 판매하고 있다. 특히 바쁜 여정의 하루를 마무리할 술 한 잔 에 탁월한 사워, 하이볼, 모히토, 칵테일 등이 풍성해 고르는 재미가 있다. 멜론, 토마토, 과라나 등 홋카이 도의 대표 식재료를 녹여내 었거나 홋카이도 특산품 중 하나인 위스키를 사용하는 등 지역 특징을 살린 맛이 많다.

홋카이도 멜론사워
北海道メロンサワー

과즙100% 감귤사워
果汁100% みかんサワー

민트 모히토
和ミントモヒート

홋카이도 멜론 다이후쿠
北海道メロン大福

통팥앙금 도라야키
どら焼

커피젤리
名水コーヒーゼリー

전문점 뺨치는 디저트

후식으로 제격인 디저트 메뉴도 충실하다. 세이코 마트 대표 상품이기도 한 소프트 아이스크림 '홋카이도 멜론 아이스크림 北海道メロンアイスクリーム'을 비롯해 멜론맛 앙금과 크림이 듬뿍 들어있는 모찌떡 '홋카이도 멜론 다이후쿠 北海道メロン大福', 홋카이도산 팥과 밀가루로 만든 '통팥앙금 도라야키 どら焼', 홋카이도의 맛나고 깨끗한 물로 내린 '커피젤리 名水コーヒーゼリー', 점포에서 직접 삶아 판매하는 옥수수 등 먹음직스러운 음식들로 가득하다.

기념품으로 좋은 상품

여행이 끝난 후 귀국길에 집에 가지고 돌아가면 좋은 즉석식품과 과자도 많은 편이라 기념품으로도 좋다. 고추냉이의 톡 쏘는 향이 입안에 내내 퍼지는 '야마와사비 야키소바 山わさび焼きそば', 칠리 토마토맛 수프에 홋카이도산 양파 액기스를 듬뿍 넣은 '칠리 토마토맛 누들 チリトマト味ヌードル', 연어와 옥수수의 조합 '샤케토바콘칩스 鮭とばコーンチップス' 홋카이도산 크림으로 만든 '밀크 캔디 ミルクキャンディ' 등이 있다.

밀크 캔디
ミルクキャンディ

샤케토바콘칩스
鮭とばコーンチップス

야마와사비 야키소바
山わさび焼きそば

칠리 토마토맛
누들
チリトマト味
ヌードル

Shopping
홋카이도, 여행의 순간

드러그스토어 ドラッグストア

단순히 의약품 판매를 넘어서 화장품, 욕실용품, 과자, 음료수 등 다양한 라인업을 자랑하는 드러그스토어. 홋카이도에 있는 프랜차이즈로는 츠루하드러그 ツルハドラッグ, 삿포로드러그스토어 삿포로드러그스토어ー, 선드러그 サンドラッグ 등이 있다. 이들 점포는 대부분 세금을 제외하고 ¥5,000 이상 구입 시 면세 수속이 가능하며 늦은 시간대인 22:00 이후까지 영업하는 점이 특징이다.

✿ 드러그스토어 추천 아이템

로이히 동전파스
ロイヒつぼ膏
🔊 츠보코

어깨결림과 요통에 좋은 직경 2.8cm의 동전 모양 파스. 일반 사이즈, 큰 사이즈, 시원한 쿨타입 등 3종류가 있다.

유니참 코튼화장솜
unicharm シルコット
🔊 시루콧토

토너를 다른 화장솜 제품보다 1/2 적셨음에도 마치 듬뿍 사용한 것처럼 촉촉해지는 화장솜으로 큰 인기를 얻고 있다.

시세이도제약 꽃가루화분 방지수프레이
イハダ アレルスクリーン
🔊 알레르스크린

꽃가루 화분을 방지해주는 수프레이. 얼굴 전체를 도포하는 수프레이 타입과 입과 코 주변을 도포하는 젤 타입 두 가지가 있다.

시세이도 퍼펙트휩
資生堂 パーフェクトホイップ
🔊 파페토호이뿌

마치 휘핑크림처럼 탄력 있는 거품을 낼 수 있는 클렌징폼. 보습 성분이 배합된 상품으로 여성에게 인기가 높다.

닥터숄 압박스타킹
Dr.Scholl メディキュット
🔊 메디큐토

부종 완화에 미각효과까지 기대할 수 있는 압박스타킹. 근무 중이나 취침 중 언제든지 사용할 수 있도록 다양한 제품을 선보이고 있다.

히사미츠제약 사론파스Ae
久光製薬 サロンパスAe
🔊 사론파스

혈액순환을 촉진하는 비타민E와 염증을 진정시키는 실리실산메틸 성분을 배합한 파스. 근육통, 타박상, 관절염 등에 효과가 있다.

코바야시제약 아이봉
小林製薬 アイボン
🔊 아이봉

가볍게 안구 세척을 할 수 있는 눈약. 눈병 예방, 미세먼지, 꽃가루, 황사 등 눈 건강에 탁월하다.

시세이도제약 습진연고
資生堂製薬 IHADA
🔊 이하다

스테로이드 성분이 미함유된 얼굴 전용 습진연고. 에센스와 크림타입 두 종류다.

라이온 페어아크네크림
LION ペアアクネクリームW
🔊 페어아크네

성인 여드름 전문크림. 염증을 가라앉히고 아크네균을 살균하여 집중적으로 치료한다.

오타이산 위장약
太田胃散
🔊 오오타이산

뛰어난 효능으로 입소문이 자자한 위장약. 1일 3회 식간 또는 식후 한 스푼 복용.

코와 캬베진 위장약
Kowa キャベジンコーワ
🔊 캬베진코오와

속이 메스껍거나 거북할 때 먹는 위장약. 1회 2정, 1회 6정까지 복용.

라이온 지사제
LION ストッパ
🔊 스톱파

설사를 멈추게 하는 지사제. 물 없이 사탕 먹듯 1정을 먹으면 된다. 1일 3회, 4시간 간격으로 복용.

코바야시제약 편도선염약
小林製薬 ハレナース
🔊 하레나아스

편도선이 부었을 때 병원 방문 전 임시방편으로 복용하면 좋은 약. 1일 3회 복용.

코바야시제약 수분마스크
小林製薬のどぬ〜るぬれマスク
🔊 노도누~루누레마스크

마스크 속에 스팀 효과가 있는 필터를 장착해 약 10시간 동안 수분을 유지해준다.

코바야시제약 액체 반창고
小林製薬 サカムケア
🔊 사카무케아

다친 부위에 발라주면 굳어져 투명 밴드 역할을 하는 액체 반창고.

코바야시제약 겨드랑이 땀패드
小林製薬 Riff あせワキパット
🔊 리프아세와키팟도

겨드랑이 땀을 흡수하여 얼룩을 방지해주는 패드. 옷에 부착하여 보송보송함을 유지시켜준다.

코바야시제약 해열시트
小林製薬 熱さまシート
🔊 네츠사마시토

열이 날 때 이마에 붙이는 해열시트로 연령별, 성별 등 다양한 종류로 구성되어있다.

타이쇼제약 구내염패치
大正製薬 口内炎パッチ大正A
🔊 코오나이엔팟치

구내염과 설염 전문치료 패치. 염증 부위에 직접 붙여서 사용한다. 1일 1~4회 부착 가능.

여행 설계하기
Plan the Travel

기본 국가 정보

국가명   일본 日本
수도   도쿄 東京
인구   1억 2330만 명(세계 12위). 홋카이도의 인구수는 약 5,061,620명
지리   **홋카이도** 北海道, **혼슈** 本州, **시코쿠** 四国, **큐슈** 九州 등 4개의 큰 섬으로 이루어진 **일본 열도** 日本列島와 이즈 · 오가사와라 **제도** 伊豆·小笠原諸島, **치시마 열도** 千島列島, **류큐 열도** 琉球列島로 구성된 섬나라다.

홋카이도 北海道
혼슈 本州
도쿄 東京
시코쿠 四国
큐슈 九州

오키나와

면적   377,915㎢, 그중 홋카이도의 면적은 83,454㎢
언어   일본어
시차   한국과 시차는 없다.
통화   ¥(엔)/¥100=약 915원(2024년 11월 기준)
전압   100v (멀티 어댑터 필요)
국가번호 81
비자   여권 유효 기간이 체류 예정 기간보다 더 남아 있다면 입국은 문제 없으며, 최대 90일까지 무비자로 체류 가능하다.

공휴일　국민 모두가 축복하는 기념일이라 하여 공휴일을 '슈쿠지츠 祝日'라 부르는 일본. 연휴가 집중되는 4월 하순과 5월 상순의 골든 위크 ゴールデンウィーク(Golden Week), 9월 중하순의 실버 위크 シルバーウィーク(Silver Week) 그리고 직장인의 휴가철이자 일본의 추석 개념인 8월 중순의 오봉 お盆(일본의 명절)이 대표적인 휴일이자 여행 성수기다.

1월 1일 설날	4월 29일 쇼와의 날	9월 셋째 주 월요일 경로의 날
1월 둘째 주 월요일 성인의 날	5월 3일 헌법기념일	9월 22일 또는
2월 11일 건국기념일	5월 4일 녹색의 날	9월 23일 추분(秋分)의 날
2월 23일 일왕탄생일	5월 5일 어린이날	10월 둘째 주 월요일 체육의 날
3월 20일 또는	7월 셋째 주 월요일 바다의 날	11월 3일 문화의 날
3월 21일 춘분(春分)의 날	8월 11일 산의 날	11월 23일 노동 감사의 날

※ 공휴일과 주말이 겹치는 경우 대체 휴일이 적용되어 다음 날이 휴일이 된다.

홋카이도 여행 정보

도북(道北, 도호쿠)

도동(道東, 도토)

● 삿포로 札幌

도앙(道央, 도오)

도남(道南, 도난)

01 ｜ 비행 시간

우리나라에서 홋카이도로 가는 비행기는 인천, 김해(부산)에서 출발하는 삿포로 札幌행 노선이 있다. 삿포로까지의 직항 소요시간은 인천 2시간 40분, 김해 2시간 20분이 소요된다(노선은 변동 사항이 있을 수 있음).

02 ｜ 기후

홋카이도는 도남 東南 지방의 일부를 제외하곤 모든 지역이 겨울은 춥고 길며 여름은 짧은 아한대 기후에 속한다. 여름과 겨울 간 기온 차가 크고 사계절이 뚜렷하여 각 계절마다 보여주는 풍경이 제각각인데다 누릴 수 있는 즐거움도 달라지는 점이 가장 큰 특징이다. 하지만 봄, 여름, 가을은 시기가 매우 짧은 편이며, 기본적으로 겨울 날씨가 반년 이상 지속된다. 한여름에는 30℃를 넘어서는 일이 드물지만 이따금 이상 기온으로 무더위를 느낄 때도 있으며, 겨울은 전 지역에 눈이 내리고 맹추위가 이어진다.

홋카이도 주요 도시의 연간 평균 기온 및 강수량

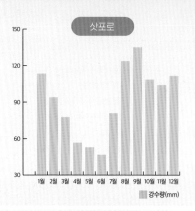

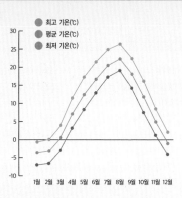

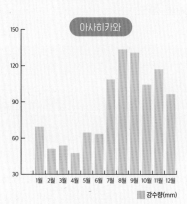

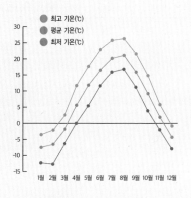

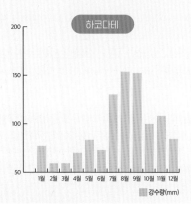

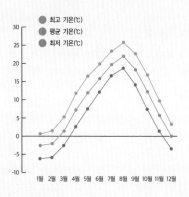

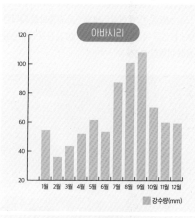

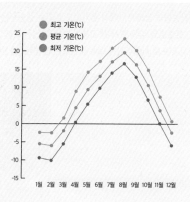

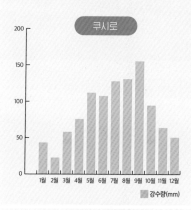

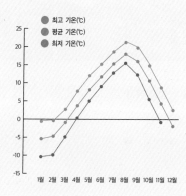

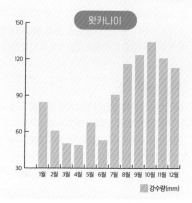

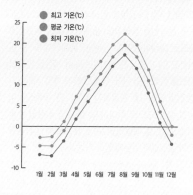

홋카이도 입국하기

인천공항과 김해공항에서 홋카이도로 가는 직항편은 모두 삿포로 札幌 신치토세 新千歳 공항으로 다다른다. 삿포로와 주요 도시 간 교통이 매우 잘 연결 되어 있어 동선을 짜는데 큰 어려움은 없다. 신치토세 공항에서 삿포로 시내까지는 쾌속열차 또는 연락버스를 이용해 이동할 수 있다.

01 입국 절차

검역 ➡ 입국 심사 ➡ 수하물 찾기 ➡ 세관 검사 ➡ 입국 게이트 도착

02 Visit Japan Web(VJW)

2023년 4월 29일부터 입국 심사, 세관 신고의 정보를 온라인을 통해 미리 등록하여 각 수속을 QR코드로 대체하는 'Visit Japan Web' 서비스를 실시하고 있다. 입국 전 웹사이트에서 계정을 만들고 정보를 등록하면 된다. 탑승편 도착 예정 시각 6시간 전까지 절차를 완료하지 않았다면 서비스를 이용할 수 없으므로 주의하자. 일본 입국 당일 수속 시 QR코드를 제출하면 된다. 참고로 백신 접종유무와 상관없이 일본에 입국 가능하다.

홈페이지 www.vjw.digital.go.jp (한국어 지원)

03 수하물 찾기

입국심사장에서 빠져나오면 바로 앞에 수하물 수취소가 위치한다. 표지판에 항공사, 편명, 벨트번호를 확인 후 해당 벨트로 이동해 맡긴 짐을 찾도록 한다.

04 세관 검사

입국 카드와 함께 반드시 작성해야 할 서류 또 하나는 '휴대품·별송품 신고서 携帯品·別送品申告書'. 질문 내용에 빠짐없이 기재하면 된다. 일본의 면세 범위는 P.416을 참조하자. 입국의 마지막 절차인 세관에서 직원에게 여권과 신고서를 함께 제출하면 된다.

홋카이도 이동하기

하나의 국가라고 봐도 무방할 넓은 면적을 자랑하는 만큼 도시 간 이동 역시 만만치 않다. 열차, 버스 등의 다양한 대중교통수단을 이용해 짧게는 한 시간, 길게는 8시간 남짓 소요되므로 방문하고 싶은 도시와 여행 목적을 고려해 동선을 효율적으로 세우는 것이 중요하다. 요금, 출발 시간 등에 따라 선택하는 교통수단 또한 달라질 터. 타 도시에 비해 대중교통이 열악한 지역도 있어 때에 따라 렌터카도 좋은 교통수단이 된다.

01 | 열차 鉄道

JR철도가 운영하는 홋카이도 열차는 본문에 소개하는 모든 거점 도시를 연결한다. 특히 삿포로, 아사히카와, 하코다테, 쿠시로 등 홋카이도의 대도시 간은 특급열차를 정기적으로 운행하여 빠르고 편리하게 접근할 수 있으며, 역사를 중심으로 주변에는 상권이 형성되어 있어 종합시설로서의 역할도 톡톡히 하고 있다. 대도시부터 소도시 작은 마을을 통과하는 보통열차는 특급열차보다 많은 시간이 소요되므로 여행일수가 짧은 이들에게는 추천하지 않는다. 다만 영화 〈철도원 鉄道員:ぽっぽや〉과 같이 고요한 풍경 속에 스며든 아담한 철도역의 모습이 제법 운치 있어 큰 규모의 역사와는 또 다른 매력을 느낄 수 있다. 철도 위주로 이동할 사람들을 위한 다양한 레일패스와 할인 티켓을 판매하고 있으므로 자신의 여행에 맞는 것을 이용하면 비용 절감의 효과도 누릴 수 있다.

JR홋카이도 여객철도 주식회사 www.jrhokkaido.co.jp

Pickup 꼭 알아두세요!

홋카이도 레일패스의 경우, 관광을 목적으로 단기 체류하는 외국인을 대상으로 한 특별 패스가 있다. 일반 패스보다 가격도 저렴하고, 패스 소지자에 한해 렌터카 할인, JR타워 할인 쿠폰, 홋카이도 시키사이칸 할인 쿠폰권, 빅카메라 삿포로점 7% 추가 할인 쿠폰권 등의 특전도 주어진다. 패스는 여행을 떠나기 전 한국에서 온라인 여행사 또는 소셜커머스 업체를 통해 구입할 수 있다. 자세한 내용은 P.70 참고

Pickup JR홋카이도 전철역 기념 승차권 JR北海道ご当地入場券

홋카이도 101개 지역, 417개 전철역을 오가는 JR홋카이도에서 기념 승차권을 발행한다. 전철역을 이용한 기념으로 발매되는 티켓에는 각 역을 지나는 전철의 모습과 마을 풍경이 담겨 있다. 요금 1매 ¥200

02 | 버스 バス

삿포로에서 출발하여 다른 도시로 이동할 때
열차만큼 편리한 수단이 버스이다. 열차보다
다소 시간이 소요되는 편이지만 굵직한 관광
지가 아닌 곳으로도 직통버스를 운행하기 때
문에 환승할 번거로움이 줄어든다. 요금도 저
렴하므로 시간은 많고 주머니 사정이 여의치
않은 이라면 버스만큼 좋은 선택지도 없다. 정
기적으로 장거리버스를 운행하고 있으나 구간

과 횟수 변경이 수시로 발생하므로 탑승 전 미
리 확인해서 계획을 세워야 하며, 시기에 따라 조기에 매진되는 경우도 있다는 점을 알아두자. 렌터카를 대
여할 수 없는 뚜벅이 여행자라면 정기관광버스도 이용해볼 것. 교통편이 불편한 지역을 보다 편리하게 둘
러볼 수 있도록 만들어졌으며 음식, 온천, 휴게소 등 프로그램 내용도 알찬 편이다.

홋카이도추오버스 www.chuo-bus.co.jp
도난버스 donanbus.co.jp
도호쿠버스 www.dohokubus.com
아칸버스 www.akanbus.co.jp

03 | 비행기 飛行機

홋카이도에는 총 11곳의 공항이 있다. 국제선을 운항하는 삿포로 신치토세 新千歲 공항을 비롯해 삿포로
시내에 있는 오카다마 丘珠 공항, 하코다테 函館 공항, 왓카나이 稚内 공항, 탄초쿠시로 たんちょう釧路 공
항, 아사히카와 旭川 공항, 토카치오비히로 とかち帯広 공항, 메만베츠 女満別 공항 등이 대도시 내 또는
인근에 위치하고 있다. 공항과 시내를 연결하는 연락버스 운영도 효율적으로 이루어지고 있어 다른 교통
수단과 비교해 압도적으로 빠른 소요시간을 자랑한다. 시기만 잘 맞추면 저렴한 항공권을 잡아 비용을 최
소화할 수도 있다. 하지만 항공 편수가 적다는 점과 수속을 위해 최소 1시간 전에는 공항에 도착해야 한다
는 점이 단점으로 꼽힌다.

04 | 페리 フェリー

홋카이도에서 페리를 이용하는 경우는 매우
드물다. 보편적으로 알려져 있는 것은 왓카나
이 稚内에서 리시리 利尻섬과 레분 礼文섬으
로 갈 때. 각 섬까지 약 1시간 40~45분이 소요
되며, 하루 1~4편을 운행한다.

하트랜드 페리 www.heartlandferry.jp

05 | 렌터카 レンタカー

홋카이도의 웬만한 지역은 대중교통을 이용해 이동이 가능하다. 하지만 운행 횟수가 적어 계획 세우기가 쉽지 않거나 아예 대중교통이 지나지 않는 구간을 다닐 경우가 생긴다면 렌터카를 이용하는 것이 편리하다. 렌터카의 가장 큰 장점은 광활한 홋카이도의 대자연을 벗삼아 자유롭게 드라이브를 즐길 수 있다는 것. 하지만 렌터카를 이용하기 전 반드시 주의해야 하는 점이 있으니, 바로 운전대의 위치다. 왼쪽에 운전대가 위치한 우리나라와는 달리 일본은 오른쪽에 위치해 있기 때문에 렌터카를 이용하려면 왼쪽 차로 주행에 부담을 느끼지 않고 운전에 비교적 익숙한 사람에게 추천한다.

렌터카 대여는 간단하다. 현지에서 즉흥적으로 대여할 수도 있지만 여행 전 한국의 여행사 또는 렌터카 전문업체를 통해 예약을 한 다음 현지에서 차를 픽업하는 것이 일반적이다. 원하는 날짜와 운전 장소가 정해지면 곧바로 예약에 돌입하자. 여행 성수기는 물론이고 최근 외국인 관광객의 급증으로 렌터카의 인기도 덩달아 올랐기 때문. 주의점만 잘 숙지하면 큰 어려움 없이 무난하게 운전할 수 있다.

Pickup 홋카이도에서 운전할때 주의할점

야바네

- 홋카이도의 서비스구역(SA)과 주차구역(PA)에는 주유소가 없는 곳이 많다. 또 도시에서 작은 도시로 갈수록 주유소를 발견하기 쉽지 않다. 이 점을 염두에 두어 미리 주유하는 습관을 기르자.
- 직선도로가 많아 자칫 자신도 모르게 속도를 내어 달릴 수도 있으니 제한속도를 잘 지키며 주행해야 한다.
- 고속도로에 야생동물의 갑작스런 출몰이 빈번한 편이다. 특히 도동 道東 지방이 심하다. 도로표식을 눈여겨보고 조심해서 운전하도록 하자.
- 겨울철 운전에 각별히 유의할 것. 홋카이도는 겨울이 길어 5월과 10월에도 눈이 내린다. 도로 상황을 예의주시하며 평소보다 천천히 달리는 것이 좋다. 렌터카 대여 시 스노우타이어가 장착돼 있는지 확인하자.
- 농가와 논밭 주변에는 신호가 없는 곳이 있다. 교차로 부근에서는 서행을 하고 옆을 잘 살피면서 주행하자.
- 도로를 달리다 보면 공중에 매달린 빨간색과 흰색 조합의 화살표가 눈에 띈다. '야바네 矢羽根'라 불리는 이것은 갓길이 어디에 있는지 표시하기 위해 세운 것으로 도로선이 보이지 않는 눈길에서 중요한 역할을 한다.

Feature

홋카이도 레일패스

홋카이도 전역을 다니는 열차를 저렴하고 편리하게 이용할 수 있는 레일패스가 있다.
JR철도가 운행하는 홋카이도 노선(신칸센 新幹線 제외) 열차를 유효기간 내에
자유롭게 승하차할 수 있는 홋카이도 레일패스를 소개한다.

JR 홋카이도 여객철도 주식회사 www.jrhokkaido.co.jp/global/korean/ticket/railpass

레일패스 이용 방법

❶ 한국에서 (패스를 판매하는) 온라인 여행사 또는 여행플랫폼을 통해 외국인 전용 레일패스 교환권을 구입한다.(일본 입국 후 일반 패스를 구입하려면 취급하는 JR 역내에서 구입 가능하다. 레일패스를 판매하는 역은 JR 삿포로역·JR 신치토세 공항역 인포메이션 데스크, JR 하코다테역 트윙클플라자, JR 신하코다테호쿠토역·JR 노보리베츠역 JR 티켓 카운터(미도리노마도구치), JR 아사히카와역·JR 오비히로역·JR 쿠시로역 트윙클플라자, JR 아바시리역 등이 있다.)

❷ 홋카이도 현지 JR철도 주요역 미도리노마도구치 みどりの窓口나 트윙클플라자 ツインク

ルプラザ에서 교환권과 여권을 함께 제시한다.

❸ 레일패스에 날인을 받아 사용을 개시한다.

❹ 지정석에 승차할 경우, 좌석을 예약한다.

❺ 개찰구를 통과할 때 역무원에게 레일패스를 제시한다.

❻ 열차에 탑승한다.

레일패스 종류 및 가격

신칸센을 제외한 홋카이도 내 JR전철 전 노선을 자유롭게 이용할 수 있는 레일
패스는 5일, 7일권 두 종류가 있다. 또한 삿포로와 노보리베쓰 지역 노선을 4일간 이용
가능한 '삿포로 노보리베쓰 에리어 패스', 신치토세 공항, 삿포로, 오타루, 후라노, 비에이,
아사히카와의 이동에 편리한 '삿포로 후라노 에리어 패스'가 이번에 새롭게 추가되었다.

● 일반 패스 가격(일본 국외 발매 기준)

종류(보통열차)	5일권	7일권	10일권	삿포로 노보리베츠 4일권	삿포로 후라노 4일권
성인	¥20,000	¥26,000	¥32,000	¥9,000	¥10,000
어린이(6~11세)	¥10,000	¥13,000	¥16,000	¥4,500	¥5,000

● 레일패스로 이용 가능한 범위

좌석 종류	사용 가능 여부	종류(보통열차)
보통열차	보통차 자유석	가능 (지정석은 예약 필요)
특급 · 쾌속열차	보통차 지정석 또는 자유석	
	1등차 그린석	별도 요금 부가
신칸센	전 좌석	불가
삿포로 시내 JR 전철 전 노선	전 좌석	가능
삿포로 시내 JR 홋카이도 버스 일부 노선		가능

※ 도난이사리비 철도선(고료카쿠 ↔ 키코나이), 삿포로 시영지하철, 노면전차 등은 레일패스 사용이 불가하다.
※ 삿포로 내 JR전철, JR 홋카이도 버스의 경우 패스 사용이 불가한 노선이 있으니, 사용 전 홈페이지를 통해 확인이
필요하다.

패스 이용 시 주의점

❶ 이용 개시를 위한 날인을 반
드시 받아야 한다.
❷ 신칸센을 제외한 보통, 쾌속,
특급열차의 자유석과 지정석을
자유롭게 탑승할 수 있다. 자유
석은 별도의 절차가 필요 없지만
지정석은 반드시 예약해야 한다.

또한 1등석 그린차를 이용할 경
우 별도의 요금이 부가된다.
❸ 삿포로 시내 JR전철 전 노선
과 JR 홋카이도 버스 일부 노선
을 자유롭게 이용할 수 있다. 단,
시영지하철과 노면전차는 해당
되지 않는다.

❹ 사용하지 않은 교환권은 1년
이내에 구입한 것에 한해 구입처
에서 환불 받을 수 있다(수수료
부가).
❺ 반드시 여권과 함께 소지해야
한다.

Pickup 레일패스 없이 여행하는 여행자들을 위한 팁

레일패스 없이 여행을 하는 여행자의 경우 여행 도중 열차를 이용해야 할 일이 생긴다면, 할인티켓을 이용해보자.
삿포로를 출발하여 하코다테, 노보리베츠, 토야, 오비히로, 쿠시로를 연결하는 열차를 ¥2,000 정도 할인된 가격
에 판매한다.

홋카이도 추천 여행 일정

2박 3일, 3박 4일, 4박 5일, 그리고 코스를 응용하여 선택할 수 있는 5박 6일 장기 코스까지 여행 일수, 상황에 맞게 홋카이도를 여행하는 추천 일정을 소개한다. 도시별 상세 여행 코스는 해당 도시 코너의 당일치기 여행 코스 페이지를 참조한다.

2박 3일 입문 코스

홋카이도를 처음 여행하는 사람들을 위한 가장 기초적인 홋카이도 여행 코스.

일수	여행지	일정 내용	숙박지
1 DAY	한국 → 삿포로	한국에서 삿포로로 도착하여, 삿포로 시내 여행 명소를 관광한다.	삿포로
2 DAY	삿포로 → 오타루	삿포로에서 오타루까지는 전철로 40분이 소요되므로, 숙박은 그대로 삿포로에 묵고 당일치기로 오타루를 여행한다.	삿포로
3 DAY	삿포로 → 한국	신치토세 공항으로 이동	—

Travel tip

둘째 날 오타루를 여행할 경우, 오타루에서 숙박하는 방법도 있지만 짐을 꾸려 이동해야 하는 번거로움이 있으므로 당일치기를 여행하는 것을 추천한다.

3박 4일 기본 코스

2박 3일 코스에서 하루를 더해 토야, 노보리베츠, 후라노&비에이 중 한 도시를 여행하는 코스.

일수	여행지	일정 내용	숙박지
1 DAY	한국 → 삿포로	한국에서 삿포로로 도착하여, 삿포로 시내 여행 명소를 관광한다.	삿포로
2 DAY	삿포로 → 오타루	삿포로에서 오타루까지는 전철로 40분이 소요되므로, 숙박은 그대로 삿포로에 묵고 당일치기로 오타루를 여행한다.	삿포로
3 DAY	삿포로 → 토야, 노보리베츠, 후라노&비에이 중 택1	토야, 노보리베츠, 후라노&비에이 중 택1하여 여행한다.	—
		❶ 토야 삿포로 ↔ 토야 열차로 2시간 소요	토야
		❷ 노보리베츠 삿포로 ↔ 노보리베츠 열차로 1시간 15분 소요	노보리베츠
		❸ 후라노&비에이 삿포로 ↔ 후라노&비에이 열차로 2시간 소요. 후라노&비에이에는 숙박시설이 많지 않기 때문에 삿포로로 돌아와 숙박하는 것이 편리하다.	삿포로
4 DAY	셋째 날 여행지 → 한국	신치토세 공항으로 이동	—

Travel tip

셋째 날, 여행 도시의 숙박지에 따라 이동수단이 달라질 수 있다. 토야, 노보리베츠에서 숙박할 경우, 대부분의 숙박시설에서 삿포로 ↔ 토야 또는 노보리베츠 간의 송영버스를 운행하므로 이용하면 편리하다. 후라노&비에이는 열차를 이용한 개인 자유 여행도 가능하나, 삿포로에서 출발하는 당일치기 버스 투어를 이용하는 방법도 있다.

4박 5일 장기 코스

시간적 여유가 있는 이들이 홋카이도 주요 도시를 두루 살필 수 있는 코스.

일수	여행지	일정 내용	숙박지
1DAY	한국 → 삿포로	삿포로 시내 관광하기	삿포로
2DAY	삿포로 → 오타루	오타루 당일치기 관광(삿포로에서 열차 40분 소요)	삿포로
3DAY	삿포로 → 토야, 노보리베츠, 후라노&비에이 중 택1	3박 4일 기본 코스 중 셋째 날과 동일	셋째 날 여행지
4DAY	셋째 날 여행지 → 하코다테 또는 아사히카와 중 택1	하코다테 또는 아사히카와 중 택1하여 여행	—
		❶ 하코다테 · 토야 → 하코다테 열차로 2시간 소요 · 노보리베츠 → 하코다테 열차로 2시간 30분 소요 · 후라노&비에이 → 하코다테 열차로 6시간~6시간 30분 소요	하코다테
		❷ 아사히카와 · 토야 → 하코다테 열차로 4시간 소요 · 노보리베츠 → 하코다테 열차로 3시간 소요 · 후라노 → 하코다테 열차로 1시간 20분 소요 · 비에이 → 하코다테 열차로 35분 소요	아사히카와
5DAY	넷째 날 여행지 → 한국	신치토세 공항으로 이동	—

Travel tip

넷째 날 도시를 선정할 때, 셋째 날 도시가 토야나 노보리베츠라면 하코다테를, 후라노&비에이라면 아사히카와를 추천한다. 셋째 날 도시에서 가까운 편이라 다음 날 삿포로로 돌아갈 때도 편리하다.

5박 6일 장기 집중 코스

좀 더 깊이 있는 홋카이도 여행을 원하는 여행자, 다양한 홋카이도 지역을 여행하고 싶은 여행자에게 추천하는 코스로, 여행지에 따라 3가지 코스가 있다.

● 5박 6일 코스 ①

일수	여행지	일정 내용	숙박지
1 DAY	한국 → 삿포로	삿포로 관광	삿포로
2 DAY	삿포로	삿포로 시내 관광 또는 시내 외곽 명소 관광	삿포로
3 DAY	삿포로 → 오타루	삿포로에서 당일치기로 오타루 관광. 열차로 40분 소요.	삿포로
4 DAY	삿포로 → 하코다테	삿포로에서 하코다테로 비행기로 이동하여 하코다테 관광. 비행기로 40분 소요.	하코다테
5 DAY	하코다테 오오누마 국정공원, 토야	하코다테 근교인 오오누마 국정공원 관광. 버스로 30분 소요. 이후 토야로 이동하여 관광한다. 오오누마 국정공원에서 토야까지는 버스로 2시간 소요.	토야
6 DAY	토야 → 신치토세 공항	토야에서 삿포로 신치토세 공항으로 이동. 열차로 2시간 소요.	—

Travel tip ━━━━━━━━━━━━

홋카이도액세스네트워크 北海道アクセスネットワーク에서는 하코다테를 출발해 오오누마 국정공원을 들린 다음 토야 또는 노보리베츠를 도착하는 버스투어를 운행하고 있다. 토야에서 신치토세 공항까지는 토야의 숙박시설에서 운행하는 송영버스를 이용하자.

5박 6일 장기 집중 코스

● 5박 6일 코스 ②

일수	여행지	일정 내용	숙박지
1DAY	한국 → 신치토세 공항 → 시코츠 호수 → 삿포로	신치토세 공항에서 바로 시코츠 호수로 이동하여 관광 후 삿포로로 이동. 신치토세 공항에서 시코츠 호수까지는 버스로 50분, 시코츠 호수에서 삿포로까지는 버스로 1시간 소요.	삿포로
2DAY	삿포로	삿포로 시내 관광.	삿포로
3DAY	삿포로 → 쿠시로	신치토세 공항에서 국내선 비행기를 이용하여 쿠시로로 이동. 45분 소요.	쿠시로
4DAY	쿠시로 → 시레토코	쿠시로에서 시레토코까지 열차로 이동. 2시간 15분 소요.	시레토코
5DAY	시레토코 → 아바시리	시레토코에서 열차로 이동. 45분 소요.	아바시리
6DAY	아바시리 → 삿포로 → 한국	메만베츠 공항으로 이동하여 국내선 비행기로 신치토세 공항까지 이동. 1시간 소요.	―

Travel tip

홋카이도추오버스 北海道中央バス에서는 신치토세 공항을 출발해 삿포로 근교 여행지인 시코츠 호수를 둘러보고 삿포로에 도착하는 버스 투어를 운행한다. 도동 지역을 돌고 귀국편을 이용할 경우 시간이 촉박한 편이므로 비행기 이용을 추천한다.

5박 6일 장기 집중 코스

● 5박 6일 코스 ③

일수	여행지	일정 내용	숙박지
1DAY	한국 → 삿포로	삿포로 시내 관광.	삿포로
2DAY	삿포로 → 오비히로	삿포로에서 열차를 이용하여 오비히로로 이동. 2시간 45분 소요.	오비히로
3DAY	오비히로 → 후라노&비에이	오비히로에서 후라노까지 버스로 이동. 2시간 40분 소요. 후라노에서 비에이 사이는 열차로 이동.	비에이 또는 후라노
4DAY	후라노&비에이 → 아사히카와	후라노&비에이에서 열차로 이동. 35분~40분 소요.	아사히카와
5DAY	아사히카와 → 삿포로	아사히카와에서 삿포로까지 열차로 이동. 1시간 40분 소요.	삿포로
6DAY	삿포로 → 한국	신치토세 공항까지는 열차로 40분 소요.	―

Travel tip

일정에서 하루가 더 늘어난다면 왓카나이를 추가해보자. 아사히카와에서 JR 특급열차로 3시간 40분이 소요되며, 왓카나이에서 출발해 한국으로 돌아오는 비행기에 탑승할 신치토세 공항까지는 비행기로 55분이 소요된다.

삿포로 札幌
SAPPORO

SAPPORO

홋카이도 여행의 시작점이자 종착점인 삿포로는 볼거리는 물론, 먹거리와 쇼핑거리도 풍부한 대
표적인 관광 도시다. 인구 196만 명의 도내 최대 규모의 도시이면서도 정치, 경제, 문화의 중심지
로서 중요한 역할을 수행하고 있다. 1869년 홋카이도 개척을 계기로 본격적인 도시 정비가 시작되
었고, 당시 지어진 복고풍의 건축물과 푸른 녹음에 둘러싸인 공원은 도시와 자연이 조화를 이루는
삿포로의 큰 특징으로 자리 잡게 되었다. 역사의 흔적을 따라 도시 여기저기를 둘러보면서 풍성한
먹거리로 출출한 배도 채우고 두 손 가득 쇼핑도 즐길 수 있는 곳. 여행의 삼박자를 고루 갖춘 삿포
로에서 홋카이도 여정의 첫 발걸음을 떼어보자.

삿포로 Must Do

도심 속 오아시스, 오오도오리 공원
오감으로 느끼기 P.93

삿포로 명물, 풍성한 먹거리 투어 P.120~

삿포로의 상징인 삿포로시 시계탑과 홋카이도청 구 본청사 감상 P.92

일본 3대 야경으로 손꼽히는
삿포로의 황홀한 밤에 취해보기 P.112

쇼퍼홀릭을 위한 최고의 장소, 삿포로역과
오오도오리 공원 돌아다니기 P.89, 94

녹음이 우거진 홋카이도 대학교의
자연 캠퍼스 거닐기 P.98

삿포로 여행코스

Travel course

3 삿포로시계탑
P.91
일본에서 가장 오래된 시계탑이자 중요문화재로 지정된 삿포로의 상징물.

▼

도보 6분

1 홋카이도 대학교
P.98
홋카이도를 대표하는 국립대학교. 드넓은 부지 안에는 역사적인 건축물들과 푸르른 녹음이 가득하다.

▼
🚃
지하철 10분

2 홋카이도청 구본청사
P.92
1880년대 홋카이도의 행정 중심지. 현재는 홋카이도의 역사를 전시한 전시관으로 사용되고 있다.

▼

도보 8분

4 오오도오리 공원
P.93
삿포로 시내를 동서로 길게 관통하는 공원. 공원을 기점으로 삼아 삿포로 주요 명소를 찾아가기에 유용하다.

▼

도보 10분

5 스스키노 P.100
쇼핑, 미식 명소들이 모여 있는 삿포로의 중심가.

JR하코다테본선 函館本線
핫사무역 発寒駅
핫사
発
시로이코이비토파크 白い恋人パーク
코
삿포로 오오쿠라산 전망대 札幌大倉山展望台
마루 札幌市

▼
🚃🚠
로프웨이역까지 지하철 20분+ 로프웨이와 모리스카 7분

6 모이와산전망대
P.112
삿포로시 남쪽 모이와산에 자리한 전망대. 삿포로 시내를 한눈에 조망할 수 있는 명소다.

유리가하라역
百合が原駅

타이헤역
太平駅

신코토니역
新琴似駅

모에레누마 공원
モエレ沼公園

로이즈 카카오&초콜릿 타운
ロイズカカオ&チョコレートタウン

JR삿쇼선札沼線

삿손자동차도 札幌自動車道

신카와역
新川駅

도오자동차도 道央自動車道

시영지하철 남보쿠선 南北線

시영지하철 토호선 東豊線

하치켄역
八軒駅

❶ 홋카이도 대학교
北海道大学

소엔역
桑園駅

삿포로역
札幌駅

JR 타워 전망실 타워스리에이트
JRタワー展望室 タワー・スリエイト

삿포로맥주 박물관
サッポロビール博物館

❷ 홋카이도청 구 본청사
北海道庁旧本庁舎

삿포로시 시계탑 ❸
札幌市時計台

나에보역
苗穂駅

삿포로 티비탑
さっぽろテレビ塔

❹ 오오도오리 공원
大通公園

❺ 스스키노
すすきの

시로이시역
白石駅

헤이와역
平和駅

JR 치토세선 千歳線

노면전차 市電

나카지마 공원
中島公園

시영지하철 토자이선 東西線

삿포로 모이와산 로프웨이
札幌もいわ山ロープウェイ

□2이와산
□いわ山

홋카이도 볼파크 F 빌리지
北海道ボールパークFビレッジ

삿포로돔
札幌ドーム

마코마나이 타키노 공원묘지
真駒内滝野霊園

삿포로 히츠지가오카 전망대
さっぽろ羊ヶ丘展望台

N

0   1km

Transportation in Sapporo | 삿포로 교통

삿포로로 이동하기

| 한국 | 방법❶ 비행기 2시간 40분(인천 출발)
방법❷ 비행기 2시간 20분(김해 출발) | 삿포로 |

비행기

우리나라에서 삿포로 신치토세 新千歳 공항으로 가는 비행기는 인천, 김해 단 두 곳에서만 출발한다. 인천공항은 아시아나항공, 티웨이항공, 진에어, 에어서울, 에어부산 등에서 직항편으로 정기노선을 운항 중이며, 김해공항은 대한항공, 아시아나항공, 진에어, 에어부산에서 직항편을 운항한다.

신치토세 공항 비행기

● 신치토세 공항에서 삿포로 시내로 이동하는 방법
신치토세 공항에서 삿포로 시내로 이동하기 위해선 두 가지 방법이 있다. 하나는 JR에서 운행하는 쾌속열차를 이용하는 것이고 다른 하나는 홋카이도추오버스 北海道中央バス와 호쿠토교통 北都交通 두 회사에서 운행하는 연락버스를 이용하는 것이다. 대부분 가장 빠른 시간 내에 삿포로 시내에 도달하는 쾌속열차를 이용하지만, 짐이 많고 숙소 부근에 버스정류장이 있다면 연락버스를 이용하는 것이 더 편리하다.

삿포로 신치토세 공항

❶ JR에어포트 JRエアポート
시내 중심지인 JR 삿포로札幌역까지 특별 쾌속 33분, 쾌속 37분이 소요된다. 공항 밖으로 나갈 필요 없이 국내선 터미널 지하 1층에 자리한 신치토세쿠코 新千歳空港역에서 승차하면 된다(도보 10분 소요). 열차는 약 3~15분 간격으로 운행한다. 요금 편도 ¥1,150

❷ 공항연락버스 空港連絡バス
JR 삿포로역과 삿포로 시내 주요 지하철역과 호텔에 정차하는 버스. 국제선 터미널 1층 로비에 위치한 교통안내 카운터와 국내선 터미널 도착 로비 버스 카운터에서 티켓을 구입하고 승차하면 된다. 1시간 10분~1시간 20분 소요된다. 요금 편도 ¥1,300

열차

JR 삿포로역은 하루 9만 명이 이용하는 홋카이도 교통의 거점이다.
홋카이도 여행의 첫 시작점을 삿포로로 잡고 다른 도시로 이동하는
동선이 가장 일반적이다. 홋카이도 내 주요 도시를 여행한 후 삿포
로로 돌아올 때는 특급열차를 이용하면 1시간 25분~4시간 15분 이
내로 이동할 수 있다.

삿포로역 열차

● 각 도시에서 삿포로로 이동하기

도시	열차명	소요 시간
오타루 小樽 ▶ 삿포로	에어포트·하코다테본선 エアポート·函館本線	에어포트 32분, 하코다테본선 45~51분
아사히카와 旭川 ▶ 삿포로	특급카무이 特急カムイ	1시간 25분
하코다테 函館 ▶ 삿포로	슈퍼호쿠토·호쿠토 スーパー北斗·北斗	3시간 25분 ~ 3시간 55분
쿠시로 釧路 ▶ 삿포로	슈퍼오오조라 スーパーおおぞら	4시간~4시간 25분

버스

삿포로는 홋카이도에서 가장 큰 도시인 만큼 삿포로와 주요 도시
를 잇는 버스 노선이 발달해 있다. 열차보다는 다소 시간이 걸리
지만 저렴한 가격과 별도의 환승 없이 직통으로 이동할 수 있다
는 편리함이 장점이다. 삿포로역 앞 버스 터미널 또는 삿포로TV
탑 건너편에 자리한 추오버스 삿포로 터미널에 하차한다.

삿포로역 앞 버스 터미널

● 각 도시에서 삿포로로 이동하기

도시	버스명	소요 시간
후라노 富良野 ▶ 삿포로	고속후라노호 高速ふらの号	2시간 28분
오비히로 帯広 ▶ 삿포로	포테이토라이너 ポテトライナー	3시간 55분
아바시리 網走 ▶ 삿포로	드리민트오호츠크호 ドリーミントオホーツク号	6시간 20분
왓카나이 稚内 ▶ 삿포로	특급왓카나이호 特急わっかない号	5시간 50분

삿포로 시내 교통수단

시영지하철 市営地下鉄

삿포로 시내 중심가인 오오도오리를 기점으로 주요 관광지를 연결하는 시
영지하철을 이용하는 것이 가장 편리하다. 시내를 남북으로 오가는 난보쿠
선 南北線(초록색)과 토호선 東豊線(파란색), 동서로 오가는 토자이선 東西
線(주황색) 등 세 노선이 운행 중이다. 구간별로 요금이 다르게 책정된다.
요금 중학생 이상 ¥210~380, 초등학생 ¥110~190, 미취학 아동 무료

노면전차 市電

스스키노를 시작으로 나카지마 공원 中島公園, 루프웨이 입구 등을 순환하는 노면전차. 시계 방향으로 도
는 소토마와리 外回り와 반시계 방향으로 도는 우치마와리 内回り 두 방면이 있다. 지하철의 환승 지정역
(오오도오리 大通, 스스키노 すすきの, 나카지마코엔 中島公園, 호로히라바시 幌平橋 등)에서 노면전차 지
정역(타누키코지 狸小路, 스스키노 すすきの, 야마하나쿠조 山鼻9条, 세이슈가쿠엔마에 静修学園前)으로
환승할 경우 ¥80 할인된 요금으로 이용 가능하다. 요금 편도 중학생 이상 ¥200, 초등학생 ¥100, 미취학 아동 무료

버스 バス

삿포로의 주요 관광지는 대부분 지하철과 노면전차로 연결되어 있어 버스를 이용할 일은 사실 많지 않
다. 하지만 삿포로역을 출발해 오오도오리 공원을 거쳐 삿포로맥주 박물관까지 단 20분 만에 도달하는
'삿포로워크 さっぽろうぉ〜く'는 이용할 만하다.
요금 [1회 승차권] 중학생 이상 ¥210, 초등학생 ¥110, 마취학 아동 무료 [1일 승차권] 중학생 이상 ¥750, 초등학생 ¥380

택시 タクシー

삿포로 시내 어디서나 승차할 수 있고 목적지가 어디든 손쉽게 이동할 수 있지만, 값비싼 요금 때문에
섣불리 이용하기 어렵다. 짧은 구간을 이동할 때 한 번쯤 이용할 만하다.
요금 기본 요금 ¥670, 241m, 1분 30초마다 ¥80씩 가산, 22:00~05:00는 심야할증요금 추가

Pickup 효율적으로 삿포로를 여행하는 법

❶ 신호표지판으로 짐작하는 삿포로의 현재 위치! 바둑판처럼
가지런히 정렬된 도로는 삿포로의 큰 특징이다. 동서는 소세가
와 創成川를, 남북은 오오도오리 大通을 구획의 기점으로 하
는데, 숫자가 커질수록 기점에서 멀어짐을 의미한다.

❷ 삿포로에서 출발하여 당일치기로 타 지역을 둘러보는 정기 관
광버스가 많다. 일본어로 진행되지만 편리하게 관광을 즐기고 싶다
면 투어버스도 하나의 방법! 추천 버스 회사로는 추오버스 中央バ
ス, 조테츠버스 じょうてつバス, 핫버스 ホットバス 등이 있다.

❸ 면세 쇼핑은 삿포로를 제외한 다른 홋카이도 지역에서는 하
기 어려운 편이다. 되도록 백화점, 드러그스토어, 슈퍼마켓이
모여있는 삿포로 시내에서 하도록 하자.

Feature
알고 가면 요긴한
삿포로 대중교통 티켓

1 시영지하철

하루에 지하철을 3~4번 이상 이용할 예정이라면, 삿포로 시내 시영지하철을 하루 동안 자유롭게 승·하차할 수 있는 지하철 전용 1일 승차권 地下鉄専用一日乗車券이 유용하다. 시영지하철 각 역에서 구입할 수 있으며, 요금은 성인 ¥830, 어린이 ¥420. 주말일 경우 더욱 저렴한 가격에 이용할 수 있는 도니치카티켓 ドニチカキップ을 구입하자. 토요일과 일요일, 공휴일 및 연말연시(12월 29일~1월 3일)에 이용 가능한 지하철 전용 1일 승차권으로, 요금은 성인 ¥520, 어린이 ¥260이다.

2 노면전차

노면전차를 하루 동안 자유롭게 승하차할 수 있는 1일 승차권(중학생 이상 ¥500, 초등학생 ¥250)과 24시간 무제한 이용 가능한 '24시간 승차권'(중학생 이상 ¥780, 초등학생 ¥390)을 발행하고 있다. 이와 별개로 토·일·공휴일 및 연말연시(12/29~1/3) 한정으로 이용할 수 있는 '도산코패스 どサンこパス'도 있다. 요금은 성인 1인과 어린이 2인 ¥400이다.

3 교통카드

삿포로의 지하철과 버스 회사가 공동으로 발행하는 사피카 SAPICA와 JR에서 발행하는 키타카 Kitaca 두 종류가 있다. 사피카는 지하철, 노면전차, 버스 전 노선을 이용할 수 있으며, 이용 금액의 10%가 포인트로 쌓인다. 지하철역과 버스 영업소에서 구입할 수 있다. 키타카는 JR과 사피카의 전 노선은 물론 일본 전국의 JR 전 노선에서도 이용할 수 있다. JR 삿포로역 티켓 발매기와 판매 창구인 미도리노마도구치 みどりの窓口에서 구입할 수 있다. 가격은 두 교통카드 모두 보증금 ¥500과 이용 가능 금액 ¥1,500을 포함한 ¥2,000이다. 두 카드 외에도 사용 가능한 IC카드는 Suica, PASMO, ICOCA, 하야카켄 はやかけん, manaca, TOICA, PiTaPa, nimoca, SUGOCA이다.

사피카와 키타카 교통카드

Pickup 컨택리스 결제 기능이 탑재된 VISA, JCB, 아메리칸 익스프레스, 유니온페이 등의 신용카드 또는 체크카드 소지자는 주목! 신치토세 공항~삿포로 구간과 삿포로~아사히카와 구간 버스 승차 시 별도의 티켓 구매 없이 교통카드로 이용할 수 있다. 컨택리스 결제 기능의 탑재 여부는 카드 후면에 로고가 있는지 확인하면 된다.

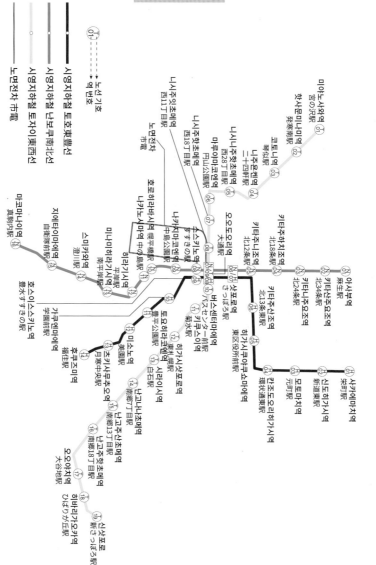

삿포로
시영지하철
노선도

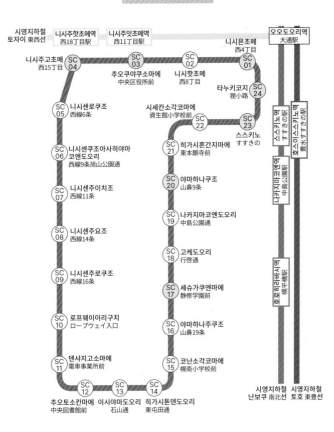

삿포로
노면전차
노선도

시영지하철
토자이 東西線

니시주핫초메역
西18丁目駅

니시주잇초메역
西11丁目駅

니시욘초메
西4丁目

오오도오리역
大通駅

니시주고초메
西15丁目

SC
04

SC
03

SC
02

SC
01

추오쿠야쿠소마에
中央区役所前

니시핫초메
西8丁目

타누키코지
狸小路

SC
24

니시센로쿠조
西線6条

SC
05

시세칸소각코마에
資生館小学校前

SC
22

SC
23

스스키노
すすきの

니시센조아사히야마코엔도오리
西線9条旭山公園通

SC
06

히가시혼간지마에
東本願寺前

SC
21

니시센주이치조
西線11条

SC
07

야마하나쿠조
山鼻9条

SC
20

니시센주요조
西線14条

SC
08

나카지마코엔도오리
中島公園通

SC
19

니시센주로쿠조
西線16条

SC
09

고케도오리
行啓通

SC
18

로프웨이이리구치
ロープウェイ入口

SC
10

세슈가쿠엔마에
静修学園前

SC
17

덴샤지고소마에
電車事業所前

SC
11

야마하나주쿠조
山鼻19条

SC
16

SC
12

SC
13

SC
14

코난소각코마에
幌南小学校前

SC
15

추오토소칸마에
中央図書館前

이시야마도오리
石山通

히가시톤덴도오리
東屯田通

스스키노역
すすきの駅

나카지마코엔역
中島公園駅

호로히라바시역
幌平橋駅

호스이스스키노역
豊水すすきの駅

시영지하철
난보쿠 南北線

시영지하철
토호 東豊線

시영지하철로 환승 가능한 역

SC
01

노선
역 번호

맵북 P.6~7 발음 삿포로에키 주소 札幌市北区北 6 条西 4 홈페이지 www.jr-tower.com 가는 방법 JR 삿포로 札幌역에서 바로 연결. 주차장 JR 타워 JRタワー 주차장 이용, 1시간 ¥600, 20분마다 ¥200 추가 키워드 삿포로역

삿포로역 札幌駅

삿포로 여행이 시작되는 첫 관문. 홋카이도 각지를 오가는 JR의 철도역이면서 600여 점포가 들어선 대형 종합시설이기도 하다. JR 삿포로역을 기준으로 동쪽과 서쪽 개찰구를 나오면 북쪽 출구 가까이에 자리한 쇼핑 구역 파세오 パセオ가, 반대로 남쪽 출구에는 JR타워 건물 내 상업 시설 스텔라플레이스 ステラプレイス와 지하 디저트 코너가 유명한 백화점 다이마루 삿포로점 大丸札幌店이 있다. JR 삿포로역과 시영지하철 삿포로역 さっぽろ駅으로 직접 연결되는 지하상가 아피아 アピア와 종합버스 터미널, 대형 전자양판점 빅카메라가 있는 에스타 エスタ까지 포함해 홋카이도 최대 규모를 자랑하며 백화점, 전망실, 서점, 패션브랜드 부티크, 가전양판점, 음식점, 영화관 등 거의 모든 시설이 갖추어져 있다고 해도 과언이 아닐 정도. 다른 지역이나 공항으로 이동하기 위해 역에 들른 사람들에겐 시간 보내기에 최적인 곳이다.

Pickup 지하도를 활용하자

삿포로역 남쪽 출구 앞 광장을 지나 시영지하철 삿포로역 출구로 내려가면 오오도오리 大通와 스스키노 すすきの까지 이어지는 약 520m의 지하도가 나타난다. 지하 보행 공간을 뜻하는 치카호 チ・カ・ホ라 이름 붙여진 이 지하도는 눈, 비 등 짓궂은 날씨와 대량의 신호등을 피해 이동할 수 있어 편리하다. 지하도 바로 위 지상에 자리한 10개의 구역을 에키마에주가이쿠 駅前十街区로 명명하여 시민들의 쉼터와 이벤트를 개최하는 광장 역할도 하고 있다.

삿포로역 구조도

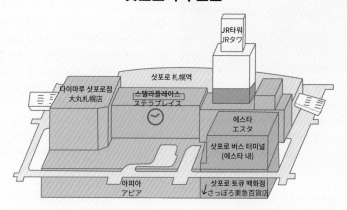

JR타워
JRタワ

삿포로 札幌역

다이마루 삿포로점
大丸札幌店

스텔라플레이스
ステラプレイス

에스타
エスタ

삿포로 버스 터미널
(에스타 내)

아피아
アピア

삿포로 토큐 백화점
さっぽろ東急百貨店

삿포로역 구석 구석 둘러보기

❶ 스텔라플레이스 ステラプレイス

패션 관련 전문점, 음식점, 서점, 영화관, 레코드숍 등이 들어선 복합상업시설. 지하 2층부터 9층까지 총 11개 층, 센터와 이스트 두 구역으로 구성되어 큰 규모를 자랑한다. 패션 브랜드는 다른 쇼핑 명소보다 비교적 고가의 브랜드가 모여 있으며 남성복 전문 브랜드도 충실한 편이다. 세련되고 센스 있는 생활잡화도 많이 모여 있어 보는 눈이 즐겁다.

맵북 P.7-C2 발음 스테라프레이스 주소 札幌市中央区北5条西-2 전화 011-209-5100 홈페이지 www.stellarplace.net 영업 쇼핑 10:00~21:00, 음식점 11:00~23:00 휴무 부정기 키워드 sapporo stellar place

❷ 에스타 エスタ

삿포로 버스 터미널이 위치한 상업시설. 관광객에게 인기가 높은 곳은 1~4층에 있는 가전양판점 빅카메라 ビックカメラ와 지하 2층 저가형 균일가숍 캔두 キャン·ドゥ, 8층 유니클로의 동생이라 불리는 SPA브랜드 GU, 독특한 생활잡화를 보는 것을 좋아한다면 6층 로프트 ロフト와 8층 빌리지뱅가드 ヴィレッジヴァンガード를 반드시 방문해볼 것.

맵북 P.7-C2 발음 에스타 주소 札幌市北区北5条西2 전화 011-213-2111 홈페이지 www.sapporo-esta.jp 영업 쇼핑 10:00~21:00, 음식점 11:00~22:00 휴무 부정기 키워드 sapporo esta

❸ 아피아 アピア

JR 삿포로역 북쪽 출구 광장 지하 1층에 있는 지하상가. 음식점과 카페 등 맛집이 모여있는 아피아 웨스트 Apia West와 패션 브랜드와 생활잡화점이 중심인 아피아 센터 Apia Center 두 구역으로 나뉜다. 저가형 균일가 숍 스리 코인즈 3COINS와 내추럴 키친& Natural Kitchen&, 수입식품점 칼디 KALDI, 캐릭터 키티 잡화 전문점 산리오기프트게이트 サンリオギフトゲート가 방문해볼 만한 곳이다.

맵북P.7-C2 발음 아피아 주소 札幌市中央区北５条西3·4 전화 011-209-3500 홈페이지 www.apiadome.com 영업 쇼핑 10:00~21:00, 음식점 11:00~21:30 휴무 부정기 키워드 sapporo apia

❹ 아카렌가테라스 赤れんがテラス

'새로운 감성과 만나는 삿포로의 마당'이라는 콘셉트로 문을 연 곳. 홋카이도에 첫선을 보이는 유명 음식점과 잡화점 27개가 지하 1층부터 4층에 걸쳐 자리하고 있다. 5층 테라스에서는 삿포로의 대표적인 관광 명소 홋카이도청 구 본청사(P.92)를 한눈에 조망할 수 있어 전망대로도 활용된다. JR 삿포로역보다는 시영지하철 삿포로 さっぽろ 쪽에 가깝다.

맵북P.6-B3 발음 아카렌가테라스 주소 札幌市中央区北2条西4-1 전화 011-252-0001 홈페이지 mitsui-shopping-park.com 영업 매장마다 상이 휴무 부정기 가는 방법 JR 삿포로 札幌역 남쪽 출구에서 도보 3분. 주차장 ¥2,000 이상 구매 시2시간 무료 키워드 sapporo akarenga

❺ 삿포로 토큐 백화점 さっぽろ東急百貨店

도쿄에서만 네 개의 지점을 운영 중인 토큐 백화점의 삿포로 지점. 1층 화장품과 여성잡화, 2~4층 여성복, 5층 빅사이즈 여성복 코너 등 여성 패션에 중점을 두고 있다(남성복은 7층에 마련되어 있다.) 2018년 삿포로역 남쪽 출구에 있던 생활잡화 전문점 핸즈 HANDS(P.52)가 백화점 내로 이전해 새롭게 문을 열었다.

맵북P.7-C2 발음 삿포로토오큐우핫텐 주소 札幌市中央区北4条西2 전화 011-212-2211 홈페이지 www.tokyu-dept.co.jp/sapporo 영업 쇼핑 10:00~20:00, 10층 음식점가 11:00~22:00 휴무 부정기 가는 방법 JR 삿포로 札幌역 남쪽 출구에서 도보 3분. 주차장 ¥2,000 이상 구매 시 2시간 무료, 이후 30분마다 ¥200 추가 키워드 sapporo tokyu dept

❻ 다이마루 삿포로점 大丸札幌店

일본의 유명 백화점 다이마루의 삿포로 지점. 일본 먹거리를 말할 때 빼놓을 수 없는 것이 바로 백화점 지하 1층 푸드코트인데, 다이마루 역시 라인업이 화려하다. 100여 업체가 참여하는 홋페타운 ほっぺタウン에는 르타오 LeTAO, 몽셰르 Mon cher, 가토 페스타 하라다 Gateau Festa Harada, 로이즈 Royce 등 한국인 여행자들에게 인기 높은 브랜드가 모두 있다는 것이 큰 장점이다.

맵북P.6-B2 발음 다이마루삿포로텐 주소 札幌市中央区北5条西4-7 전화 011-828-1111 홈페이지 www.daimaru.co.jp/sapporo 영업 지하 1~8층 10:00~20:00, 지하 1층 THE ALLEY 10:00~21:00, 8층 음식점 11:00~22:00 휴무 부정기 키워드 daimaru sapporo

삿포로시 시계탑 札幌市時計台

하얗고 아기자기한 외관이 눈에 띄는 삿포로의 심벌. 홋카이도 대학교 北海道大学의 전신인 삿포로농업학교 내에
위치해 무예를 연마하던 장소로 쓰이다가 학교가 이전하면서 처음에 있던 곳에서 남쪽으로 100m 내려온 지금의
자리로 옮겨졌다. 당시 시계 대신 종이 달려 있어 시보를 울리는 데 활용되었지만 정확하지 않다는 이유로 인해 시
계로 교체되었다. 현존하는 일본에서 가장 오래된 시계탑이며, 국가에서 중요문화재로 지정하였다. 내부 1층은 역
사를 담은 전시실, 2층은 옛날 연무장의 모습을 재현한 공연장으로 되어있다.

맵북 P.7-C4 발음 삿포로시토케다이 주소 札幌市中央区北1条西2 전화 011-231-0838 홈페이지 sapporoshi-tokeidai.jp 요
금 성인 ¥200, 고등학생 이하 무료 운영 08:45~17:10(마지막 입장 17:00) 휴무 1/1-3 가는 방법 시영지하철 토호 東豊선 오오
도오리 大通역 시야쿠쇼 市役所 출구에서 도보 5분. 주차장 없음 키워드 삿포로시계탑

Pickup 시계탑 전체를 보고 싶다면
시계탑 바로 앞에서 보는 것도 좋지만 건너편 삿포로MN빌딩 2층 테라스에서 바라보면 전체적인 시계탑의 모습을 감상
할 수 있다.

이 계단을 오르면 상단 사진의 시계탑 전망을 볼 수 있다.

홋카이도청 구 본청사 北海道庁旧本庁舎

홋카이도 개척으로 도시 정비가 이루어졌던 메이지 明治시대에 세워진 상징적인 건물. 이 시대에 완성된 건축물들 가운데 보기 드문 미국식 네오바로크 양식을 기반으로 하고 있으며, 빨간 벽돌 외관과 고풍스러운 내부 인테리어가 인상적이다. 1888년부터 새로운 본청사가 완성될 때까지 약 80년간 홋카이도 행정의 중심지 역할을 해냈다. 내부는 실제 도지사와 장관들이 사용했던 집무실을 그대로 두어 둘러볼 수 있게끔 해놓았고, 홋카이도의 역사를 설명한 자료도 전시하고 있다. 현재는 재개발로 인한 임시휴업 중이며, 2025년 3월 재개관 예정이다.

맵북 P.6-B3 발음 홋카이도쵸큐혼쵸샤 **주소** 札幌市中央区北3条西6 **전화** 011-204-5019 **홈페이지** www.pref.hokkaido. lg.jp/kn/ksb/akarenga.html **요금** 무료 **운영** (현재 임시휴업 중)08:45~18:00 **휴무** 연말연시 **가는 방법** 시영지하철 토호 東豊선·난보쿠 南北선 삿포로 さっぽろ역 10번 출구에서 도보 7분. **주차장** 없음 **키워드** 홋카이도청

❶빨간 벽돌의 고풍스러운 홋카이도청 구 본청사 외관 ❷실제 사용했던 집무실을 그대로 보존해 두었다. ❸홋카이도의 역사를 한 눈에 볼 수 있는 전시실

❶ 삿포로 시민들의 쉼터와 놀이터로 활용되는 공원 ❷ 니시3·4·5초메 西3·4·5丁目에 자리한 물과 빛의 존 ❸ 세계적인 조각가 이사무노구치 イサム·ノグチ의 작품 '블랙슬라이드만트라 ブラック·スライド·マントラ'

오오도오리 공원 大通公園

삿포로 시내 중심부에 동서로 1.5km 길게 늘어선 공원. 1871년 홋카이도 개척으로 인한 구획 정리 당시 방화선으로 만들어진 공간을 일본 전국의 40여 개 공원을 정비한 조경사 나가오카 야스헤이 長岡安平의 진두지휘 아래 재정비되었고 지금의 공원으로 탈바꿈하였다.

삿포로 티비탑 さっぽろテレビ塔이 있는 니시잇초메 西1丁目부터 삿포로시 자료관 札幌市資料館이 있는 니시13초메 西13丁까지 나무가 무성한 산책로가 이어지고 구역마다 싱크가든존, 역사·문화존, 놀이·이벤트존, 물과 빛의존, 국제교류존 등 테마를 만들어 다양한 즐거움을 느낄 수 있게끔 했다. 공원에는 92종류의 수목 4,700그루가 서로 마주 보고 서 있고 튤립, 장미, 라일락 등 형형색색의 꽃들이 잔디밭을 수놓고 있다. 나무 사이로 보이는 동상과 조각상을 감상하며 산책을 즐겨도 좋고 가만히 앉아서 평온한 휴식을 취해도 좋다. 여름에는 비어가든, 가을에는 어텀페스트 등 굵직한 이벤트를 개최하여 재미를 더한다.

맵북 P.8-B2 발음 오오도오리코오엔 **주소** 札幌市中央区大通西1~7 **전화** 011-251-0438 **홈페이지** odori-park.jp **가는 방법** 시영지하철 토호 東豊선 오오도오리 大通역 27번 출구에서 도보 1분. **주차장** 니시니초메 西二丁目 부근 삿포로 지상상가 주차장 이용 **키워드** 오도리 공원

zoom in

오오도오리 공원 알차게 즐기기

1 삿포로시 자료관 札幌市資料館

1926년 삿포로 고등재판소로 지어진 건축물. 삿포로에서만 나는 귀한 연석을 사용해 지은 것이라 국가에서 지정한 등록유형문화재로 선정되었다. 1973년 재판소가 이전하면서 삿포로의 역사와 문화에 관한 내용을 전시하는 자료관으로 재탄생하였다. 재판소 당시의 모습을 복원한 형사법정전시실 刑事法廷展示室과 삿포로 출신의 만화가 오오바 히로시おおば比呂司의 작품을 전시하는 오오바 히로시 기념실 おおば比呂司記念室, 삿포로 국제예술제 관련 자료를 열람할 수 있는 SIAF라운지SIAFラウンジ가 있다.

발음 삿포로시료오칸 **주소** 札幌市中央区大通西13 **전화** 011-251-0731 **홈페이지** www.s-shiryokan.jp **운영** 09:00~19:00 **휴무** 월요일(공휴일인 경우 다음날), 12/29~1/3 **요금** 무료 **가는 방법** 시영지하철 토자이 東西선 니시주잇초메 西11丁目역 1번 출구에서 도보 5분. **주차장** 없음 **키워드** 삿포로시 자료관

西13丁目		西12丁目	大通	西11丁目		西10丁目		西9丁目	大通	西8丁目

삿포로시 자료관
札幌市 資料館

니시쥬잇초메 西11丁目역
(시영지하철 토자이 東西선)

블랙슬라이드만트라
ブラックスライドマントラ ●
(미끄럼틀)

M 시영지하철 토자이 東西선

2 삿포로 파르코 札幌パルコ

오로지 패션에 집중한 패션빌딩의 대표 격인 파르코의 삿포로 지점. 도쿄 시부야에 발을 내디던 때부터 단순히 패션만을 내세우는 것이 아닌 문화적인 요소도 곳곳에 배치해 젊은이의 유행을 선도하고 있다.

맵북 P.9-C2 발음 삿포로파르코 **주소** 札幌市中央区南1条西3-3 **전화** 011-214-2111 **홈페이지** sapporo.parco.jp **운영** 10:00~20:00 **휴무** 부정기 **가는 방법** 시영지하철 토호 東豊선 오오도오리 大通역 12번 출구에서 바로 연결. **주차장** 88대, 1시간 ¥400, 이후 30분마다 ¥200 추가 **키워드** sapporo parco

3 삿포로관광 황마차 札幌観光馬車

오오도오리 공원을 출발하여 삿포로 시계탑과 홋카이도청 구 본청사를 도는 관광마차. 1978년부터 40년간 한결같은 모습으로 손님을 맞이하고 있다. 2층으로 된 빨간 마차를 끄는 말 긴타 銀太와 카우보이 복장을 한 기수는 그 자체만으로 삿포로의 명물이 되었다.

발음 삿포로칸코호로바샤 **주소** 札幌市中央区大通西4 **전화** 011-512-9377 **운영** 12~8월 10:00~16:00, 9~11월 10:00~15:00 **휴무** 수요일, 11월 4일~4월 중순 **요금** 1층 좌석-성인 ¥2,100, 초등학생 ¥1,100, 미취학 아동 ¥600, 2층 좌석-성인 ¥2,500, 초등학생 ¥1,300, 미취학 아동 ¥700

4 옥수수카트 とうきびワゴン

봄이 되면 오오도오리 공원엔 옥수수의 고소한 냄새가 진동한다. 매년 4월부터 10월까지 모습을 드러내는 옥수수카트는 이곳의 명물 먹거리. 조리 방법에 따라 삶은 것(ゆで; 유데)과 구운 것(やき; 야키) 두 가지 맛이 있으며 간장쇼유로 간을 해 옥수수의 달콤함과 짭조름함을 동시에 맛볼 수 있다. 감자에 버터를 녹인 자가버터 じゃがバター, 맥주, 아이스크림도 판매한다. 삿포로 티비탑과 오오도오리역 부근 분수대에서 만날 수 있다.

발음 토오키비와곤 주소 札幌市中央区大通西1·3·4 전화 011-252-6873 운영 09:00~19:00 휴무 부정기 가는 방법 시영지하철 토호 東豊선 오오도오리 大通역 27번 출구에서 도보 1분.

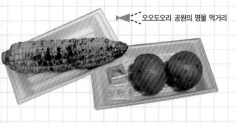

▲ 오오도오리 공원의 명물 먹거리

5 삿포로 티비탑 さっぽろテレビ塔

1957년부터 삿포로를 상징하는 랜드마크. NHK삿포로방송국과 STV삿포로티비방송의 전파송신탑으로 세워진 것으로 현재는 라디오방송국의 송신과 중계를 담당하고 있다. 완성 당시에는 전자시계가 없었으나 일본 전자업체 파나소닉의 창업자 마츠시타 코노스케 松下幸之助가 '시계를 달면 시계탑을 반드시 볼 것'이라 생각하여 기증한 것이라 한다. 지하 1층은 먹거리가 모인 푸드코트, 1층은 삿포로의 여행 정보를 알 수 있는 인포메이션센터, 3층은 티비탑의 캐릭터 '테레비토상 テレビ父さん'을 테마로 한 휴식공간을 비롯해 기념품숍과 음식점이 있는 스카이라운지 그리고 전망대가 있다.

맵북 P9-D1 발음 삿포로테레비토오 주소 札幌市中央区大通西1 홈페이지 www.tv-tower.co.jp 운영 09:00~22:00 휴무 설비 점검일(홈페이지 참조) 요금 고등학생 이상 ¥1,000 초등중학생 ¥500 미취학아동 무료 전화 011-241-1131 가는 방법 시영지하철 토호 東豊선 오오도오리 大通역 27번 출구에서 도보 1분. 주차장 니시니초메 西二丁目 부근 삿포로 지하상가 주차장 이용 키워드 삿포로 TV탑

6 삿포로 미츠코시 札幌三越

유명 백화점 브랜드 미츠코시의 삿포로 지점. 지하 2층~10층으로 된 본관과 이탈리아의 패션브랜드 '엠포리오 아르마니 Emporio Armani'로만 2개 층으로 이루어진 북관이 있다. 본관 2층은 우리나라와 일본 젊은 층이 좋아하는 '마가렛 호웰 Margaret Howell', '아니에스베 Agnes b.'가, 4층에는 '매킨토시 런던 Mackintosh London', '플리츠 플리즈 Pleats Please', '랑방 컬렉션 Lanvin Collection' 등이 있다. 지하 2층 푸드코너에는 홋카이도를 대표하는 디저트 브랜드 '롯카테이' 六花亭, 류게츠 柳月, 키타카로 北菓楼, 로이즈 Royce'가 입점해 있다.

맵북 P9-C2 발음 삿포로미츠코시 주소 札幌市中央区南1条西3-8 전화 011-271-3311 홈페이지 mitsukoshi.mistore.jp/store/Sapporo 운영 본관-10:00~19:00, 본관 지하2층~2층·북관 10:00~19:30, 본관 10층 10:00~20:00 휴무 부정기 가는 방법 시영지하철 토호 東豊선 오오도오리 大通역 11번 출구에서 바로 연결. 주차장 ¥2,000 이상 구매 시 3시간 무료, 30분마다 ¥250 추가 키워드 sapporo mitsukoshi

7 마루이이마이 삿포로 본점 丸井今井札幌本店

150년 이상의 역사를 자랑하는 유서 깊은 백화점. 2~9층까지 모든 플로어가 여성복 전용으로 되어 있으며 1층과 10층 역시 화장품, 미용실로 된 그야말로 여성을 위한 백화점이라 할 수 있다.

맵북 P9-D2 발음 마루이이마이삿포로혼텐 주소 札幌市中央区南1条西2 전화 011-205-1151 홈페이지 www.maruiimai.mistore.jp/sapporo.html 운영 쇼핑-10:30~19:30, 음식점-11:00~21:00 휴무 부정기 가는 방법 시영지하철 토호 東豊선 오오도오리 大通역 33번 출구에서 바로 연결. 주차장 ¥2,000 이상 구매 시 3시간 무료, 이후 30분마다 ¥250 추가 키워드 marui imai sapporo

Feature

세계 3대 축제 중 하나, 삿포로 눈 축제

1950년 삿포로 중·고등학생들이 제작한 눈 조각상을 전시하며 대중에게 첫 선을 보인 삿포로 눈 축제 さっぽろ雪まつり는 70년이란 긴 세월을 거쳐 이제는 홋카이도, 나아가 일본을 대표하는 겨울 이벤트로 손꼽힌다. 매년 2월초가 되면 삿포로 관광의 중심인 오오도오리 공원 전체가 눈 축제 행사장으로 변신하여 입이 떡 벌어질 만큼 크고 화려한 눈 조각상들이 국내외 관광객을 맞이한다. 규모와 디테일만으로도 눈을 사로잡지만 형형색색의 조명, 프로젝션 맵핑 등 각기 다른 연출로 특별한 즐거움을 선사한다. 더불어 눈 조각품 사이사이마다 홋카이도의 명물을 맛볼 수 있는 먹거리 코너와 홋카이도산 기념품을 판매하는 매점이 있어 추억과 재미를 더한다.

메인 행사장인 오오도오리 공원 외에 스스키노 거리 한복판에도 장인이 제작한 얼음조각상이 전시되며, 중심가에서 약간 떨어져있는 돔형 다목적 문화시설 '츠돔 つどーむ'에서도 각종 놀이기구 체험이 가능하다.

변신!!!

'삿포로 눈 축제' 정보

행사기간 매년 2월 4일부터 11일까지

각 행사장으로 가는 방법

· 오오도오리 행사장 : 오오도오리 공원 내

· 스스키노 행사장 : 미나미 4조 거리에서 7조 거리까지

· 츠돔 행사장 : 시영지하철 토호 東豊선 사카에마치 栄町역에서 유료 셔틀버스 이용 또는 도보 15분.

※ 축제기간 중 오오도오리 행사장과 삿포로역 북쪽 출구에서 출발하는 유료 셔틀버스도 운행.

주의사항 행사장 내 금연, 무인 항공기(드론) 사용 금지

홈페이지 www.snowfes.com

홋카이도 대학교 北海道大学

홋카이도가 자랑하는 국립대학교. 홋카이도 개척에 힘이 될 인재 양성을 목적으로 1876년 개교한 삿포로농업학교 札幌農学校가 전신이다. 12개 학부를 둔 종합대학으로 재학생의 과반이 홋카이도 이외의 지역 출신으로 이루어져 있다. 면적 177만㎡의 드넓은 캠퍼스엔 푸르른 자연과 더불어 홋카이도 개척시대의 흔적이 담긴 역사적 건축물이 산재해 있다.

맵북 P.4-B2, P.6-A1 발음 홋카이도다이가쿠 주소 札幌市北区北8条西5 전화 011-716-2111 홈페이지 www.hokudai.ac.jp 운영 건물마다 상이 가는 방법 JR삿포로 札幌역 북쪽 출구에서 도보 7분. 주차장 홋카이도 대학병원 주차장 이용, 1회 30분 무료, 이후 1시간마다 ￥300 추가 키워드 홋카이도 대학교

홋카이도 대학교 추천 견학 코스

정문 → ❶ 클라크 동상 → ❷ 후루카와 강당 → ❸ 홋카이도 대학교 종합박물관 → ❹ 포플러나무 가로수길 → ❺ 오노 연못 → ❻ 은행나무 가로수길 → ❼ 삿포로 농업 학교 제2농장

1 클라크 동상 クラーク像
미국 매사추세츠 농업대학의 학장 윌리엄 스미스 클라크 박사. 삿포로농업학교의 초대 교감을 맡으며 8개월간 재직, 훌륭한 인재를 배출하였으며 홋카이도 개척과 일본 사상에도 큰 영향을 끼쳤다.

키타주하치조 北18条역

北20条東門

삿포로 농업학교 제2농장

홋카이도 북쪽 캠퍼스 도서관
北海道大学 北キャンパス図書室

2 후루카와 강당 古河講堂
1907년 시설 확충으로 만들어진 시설. 재벌 가문 후루카와 古河가 기부한 헌금으로 지어져 이름이 붙여졌다. 미국 빅토리안 양식으로 된 서양식 건물이면서도 숲을 뜻하는 한자 '林(임)'을 모티브로 한 현관 기둥이 특색 있다.

3 홋카이도 대학교 종합박물관 北海道大学総合博物館
1929년 구 홋카이도 제국대학 이공학부 본관으로 지어진 건물. 삿포로농업학교 시절의 표본과 자료 약 400만 점이 보관되어 있다. 2010년 노벨화학상을 수상한 스즈키 아키라 鈴木章 명예교수의 연구를 소개한 전시실도 있다. 매주 월요일 휴무.

4 포플러나무 가로수길 ポプラ並木

높이 30m의 길쭉한 포플러나무가 줄지어 선 가로수길. 1912년 산림학과 학생이 실습으로 심은 것이 계기가 되었다.

5 오노 연못 大野池

재학생들의 휴식공간으로 이용되는 학교 내 작은 숲속 연못.

6 은행나무 가로수길 イチョウ並木

키타주산조거리 北13条通에 해당하는 위치에 있는 산책로. 가을이 되면 노랗게 물든다.

[지도]
北13条門
키타주니조 北12条역 M
정문
JR삿포로 札幌역
이도병원
은행나무 가로수길
후루카와 강당
클라크 동상
오노연못
홋카이도 대학교 종합박물관
포플러나무 가로수길

7 삿포로 농업학교 제2농장 札幌農学校第二農場

1876년 클라크 박사가 근대화의 모델로 구상한 것으로 축산경영을 제대로 경험할 수 있는 홋카이도 최초의 실전 농장이다. 근대농업의 역사를 알 수 있는 당시의 건축물과 농기구가 그대로 남아 전시되고 있다. 4월 하순부터 11월 상순까지 공개. 매달 넷째 주 월요일 휴무.

운영 야외 08:30~17:00, 내부 10:00~16:00 **휴무** 야외 연중무휴 내부 매달 넷째 주 월요일, 11/4~4/28 **요금** 무료

스스키노 すすきの

도쿄의 카부키초 歌舞伎町, 후쿠오카의 나카스 中州와 더불어 일본 3대 환락가로 불리는 거리. 낮에는 쇼핑을 하러 온 이들로 인산인해를 이루고 밤이 되면 술과 유흥을 즐기러 온 이들로 북적거린다. 4,000개가 넘는 점포 속에는 관광객이 찾는 드러그스토어, 패션잡화점, 가전양판점, 음식점, 이자카야, 편의점 등이 위치해 있어 맛과 쇼핑을 동시에 충족시킬 수 있다.

홋카이도가 자랑하는 주류 브랜드 닛카위스키 ニッカウヰスキー의 로고가 새겨진 대형 간판과 휘황찬란한 네온 사인이 만들어내는 밤의 풍경은 삿포로의 대표 포토 스폿으로도 유명하다.

맵북 P.8-9 발음 스스키노 주소 札幌市中央区南4条西4丁目 홈페이지 www.susukino-ta.jp 가는 방법 시영지하철 난보쿠 南北線 스스키노 すすきの역 2번 출구에서 도보 1분. 키워드 스스키노

스스키노하면 이곳!

타누키코지 상점가 狸小路

니시잇초메 西1丁目에서 니시나나초메 西7丁目까지 길게 이어지는 아치형 아케이드 상점가. 1873년에 생겨난 홋카이도에서 가장 오래된 상점가로 노포부터 신장 개업까지 200여 점포가 들어서 있다. 시도 때도 없이 바뀌는 삿포로의 변덕스러운 날씨에도 전혀 영향을 받지 않으면서 쾌적하게 둘러볼 수 있다.

맵북 P.8-B3 발음 타누키코오지 주소 札幌市中央区南2中黒3条西1丁目~7丁目 홈페이지 www.tanukikoji.or.jp 운영 점포마다 상이 가는 방법 노면전차 市電 타누키코지 狸小路역에서 도보 1분. 키워드 다누키코지 상점가

노리아 nORIA

볼링장, 노래방, 게임센터, 음식점이 들어선 상업시설 노르베사 nORBESA 옥상에 설치된 관람차. 화려한 밤 풍경이 펼쳐지는 스스키노에 있으므로 낮보다는 밤에 승차하는 것을 추천한다. 지상 78m 높이에서 내려다보는 번쩍거리는 스스키노의 야경과 정면으로 보이는 붉은빛 삿포로 티비탑을 감상하기에 제격이다. 의자에 히터가 달려 있어 추위에도 끄떡없다.

맵북 P.9-C3 **발음** 노리아 **주소** 札幌市中央区南3条西5丁目1-1 **전화** 011-261-8875 **홈페이지** www.norbesa.jp/noria **요금** 고등학생 이상 ¥1,000, 초등·중학생 ¥500, 미취학아동·당일 생일인 경우 신분증 제시하면 무료 **운영** 일~목·공휴일 11:00~23:00 금·토·공휴일 전날 11:00~01:00 **휴무** 부정기 **가는 방법** 시영지하철 난보쿠 南北線 스스키노 すすきの역 2번 출구에서 도보 2분. **키워드** 노르베사

❶ 옥상에 있는 관람차의 모습 ❷ 관람차에서 내려다 보이는 스스키노 전경

니조 시장 二条市場

타누키코지 상점가 반대 방향으로 가면 보이는 시장. 메이지 明治시대 때 어부들이 직접 잡은 생선을 팔던 것을 계기로 시장이 형성되었다. 대게, 성게, 가리비 등 홋카이도 각지에서 들여온 싱싱한 해산물과 과일, 과자 등을 판매하는 가게 50점포가 활발히 영업하고 있다. 다양한 재료를 얹은 해산물덮밥이 관광객 사이에서 특히 인기가 높다.

맵북 P.9-D2 **발음** 니죠이치바 **주소** 札幌市中央区南3条東1丁目~東2丁目 **전화** 011-222-5308 **홈페이지** nijomarket.com **운영** 07:00~18:00 **휴무** 부정기 **가는 방법** 시영지하철 토자이 東西線 바스센타마에 バスセンター前역 1번 출구에서 도보 4분. **키워드** 니조시장

홋카이도 사계 마르셰 北海道四季マルシェ

홋카이도 각지에서 사랑받고 있는 명과부터 신선한 제철 채소와 과일, 해산물까지 훌륭한 품질을 자랑하는 식재료와 각종 기념품을 한자리에 총집결한 셀렉트숍. 삿포로 농학교의 한정 상품과 홋카이도의 명물 닭튀김 '잔기 ザンギ'를 튀겨 판매하는 코너를 갖추고 있다.

맵북 P.7-C2 **발음** 홋카이도시키마르세 **주소** 札幌市中央区北5条西2丁目 札幌ステラプレイスセンター1F **전화** 011-209-5337 **홈페이지** www.hkiosk.co.jp/hokkaido-shikimarche **영업** 08:00~21:30 **휴무** 부정기 **가는 방법** 삿포로 스텔라 스테이션센터 1층에 위치 **키워드** 홋카이도 시키 마르셰 스텔라플레이스점

아오아오 삿포로 AOAO SAPPORO

2023년 7월 20일 삿포로 시내 중심부에 탄생한 도심형 수족관. 4층부터 6층까지 층마다 3개 구역으로 나누어 대자연의 위대함과 바다생명체의 아름다움을 체험할 수 있는 각종 시설을 갖추고 있다. 4층은 직경 1.6m, 높이 2.7m로 한번에 3,000리터 인공 바닷물을 제조하여 수족관의 환경을 구성하는 플랜트를 전시하여 물의 순환을 확인하고, 전시된 생명체의 건강관리, 먹이 조리, 육성 작업 과정 등 수족관의 보이지 않는 이면을 보여주는 공간으로 되어 있다. 5층은 수초가 무성한 아름다운 수중 경관 속에서 작은 생물들의 영위를 자연 속 있는 그대로의 모습을 관찰할 수 있는 전시관으로 꾸며져 있다. 자연의 소중함을 실감하며 살아있는 수조 생태계를 관찰할 수 있다. 마지막 6층에서는 펭귄, 해파리, 플랑크톤을 가까이에서 지켜볼 수 있다.

맵북 P.9-C2 **발음** 아오아오삿포로 **주소** 札幌市中央区南2条西3-20 moyuk SAPPORO 4~6F **홈페이지** aoao-sapporo.blue **운영** 10:00~22:00(마지막 입장 21:00) **휴무** 부정기 **요금** 고등학생 이상 ¥2,200(시기에 따라 ¥2,000) 초등·중학생 ¥1,100(시기에 따라 ¥1,000), 3세 이상 ¥200, 2세 이하 무료 **가는 방법** 시영지하철 토호 東豊선 오오도오리 大通역 11번 출구에서 도보 1분 **주차장** 없음 **키워드** aoao sapporo

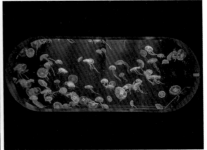

코코노 스스키노
COCONO SUSUKINO

삿포로 최대 번화가이자 중심
가인 스스키노에 새롭게 탄생
한 대형 상업시설. 영화관, 슈
퍼마켓, 드러그스토어, 음식점,
저가형 균일가점, 호텔, 패션 브
랜드, 기념품점, 편의점 등 쇼핑
은 물론이고 먹거리까지 즐길
수 있도록 지하 2층부터 지상 6
층까지 알차게 입점해 있다. 여
행자가 들를 만한 곳은 슈퍼마
켓 '다이이치', 홋카이도 특산품
전문점 '사계 마르셰', 삿포로 현
지인의 소울푸드 제과점 '동구
리', 인기 회전초밥집 '네무로 하
나마루', 대형 드러그스토어 '아
인즈&털페', 100엔숍의 대표격
'다이소'와 300엔숍 '쓰리삐' 등
이 있다.

맵북 P.9-C3 **발음** 코코노스스키
노 **주소** 札幌市中央区南4条西
4-1-1 **전화** 011-596-0097 **홈페이
지** cocono-susukino.jp **운영**
10:00~21:00(음식점11:00~23:00)
휴무 부정기 **가는 방법** 시영지하철
난보쿠 南北線 스스키노 すすきの
역 5번 출구에서 바로 연결. 주차장
63대, ¥2,000 이상 구매 시 1시간
무료, 30분 ¥300 **키워드** cocono
susukino

나카지마 공원 中島公園

중요문화재 건축물, 일본 정원, 공연장 등 문화시설이 풍부한 공원. 1918년 홋카이도 개척 50주년을 기념하여 열린 박람회의 메인 회장으로 사용될 정도로 오래전부터 문화적인 요소를 갖추고 있었다. 공원 곳곳에 자리한 동상과 조각상에서도 이러한 면모를 짐작할 수 있다. 벚꽃, 등나무, 은행나무 등 계절의 변화를 느낄 수 있는 곳으로 사랑받고 있다.

맵북 P.4-B3 **발음** 나카지마코오엔 **주소** 札幌市中央区中島公園1 **전화** 011-511-3924 **가는 방법** 시영지하철 난보쿠 南北선 나카지마코엔 中島公園역 1번 출구에서 도보 1분. **키워드** 나카지마 공원

나카지마 공원 산책 포인트

키타라 Kitara

삿포로 교향악단의 메인 공연장. 이름은 고대 그리스의 발현악기 중 하나인 키타라에서 따 왔다. 정기공연을 비롯해 다채로운 음악 이벤트를 상시개최한다.

발음 키타라 **주소** 札幌市中央区中島公園1番15 **전화** 011-520-2000 **가는 방법** 시영지하철 난보쿠 南北선 나카지마코엔 中島公園역 3번 출구에서 도보 7분. **키워드** 키타라

호헤이칸 豊平館

1880년 고급 서양식 호텔로 건축된 국가 지정 중요문화재. 메이지 明治 시대의 유일한 호텔로 첫 숙박객은 메이지 일왕이었다고 한다. 일본의 전통기술을 구사해 지어진 목조건축물로 그와 대조되는 화려한 샹들리에를 중심으로 한 천장이 특징이다.

발음 호헤에칸 주소 札幌市中央区中島公園1-20 전화 011-211-1951 홈페이지 www.s-hoheikan.jp 요금 성인 ¥300, 중학생 이하 무료 운영 09:00~17:00(마지막 입장 16:30) 휴무 둘째 주 화요일(공휴일인 경우 다음날), 12/29~1/3 가는 방법 시영지하철 난보쿠 南北線 나카지마코엔 中島公園역 3번 출구에서 도보 5분. 키워드 호헤이칸

핫소안 八窓庵 & 일본 정원 日本庭園

공원 내에는 홋카이도 각지에서 찾아낸 빼어난 명석과 교토에서 만든 석등 그리고 적송과 해송으로 꾸민 일본 에도 江戸시대의 전통정원이 있다. 이곳에 숨어 있는 국가 지정 중요문화재 핫소안은 일본의 대표적인 조경가 코보리엔슈 小堀遠州가 만든 다실이다. 본래 시가 滋賀현에 있었으나 훗날 홋카이도신문의 편집장이 사들여 삿포로로 옮겨졌다고 한다. 4월 하순부터 11월 중순까지 한정적으로 선보인다.

발음 핫소앙&니혼테에엔 주소 札幌市中央区中島公園1 가는 방법 시영지하철 난보쿠 南北線 나카지마코엔 中島公園역 1번 출구에서 도보 5분. 키워드 팔공암

❶ 국가 지정 중요문화재 핫소안 ❷ 자연 풍경을 그대로 축소한 듯한 일본 정원의 특징을 잘 살린 정원

마루야마 공원 円山公園

여타 공원과 달리 울창한 원시림의 숲길을 만끽할 수 있는 공원. 도심 한가운데라고는 믿을 수 없을 만큼 야생의 모습을 간직하고 있다. 공원 입구부터 홋카이도 신궁 北海道神宮 부근까지는 일반적인 공원과 다를 바 없지만 안쪽으로 깊숙이 들어가면 삿포로시 마루야마 동물원 札幌市円山動物園과 함께 천연기념물로 지정된 원시림이 펼쳐진다. 곧게 뻗은 삼나무 사이로 잘 가꿔진 산책로를 따라 풀 내음 가득한 자연을 즐기는 것도 힐링의 한 방법. 원시림 속에 있는 높이 226m의 아담한 마루야마까지 하이킹을 즐기는 현지인도 자주 보인다.

맵북 P.4-B3 **발음** 마루야마코오엔 **주소** 札幌市中央区宮ヶ丘 **전화** 011-621-0453 **가는 방법** 시영지하철 토자이 東西선 마루야마코엔 円山公園역 3번 출구에서 도보 5분. **주차장** 960대, 1회 ¥700 **키워드** 마루야마 공원

마루야마 공원 속 즐길 거리

홋카이도 신궁 北海道神宮

홋카이도에서 가장 참배객이 많이 방문하는 신사. 1869년 메이지 明治 일왕이 홋카이도 개척민들을 지킬 수호신을 모시기 위해 만들어졌다. 새해 첫날과 1,400그루 벚꽃이 만발하는 봄이 되면 많은 이들이 찾는다. 신궁 입구에는 '홋카이도 개척의 아버지'라 불리는 메이지 明治시대의 관리 시마 요시타케 島義勇의 동상이 세워져 있다.

발음 홋카이도진구 **주소** 札幌市中央区宮ヶ丘474 **전화** 011-611-0261 **홈페이지** www.hokkaidojingu.or.jp **요금** 무료 **운영** 여름 06:00~17:00, 겨울 07:00~16:00 **휴무** 연중무휴 **가는 방법** 시영지하철 토자이 東西선 마루야마코엔 円山公園역 3번 출구에서 도보 15분. **키워드** hokkaidojingu

홋카이도 신궁의 모습 / 신궁 입구에 있는 시마요시타케 동상

마루야마 동물원 円山動物園

1951년에 탄생한 홋카이도에서 가장 오래된 동물원. 도쿄의 우에노 동물원이 이동 동물원으로 삿포로를 방문해 큰 인기를 얻었던 것을 계기로 만들어졌다. 본래 서식지에 가까운 환경을 재현하기 위해 원시림 부근에 세워졌다. 포유류, 파충류, 조류 등 홋카이도에서 가장 많은 184종류의 동물이 살고 있는데, 홋카이도에서만 서식하는 사슴과 불곰도 만나볼 수 있다.

맵북 P.4-B3 **발음** 마루야마도오부츠엔 **주소** 札幌市中央区宮ヶ丘3-1 **전화** 011-621-1426 **홈페이지** www.city.sapporo.jp/zoo **요금** 성인 ￥800, 고등학생 ￥400, 중학생 이하 무료 **운영** 3~10월 09:30~16:30(마지막 입장 16:00), 11~2월 09:30~16:00(마지막 입장 15:30) **휴무** 둘째 주, 넷째 주 수요일(공휴일인 경우 다음날), 4월 둘째 주 월~금요일, 11월 둘째 주 월~금요일, 12/29~31 **키워드** 삿포로 마루야마 동물원

**시내에서
한 걸음 더**

삿포로 히츠지가오카 전망대 さっぽろ羊ヶ丘展望台

삿포로 시가지와 이시카리 石狩 평야가 시원스럽게 펼쳐지는 전망대. 2,000 마리 이상의 양을 사육하던 목장을 관광사업의 일환으로 일반인에게 개방하면서 큰 반응을 얻자 1959년 정식으로 문을 열었다. 홋카이도 개척에 큰 영향을 끼쳤던 홋카이도 대학교의 초대 교감 클라크 박사의 동상 뒤로 광대한 자연경관을 감상할 수 있다. 이 동상은 클라크 박사가 홋카이도 땅을 밟은 지 100주년이 되던 해에 세워진 것으로 그가 남긴 명언 'Boys, be ambitious(소년들이여, 야망을 가져라)'가 새겨져 있다. 클라크 광장을 시작으로 매년 2월에 열리는 삿포로 눈 축제 자료관, 멋스러운 예배당, 음식점, 기념품점, 족탕 등 휴게시설에서 소소한 재미를 느낄 수 있다. 겨울철에는 스키, 썰매 등을 즐길 수 있는 스노우파크로 변신한다.

맵북 P.5-C4 발음 삿포로히츠지가오카텐보오다이 **주소** 札幌市豊平区羊ヶ丘1 **전화** 011-851-3080 **홈페이지** www.hitsujigaoka.jp **운영** 10~5월 09:00~17:00, 6~9월 09:00~18:00 **휴무** 연중무휴 **요금** 고등학생 이상 ¥600 초중학생 ¥300, 미취학아동 무료 **가는 방법** JR 삿포로 札幌역 앞 토큐 東急백화점 남쪽 출구 2번 버스정류장에서 89번 승차 후 히츠지가오카텐보오다이 羊ヶ丘展望台 하차. **주차장** 100대 **키워드** sapporo hitsujigaoka observation

클라크 박사 동상

전망대에서 바라본 삿포로 전경

클라크채플(눈 축제 자료관)

삿포로 브란버치 채플

오스트리아관 레스트하우스

족탕

모에레누마 공원 モエレ沼公園

일본의 세계적인 조각가 이사무 노구치 イサム·ノグチ가 기본 설계를 담당한 예술공원. 23년의 긴 공사 끝에 2005년에 개원하였으며, 삿포로 시가지를 공원과 녹지로 둘러싼 그린벨트 형태로 두기 위해 계획된 것이다. 공원 전체가 하나의 조각상처럼 구성되어 있는데, 기하학적인 모양의 산과 분수, 놀이시설을 배치하여 자연과 예술이 융합한 매력적인 경관을 뽐내고 있다. 공원의 상징이자 자연과 일체화된 건축물 유리 피라미드, 62m 높이의 아담한 모에레산, 25m의 물줄기로 생명의 탄생과 우주를 표현하는 바다 분수 등 바라만 봐도 감탄사가 나오는 시설들이 곳곳에 포진되어 있다. 아이들도 즐길 수 있는 얕은 연못과 놀이기구도 있다.

맵북 P.5-D1 **발음** 모에레누마코오엔 **주소** 札幌市東区モエレ沼公園1-1 **전화** 011-790-1231 **홈페이지** moerenumapark.jp **운영** 07:00~22:00 **휴무** 부정기 **요금** 무료 **가는 방법** 시영지하철 토호 東豐선 칸조도오리히가시 環状通東역에서 東69, 東79에 승차하여 모에레누마코엔히가시구치 モエレ沼公園東口 정류장에서 하차, 도보 10분. **주차장** 1500대 **키워드** 모에레누마코엔

마코마나이 타키노 공원묘지 真駒内滝野霊園

삿포로시 최대 규모의 묘지. 묘지가 관광명소라니 언뜻 이해 가지 않을 법도 하지만 이곳의 입구를 본다면 당장이라도 가보고 싶어질 만큼 웅장한 조형물에 마음이 뺏기는 곳이다. 개원 30주년을 기념해 선보인 아타마 대불전 頭大仏殿은 일본 건축의 거장 안도 타다오 安藤忠雄의 주도로 설계됐다. 공원묘지에 들어서면 언덕 너머로 불상의 머리만이 방문객을 맞이한다 하여 일본어로 머리를 뜻하는 아타마를 붙여 지어진 이름으로 봄은 신록, 여름은 라벤더, 겨울은 눈으로 덮여 오묘한 조화를 이룬다. 물의 정원과 터널을 지나 대불전 안으로 들어서면 13.5m의 거대한 불상이 파란 하늘과 어우러져 존재감을 드러낸다. 전혀 관련이 없으나 모아이상과 스톤헨지를 그대로 본뜬 조각상도 세워져 있어 재미를 더한다.

맵북 P.5-C4 **발음** 마코마나이타키노레에엔 **주소** 札幌市南区滝野2番地 **전화** 011-592-1223 **홈페이지** takinoreien.com **운영** [공원] 4~10월 07:00~19:00, 11~3월 07:00~18:00, [대불전] 4~10월 09:00~16:00, 11~3월 10:00~15:00 **휴무** 연말연시 **요금** ￥500(라벤더 관리비) **가는 방법** 시영지하철 난보쿠 南北선 마코마나이 真駒内역 앞 2번 버스정류장에서 真102 승차 후 아타마다이부츠 頭大仏에서 하차, 도보 1분. **주차장** 2900대 **키워드** 마코마나이 타키노 영원

시내에서
한 걸음 더

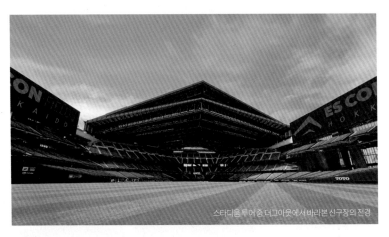

스타디움 투어 중 더그아웃에서 바라본 신구장의 전경

홋카이도 볼파크 F 빌리지 北海道ボールパークFビレッジ

일본의 프로야구팀 중 하나인 홋카이도 닛폰햄 파이터스의 신구장을 포함해 2023년 3월 문을 연 새로운 상업시설. 약 32헥타르의 광활한 부지 면적에는 자연과 공존하는 차세대 라이브 공연장, 스타디움 투어, 어린이 놀이시설, 사우나, 승마 체험장, 반려견 공원, 액티비티 시설 등 이전에 없었던 창의적인 공간을 마련해놓았다.

경기가 없는 날에는 닛폰햄 파이터스의 신구장을 방문한 이들을 위한 둘러보는 스타디움 투어를 실시 중이다. 선수들이 경기 중 이용하는 더그아웃 벤치나 실제로 쓰이는 기자회견장, 평소 선수들이 오가는 그라운드 주변을 방문하면서 닛폰햄 파이터스가 걸어온 역사를 소개하는 메모리얼 공간도 둘러보는 시간을 가진다. 경기를 가장 가까운 곳에서 지켜보도록 마련된 VIP석에서 착석하거나 VIP전용 식당을 구경하는 등 다양한 체험이 가능하다는 점도 포인트. 단, 일본어로만 투어가 진행되는 점은 아쉬운 부분이다. 투어에 참여하지 않더라도 구장 내 가볍게 식사를 할 수 있는 푸드 코트나 기념품을 판매하는 매점은 둘러볼 수 있다. 또한 경기장 일부에 앉아 내부를 바라볼 수도 있다. 최근 한국인에게도 인기가 높아진 메이저리거 오오타니 쇼헤이 大谷翔平와 국제대회 WBC를 통해 한국인 팬에게도 익숙한 다르빗슈 유 ダルビッシュ有는 닛폰햄을 거쳐간 거물급 프로선수들이다. 경기장에는 이들을 기념하는 커다란 벽화가 있어 포토존으로 이용되고 있다. 경기장 주변에는 아이들이 시간을 보낼 수 있는 놀이터나 미니 야구장 있어서 가족 단위로 방문하는 사람들도 많다.

맵북P.5-D3 **발음** 홋카이도보오루파아크에후비렛지 **주소** 北広島市 Fビレッジ **홈페이지** hkdballpark.com **운영** 시설마다 다름 **휴무** 부정기 **요금** 시설마다 다름 **가는 방법** JR전철 치토세 千歳선 키타히로시마 北広島역에서 도보 7분 **주차장** 있음(사전 예약 필수) **키워드** hokkaido ballpark

❶ 닛폰햄을 빛낸 두 레전드 선수의 벽화를 배경으로 기념촬영을 할 수 있다.
❷ 스타디움 투어 중 방문하는 기자회견장 ❸ 어린이를 위한 미니 야구장
❹ 구단의 역사를 담은 메모리얼 공간 ❺ 닛폰햄 파이터스의 기념품 코너
❻, ❼ 구장 내 푸드코트 ❽ 스타디움 투어를 안내하는 도우미

Feature

일본 3대 야경! 삿포로 야경 감상하기

고베 神戸, 나가사키 長崎와 함께 새로운 일본의 3대 야경으로 뽑힌 삿포로.
삿포로의 환상적인 야경을 감상할 수 있는 네 군데의 전망대를 소개한다.

1 삿포로모이와산로프웨이 札幌もいわ山ロープウェイ

삿포로시 남쪽에 위치한 해발 531m의 모이와산은 현재 관광객과 현지인 사이에서 가장 인기 있는 전망대
다. 결코 높은 산이라고는 할 수 없지만 삿포로 시내를 조망할 수 있는 전망대 가운데 가장 높은 편이므로 탁
트인 시야를 제공한다. 우선 산기슭에 설치된 로프웨이를 타고 정상 부근까지 올라간다. 최대한 자연경관을
해치지 않고 조화를 이루도록 디자인된 로프웨이는 사면으로 둘러싸인 커다란 유리창을 통해 전경을 감상
할 수 있다. 5분 만에 1,200m를 올라 최종 목적지로 가는 미니 케이블카인 모리스카에 탑승하면 2분 뒤 정
상 전망대에 도착하는데, 눈 앞에 어둠 속에서 반짝이는 삿포로의 야경이 끝없이 펼쳐진다.

맵북 P.4-B3 **발음** 삿포로모이와야마로오프웨이 **주소** 札幌市中央区伏見5-3-7 **전화** 011-561-8177 **홈페이지** mt-
moiwa.jp **요금** 아래 표 참조 **운영** 4~11월 10:30~22:00, 12~3월 11:00~22:00, 1/1 05:00~10:00 **휴무** 부정기(홈페이지
참조) **가는 방법** 노면전차 市電 로프웨이이리구치 ロープウェイ入口역에서 무료 셔틀버스 승차 . **주차장** 120대 **키워드**
모이와산로쿠

● 열차 종류별 요금

로프웨이&모리스카 세트			로프웨이			모리스카		
	성인	초등학생 이하		성인	초등학생 이하		성인	초등학생 이하
왕복	¥2,100	¥1,050	왕복	¥1,400	¥700	왕복	¥700	¥350
편도	¥1,050	¥530	편도	¥700	¥350	편도	¥350	¥180

2

JR타워 전망실 타워 스리에이트 JRタワー展望室タワー・スリエイト

JR 삿포로 札幌역에서 직접 연결되는 복합시설 JR타워에서도 야경을 조망할 수 있다. 홋카이도에서 가장 높은 빌딩으로 높이는 160m. 최상층인 38층 전체를 전망실로 꾸며놓았다. 남쪽은 바둑판처럼 가지런히 정리된 삿포로 시내가, 서쪽은 오오쿠라산 大倉山, 마루야마 円山같이 삿포로를 대표하는 산들이 한눈에 들어온다. 북쪽에는 저 멀리 오타루 小樽가 보이고 동쪽은 화창한 날씨라면 유바리산 夕張岳도 보인다. 남쪽을 조망하며 음료를 즐길 수 있도록 카페를 운영하고 있으며 전망실 오리지널 기념품을 판매하는 숍도 있다. 전망실은 JR 삿포로역 남쪽 출구에 있는 스텔라플레이스 ステラプレイス 6층을 통해서 입장이 가능하다.

맵북 P.7-C2 **발음** 제이아루타와아텐보시츠 타와아스리에이또 **주소** 札幌市中央区北5条西2-5 **전화** 011-209-5500 **홈페이지** www.jr-tower.com/t38 **운영** 10:00~22:00(마지막 입장 21:30) **휴무** 연중무휴 **요금** 성인 ￥740, 중·고등학생 ￥520, 초등학생 이하 ￥320, 3세 이하 무료 **가는 방법** JR 삿포로 札幌역 남쪽 출구에서 도보 1분. **주차장** 2000대, 유료 **키워드** JR타워 전망대

3

삿포로 티비탑 さっぽろテレビ塔

높이 147.2m의 삿포로 티비탑은 삿포로를 대표하는 랜드마크다. 지상 90m 부분에 있는 전망대에서 삿포로 시내를 360도 파노라마로 감상할 수 있는데, 쭉 뻗은 오오도오리 공원과 화려한 빌딩숲을 가까이서 내려다볼 수 있다. 재미있는 것은 전망대 내부에 신사가 있다는 점. 티비탑의 비공식 캐릭터인 테레비토오상 テレビ父さん을 모티브로 한 테레비토오상 신사 テレビ父さん神社는 부부 원만, 연애 성취 등을 기원하는 곳으로 앞날의 길흉을 점칠 수 있는 제비뽑기 오미쿠지도 판매한다. 전망대로 가려면 우선 3층 판매처에서 입장권을 구입해야 한다. 상세 정보는 P.95를 참조한다.

맵북 P.9-D1 발음 삿포로테레비토오

4

삿포로오오쿠라산전망대 札幌大倉山展望台

스키점프대에서 바라보는 이색 야경체험! 1972년 삿포로 동계올림픽을 시작으로 현재도 국제대회의 실제 경기장으로 이용되는 오오쿠라산 스키점프 경기장은 선수들과 동일한 시선에서 삿포로의 전경을 바라볼 수 있는 독특한 전망대다. 리프트를 타고 정상에 도달하는 데 걸리는 시간은 6분. 세이프티 바에 의지한 채 아찔하면서도 짜릿한 스릴을 만끽할 수 있다. 야간운영은 하지 않기에 일몰 시간이 빨라지는 겨울에만 방문할 것. 경기장 내에는 삿포로 동계올림픽 박물관이 있어 스키점프 가상체험도 할 수 있다.

맵북 P.4-A3 발음 삿포로오오쿠라야마텐보오다이 **주소** 札幌市中央区宮の森1274 **전화** 011-641-8585 **홈페이지** okurayama-jump.jp **요금** 리프트+올림픽 박물관 세트-고등학생 이상 ￥1,300, 리프트 왕복-중학생 이상 ￥1,000, 초등학생 이하 ￥500, 올림픽 박물관-고등학생 이상 ￥600, 중학생 이하 무료 **운영** 4/29~6/30, 10/1~10/31 08:30~18:00, 11/1~4/28 09:00~17:00, 7/1~7/30 08:30~21:00 **휴무** 점프대회, 공식 연습일(홈페이지 참조) **가는 방법** 시영지하철 토자이 東西선 마루야마코엔 円山公園역 2번 출구에 있는 마루야마 버스 터미널 円山バスターミナル에서 円14 승차, 미야노 미야산셰마에 宮の森シャンツェ前 하차, 도보 10분. **주차장** 113대 **키워드** 오쿠라야마 점프경기장

Feature

홋카이도 명물과 함께 하는 이색 체험 여행

홋카이도를 대표하는 초콜릿과 맥주 브랜드 공장에서는 이색 체험 여행을 즐길 수 있다.
오직 홋카이도에서만 체험해볼 수 있는 이색 여행을 떠나보자.

먹거리 코너에서 파는
아이스크림

1 시로이코이비토파크 白い恋人パーク

홋카이도 기념품의 정석인 초콜릿 과자 '시로이코이비토 白い恋人'를 테마로 한 공원. 유럽 소도시의 작은 마을처럼 귀엽고 아기자기한 외관이 시선을 사로잡는다. 실제 초콜릿 과자의 제조 과정을 엿볼 수 있는 공장 내부를 공개해 유리창을 통해 견학할 수 있고, 먹거리 코너에서는 아이스크림, 파르페, 케이크, 사탕 등을 맛볼 수도 있다. 또 하트 모양의 쿠키를 직접 만들 수 있는 체험공방도 마련되어 있어 그야말로 먹고, 보고, 체험할 수 있는 즐길 거리를 제공한다. 120여 종류의 장미꽃으로 꾸며진 로즈가든 ローズガーデン, 마을 전체를 미니어처 형태로 만든 걸리버타운 ガリバータウン, 동화 속 한 장면 같은 고풍스러운 분위기의 튜더하우스 チュダーハウス가 추천할 만하다.

맵북 P.4-A2 발음 시로이코이비또파아크 주소 札幌市西区宮の沢2-2-11-36 전화 011-666-1481 홈페이지 www.shiroikoibitopark.jp 운영 10:00~18:00 휴무 연중무휴 요금 고등학생 이상 ￥800, 중학생 이하 ￥400, 3세 이하 무료 (일부 시설 별도 요금 추가) 가는 방법 시영지하철 토자이 東西線 미야노자와 宮の沢역 4번 출구에서 도보 7분. 주차장 450대 키워드 시로이고이비토파크

2 삿포로돔 전망대 札幌ドーム展望台

일본 프로야구 '닛폰 햄 파이터즈 日本ハムファイターズ'의 홈 구장인 삿포로돔에는 53m 높이에서 삿포로 시내를 조망할 수 있는 일본 유일의 돔 전망대가 있다. 일반 전망대에서 바라보는 풍경과 비슷할지라도 야구장이라는 이색 공간이 주는 특별함이 있다. 전망대가 돔의 가장 높은 위치에 자리하고 있으므로 전망대로 향하는 공중 에스컬레이터에서 야구장 전체를 한 눈에 감상할 수 있다.

맵북 P.5-C3 발음 삿포로도오무텐보오다이 **주소** 札幌市豊平区羊ケ丘1 **전화** 011-850-1020 **홈페이지** www.sapporo-dome.co.jp/guide/tenboudai.html **영업** 10:00~17:00(이벤트 개최 여부에 따라 변동 가능성 있음) **휴무** 부정기 **요금** [전망대+돔투어] 고등학생 이상 ¥1,250, 초등·중학생 ¥700 [전망대] 고등학생 이상 ¥520, 초등학생 이상 ¥320, 미취학 아동 무료 **가는 방법** 시영지하철 토호 東豊선 후쿠즈미 福住역 3번 출구에서 도보 10분. **주차장** 있음 **키워드** 삿포로돔

3 로이즈 카카오&초콜릿 타운 ロイズカカオ&チョコレートタウン

한국인 여행자에게 인기가 높은 초콜릿 브랜드 '로이즈 ROYCE'를 직접 생산하는 공장 내에 병설된 오락 시설. JR 삿포로역에서 30분이면 공장 인근 역에 도착하므로 부담 없이 방문할 수 있다. 콜롬비아에 있는 로이즈 전용 카카오 농장을 재현해 카카오를 재배하는 풍경부터 초콜릿이 완성되기까지를 관찰할 수 있는 공장 견학, 세상에 단 하나뿐인 나만의 초콜릿을 만들어보는 체험 워크숍, 200여 종이 넘는 로이즈의 상품과 역사를 소개하는 전시 공간 등으로 구성되어 있다.

맵북 P.5-D1 발음 로이즈카카오안도초코레에토타운 **주소** 石狩郡当別町ビトエ640-15 **전화** 0570-055-612 **홈페이지** www.royce.com/cct **운영** 10:00~17:00(마지막 입장 15:00, 기념품점 ~18:00) **휴무** 부정기 **요금** [8월 4일 정식 오픈 후] 고등학생 이상 ¥1,200, 중학생 이하 ¥500, 3세 이하 무료(사전 예약제 실시, 홈페이지 예약) **가는 방법** JR전철 가쿠엔토시 学園都市선 로이즈타운 ロイズタウン역에서 도보 7분. JR로이즈타운역 앞에서 출발하는 무료셔틀버스 운행. 스케줄은 홈페이지 참조 **주차장** 100대 **키워드** ROYCE CACAO TOWN

4

삿포로맥주박물관 サッポロビール博物館

삿포로가 자랑하는 일본의 대표 맥주 브랜드 '삿포로맥주 サッポロビール'의 탄생 비화를 소개하고 아울러 맥주의 역사까지 안내하는 박물관. 1890년 삿포로에 세워진 첫 맥주공장이자 일본에서 처음으로 와인이 탄생한 곳으로 빨간 벽돌로 건축된 복고풍의 외관이 특징이다. 박물관을 둘러보는 방법은 특별한 안내 없이 자유롭게 둘러볼 수 있는 자유 견학 방식이다. 박물관 내 스타홀에선 맥주를 판매하는데, 프리미엄 투어 참가자는 두 가지 맥주의 시음도 요금 안에 포함돼 있다. 홋카이도 공장에서 직송한 맥주와 처음 삿포로맥주가 만들어진 당시의 옛 맥주도 기념품숍에서 구입할 수 있다.

맵북 P5-C2 **발음** 삿포로비이루하쿠부츠칸 **주소** 札幌市東区北7条東9丁目1-1 **전화** 011-748-1876 **홈페이지** www.sapporobeer.jp/brewery/s_museum **운영** 11:00~18:00(마지막 입장 17:30) **휴무** 월요일(공휴일인 경우 다음날), 연말연시 **요금** 프리미엄 투어-성인 ¥1,000, 중학생~20세 미만 ¥500, 초등학생 이하 무료, 자유 견학-무료 **예약 방법** 공식 홈페이지 또는 전화를 통해 희망 날짜 4주 전인 8시부터 예약 실시 **가는 방법** 시영지하철 토호 東豊선 히가시쿠약쇼마에 東区役所前역 4번 출구에서 도보 10분. **주차장** 200대 **키워드** 삿포로맥주박물관

5

신치토세 공항 新千歳空港

한국에서 건너오는 관광객 대다수가 거쳐가는 관문, 신치토세 공항. 귀국시간 때문에 시내에서 남은 시간을 보내기 애매하다면 미리 공항에 도착해 마지막까지 알차게 즐기는 것도 하나의 방법이다. 쇼핑과 레스토랑으로도 시간을 보낼 수 있지만 색다른 체험을 원한다면 공항 내 시설을 이용해보자.

맵북 P.2-B3 **주소** 北海道千歳市美々 **홈페이지**
www.hokkaido-airports.com/ja/new-chitose
키워드 신치토세공항

[편의시설]

● 온천

신치토세 공항에는 다른 공항에서는 볼 수 없는 독특한 시설이 존재한다. 우리나라 찜질방과 비슷한 개념의 온천시설이 바로 그것. 아침 9시부터 1시간의 청소 시간을 제외하면 23시간 동안 영업을 하므로 이른 아침 비행기를 이용한다면 온천에서 하룻밤을 보내는 것도 좋은 선택이 될 것이다.

위치 국내선 터미널 4층 **전화** 0123-46-4126 **홈페이지** www.new-chitose-airport-onsen.com **영업** 10:00~다음 날 09:00(마지막 접수 07:30) **휴무** 부정기 **요금** 중학생 이상 ¥2,600, 초등학생 ¥1,300, 미취학 아동 무료(01:00 이후 이용 추가 요금-중학생 이상 ¥2,000, 초등학생 ¥1,000, 05:00~08:00 입장 요금-중학생 이상 ¥1,300, 초등학생 ¥600)

● 전망데크

국내선 터미널 4층에는 비행기의 이착륙의 순간을 직접 볼 수 있는 전망데크가 마련되어 있다. 국내선 및 국제선 모든 항공기가 활보하는 2개의 활주로를 탁 트인 시선으로 관람할 수 있다. 유료 망원경이 설치되어 있어 바로 눈 앞에서 보는 것처럼 자세하게 관찰할 수 있다(1회 ¥100, 약 120초간 관람 가능).

이용시간 08:00~20:00(단, 12월부터 3월까지 이용 불가)
홈페이지 www.new-chitose-airport.jp

01 삿포로 미식탐방
삿포로 사람들의 소울푸드

징기스칸 다루마 成吉思汗だるま
스스키노

홋카이도를 대표하는 향토요리 징기스칸을 빼놓고는 홋카이도의 미식을 만끽했다고 할 수 없다. 징기스칸 다루마는 1954년에 문을 연 이래 오랫동안 현지인은 물론 해외 관광객의 입맛을 사로잡은 징기스칸 노포다. 매일 생후 24~26개월의 엄선한 양고기를 들여와 조리하기 때문에 양고기 특유의 누린내가 느껴지지 않고 부드러운 육질을 제대로 느낄 수 있다. 등심, 목심, 다리 등 각 부위를 미디엄 레어로 익혀서 먹는 것을 추천하며 이 집만의 특제 소스에 찍어 먹으면 더욱 맛있다.

추천메뉴 **징기스칸** ジンギスカン **¥1,280**

맵북 P.9-C4 **발음** 징기스칸다루마 **주소** 札幌市中央区南五条西4 クリスタルビル1F **전화** 011-552-6013 **홈페이지** sapporo-jingisukan.info **영업** 17:00~23:00(마지막 주문 22:30) **휴무** 12/31~1/2 **가는 방법** 시영지하철 난보쿠 南北線 스스키노 南北すすきの역 5번 출구에서 도보 5분. **주차장** 없음 **키워드** 다루마 본점

홋카이도 카니쇼군 北海道 かに将軍
스스키노

홋카이도의 유명 게 요리 전문점. 홋카이도 명물이라 할 수 있는 털게를 주재료로 한 초밥, 회, 튀김, 그라탕 등의 요리를 차례로 맛보는 코스와 특제 간장쇼유를 베이스로 한 게 전골이 간판 메뉴다. 다소 비싼 가격이 부담스럽다면 점심시간을 노려보자. 일품 정식 메뉴를 ¥1,500~5,000의 합리적인 가격에 즐길 수 있다. 1~4층까지 380명 수용 가능한 널찍한 내부는 좌식과 테이블석, 개인실 등 다양한 형태의 좌석을 갖추고 있다.

추천메뉴 **놀라운 대게코스** びっくり会席 **¥4,180~6,380**

맵북 P.9-D3 **발음** 카니쇼오군 **주소** 札幌市中央区南4条西2-14-6 **전화** 011-222-2588 **홈페이지** www.kani-ya.co.jp/shogun/sapporo **영업** 11:00~15:00, 17:00~22:00 **휴무** 연중무휴 **가는 방법** 시영지하철 난보쿠 南北線 스스키노 南北すすきの역 3번 출구에서 도보 2분. **주차장** 없음 **키워드** 카니쇼군

징기스칸 주테츠 ジンギスカン 十鉄

스스키노

양고기에 거부감이 있거나 한 번도 먹어본 적이 없는 이에게 추천하고 싶은 징기스칸 전문점. 좋은 품질의 양고기를 맛있는 부위만을 엄선해 사용하며, 그냥 마셔도 맛있다고 자부하는 이 집만의 비밀 소스를 내세우고 있다. 자신 있게 추천하는 메뉴는 '여행자 체험 세트 旅人おためしセット'. 세트에는 간을 하지 않은 양고기, 소금과 후추로 간을 한 양고기, 양고기 소시지와 아스파라거스가 포함돼 있다.

추천메뉴 여행자 체험 세트 旅人おためしセット ¥1,800

맵북 P.9-C4 발음 징기스칸쥬우테츠 주소 札幌市中央区南7条西5 東北飯店2F 전화 011-551-1011 홈페이지 juttetsu.jp 영업 17:00~24:00 휴무 부정기 가는 방법 시영지하철 난보쿠 南北선 스스키노 南北 すすきの역 5번 출구에서 도보 5분. 주차장 없음 키워드 sapporo juttetsu

멘야 유키카제

麺屋雪風 스스키노

삿포로 라멘의 대표 격, 미소라멘을 제대로 맛볼 수 있는 라멘집. 3가지 미소된장과 돼지 뼈, 닭 육수를 배합하여 우린 진한 국물이 특징이다. 돼지삼겹살로 닭다리살로 만든 차슈, 잘게 썬 파, 경수채, 반숙 달걀이 어우러져 절묘한 맛을 만들어낸다. 가게 내부를 가득 채우고 있는 유명인들의 사인만 보아도 그 인기가 느껴진다.

추천메뉴 농후미소된장라멘 濃厚味噌らーめん ¥998

맵북 P.9-C4 발음 멘야유키카제 주소 札幌市中央区南7条西4-2-6 전화 011-512-3022 홈페이지 menya yukikaze.com 영업 월~목요일 11:00~14:00, 18:00~02:30 금·토요일 11:00~14:00, 18:00~03:30 일요일 11:00~14:00, 18:00~24:00 휴무 부정기 가는 방법 노면전차 市電 히가시혼간지마에 東本願寺前역에서 도보 2분. 주차장 근처 코인주차장 이용 키워드 멘야 유키카제

수프카레 가라쿠
スープカレーGARAKU 스스키노

양파, 토마토, 양주 등 30가지 재료로 만든 수프와 21가지 향신료를 사용하여 독자적인 맛을 만들어낸다. 맵기 정도를 1에서 40까지 지정할 수 있는데 숫자가 커질수록 매워지고 1에서 5까지는 무료, 6에서 19까지는 ￥110, 20부터 40까지는 ￥210을 추가해 즐길 수 있다. 밥의 양은 소(100g), 중(200g), 대(300g) 중 선택 가능하며 대는 ￥100의 추가 금액이 든다.

추천메뉴 부드러운 닭다리와 채소카레 やわらかチキンレッグと野菜 ￥1,380

맵북 P.9-D2 발음 스으프카레에가라쿠 주소 札幌市中央区南2条西2-6-1 おくむらビルB1F 전화 011-233-5568 홈페이지 www.s-garaku.com 영업 11:30~15:00, 17:00~20:30 휴무 부정기 가는 방법 노면전차 市電 타누키코지 狸小路역에서 도보 3분. 주차장 인근 주차장 이용, ￥2,600 이상 1시간 무료 키워드 sapporo garaku

피칸티 Picante 삿포로역

담백한 맛과 진한 맛 두 종류의 수프카레를 내세우는 전문점. 카레에 들어갈 주재료와 토핑, 맵기 정도를 직접 선택하게 해 손님의 취향을 최대한 반영한다. 주재료는 10여 종류 중에서 고를 수 있는데, 추천하는 재료는 치킨과 양고기, 잎새버섯이다. 가지, 호박, 연근, 피망, 당근 등 각종 채소가 들어가 있어 몸에도 좋다. 매콤한 맛이 기본적으로 가미되어 있지만 1~5까지 맵기 정도를 선택할 수 있다. 1과 2는 무료, 3~5는 ￥100~300이 추가된다.

추천메뉴 치킨(주재료) チキンレッグ ￥1,350

맵북 P.7-C3 발음 피칸티 주소 札幌市中央区北2条西1丁目8番地 青山ビル1F 전화 011-271-3900 홈페이지 www.picante2009.com 영업 11:00~15:30 휴무 수요일 가는 방법 시영지하철 토호 東豊선 삿포로 さっぽろ역 22번 출구에서 도보 1분. 주차장 없음 키워드 피칸티

조라 ZORA 오오도오리

오오도오리 공원 바로 앞에 위치한 수프카레 전문
점으로 양, 소, 닭, 돼지고기 등 다양한 수프카레 메
뉴를 제공한다. 인기 메뉴는 저크치킨수프카레 ジ
ャークチキンスープカレー. 자메이카 향신료를 첨
가하여 하룻동안 재운 닭다리살을 숯불로 구워내
어 그 맛이 수프에 고스란히 스며들어있다. 진하고
매콤한 국물은 매운맛을 좋아하는 한국인이라면
누구나 즐길 수 있는 맛이다.

추천메뉴 저크치킨수프카레 ジャークチキンス
ープカレー ¥1,200~

맵북 P.8-B2 발음 조라 주소 札幌市中央区南1条西7丁
目12-5 大通パークサイドビル 1F 전
화 011-231-4882 홈페이지
zora2009.com 영업 11:30~
16:30 휴무 일요일(눈 축제
기간은 영업) 주차장 없음
키워드 sapporo zora

오쿠시바 쇼텐 奥芝商店
삿포로역

매일 아침 2천 마리 새우에서 뽑아낸 진한 육수로
향긋한 풍미가 그윽한 감칠맛 나는 수프 카레 전문
점. 삿포로뿐만 아니라 아사히카와, 오비히로, 하
코다테 등 홋카이도 각지에 지점을 운영하고 있다.
10년 동안 부동의 인기를 자랑하는 메뉴는 수프 카
레와 햄버그 스테이크를 동시에 즐길 수 있는 소야
곶 수프 카레. 홋카이도 최북단 땅에서 자란 소로
만든 햄버그는 육질이 부드러워 카레와 잘 어우러
진다.

추천메뉴 소야곶 햄버그와 수프 카레 宗谷岬
おくしばーぐとおくし畑のスープカレー ¥2,150

맵북 P.7-C2 발음 오쿠시바쇼오텐 주소 札幌市中央区
北4条西1丁目 ホクレンビルB1F パールタウン飲食店
街 전화 011-207-0266 홈페이지 okushiba.net 운영
11:00~16:00, 17:00~22:00 휴무 부정기 가는 방법 시영
지하철 토호 東豊선 삿포로 さっぽろ역 23번 출구 인근
에 위치. 주차장 없음 키워드 오쿠시바 쇼텐 에키마에

Feature

삿포로 라멘 로드

2,000군데가 넘는 라멘집이 모여있는 라멘 격전지.
삿포로에서 독특한 라멘을 맛보자.

1 라멘삿포로이치류앙
ラーメン札幌一粒庵 [삿포로역]

★ 추천 메뉴 힘이 나는 미소라멘
元気のでるみそらーめん ¥1,000~1,500

정통 미소라멘을 제공하는 인기 라멘집. 숙주나물, 파, 차슈 단 세 가지만 토핑된 심플한 스타일이지만, 산나물의 왕이라고 불리는 산마늘 行者にんにく, 삼나무 단지에 몇 년간 천연 숙성시킨 미소된장 米こうじみそ, 최상급 간장쇼유 등 재료 하나하나에 심혈을 기울여 만든다. 라멘에 들어가는 대부분의 식재료는 홋카이도산이다.

맵북 P.7-C2 **발음** 라아멘삿포로이치류앙 **주소** 札幌市中央区北四条西1-1 ホクレンビルB1F **전화** 011-219-3199 **홈페이지** www.ichiryuan.com **영업** 일~금요일 11:00~15:00 토요일 11:00~15:00, 18:00~20:00(시기마다 다르므로 홈페이지 확인) **휴무** 화요일 **가는 방법** 시영지하철 토호 東豊선 삿포로 さっぽろ역 23번 출구에서 도보 3분. **주차장** 인근 JA파킹 JAパーキング 이용 **키워드** 이치류안 라멘

2 멘야사이미麺屋彩未 [미소노역]

2025년 현재 삿포로에서 가장 인기가 높은 라멘집이라고 해도 과언이 아닌 식당. 삿포로 라멘의 대표격인 미소 味噌 라멘은 세 종류의 일본식 된장 미소를 혼합한 특제 소스에 맑은 돼지뼈 육수에 차슈와 다진 생강을 더해 깔끔한 뒷맛을 느낄 수 있다.

맵북 P.5-C3 **발음** 멘야사이미 **주소** 札幌市豊平区美園10条5-3-12 **전화** 011-820-6511 **홈페이지** www.menya-saimi.com **운영** 화~목요일 11:00~15:15, 금~일요일 11:00~15:15, 17:00~19:30 **휴무** 월요일 (공휴일인 경우에도 휴무, 부정기 **가는 방법** 시영지하철 토호 東豊선 미소노 美園역 1번 출구에서 도보 4분. **주차장** 19대 **키워드** 멘야 사이미

★ 추천 메뉴 미소 라멘 味噌らーめん
¥950

3

에비소바이치겐 えびそば一幻 스스키노

새우의 진한 향을 뿜어내는 육수와 그 국물이 잘 스며든 면이 먹음직스러운 새우라멘 전문점. 국물베이스는 소금, 된장, 간장 중 선택할 수 있으며 국물의 진한 정도를 기본(そのまま 소노마마), 적당히(ほどほど 호도호도), 진함(あじわい 아지와이) 중에서 선택할 수 있다. 면 종류는 두꺼운 면(고쿠후토멘 極太麵)과 얇은 면(호소멘 細麵) 두 가지로 취향에 따라 고를 수 있다.

★ 추천 메뉴 에비미소
えびみそ ¥950

맵북 P.8-B4 발음 에비소바이치겐 주소 札幌市中央区南7条西9 1024-10 전화 011-513-0098 홈페이지 www.ebisoba.com 영업 11:00~03:00 휴무 수요일 가는 방법 노면전차 市電 히가시혼간지마에 東本願寺前역에서 도보 5분. 주차장 1대 키워드 에비소바이치겐

4

스미레 すみれ 스스키노

1964년부터 50년이 넘는 긴 시간동안 삿포로 시민의 큰 사랑을 받고 있는 유명 라멘집. 삿포로를 넘어 전국구적인 인지도를 얻고 있어 홋카이도를 방문한 전국 각지의 현지인의 방문이 끊이질 않는다. 나카노시마 본점을 비롯해 삿포로시 중심가인 스스키노와 외곽에 지점을 운영하고 있다. 다양한 메뉴가 있으나 진한 미소 된장의 깊은 풍미와 탄력이 있는 면발이 잘 어우러진 미소 라멘이 인기.

★ 추천 메뉴 미소 라멘
味噌ラーメン ¥1,100

맵북 P.9-C3 발음 스미레 주소 札幌市中央区南3条西3丁目9-2 피크시스빌 2F 전화 011-200-4567 홈페이지 www.sumireya.com 운영 17:00~24:00 휴무 부정기 가는 방법 시영지하철 난보쿠 南北선 스스키노 すすきの역 2번 출구에서 도보 3분. 주차장 없음 키워드 스미레

02 삿포로 미식탐방
일본정식부터 샌드위치까지

키타노구루메 北のグルメ [소엔역]

JR 삿포로역에서 한 정거장 거리에 있는 삿포로 시 중앙도매시장 내 해산물 맛집. 홋카이도 각지에서 직송된 신선한 해산물을 맛볼 수 있다. 특히 해산물 덮밥 海鮮丼이 유명한데, 해산물에 어울리는 끈기가 있으면서 은은한 단맛이 느껴지는 밥을 특별히 제작해 해산물 고유의 맛을 한층 더 끌어내고 있다. 성게, 연어알, 새우, 털게, 참치 등 다양한 종류를 선보이고 있다.

추천메뉴 ▶ 해산물 덮밥 海鮮丼 ¥1,500~

맵북 P.4-B2 ▶ **발음** 키타노구루메 **주소** 札幌市中央区北11条西22丁目4-1 **전화** 011-621-3545 **홈페이지** www.kitanogurume.co.jp **운영** 07:00~15:00(마지막 주문 14:30) **휴무** 연중무휴 **가는 방법** JR 하코다테본 函館本선 소엔 桑園역 서쪽 출구에서 도보 10분.(삿포로역 북쪽 출구에서 무료 셔틀버스 운행 중이므로 홈페이지 참조) **주차장** 11대 **키워드** 키타노구루메테이

싱싱한 해산물이 꽉 찬 덮밥

토핑으로 얹어 나오는 삶은 달걀이 플레이팅에 깜찍함을 더한다.

커리하우스 콜롬보
カリーハウスコロンボ [삿포로역]

삿포로 하면 수프카레이지만 일본에 왔다면 일본식 카레도 놓칠 수 없다. 1973년 문을 열어 40년이란 오랜 시간 동안 현지인에게 사랑 받아온 카레 전문점 커리하우스 콜롬보는 카레가 모자라면 직원이 리필해주는 것이 특징이다. 기본으로 제공되는 밥의 양이 350g으로 다른 가게에 비하면 2배 정도 많은 편이라, 양이 적은 사람이라면 작은 사이즈(250g, 쇼라이스 小ライス)를 주문할 것을 권한다. 식후 아이스크림은 서비스!

추천메뉴 ▶ 카츠믹스카레 カツミックスカレー ¥1,300

맵북 P.6-B3 ▶ **발음** 카리이하우스코론보 **주소** 札幌市中央区北4条西4 札幌国際ビル **전화** 010-221-2028 **홈페이지** www.colombo1973.com **영업** 월~금요일 11:00~20:30, 토·일요일·공휴일 11:00~19:00 **휴무** 넷째 주 일요일 **가는 방법** 시영지하철 삿포로 さっぽろ역 8번 출구에서 직접 연결. **주차장** 없음 **키워드** curry house colombo

미요시노 みよしの <스스키노>

관광객에게는 잘 알려져 있지 않지만 삿포로 현지
인의 소울푸드로 오랫동안 사랑 받는 메뉴가 있다.
바로 카레 위에 군만두를 얹은 교자카레 ぎょうざ
カレー. 의외의 조합이지만, 실패할 확률이 낮을 것
이란 걸 우리는 먹기 전부터 이미 잘 알고 있을 터.
메뉴 구성이 심플한 만큼 가격 또한 저렴한 편이다.

추천메뉴 교자카레 ぎょうざカレー ¥600

맵북 P.9-D2·D3 **발음** 미요시노 **주소** 札幌市中央区南
3条西2丁目16-4(狸小路2丁目) **전화** 011-231-3440 **홈
페이지** miyoshino-sapporo.jp **영업** 11:00~21:00 **주차
장** 없음 **키워드** miyoshino
susukino

먹음직스러운 교자카레

토카치부타동 잇삥 十勝豚丼 いっぴん
<삿포로역>

홋카이도 남쪽에 위치한 토카치 十勝 지역의 명물
부타동(돼지고기덮밥)을 삿포로에서도 맛볼 수 있
다. 바로 부타동소스 전문점인 소라치 ソラチ가 문
을 연 부타동 전문점 잇삥에서다. 돼지고기 등심
을 숯불에 구운 후 특제 간장소스를 발라 다시 구
운 후 따끈한 밥 위에 얹어 낸다. 고기의 양이 많은
것을 원한다면 토쿠모리 特盛를, 보통 양의 반 정도
고기만을 원한다면 하프 ハーフ를 주문하자(밥 곱
빼기는 ¥60 추가).

추천메뉴 부타동 豚丼 ¥990

맵북 P.7-C2 **발음** 토카치부타동잇삥 **주소** 札幌市中
央区北5条西2-5 ステラプレイス6F **전화** 011-209-
5298 **홈페이지** www.butadon-ippin.com **영업**
11:00~22:00(마지막 주문 21:30) **휴무** 스텔라플레이
스에 따름 **가는 방법** JR 삿포로 札幌역 내 스텔라플레
이스 6층에 위치. **주차장** JR타워 JRタワー 주차장 이
용, 1시간 ¥360, 20분마다 ¥120 추가 **키워드** 잇핀

얌차 하루노소라 飲茶はるのそら

오오도오리

다양한 중국식 딤섬을 즐길 수 있는 얌차 전문점으로, 2017년 홋카이도 미슐랭 비브그루망에 선정된 맛집이다. '차를 마시다'라는 뜻의 '얌차 飲茶'란 홍콩의 대표적인 식문화로 아침과 점심시간 사이에 가볍게 차와 딤섬을 먹는 시간이다. 쉽게 말하면 '홍콩식 브런치' 정도. 얌차 하루노소라는 미슐랭에 게재되기 전부터 이미 현지인들 사이에선 이름이 자자했다.

그 이유는 저렴한 가격에 알찬 점심을 즐길 수 있기 때문이었는데, 특히 주마다 바뀌는 중국식 죽과 딤섬이 세트로 구성된 점심 메뉴를 저렴한 가격에 즐길 수 있다. 저녁시간에도 합리적인 가격에 중국 본토의 맛으로 무장된 다양한 중화요리를 즐길 수 있다.

추천메뉴 ▶ 중국죽런치 中国おかゆのランチ ¥1,500

맵북P8-B1 ▶ 발음 아무차하루노소라 주소 札幌市中央区大通西6-10-11北都ビルB1F 전화 011-200-0586 영업 11:00~14:15 휴무 수·일요일 가는 방법 노면전차 市電 니시핫초메 西8丁目역에서 도보 4분. 주차장 없음 키워드 하루노소라

스테이크&함바그 히게

ステーキ&ハンバーグ ひげ   스스키노

철판에 구운 먹음직스러운 소고기스테이크와 치즈 함바그스테이크를 메인으로 한 음식점. '일주일에 한 번 누리는 작은 사치'를 콘셉트로 하여 좋은 품질의 재료를 아낌없이 사용한 것이 특징이다. 가격대가 조금 나가는 편이지만 치즈퐁뒤 소스나 모차렐라 치즈를 듬뿍 넣은 치즈 함바그를 합리적인 가격에 제공한다.

추천메뉴 ▶ 퐁듀풍 치즈 함바그 フォンデュ風チーズハンバーグ ¥1,800~3,600

맵북P9-D4 ▶ 발음 스테에키함바아그히게 주소 札幌市中央区南5条西6丁目 第5桂和ビル1F 전화 011-511-2911 홈페이지 hige-style.com 영업 월·화요일 17:30~03:00 수~토요일 11:00~15:30, 17:30~03:00 일요일 11:00~15:30, 17:30~21:00 휴무 부정기 가는 방법 시영지하철 스스키노 すすきの역 5번 출구에서 도보 4분 주차장 없음 키워드 Sapporo hamburg hige minami 5

후우게츠 風月 　삿포로역

50년 이상 삿포로의 오코노미야키와 야키소바를 책임져온 음식점. 이 집의 인기 비결은 신선한 재료와 소스에 있는데, 요리에 사용되는 밀가루, 달걀, 양배추는 모두 홋카이도산이며 맛을 결정하는 소스와 마요네즈를 가게에서 직접 만들어 사용한다. 2~6인분 전용 세트 외에도 혼자서 즐길 수 있는 1인 세트도 있다. 참고로 칸사이 지방에 있는 동명의 오코노미야키 전문점과는 전혀 관련이 없다. 한글 메뉴 완비.

　추천메뉴　스페셜 세트 スペシャルセット
¥1,397

　맵북 P.9-C2　발음 후우게츠 주소 札幌市中央区南2条西3-20 モユクサッポロB2F 전화 011-206-6254 홈페이지 fugetsu-sapporo.co.jp 영업 11:00~22:00(마지막 주문 21:00) 휴무 부정기 가는 방법 시영지하철 토호東豊선 오오도오리 大通역 11번 출구에서 도보 3분. 주차장 없음 키워드 fugetsu moyuk

네무로 하나마루 回転寿司 根室花まる
　삿포로역

홋카이도 동쪽 제일 끝에 위치한 네무로 根室 지역의 유명 회전초밥집이 삿포로에 상륙했다. 현지 인기를 그대로 이어 삿포로에서도 압도적인 인기를 얻고 있다. 해산물의 보물상자라 불릴 정도로 좋은 재료가 나는 네무로 지역의 특징을 내세워 신선도를 최우선으로 생각한다. 끝없는 대기행렬을 방지하고자 터치패널로 접수를 받는다. 패션, 서점 등이 모인 복합시설 내에 위치하므로 대기 인원수를 확인한 다음 주변 시설을 구경하고 오는 것이 좋다.

　추천메뉴　초밥 お寿司 ¥143~

　맵북 P.7-C2　발음 네무로하나마루 주소 札幌市中央区北5条西2 札幌ステラプレイスセンター6F 전화 011-209-5330 홈페이지 www.sushi-hanamaru.com 영업 11:00~22:00(마지막 주문 21:30) 휴무 연중무휴 가는 방법 스텔라플레이스 센터 6층. 주차장 1시간 ¥600, 20분마다 ¥200 추가 키워드 sapporo hanamaru jr

노스컨티넨트 마치노나카

ノースコンチネント まちのなか `오오도오리`

다양한 종류의 홋카이도산 고기를 사용한 함바그 스테이크 전문점. 맛볼 수 있는 고기만도 소, 돼지, 닭, 양, 사슴 등 없는 게 없을 정도다. 홋카이도 최대 곡창지대로 알려진 토카치 十勝 지역의 소고기 브랜드 이케다규 池田牛, 홋카이도 서남쪽 사로마 佐呂間 지역의 브랜드 소고기인 사로마규 サロマ牛, 홋카이도 남쪽 니이캇푸 新冠 지역 흑돼지 니이캇푸쿠로부타 新冠黒豚, 우에다 上田 정육점에서 들여오는 고급 사슴고기 그리고 이와 곁들여 최고의 맛을 낼 향신료 등 특히 재료에 많은 공을 들인다.

`추천메뉴` 오늘의 런치 本日のランチ ¥1,380

`맵북 P.9-D2` 발음 노오스콘치넨토마치노나카 주소 札幌市中央区中央区南２条1南2条西1 マリアールビル B1 전화 011-218-8809 홈페이지 north-continent.co. jp 영업 11:30~15:00, 17:30~22:00 휴무 셋째 주 수요일 가는 방법 시영지하철 토호 東豊선 오오도오리 大通역 35번 출구에서 도보 1분. 주차장 없음 키워드 north continent machi sapporo

식은 고기는 테이블 위 달궈진 돌에 얹어서 구워 먹자.

로하스 LOHAS `오오도오리`

자연식 로푸드 Raw food 전문점. 식물성 식재료에 48도 이상의 열을 가하지 않고 무첨가 조리한 요리를 로푸드라고 하는데 다이어트와 건강식에 관심이 커지자 전 세계적으로 열풍이 불기 시작했다. 로푸드가 생소했던 2007년에 문을 열어 10년 이상 삿포로 시민의 건강한 밥을 책임져왔다. 주인장 히로는 미국에서 전문적으로 로푸드를 배운 후 로푸드 셰프 라이선스를 취득했다고.

`추천메뉴` 트라이얼 로푸드 플레이트A トライアル・ローフード・プレートA ¥1,640

`맵북 P.8-B3` 발음 로하스 주소 札幌市中央区南2条西7丁目6-1 ホテルブーゲンビリア 札幌1F 전화 011-222-5569 홈페이지 rawfoodlohas.com 영업 일~목요일 11:00~ 16:00, 금~토요일 11:00~16:00(마지막 주문 15:30), 18:00~23:30(마지막 주문 23:00) 휴무 연말연시 가는 방법 노면전차 市電 니시8초메 西8丁目역에서 도보 3분. 주차장 없음(근처 코인주차장 있음) 키워드 raw food cafe lohas

트라이얼 로푸드 플레이트

모리에르 카페 훗떼모하레떼모
Molière Café 降っても晴れても 삿포로역

홋카이도 오비히로의 대표 과자 브랜드 롯카테이 六花亭의 삿포로 본점 건물 9층에 자리한 캐주얼 프렌치 레스토랑. 홋카이도산 신선한 재료로 선보이는 메뉴와 오픈 키친, 목조테이블, 높은 천장과 같은 모던한 인테리어가 특징인데, 이 때문인지 현지 젊은 여성층에게 인기가 높다. 점심시간 (11:00~14:00), 저녁시간(17:30~20:00)에 기본 코스 요리가 제공되며, A와 B 두 코스로 되어 있다. 14:00~16:00에는 티타임 디저트와 음료 메뉴를 즐길 수 있다.

추천메뉴 menu-A ¥2,600

맵북 P.6-A3 **발음** 모리에르 카페 훗떼모하레떼모 **주소** 札幌市中央区北4条西6丁目3-3 六花亭 9F **전화** 011-221-2000 **홈페이지** sapporo-molierecafe.com **영업** 11:00~20:00 **휴무** 수요일, 부정기 **가는 방법** 시영지하철 난보쿠 南北선 삿포로역 さっぽろ역 3번 출구에서 도보 5분. **주차장** 없음 **키워드** moliere cafe come rain

▶ 홋카이도산 신선한 재료로 선보이는 메뉴

동구리 どんぐり 오오도오리

40년 이상의 역사를 자랑하는 빵집으로 삿포로 시민의 소울 푸드로 자주 언급되기도 한다. 명물로 꼽히는 '치쿠와 빵 ちくわパン'은 반찬 같은 빵이 먹고 싶다는 손님의 요청으로 탄생한 메뉴. 일본식 원통형 어묵 속에 마요네즈를 버무린 참치가 들어있어 식사 대용으로 즐기곤 한다고. 170종류가 넘는 다양한 메뉴와 저렴한 가격이 인기의 이유이기도 하다.

추천메뉴 **치쿠와 빵 ちくわパン** ¥205

맵북 P.9-D1 **발음** 동구리 **주소** 札幌市中央区大通西1丁目13 ル・トロワ1F **전화** 011-210-5252 **홈페이지** www.donguri-bake.co.jp **운영** 10:00~21:00 **휴무** 부정기 **가는 방법** 시영지하철 토호 東豊선 오오도오리 大通역 23번 출구에서 도보 1분. **주차장** 없음 **키워드** 동구리

아침 한정 메뉴,
원 플레이트 세트

패뷸러스 FAbULOUS

오오도오리

카페 레스토랑 겸 인테리
어숍. 멋스러운 서양식
주택 거실을 연상시
키는 가게 안 분위기
로 인해 현지인 사이
에서 인기가 높은 핫
플레이스다. 아침 일찍 문
을 열기 때문에 모닝커피를 즐
기거나 간단한 식사를 하고 싶을 때 이곳을 찾으면
제격이다. 아침(09:00~11:30), 점심(11:30~15:00),
저녁(16:00~20:00) 시간마다 메뉴가 상이하다.

추천메뉴 모닝세트 ¥1,100~(09:00~11:30, 마
지막 주문 10:30)

맵북 P.9-D1 발음 페뷰라스 주소 札幌市中央区南 1
条東2-3-1NKCビル 1 F 전화 011-271-0310 홈페이
지 www.rounduptrading.com 영업 카페&레스토랑
09:00~19:00, 숍 11:00~19:00 휴무 부정기 가는 방법
시영지하철 토자이 東西線 버스 센터 バスセンター 역
3번 출구에서 도보 1분. 주차장 없음 키워드 sapporo
fabulous

커피와 샌드위치 가게 사에라
珈琲とサンドイッチの店 さえら

오오도오리

1975년 문을 연 삿포로를 대표하는 샌드위치 전문
점. 오픈 시간과 동시에 수많은 현지인과 관광객이
찾아 드는데 인기가 많은 메뉴는 재료가 다 떨어지
면 더 이상 주문을 할 수 없기 때문이다. 이곳의 대
표 메뉴는 홋카이도의 명물 무당게(たらばがに 타
라바가니)와 과일 샌드위치 세트. 아침식사를 해
결하기 위해 방문하는 것을 추천하고 테이크아웃
이용도 가능하다.

추천메뉴 무당게와 과일 샌드위치 たらばがに
&フルーツ ¥1,040

맵북 P.9-C2 발음 코오히또산도잇치노미세사에라 주소 札幌市中央区大通西2-5-1 都心ビルB3F 전화 011-221-4220
영업 10:00~18:00 휴무 수요일, 12/31, 1/1 가는 방법 시영지하철 오오도오리 大通역 19번 출구에서 도보 1분. 주차장 없음
키워드 사에라

산도리아 Sandria 스스키노

24시간 영업하는 샌드위치 전문점. 한국인이 좋아하는 계란 샌드위치부터 돈카츠, 크로켓, 탄두리 치킨, 명란까지 밥 대용으로 먹을 수 있는 메뉴와 멜론, 딸기, 말차 단팥, 잼 등 디저트로 즐길 수 있는 메뉴 등 40여 종의 맛을 선보인다. 물가 상승이 지속되고 있는 와중에도 누구나 즐길 수 있도록 합리적인 가격으로 판매되고 있다는 점도 매력적이다.

추천메뉴 **샌드위치 サンド ¥200~**

맵북 P.8-A4 발음 산도리아 **주소** 札幌市中央区南8条西9丁目758-14 **전화** 011-512-5993 **홈페이지** www.s-sandwich.com **운영** 24시간 **휴무** 12/31~1/2 **가는 방법** 노면전차 아마하나쿠조 山鼻9条역에서 도보 5분 **주차장** 없음 **키워드** 산도리아

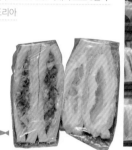

속이 알찬 산도리아 샌드위치

오니기리노 아린코 おにぎりのありんこ

스스키노

창업한 지 40년이 된 일본식 삼각김밥 오니기리 おにぎり 전문점. 주문 즉시 만들기 시작하는데, 오니기리 틀로 만드는 것이 아닌 손으로 직접 만든 오니기리를 제공한다. 간단하게 끼니를 때우고 싶지만 든든하게 배를 채우고 싶을 때 찾는 일본식 패스트푸드 느낌이다. 사이즈를 선택할 수 있는데 특대형 점보와 보통 사이즈 레귤러가 있다.

추천메뉴 **치즈와 가츠오부시를 섞은 치즈가츠오 チーズカツオ 점보 ¥390, 레귤러 ¥290**

맵북 P.9-D1 발음 오니기리노아린코 **주소** 札幌市中央区大通西2丁目 さっぽろ地下街オーロラタウン **전화** 011-222-0039 **홈페이지** onigiri-arinko.com **영업** 08:00~20:00 **휴무** 부정기 **가는 방법** 시영지하철 오오도오리 大通역 16번 출구 부근 지하상가에 위치 **주차장** 없음 **키워드** arinko ororataunten

오니기리를 시키면 따뜻한 미소장국이 함께 제공된다.

03 삿포로 미식탐방
디저트와 커피

마루야마팬케이크 円山ぱんけーき
[마루야마]

최근 2~3년 일본을 강타한 디저트의 새로운 강자 '팬케이크'를 전문으로 한 카페. 폭신폭신한 쿠션처럼 보기 좋게 부풀어 오른 겉모습을 보는 순간 이미 부드러운 식감이 느껴진다. 한 입 베어 물면 리코타 치즈 향이 입안에 퍼지면서 사르르 녹는다. 버터, 생크림, 사이드로 나오는 아이스크림과 함께 곁들여 먹으면 다양한 맛을 한꺼번에 즐길 수 있다.

[추천메뉴] 천사의 팬케이크 天使のぱんけーき ¥1,800

[맵북 P.4-B3] 발음 마루야마판케에키 주소 札幌市中央区南4条西18丁目2-19 브리란테남円山1F 홈페이지 m.facebook.com/maruyamapancake 전화 011-533-2233 영업 11:00~18:30 휴무 수요일(부정기 휴무가 있으니, 페이스북으로 확인) 가는 방법 노면전차 市電 니시18초메 西18丁目역에서 도보 10분. 주차장 있음 키워드 마루야마 팬케이크

파르페, 커피, 술, 사토
パフェ・珈琲・酒・佐藤 [오오도오리]

삿포로에는 늦은 밤 모든 식사를 끝낸 후 마무리로 파르페를 먹는 문화가 있다. 이러한 문화를 탄생시킨 주인공이 바로 이곳이다. 예술적인 감각이 돋보이는 파르페는 먹기 아까울 만큼 화려하고 예쁘다. 주말을 제외하고 야간에만 영업을 하므로 그에 걸맞은 메뉴를 가게명에서 찾아볼 수 있는데, 파르페뿐만 아니라 커피와 술도 제공하니 삿포로의 밤을 이곳에서 즐기는 것도 좋은 추억이 될 듯 하다.

[추천메뉴] 소금 캐러멜과 피스타치오 塩キャラメルとピスタチオ ¥1,712

[맵북 P.9-D2] 발음 파훼코오히사케사토오 주소 札幌市中央区南1条西2-1-2 木Ninaru Bldg. 1F 전화 011-233-3007 홈페이지 pf-sato.com 영업 일~목요일 13:00~24:00 금·토요일 13:00~01:00 휴무 부정기 가는 방법 시영지하철 오오도오리 大通역 36번 출구에서 도보 1분 주차장 없음 키워드 파르페 커피 술 사토

모리히코 森彦 마루야마

푸른 잎사귀에 둘러싸인 2층짜리 목조건물에 자리
한 삿포로의 대표 카페. 지어진 지 70년이 넘은 카
페 건물은 낡아 보이지만 운치가 느껴진다. 건물 내
부는 전반적으로 복고풍 인테리어로 꾸며져 있는
데, 내부 구석구석에서 주인장의 센스가 엿보인다.
콜롬비아, 과테말라, 브라질산 원두를 자가배전하
여 정성스레 내린 커피 숲의 물방울 森の雫과 홋카
이도산 치즈로 만든 케이크를 음미하며 휴식을 가
져보자.

추천메뉴 숲의 물방울 森の雫 ¥913

맵북 P.4-B3 **발음** 모리히코 **주소** 札幌市中央区南二条
西26-2-18 **전화** 0800-111-4883 **홈페이지** www.
morihico.com **영업** 09:00~20:00(마지막 주문 19:30)
휴무 연말연시 **가는 방법** 시영지하철 토자이 東西선 마
루야마코엔 円山公園역 4번 출구에서 도보 4분. **주차장**
5대 **키워드** 모리히코

바리스타트 커피 Baristart Coffee
오오도오리

커피잔을 든 귀여운 곰 모양의 로고와 세련된 외관
인테리어가 눈에 띄는 카페. 대표 메뉴인 바리스타
트 라테는 희귀품종이자 영국 왕실에서 마시던 고
급 품질의 저지방 우유와 계절에 맞춰서 엄선한 우
유, 다양한 목장에서 들여온 것을 섞은 믹스 등 세
가지 우유 중에서 선택할 수 있다. 커피도 부드러운
아라비카 アラビカ와 깊고 진한 로브스터 ロブスタ
중 선택 가능하다.

추천메뉴 바리스타트 라테 Baristart Latte
R사이즈 ¥700, L사이즈 ¥770

맵북 P.9-C2 **발음** 바리스타아토코오히이 **주소** 札幌
市中央区南1条西4丁目8番地 NKC1-4 第二ビル1F **전
화** 011-215-1775 **홈페이지** www.baristartcoffee.
com **영업** 10:00~18:00 **휴무** 부정기 **가는 방법** 노면전
차 市電 니시욘초메 西4丁目역에서 도보 1분. **주차장**
없음 **키워드** 바리스타 커피 sapporo

밍가스 커피 Mingus Coffee `오오도오리`

도심 한가운데라고는 믿어지지 않을 만큼 고요한 시간을 보낼 수 있는 카페. 커피를 내리는 바리스타의 모습을 지켜보고 싶다면 카운터 앞, 음악을 들으며 찬찬히 음미하고 싶다면 소파 좌석을 추천한다. 깔끔하고 정갈한 인테리어에서 눈에 띄는 건 벽 한 켠을 떡 하니 차지한 커다란 스피커인데, 스피커를 타고 잔잔하게 흘러나오는 재즈 선율이 마음을 편하게 한다. 이른 아침부터 늦은 밤까지 운영되는 것도 장점.

`추천메뉴` 오렌지 카페오레 オレンジカフェオレ ¥700(치즈토스트와 함께 주문 시 ¥400 추가)

`맵북 P.9-D2` 발음 밍가스코오히이 주소 札幌市中央区南一条西1 大沢ビル7F 전화 011-271-0500 영업 09:00~24:00 휴무 부정기 가는 방법 시영지하철 오오도오리 大通역 32번 출구에서 도보 1분. 주차장 없음 키워드 밍가스 커피

식사와 주류도 판매한다

카페 레인 Cafe Rain
`마루야마`

비가 오는 날 차분하고 정적인 공간에서 자기만의 시간을 보내라는 의미에서 만들어진 카페. 하지만 쨍쨍한 날에도 문을 연다. 가토쇼콜라, 말차, 얼그레이 등 9가지 맛의 파운드케이크와 함께 커피와 홍차를 권하고 있다. 비가 오는 날과 매주 수요일은 두 잔째 주문한 음료가 무료다. 시간대에 따라 식사 메뉴와 주류도 판매하니 참고하자.

`추천메뉴` 카파오라이스 ¥1,190, 커피 ¥500

`맵북 P.4-B2` 발음 카훼레인 주소 札幌市中央区北1条西24-3-11 전화 011-699-5941 홈페이지 www.rain-hokkaido.com 영업 일~목요일 11:00~22:00, 토~일요일 11:00~23:00 휴무 화요일 가는 방법 시영지하철 토자이 東西線 마루야마 円山公園역 5번 출구에서 도보 5분. 주차장 없음 키워드 cafe rain

마루미 커피 丸美珈琲店 오오도오리

일본에서 커피 배전 기술을 겨루는 '재팬 커피 로스팅 챔피언십'에서 당당히 1위를 차지한 고토 에이지로 後藤栄二 郎가 운영하는 스페셜티 커피 전문점. 브랜드, 싱글오리진, 특선 등 전 세계 커피 생산국에서 들여온 원두로 다양한 맛을 제공하며, 누구나 즐길 수 있는 심플한 커피를 지향한다. 커피와 곁들여 먹을 수 있는 케이크와 쿠키도 판매한다.

추천메뉴 카페라테 カフェラテ ¥540

맵북 P.9-D2 발음 마루미코오히이 **주소** 札幌市中央区南1条西1丁目2 松崎ビル1 **전화** 011-207-1103 **홈페이지** www. marumi-coffee.com **영업** 월~토요일 10:00~20:00, 일요일 10:00~19:00 **휴무** 연말연시 **가는 방법** 노면전차 市電 니시욘초메 西4丁目역에서 도보 3분. **주차장** 인근 마츠자키파킹 松崎パーキング 이용, ¥1,000 이상 계산 시 30분 무료 **키워드** marumi coffee sapporo 1103

\ 구수한 원두향을 /
품은 카페라테

Feature

삿포로의 명물, 브랜드 카페

양질의 재료로 만든 맛깔스러운 디저트는 홋카이도의 대표적인 먹거리 중 하나. 홋카이도의 이름난 디저트 브랜드가 총 집합한 삿포로야말로 달콤함을 만끽할 수 있는 절호의 기회다.

1

유키지루시팔러雪印パーラー本店 삿포로역

치즈, 버터, 아이스크림과 같은 홋카이도산 신선한 우유를 사용한 유제품을 생산하면서 파르페를 메인으로 한 카페를 운영한다. 제철 과일을 사용한 30종류의 파르페 가운데 인기 메뉴는 초코티라미수, 로열스노우스트로베리, 레어치즈, 캐러멜바나나로, 본사에서 주력으로 하는 아이스크림과 치즈 등이 어우러져 더욱 맛있다. 추천 메뉴는 초코티라미수파르페 生チョコティラミスパフェ (¥1,450).

맵북 P.7-C3 발음 유키지루시파아라라 **주소** 札幌市中央区北2条西3-1-31 **전화** 011-251-7530 **홈페이지** www.snowbrand-p.co.jp **영업** 10:00~19:00(마지막 주문 18:30) **휴무** 연중무휴 **가는 방법** 시영지하철 난보쿠선 南北線선 토호 東豐선 삿포로 さっぽろ역 11번 출구에서 도보 1분. **주차장** 없음 **키워드** snow brand parlor sapporo flagship

2

이시야카페 Ishiya café 오오도오리

홋카이도 하면 떠오르는 대표 과자 시로이코이비토 白い恋人로 알려진 이시야제과 石屋製菓가 기획한 디저트카페. 3.5cm 두께의 팬케이크 2장을 겹쳐 과일, 초콜릿 등으로 맛을 더한 디저트가 대표 메뉴다. 홋카이도산 생우유로 만든 소프트 아이스크림을 사용한 파르페도 인기가 높다. 이 밖에 파스타, 샌드위치 등 식사 메뉴도 있다. 추천 메뉴는 핫케이크베리 ホットケーキベリー(¥1,480).

맵북 P.9-C1 발음 이시야카훼 **주소** 札幌市中央区大通西4-6-1 札幌大通西4ビルB2F **전화** 011-231-1483 **영업** 10:00~20:00 **휴무** 연말연시 **가는 방법** 시영지하철 오오도오리 大通역 5번 출구에서 도보 1분. **홈페이지** www.ishiya.co.jp/nishi4/cafe **키워드** ishiya cafe sapporo

커피 종류 주문 시 함께 곁들여 먹도록 시로이코이비토 한 개를 증정한다.

3
키타카로 北菓楼 오오도오리

삿포로 인근에 위치한 작은 도시지만 시내에 과자전문점이 많아 '스나가와스위트로드'라고 불리는 스나가와시 砂川市의 대표 과자 전문점. 삿포로 본관은 유서 깊은 역사적 건축물에서 영업 중. 내부는 세계적인 건축가 안도 타다오 安藤忠雄에 의해 새롭게 개조되어 옛 외관과 오묘한 조화를 이루고 있다. 케이크 두 개, 아이스크림, 커피와 홍차 등의 음료를 단돈 ¥980에 즐길 수 있다. 추천 메뉴는 케이크세트 ケーキセット (¥980).

맵북 P.6-B4 **발음** 키타카로오 **주소** 札幌市中央区北1条西5-1-2 **전화** 0800-500-0318 **홈페이지** www.kitakaro.com **영업** 10:00~18:00 **휴무** 부정기 **가는 방법** 시영지하철 오오도오리코엔 大通역 5번 출구에서 도보 5분. **주차장** 없음 **키워드** 키타카로 본점

4
롯카테이 六花亭 삿포로역

홋카이도 오비히로 帯広 지방이 자랑하는 과자 브랜드. 예쁜 꽃 패키지와 육각형의 꽃이라는 이름에서 정원이 많은 오비히로스러움이 물씬 느껴진다(육각형의 꽃은 눈의 결정을 뜻한다). 출시부터 지금까지 최고의 히트상품인 마루세이 버터 샌드 マルセイバターサンド는 화이트초콜릿과 건포도, 버터를 버무린 크림을 비스킷에 끼운 것이다. 이 과자의 아이스크림 버전을 이곳 삿포로 본점 2층 카페에서 맛볼 수 있다. 추천 메뉴는 마루세이 아이스 샌드 マルセイアイスサンド(¥260)와 커피 コーヒー (¥120).

맵북 P.7-C3 **발음** 롯카테에 **주소** 札幌市中央区北4条西6-3-3 **전화** 011-261-6666 **홈페이지** www.rokkatei.co.jp **영업** 10:00~17:30 **휴무** 부정기 **가는 방법** 시영지하철 토자이 東西선 삿포로 さっぽろ역 3번 출구에서 도보 5분. **주차장** 없음 **키워드** 롯카테이 삿포로본점

PLUS AREA

시코츠 호수支笏湖

반나절 코스로 즐길 만한 근교 여행지로 추천하는 호수. 삿포로에서 대중교통으로 1시간이면 도착하는 시코츠 호수는 동서로 기다란 형태를 한 칼데라호다. 평균 수심 265m, 최대 수심은 363m로 일본에서는 두 번째, 홋카이도에서는 가장 깊은 호수다. 호수 속이 훤히 보일 정도로 투명하며 워낙 깊어 한겨울에도 절대 얼지 않는 곳으로 알려져 있다. 안개가 거의 끼지 않아 맑은 날이면 푸르고 선명한 정경을 선사하는데, 호수 앞 보트 선착장 건너편 왼편에 보이는 홋푸시산 風不死岳과 타루마에산 樽前山, 그리고 오른편에 있는 에니와산 恵庭岳 등 시코츠 3대 산이라 불리는 활화산들이 자리 잡고 있어 더욱 아름답게 느껴진다. 호숫가에서 가만히 바라보는 것도 좋지만 직접 자신이 배를 운전하는 오리 모양의 페달보트나 호수 속도 들여다볼 수 있는 수중유람선을 타면 한층 더 재미있게 즐길 수 있다. 또 호숫가 부근에는 홋카이도의 명물인 옥수수, 감자, 아이스크림 등 주전부리를 판매하는 매점들이 즐비하여 입이 심심할 틈이 없다.

맵북 P.2-B3 ▶ 발음 시코츠코 주소 千歳市支笏湖温泉 전화 0123-25-2404(시코츠코비지터센터) 가는 방법 JR 치토세 千歳역 또는 미나미치토세 南千歳역 3번 버스정류장에서 홋카이도 추오버스 北海道中央バス 시코츠코 支笏湖행에 승차하여 종점인 시코츠코 支笏湖 정류장에서 하차. 약 50분 소요. 주차장 1회 ¥410, 12~3월 승용차 무료 키워드 시코쓰호

● 시코츠 호수 액티비티

	수중유람선	페달보트
소요시간	30분	30분
요 금	성인 ¥2,000, 초등학생 ¥1,000	¥2,000
승객정원	50명	2~4명
운항시간	08:40~17:10, 30분 간격	항시 운항

홋카이도산 우유로 만들어
진한 아이스크림

먹음직스럽게 구운 옥수수

PLUS AREA

맵북P.2-B3 **발음** 죠오잔케에온센 **주소** 札幌市南区定山渓温泉 **전화** 011-598-2012(조잔케이 관광협회) **가는 방법** JR삿포로 札幌역 버스 터미널 12번 버스정류장에서 7번 또는 8번 조잔케이 定山渓행에 승차하여 조잔케이유노마치 定山渓湯の町에서 하차, 60~80분 소요. **주차장** 조잔케이 스포츠공원 定山渓スポーツ公園 무료 주차장 이용 **키워드** jojankei onsen

조잔케이 온천定山渓温泉

사계절의 변화가 뚜렷한 자연과 아름다운 계곡이 어우러진 온천마을. '삿포로의 안방'이라 불릴 정도로 삿포로 사람들은 당일치기나 주말여행으로 자주 이곳을 찾는다. 1866년 미이즈미 조잔 美泉定山이라는 수도승이 원천을 발견하고 온천욕으로 병을 고치는 탕치장을 연 것에서 유래했다고 전해진다. 56곳의 원천 중 4곳의 수족탕이 온천 거리에 모여 있어 가벼운 마음으로 온천을 즐길 수 있는데, 미이즈미 죠잔의 탄생 200주년을 기념하여 만들어진 조잔겐센 공원 定山源泉公園에서도 손과 발을 담그거나 온천 달걀을 만들 수 있는 시설을 설치해 무료로 즐길 수 있다. 신경통과 위장병에 좋다고 하니 꼭 한 번 체험해볼 것. 오색 단풍으로 물든 빼어난 풍광으로 유명한 후타미츠리바리 二見吊橋도 빼놓을 수 없는 볼거리다. 예부터 물속에 사는 상상의 동물 캇파가 조잔케이에 산다는 소문이 떠돌아 마을 곳곳에 캇파 동상이 세워져 있는 점도 재미있다.

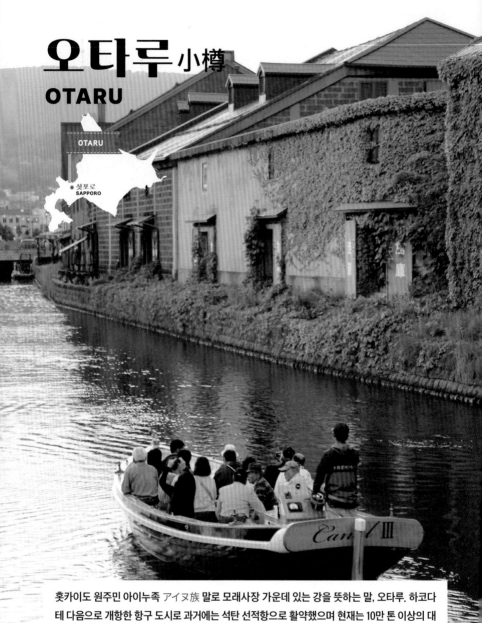

오타루 小樽
OTARU

OTARU

삿포로
SAPPORO

홋카이도 원주민 아이누족 アイヌ族 말로 모래사장 가운데 있는 강을 뜻하는 말, 오타루. 하코다테 다음으로 개항한 항구 도시로 과거에는 석탄 선적항으로 활약했으며 현재는 10만 톤 이상의 대형 크루즈 선박이 정박할 만큼의 규모를 지니고 있다. 항구에 가까운 위치 덕분에 예부터 수산업이 발달했는데 특히 청어잡이가 번성하면서 막대한 부를 거머쥐게 된다. 홋카이도의 물류와 경제 중심지로 떠올랐다가 무역량이 감소함에 따라 쇠락의 길을 걸었지만 잘 보존된 운하와 건물들을 관광지로 활용하면서 제2의 전성기를 누리고 있다.

오타루 Must Do

운하 크루즈를 타고 오타루 운하 선상 산책 P.150

키타노월가에서 100년의 역사를
품은 옛 건축물 투어 P.162

오감을 자극하는 사카이마치 거리 돌아다니며 구경하기 P.152

사카이마치 거리를 구경하며
맛있는 디저트 타임 P.172

한국인이 사랑하는 일본 영화 〈러브레터〉 촬영지 순례 P.164

텐구산에서 마을과 바다가 어우러진 절경 감상 P.156

오타루 여행 코스

Travel course

1 JR오타루小樽역
오타루시의 중심이 되는
철도역.

도보 2분

2 오타루삼각시장 P.166
JR 오타루역 인근에 위치한
오타루 대표 수산시장. 오타루
인근 해안에서 잡은 싱싱한 해
산물과 신선한 재료로 만든 해
산물 요리를 즐길 수 있다.

▼
도보 7분

3 키타노월가 P.162
홋카이도의 경제 중심지
로 번영을 누렸던 오타루를 느
낄 수 있는 곳. 은행, 상사, 해운
업 건물이 모여 있는 금융가 이
로나이 色内 지역을 말한다.

▼

도보 2분

4 오타루운하 P.150
홋카이도 개척 시절 물자
운송의 거점이 된 운하. 현재 오
타루를 대표하는 관광 명소로
아기자기한 풍경을 자랑한다.

▼

도보 3분

5 사카이마치거리
P.152
오타루 운하 동쪽 오타루 운하
버스 터미널 小樽運河ターミナ
ル부터 메르헨 광장 メルヘン広
場까지 이어지는 1km의 상점가.

▼

버스 25분

6 텐구산전망대
P.156
해발 532m 텐구산 정상에 자
리한 전망대. 오타루 시내와 접
한 바다 이시카리만 石狩湾이
한눈에 펼쳐진다.

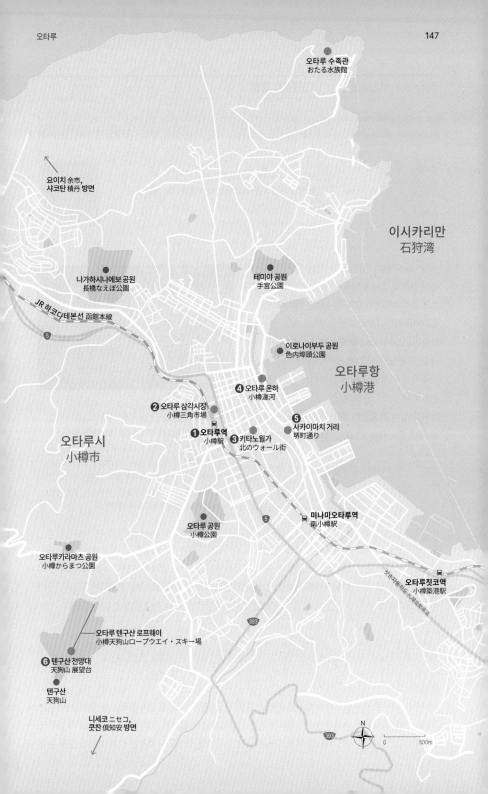

오타루 수족관
おたる水族館

요이치 余市,
샤코탄 積丹 방면

이시카리만
石狩湾

나가하시나에보 공원
長橋なえぼ公園

테미야 공원
手宮公園

JR 하코다테본선 函館本線

이로나이부두 공원
色内埠頭公園

4 오타루 운하
小樽運河

오타루항
小樽港

2 오타루 삼각시장
小樽三角市場

1 오타루역
小樽駅

3 키타노월가
北のウォール街

5 사카이마치 거리
堺町通り

오타루시
小樽市

오타루 공원
小樽公園

미나미오타루역
南小樽駅

오타루카라마츠 공원
小樽からまつ公園

오타루칫코역
小樽築港駅

오타루 텐구산 로프웨이
小樽天狗山ロープウエイ・スキー場

6 텐구산 전망대
天狗山 展望台

텐구산
天狗山

니세코 ニセコ,
쿳찬 倶知安 방면

N

0   500m

Transportation in Otaru | 오타루 교통

오타루로 이동하기

삿포로

방법① 열차 35~50분(JR 삿포로역 출발)
방법② 열차 1시간 15분~1시간 25분(신치토세 공항 출발)
방법③ 버스 1시간 5분

오타루

열차

홋카이도 여행의 동선을 고려했을 때 가장 무난한 것이 삿포로에서 오타루로 이동하는 것이다. JR 삿포로 札幌역에서 오타루 小樽행 쾌속에어포트·이시카리라이너 快速エアポート·いしかりライナー를 탑승하면 50분 이내로 도착한다. JR 오타루 小樽역 인근에 오타루 운하, 사카이마치 거리 등 주요 관광지가 위치하고 있어 접근성도 좋다. 삿포로 신치토세 新千歳 공항에서도 JR 열차를 통해 오타루로 가는 직통열차 쾌속에어포트를 운행하므로 여행 첫 시작을 오타루로 잡아도 문제없다.

소요시간 삿포로역 출발 기준 약 35~50분, JR 신치토세 공항 출발 기준 1시간 15분~1시간 25분 **요금** (JR 삿포로역 출발 기준)편도 ￥750, (신치토세 공항 출발 기준) 편도 ￥1,910

Pickup 삿포로→오타루 열차를 탑승한다면!
삿포로에서 출발한 JR전철 오타루행 열차를 탑승했을 때 꿀팁! 이시카리만 石狩湾 해안선을 따라 달리는 열차 속 차창은 탁 트인 시야에서 맑고 투명한 바다를 감상하기에 제격이다. 바다를 보다 가까이서 느끼고 싶다면 오른편 좌석에 착석할 것! 돌아오는 길은 자연스레 반대 방향인 왼편 좌석이 추천이다.

버스

JR 삿포로역 앞 버스 터미널에서 출발하는 고속오타루호 高速おたる号가 있다. 성인 기준 편도 요금 ￥730으로 열차 편도 요금보다 저렴하며, 왕복 요금은 ￥1,360으로 열차 왕복보다 ￥140 저렴하게 이용할 수 있다. 또 삿포로와 오타루 간 버스 왕복 승차권과 오타루 시내 버스 1일 승차권이 포함된 '오타루 1일 프리세트 小樽1日フリーセット'를 이용하면 ￥2,000(어린이 ￥1,000) 가격으로 더 이득이다.

오타루 시내 교통수단

버스

오타루는 대부분 관광명소가 중심지에 한데 모여 있어 도보만으로도 충분히 둘러볼 수 있지만, 텐구산 天狗山 전망대, 오타루 수족관 小樽水族館과 같은 시내에서 조금 떨어진 관광지를 갈 때, 여러 번 갈아타고 오랜 시간 걷기 싫다면, 버스를 이용하자. 텐구산 전망대와 오타루 수족관은 전용 버스 노선을 운행

중이며, 오타루 운하 터미널 또는 JR 오타루 小樽
역 앞 버스 터미널에서 승차할 수 있다.

오타루의 주요 관광지를 순환하는 오타루 산책
버스 おたる散策バス는 JR 오타루역 앞 버스 터미
널을 출발해 오타루 운하 小樽運河, 사카이마치
거리 堺町通り, 키타이치 글래스 北一硝子, 메르헨
광장 メルヘン広場, 키타이치 베네치아 미술관 北
一ヴェネツィア美術館 순으로 운행하므로 편리하

오타루 산책 버스

게 이동할 수 있다(1회 탑승 요금은 성인 ¥240,
어린이 ¥120). 이외에도 오타루 시내를 달리는 모든 버스를 하루 동안 자유롭게 이용
가능한 1일 승차권도 판매한다(요금은 성인 ¥800, 어린이 ¥400). 텐구산 로프웨이
왕복 승차권과 시내버스 1일 승차권이 하나된 '오타루 텐구산 세트권 小樽天狗山セッ
ト券(성인 ¥2,050, 어린이 ¥1,020)'도 오타루 버스 터미널에서 구매할 수 있다.

Pickup 오타루에서만 만날 수 있는 것

❶ 1880년 개통한 홋카이도의 첫 철도선으로 1985년까지 오타루와 삿포로를 오갔던 테미야선 手宮線이 그대로 남아
산책로로 이용되고 있다. 510m 철로 위에서 포토제닉한 사진을 남겨보는 것도 좋다.

❷ 오타루의 명물로 떠오른 인력거! 옛 정취가 물씬 풍기
는 오타루 거리 곳곳을 멋진 청년 샤후(俥夫; 인력거를 끄
는 사람)들이 안내한다. 오타루 운하를 약 10분간 달리는
1구간부터 30, 60, 120분간 오타루의 구석구석을 달리는
코스까지 다양하게 즐길 수 있다.
인력거 업체 에비스야 えびす屋 홈페이지 ebisuya.com/
branch/otaru

❸ JR 오타루역에서 오타루 운하까지는 쭉 내리막길로
되어 있다. 명소를 둘러보며 운하로 가기엔 편리하지만
반대로 관광을 끝내고 역으로 돌아올 땐 오르막길이다.
도보 이동으로 몸이 피로한 상태라면 버스를 이용하자.

오타루 운하 小樽運河

1923년 완성되어 홋카이도 개척 시절엔 물자 운송의 거점으로, 1980년대 이후부터는 오타루 관광산업의 계기가 된 곳으로 여전히 존재감을 발휘하고 있다. 옛 향수를 불러일으키는 아기자기한 풍경들이 눈앞에 펼쳐져 현지인은 물론 관광객에게도 반응이 좋다. 잘 정비된 돌담길을 거닐며 산책하기에도 제격이지만 진정한 운하의 매력을 느끼기에는 크루즈만 한 것이 없다. 운하가 시작되는 아사쿠사다리 浅草橋와 끄트머리에 있는 북운하 北運河(P.151)를 40분간 왕복하며 운하 구석구석을 구경할 수 있다.

맵북 P.13-C2, P.14-B2 》 **발음** 오타루운가 **주소** 小樽市港町 **가는 방법** JR 오타루 小樽역에서 도보 10분. 주차장 없음 **키워드** 오타루 운하

❶ 운하를 따라 늘어서 있는 창고들. 현재는 상업시설이 들어서 있다. **❷** 운하 옆 돌담길. **❸** 특유의 운치 있는 분위기를 선사하는 해질 무렵 오타루 운하의 모습 **❹** 운하 옆 산책길, 아름다운 오타루 운하의 풍경을 화폭에 담고 있는 화가의 모습.

zoom
in

오타루 운하 구석구석 들여다보기

오타루 운하 크루즈 小樽運河クルーズ

JR 오타루 小樽역에서 운하를 향해 쭉 내려오면 마주하는 중앙다리에 선착장이 있다. 09:00부터 30분 간격으로 운항하는 크루즈는 운하의 시작점인 아사쿠사다리 浅草橋와 오타루항을 거쳐 북운하 北運河까지 갔다가 돌아오는 코스로 되어 있다. 이 크루즈 덕분에 1920년대 당시 물류창고에 짐을 실어 나르던 작은 배들을 간접적으로나마 체험해볼 수 있다. 일몰 시간 전후로 탑승객이 늘어나므로 이 부분을 감안하고 시간 계산을 하는 것이 좋다.

맵북 P.14-B2 **발음** 오타루운가크루우즈 **주소** 小樽市港町5-4 **전화** 0134-31-1733 **홈페이지** otaru.cc **운영** 10:00~19:00(계절에 따라 조금씩 변동) **휴무** 연중무휴 **요금** 데이 크루즈-중학생 이상 ¥1,800, 초등학생 이하 ¥500, 나이트 크루즈-중학생 이상 ¥2,000, 초등학생 이하 ¥500 **키워드** otaru canal cruise

북운하 北運河

관광객들로 붐비는 오타루 운하에서 조금 더 시야를 넓히면 사뭇 다른 분위기의 운하를 만나볼 수 있다. 산책로를 따라 길 끝까지 가다 보면 갑작스러운 고요하고 한적한 풍경이 나타나는데 사실 이 부근이 옛 모습에 가장 가깝다고 한다. 휴식을 취할 수 있도록 공원이 조성되어 있으며 옛 건축양식에 맞춰 복원한 석조창고는 카페나 잡화점으로 활용되고 있다. 고풍스러운 카페에서 운하를 바라보며 커피를 음미하는 시간을 갖는 것도 좋다.

맵북 P.14-A1 **발음** 키타운가 **주소** 小樽市色内3 **가는 방법** 오타루 운하 크루즈 선착장에서 도보 10분. **키워드** unga park otaru(운하공원 기준)

사카이마치 거리 堺町通り

오타루 운하 동쪽에 위치한 오타루 운하 버스 터미널 小樽運河ターミナル부터 메르헨 광장 メルヘン広場까지 이어지는 1km 길이의 상점가. 절로 카메라 셔터를 누르게 되는 귀여운 근대 건축물이 빼곡히 들어서 있다. 오타루만의 독특한 기념품인 오르골, 유리공예품을 전문으로 한 잡화점과 홋카이도를 대표하는 달콤한 디저트전문점이 손님을 맞이한다. 상점가를 이루는 건물들 사이로 레트로 감성이 물씬한 골목길이 자리하니 기념 촬영으로도 안성맞춤이다.

맵북 P.14-B2 발음 사카이마치도오리 홈페이지 otaru-sakaimachi.com 키워드 sakaimachihondori

Pickup 무료 Wi-Fi & 상점가 관광안내소

사카이마치 거리에서는 무료 Wi-Fi를 제공한다. 지정된 Wi-Fi 네트워크(Otaru_Free_Wi-Fi)에 접속하면 등장하는 페이지에 간단한 신상 정보를 기입하면 무료 Wi-Fi를 이용할 수 있다. 오타루 관광정보를 얻고 싶다면 메르헨 광장에서 사카이마치 거리 안으로 더 들어오면 등장하는 상점가 관광안내소를 이용해보자. 관광 안내 팸플릿, 무료 인터넷 사용, 무료 우산 대여 등을 제공한다.

사카이마치 거리 주요 관광 명소

키타이치 글래스 北一硝子

1901년 창업한 유리공예품 전문 노포. 오타루의 전통과 역사를 반영한 오리지널 유리제품을 전시, 판매한다. 일본 전통, 서양, 컨트리 등 장르별로 나뉘어 있다. 167개의 화려한 샹들리에가 내부를 수놓은 카페 키타이치홀 北一ホール도 운영한다.

맵북 P.14-B3 발음 키타이치가라스 주소 小樽市堺町7-26 전화 0134-33-1933 홈페이지 www.kitaichiglass.co.jp 운영 09:00~18:00(키타이치 홀 09:00~17:30) 휴무 연중무휴 가는 방법 JR 미나미오타루 南小樽역에서 도보 9분. 주차장 1시간 ¥300, 20분마다 ¥100 추가. ¥2,000 이상 구입 시 2시간 무료 키워드 기타이치홀

오타루 오르골당 본관 小樽オルゴール堂本館

2만 5,000점의 오르골을 판매하는 전문점. 1912년에 지어진 회사 건물을 개조해 사용하고 있다. 건물 앞에 우뚝 자리한 시계탑 모양의 조형물은 이곳의 상징인 증기시계를 본떠 만든 오르골이다. 1,000엔대의 부담 없는 가격부터 몇십만 엔의 고가 오르골까지 가격대는 천차만별.

맵북 P.14-B3 발음 오타루오르고오르도오혼칸 주소 小樽市住吉町4-1 전화 0134-22-1108 홈페이지 www.otaru-orgel.co.jp 운영 09:00~18:00 휴무 연중무휴 가는 방법 JR 미나미오타루 南小樽역에서 도보 7분. 주차장 없음 키워드 오타루 오르골상점

키타이치 베네치아 미술관
北一ヴェネツィア美術館

이탈리아 베네치아의 유리작품이 전시된 미술관. 그라시 궁전을 모델로 한 건물 내부는 베네치아의 문화적 전성기였던 18세기 생활양식을 그대로 재현했으며, 3,000여 점의 작품을 전시한다.

맵북 P.14-B2 발음 키타이치베넷찌아비쥬츠칸 주소 小樽市堺町5-27 전화 0134-33-1717 홈페이지 www.venezia-museum.or.jp 요금 성인 ¥700, 고등·대학생 ¥500, 초등·중학생·65세 이상 ¥350 운영 09:00~17:30(마지막 입장 17:00) 휴무 작품교체일(홈페이지 참조) 가는 방법 JR 미나미오타루 南小樽역에서 도보 10분. 주차장 1시간 ¥300, 20분마다 ¥100 추가 키워드 기타이치 베네치아 미술관

사카이마치 거리 집중 해부

오타루 데누키코지 小樽出抜小路
오타루 운하 초입에 자리한 먹거리 골목. 옛 오타루의 골목 풍경을 재현하여 안쪽으로 20여 개의 식당이 모여 있다. 홋카이도의 대표 요리인 징기스칸, 해산물덮밥, 라멘 등을 비롯해 다양한 음식을 골라 먹을 수 있다.

오타루 낭만관 小樽浪漫館
유리와 천연석으로 만든 액세서리를 취급하는 잡화점. 1908년에 지어진 은행 건물을 사용하고 있다.

오타루 운하

오타루 데누키코지
小樽出抜小路

타이쇼 유리관 본점 大正硝子館本店
유리공예품이 가장 우수했던 시기인 1920년대 타이쇼 大正 시대를 이름 딴 유리공예 전문점.

오르골당 카이메이로 사카이마치점
オルゴール海鳴楼 堺町店

불로관
不老館

오타루 운하 버스 터미널
小樽運河ターミナル

오타루 낭만관
小樽浪漫館

리시리야미노
利尻屋みの

타이쇼 유리관 본점
大正硝子館本店

이로나이 色内 대로

오타루 이시노쿠라
Otaru Ishino Kura

출세전 광장
出世前広場

로손
Lawson
(편의점)

에이로쿠 스시집
小樽 味の栄六
(안쪽에 위치)

라멘 리큐테이
ラーメン利久亭

약국

스시 사이코
鮨処西功

시립 오타루 문학관
市立小樽文学館

일본은행 구 오타루지점
금융자료관
日本銀行(旧小樽支店
金融資料館)

불로관 不老館
홋카이도에서 잡은 다시마를 가공한 다양한 제품을 판매하는 전문점.

출세전 광장 出世前広場
130년의 역사를 품은 건물들이 즐비한 작은 광장. 포토 스폿으로 인기가 높다.

르타오 본점 ルタオ本店
오타루를 대표하는 디저트 브랜
드의 본점. P.172 참조.

메르헨 광장 メルヘン広場
5차선이 오가는 교차로에 위치
한 광장. 목조등대를 석조로 재현
한 상야이 이곳의 포인트.

키타이치 베네치아 미술관
北一ヴェネツィア美術館
P.153 참조.

르타오 플러스
LeTAO Plus

카히사칸
可否茶館

차량 일방통행)

르타오 파토스
LeTAO Pathos

글래스 칸자시야
子かんざし屋

키타이치 글래스
北一硝子

롯카테이
六花亭

키타카로
北菓楼

르타오 르 쇼콜라
LeTAO Le Chocolat

르타오 본점
LeTAO

메르헨 광장
メルヘン広場

오타루 오르골당 본관
小樽オルゴール堂本館
P.153 참조.

상점가 관광안내소

오타루 오르골당 앤티크뮤지엄
小樽オルゴール堂2号館アンティークミュージアム

긴노카네1호관
銀の鐘

증기 시계
본관 앞에 설치된 증기시계는 인증샷 장소로 많
은 사랑을 받고 있는 기념물. 1977년에 제작되어
40년이 지난 지금도 매 15분마다 증기를 내뿜는
동시에 멜로디가 흘러나오고 한 시간마다 시간을
알리는 등 여전히 제 역할을 톡톡히 해내고 있다.

JR 미나미오타루
南小樽역

텐구산 전망대 天狗山 展望台

해발 532m의 텐구산 정상에 설치된 전망대. 오타루 시내와 접한 이시카리만 石狩湾이 시원스럽게 펼쳐진다. 여느 전망대와 마찬가지로 낮보다 밤에 관광객이 몰리는 편인데, 삿포로의 모이와산 もいわ山, 하코다테의 하코다테산 函館山과 더불어 홋카이도 3대 야경 스폿으로 꼽힌다. 로프웨이역 옥상에 있는 옥상 전망대와 인근에 있는 제1 전망대와 텐구사쿠라 전망대, 20~30분의 작은 산책로 산림욕 코스 山林浴コース에 있는 제2·3 전망대 등 총 다섯 군데에서 내려다볼 수 있다. 역 내부에는 일본 전설에 등장하는 괴물 '텐구 天狗' 700여 점과 오타루가 사랑하는 스포츠 스키에 관한 전시가 열리고 있다.

맵북 P.12-B4 발음 텐구야마텐보우다이 주소 小樽市最上2-16-15 전화 0134-33-7381(텐구산로프웨이) 홈페이지 tenguyama.ckk.chuo-bus.co.jp 가는 방법 JR 오타루 小樽역 앞 버스 터미널 또는 오타루 운하 터미널에서 텐구산 로프웨이 天狗山ロープウェイ행 버스를 탑승하여 종점에서 하차. 시간당 2~3대 운행, 17~25분 소요. 주차장 로프웨이역 150대 키워드 tenguyama obseration deck 7381

Pickup ● 전망대까지는 로프웨이 이용하기

텐구산 정상까지는 텐구산 로프웨이 天狗山ロープウェイ를 타고 이동한다. 로프웨이 산록 ロープウェイ山麓역에서 출발해 735m 거리를 단 4분 만에 도착하는 케이블카로, 12분 간격으로 운행한다.

발음 텐구산로오프웨이 요금 중학생 이상-왕복 ¥1,600, 편도 ¥960, 초등학생 이하-왕복 ¥800, 편도 ¥480(IC 교통카드 가능) 운영 전망대행 09:00~20:48, 로프웨이 정류장행 09:00~21:00 휴무 11/6~4/14

● 소원이 이루어지는 텐구

로프웨이역 건너편에는 텐구 天狗 모형이 전시돼 있다. 텐구의 기다란 코를 만지면 소원이 이루어진다고 하는데, 교통안전, 사업번창, 학업성취 등의 효과가 있다고 한다.

발음 하나나데텐구

오타루 수족관 おたる水族館

250여 종류의 해양생물을 전시한 수족관. 2층
으로 된 본관 本館, 돌고래쇼가 열리는 이루카
스타디움 イルカスタジアム, 다채로운 이벤트
를 개최하는 해수공원 海獸公園으로 구성되어
있다. 반드시 관람해야 할 것 중 첫 번째는 이
벤트다. 돌고래, 펭귄, 바다표범, 오타리아, 바
다사자 등 각각의 동물들이 출연해 재롱을 부
리는 특별쇼와 해수공원에서 수영장까지 나들
이를 떠나는 펭귄들을 관찰할 수 있는 '펭귄의
바다로의 소풍 ペンギンの海まで遠足'을 매일
2~3번씩 개최한다. 풍선 모양의 깜찍한 바다
물고기 후센우오 フウセンウオ, 수족관의 마스
코트라 할 수 있는 작은발톱수달 コツメカワウ
ソ 등의 생물들도 꼭 한 번 만나보자.

맵북 P.13-D1 발음 오타루스이족칸 주소 小樽市祝
津3-303 전화 0134-33-1400 홈페이지 otaru-aq.
jp 요금 고등학생 이상 ￥1,800, 초등·중학생 ￥700,
미취학 아동 ￥350, 2세 이하 무료 운영 3/18~10/15
09:00~17:00(마지막 입장 16:30), 10/16~11/26
09:00~16:00(마지막 입장 15:30) 휴무 11/27~3/17
가는 방법 JR 오타루 小樽역 앞 버스 터미널 또는 오
타루 운하 터미널에서 수족관 水族館행 버스에 탑승
하여 종점에서 하차. 시간당 1~2대 운행, 25분 소요.
주차장 중형차 ￥800, 소형차 ￥600, 겨울은 무료
키워드 오타루 아쿠아리움

오타루 예술촌 小樽芸術村

오타루가 번성했던 20세기 초에 건축된 구 타카하시창고 旧高橋倉庫, 구 아라타상회 旧荒田商会, 구 미츠이은행 오타루지점 旧三井銀行小樽支店, 구 홋카이도 타쿠쇼쿠은행 오타루지점 旧北海道拓殖銀行小樽支店, 구 나니와 창고 旧浪華倉庫를 전시관으로 활용해 과거를 화려하게 수놓은 일본과 세계의 뛰어난 미술품과 공예품을 전시하고 있다.

발음 오타루게에추츠무라 **주소** 小樽市色内1-3-1 **전화** 0134-31-1033 **홈페이지** www.nitorihd.co.jp/otaru-art-base **요금** 4관 공통권 일반 ￥2,900, 대학생 ￥2,000, 고등학생 ￥1,50,0 중학생 ￥1,000, 초등학생 ￥500 **운영** 5~10월 09:30~17:00(마지막 입장 16:30) 11~4월 10:00~16:00(마지막 입장 15:30) **휴무** 5~10월 매월 넷째 주 수요일 11~4월 매주 수요일(공휴일이면 다음날), 연말연시 **가는 방법** JR 오타루 小樽역에서 도보 10분 **주차장** 16대(4관 공통권 소지자 2시간 무료) **키워드** otaru art base

오타루 예술촌 주요 관광 명소

스테인드글라스 미술관 ステンドグラス美術館
(구 타카하시창고 旧高橋倉庫·구 아라타상회 旧荒田商会)

19세기 후반부터 20세기 초 사이 영국에서 제작되어 실제로 교회의 창문을 장식했으나 여러 사정으로 인해 철거된 스테인드글라스를 전시한 미술관. 스테인드글라스에 그려진 그림과 문자는 빅토리아 여왕이 통치하던 화려한 시대부터 에드워드 시대 그리고 제1차 세계대전으로 이어지는 영국의 역사가 응축되어 있다.

`맵북 P.14-B2` **요금** 일반 ￥1,000 대학생 ￥800 고등학생 ￥600 중학생 ￥500 초등학생 ￥300

사진촬영 가능하나 셀카봉, 삼각대, 플래시사용 금지, 동영상 촬영 불가.

구 미츠이은행 오타루지점
旧三井銀行小樽支店

메이지 明治 말기부터 쇼와 昭和 초기에 걸쳐 북일본 제일의 경제 도시라 불렸던 금융의 거리, 오타루. 그 번영을 상징하는 구 미츠이 은행 오타루 지점은 묵직한 석조 르네상스 양식의 외관과 천장 석고 구조가 아름다운 내관은 일본 건축계를 선도한 소네츄죠 曾禰中條 건축사무소 설계로지어졌다. 정해진 시간에 천장을 이용한 프로젝션 매핑 아트가 약 7분간 상영된다. 자세한 사항은 현장에서 확인할 수 있으며, 입장권 소지자는 상영시간에 맞춰 재방문도 가능하다.

맵북 P.14-B2 요금 일반 ￥700 대학생 ￥500 고등학생 ￥400 중학생 ￥300 초등학생 ￥300

니토리 미술관 似鳥美術館 (구 홋카이도 타쿠쇼쿠은행 오타루지점) 旧北海道拓殖銀行小樽支店)

오팔 유리와 무지개 빛으로 빛나는 파브릴 글라스 등 창조적인 유리 공예로 아르누보를 이끈 빛의 예술가 루이스 C 티파니의 대표 작품을 전시한다.

맵북 P.14-B2 요금 일반 ￥1,500 대학생 ￥1,000 고등학생 ￥700 중학생 ￥500 초등학생 ￥300

서양미술관 西洋美術館 (구 나니와창고 旧浪華倉庫)

19세기 후반부터 20세기 초까지 서양에서 제작된 스테인드글라스와 아르누보 아르데코의 유리 공예품, 가구 등 서양미술품을 즐길 수 있다. 관내에 유리 공예를 비롯해 오타루의 기념품을 판매하는 전문점이 자리하고 있다.

맵북 P.14-B2 요금 일반 ￥1,500 대학생 ￥1,000 고등학생 ￥700 중학생 ￥500 초등학생 ￥300

관내 유일하게 사진 촬영이 가능한 스테인드 글라스 전시관

Feature

오타루를 새하얗게 수놓다,
유키아카리노미치

매년 2월 메인 행사장인 오타루 운하와 테미야 철도선을 비롯해 오타루 각지에서 펼쳐지는 열흘간의 이벤트, 유키아카리노미치 雪あかりの路 곳곳에 촛불을 설치하여 고요하고 심심한 겨울 밤을 활기차고 생동감 있게 만든다. 눈으로 가득하던 풍경에 불빛 하나가 더해지면서 소박하고 정겹던 오타루 시내가 환상적인 공간으로 변모한다. 아기자기하게 잘 꾸며놓은 거리는 모두 오타루 시민 자원봉사자의 작품이다. 정성스런 손길이 묻어나는 눈 조각은 추위로 얼어붙은 여행자의 마음을 살살 녹여주기에 그만이다.

홈페이지 yukiakarinomichi.org **행사 기간** 2025년 2월 8일~15일

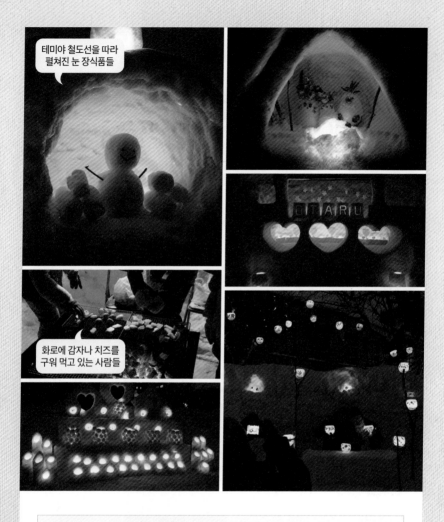

Pickup 방문 전 알아두면 좋을 팁

● 이벤트 당일 방문객 인파로 인해 오타루 시내 주차장이 매우 혼잡하므로 되도록 열차나 버스와 같은 대중 교통을 이용할 것을 권한다.

● 메인 회장 외에도 오타루 운하 부근 옛 건물을 개조한 예술촌과 텐구산 로프웨이역 주변에서도 준회장으로 이용되고 있으므로 여유가 된다면 꼭 한번 방문해보자.

● 일본어를 할 줄 안다면 '오타루 안내인' 자격증을 소지한 전문 가이드가 인솔하는 '무료 백야드 투어 バックヤードツアー'에 참가해보자. 당일 오후 3시 선착순으로 모집하며, 오타루시립문학관 앞에서 집합한다(자세한 사항은 홈페이지 참조).

● 얼음컵에 음료를 담아주는 아이스바 アイスバー, 유리공방과 오르골 제작 체험, 운하 크루즈 등 매일 다양한 이벤트를 개최하고 있으니 참고하자.

Feature

오타루 레트로 건축 산책

홋카이도 경제 중심지로서 번영을 누렸던 오타루. 일본은행 오타루 지점이 있던 이로나이 色內 지역에 은행, 상사, 해운업 건물이 자리를 차지하면서 금융가를 형성했다. 이 지역은 미국 뉴욕 의 금융가 이름인 '월스트리트'를 본떠 북쪽의 월가를 뜻하는 애칭 '키타노월가 北のウォール街' 로 불리기도 했다. 현재 회사는 모두 사라졌지만 당시의 건물들은 고스란히 남아 다른 업종의 점포로 쓰이고 있다.

일본은행 구 오타루지점 금융자료관
日本銀行旧小樽支店金融資料館

키타노월가를 대표하는 건축물. 1912년 건 축된 르네상스 양식의 건물로, 5개의 돔 지 붕이 특징이다. 현재는 자료관으로 개방하여 일본은행의 역사와 업무, 금융시스템에 대해 소개한다. 옛날 지폐를 전시한 오사츠갤러리 お札ギャラリー가 대표 볼거리.

맵북 P.14-A2 발음 니혼긴꼬큐우오타루시텐킨유 시료오칸 **주소** 小樽市色内1-11-16 **전화** 0134-21-1111 **홈페이지** www3.boj.or.jp/otaru-m **요금** 무료 **운영** 4~11월 09:30~17:00, 12~3월 10:00~17:00, ※마지막 입장 16:30 **휴무** 수요일(공휴일의 경우 개 관), 12/29~1/5 **가는 방법** JR 오타루 小樽역에서도 보 10분. **주차장** 없음 **키워드** 구 일본은행 오타루점

Pickup 이 밖에도 오타루 시내 곳곳에 복고풍 건축물이 포진해 있다. 이들을 기념하 기 위해 오타루시에서는 역사 적 건축물로 지정해 청동간판 을 설치해놓았다. 이 표시가 된 것들은 유서 깊은 건축물 이라고 보면 된다.

시립 오타루 문학관
市立小樽文学館

일본은행 구 오타루지점 금융자료관과 함께 키타노월가를 대표하는 건축물이다. '구 우정청 오타루 지방 저금국 旧郵政省小樽地方貯金局'으로 이용되던 건물을 재활용해 오타루와 관련된 문학가들과 작품들을 전시한 곳. 다양한 테마의 특별전시도 열린다.

맵북 P.14-A2 발음 시리츠오타루분가쿠칸 주소 小樽市色内1-9-5 전화 0134-32-2388 홈페이지 otarubungakusha.com/yakata 요금 무료(일부 전시 유료) 운영 09:30~17:00 휴무 월요일, 공휴일 다음날(주말인 경우 개관), 연말연시 가는 방법 JR 오타루 小樽역에서 도보 9분. 주차장 없음 키워드 오타루 문학관

구 홋카이도 타쿠쇼쿠 은행 오타루지점
旧北海道拓殖銀行小樽支店 (1923년)

구 홋카이도 은행 본점
旧北海道銀行本店 (1912년)

구 다이이치 은행 오타루지점
旧第一銀行小樽支店 (1924년)

feature

영화 속 풍경으로,
영화 〈러브레터〉의 촬영지를 찾아서

1995년에 만들어진 이와이 슌지 岩井俊二 감독의 첫 장편 영화 〈러브레터 Love Letter〉는 아마 한국인 사이에서 가장 인지도가 높은 일본 영화이자 다수의 팬도 보유한 작품일 것이다.

일본 문화가 우리나라에 개방되기 전인 당시 영화팬들 사이에서 입소문으로 알려지면서 이름을 알리기 시작했다. 1999년 일본 대중문화 개방의 첫 신호탄으로 비록 일본보다 4년이나 늦게 개봉했으나 결과는 115만 명의 관객 동원수를 기록하며 대성공을 이뤘다 (이 기록은 일본 애니메이션 〈너의 이름은〉이 등장한 2017이 되어서야 비로소 깨졌다).

학창시절의 풋풋한 첫사랑을 담은 가슴 시린 이야기가 한국인의 심금을 울리면서 지금도 여전히 회자되고 있는 명작 〈러브레터〉의 대표 배경지가 오타루인 것을 아는지. 영화 속 주인공들이 어린 시절과 현재를 보내는 곳이자 또 다른 주인공이 방문하게 되는 도시가 바로 오타루다. 장소 자체가 유명한 관광명소는 아니지만 중심지에서 그리 멀지 않은 곳에 자리하고 있어 부담없이 방문해볼 수 있다. 팬이라면 영화의 깊은 감동을 느낄 수 있는 〈러브레터〉 촬영지 4곳을 소개한다.

구 일본우선 오타루지점
旧日本郵船小樽支店

주인공 이츠키가 근무하는 도서관. 1906년 일본우선주식회사의 지점으로 건축된 건물로, 국가가 지정한 중요 건축물이다. 내부 관람도 가능하다. 하지만 아쉽게도 내진 보강을 위한 공사로 인해 당분간은 임시 휴관이다.

맵북 P.14-A1 **발음** 큐니혼유우센오타루시텐 **주소** 小樽市色内3-7-8 **전화** 0134-22-3316 **요금** 성인 ¥300, 고등학생 ¥150, 중학생 이하 무료 **운영** 임시 휴관 중 **가는 방법** 북운하 北運河에 있는 운하공원 運河公園 내에 있다. **주차장** 10대 **키워드** 구 일본우선 오타루

이로나이 교차로
色内交差点

고베로 돌아가려는 주인공 히로코와 편지를 부치러 우체통으로 향하는 주인공 이츠키가 스쳐 지나가는 장면. 키타노월이 중심부에 자리한다.

맵북 P.14-B2 **발음** 이로나이코오사텐 **주소** 小樽市色内1 **가는 방법** 구 다이이치 은행 오타루지점 旧第一銀行小樽支店과 오타루 우체국 小樽郵便局 사이. **키워드** otaru post office 3330(오타루 우체국)

오타루시청 小樽市役所

이츠키가 감기몸살에 걸려 다녀온 병원. 옛날 이츠키의 아버지가 병원으로 실려와 어머니와 할아버지가 급히 달려오는 장면을 회상하는 부분도 본관 2층에서 촬영하였다.

맵북 P.14-A3 **발음** 오타루시약쇼 **주소** 小樽市花園2-12-1 **가는 방법** JR 오타루 小樽역 앞 추오버스 中央バス 정류장에서 3번 버스 탑승하여 하나조노코엔도오리 花園公園通에서 하차, 도보 10분. **키워드** otaru city hall

후나미자카 船見坂

집배원이 편지를 배달하기 위해 오르던 언덕. 경사 15도가 넘는 높은 언덕이다.

맵북 P.14-A2 **발음** 후나미자카 **주소** 小樽市富岡2-12 **가는 방법** JR 오타루 小樽역에서 오타루 삼각시장을 거쳐 쭉 가면 나오는 큰길이다. **키워드** 후나미자카

01 오타루 미식탐방
수산시장과 초밥

오타루 삼각시장 小樽三角市場

오타루역

JR 오타루 小樽역 인근에 위치한 수산시장. 시장 지붕이 삼각형이었던 것에서 유래한 명칭으로 약 200m 길이의 일직선 길을 따라 17개 업체가 영업 중이다. 오타루 인근 해안에서 잡은 싱싱한 해산물을 구입할 수 있으며, 08:00부터 17:00까지 신선한 재료로 만든 해산물 요리를 즐길 수 있는 점도 관광객에게 큰 인기를 얻고 있는 이유다. 시장에서 구입한 상품을 그대로 조리해서 자기만의 오리지널 해산물덮밥도 만들 수 있다.

맵북 P.14-A2 **발음** 오타루산카쿠이치바 **주소** 小樽市稲穂3-10-16 **전화** 0134-23-2446 **홈페이지** otarusankaku.com **영업** 판매 06:00~17:00, 음식점 08:00~17:00 **휴무** 연중무휴 **가는 방법** JR 오타루 小樽역에서 도보 5분. **주차장** 인근 유료 주차장 이용 **키워드** otarusankaku market

---

삼각시장 추천 음식점

타키나미 상점 키타노돈부리야
滝波商店 北のどんぶり屋
1945년 문을 연 이래 3대째 이어나가고 있는 음식점. 해산물을 취급하는 타키나미 상점이 직영으로 운영하고 있다. 신선하면서도 저렴하고 맛있는 요리를 제공하기 위해 노력한다.

추천메뉴 먹고 싶은 음식 3가지를 넣어 먹는 와가마마동 わがまま丼 ¥2,750

이 집의 간판 메뉴
해산물덮밥

아이다 食べ処あい田
그날 잡은 싱싱한 재료로 만들기 때문에 가게에 냉장고가 없다. 주인장 혼자서 운영하기 때문에 조리 시간이 조금 걸리지만 그릇에 듬뿍 담겨 내오는 맛있는 해산물덮밥과 반찬을 보는 순간 기다린 보람을 느낄 수 있다.

추천메뉴 삼색덮밥 三色丼 ¥3,500

푸짐하게 나오는
해산물덮밥과 반찬

우오마사 魚真 [오타루역]

현지인에게 인기가 높은 초밥전문점. 오타루 부근 해안에서 잡은 싱싱한 재료로 만든 초밥, 회, 덮밥을 합리적인 가격에 먹을 수 있어 항상 많은 사람으로 붐빈다. 연어, 성게, 게, 새우 등 15가지 초밥이 담겨져 나오는 우오마사니기리 魚真にぎり가 대표 메뉴. 송이버섯, 흰 살 생선, 닭고기 등을 넣어 찐 주전자 찜 요리 도빙무시 土瓶蒸し도 점심 한정 서비스로 제공된다.

[추천메뉴] 우오마사니기리 魚真にぎり ¥3,500

[맵북 P.14-A2] 발음 우오마사 주소 小樽市稲穂2-5-11 전화 0134-29-0259 영업 12:00~14:00, 16:00~20:15 휴무 일요일 가는 방법 JR 오타루 小樽역에서 도보 3분. 주차장 5대 키워드 uomasa otaru

와라쿠 和楽 [사카이마치 거리]

본점은 삿포로에 있지만 오타루의 신선한 해산물을 바로 받아서 만드는 점, 관광지에 인접하여 접근성이 좋기 점때문에 본점보다 더 인지도가 높은 회전초밥집이다. ¥165~968대의 다양한 가격대로 구성되어 있으며 한 접시에 세 종류의 초밥을 담은 '산라쿠자라 三楽皿' 메뉴도 있다. 1919년에 지어진 멋스러운 석조건물과 더불어 입구 쪽에 작은 일본정원이 있어 분위기도 좋다.

[추천메뉴] 초밥 お寿司 ¥165~

[맵북 P.14-B2] 발음 와라쿠카이텐즈시 주소 小樽市堺町3-1 전화 0134-24-0011 홈페이지 www.waraku1.jp 영업 11:00~15:30, 17:00~21:30 휴무 1/1 가는 방법 JR 오타루 小樽역에서 도보 15분. 주차장 있음 키워드 warakuotaru

02 오타루 미식담방
오타루의 소울푸드부터 입소문 난 일본정식까지

앙카케 야키소바 あんかけ焼きそば

1955년 유행하기 시작해 오타루인의 소울푸드로 정착한 앙카케 야키소바. 앙카케 야키소바란 바삭하게 구운 면 위에 전분을 넣어 걸쭉해진 간장쇼유 소스를 부어 먹는 것으로 소스에는 돼지고기, 해산물, 채소가 듬뿍 들어가 있다.

앙카케 야키소바 추천 음식점

케이엔 桂苑 오타루역

앙카케 야키소바의 선구자 격인 음식점. 중화요리부터 덮밥, 카레 등 다양한 종류를 선보이지만 단연 인기는 앙카케 야키소바(¥920)다.

맵북 P.14-A2 발음 츄우카쇼쿠도케에엔 주소 小樽市稲穂2-16-14 전화 0134-23-8155 영업 11:00~19:00 휴무 목요일 가는 방법 JR 오타루 小樽역에서 도보 5분. 주차장 없음 키워드 중화식당 케이엔

고주방사이칸 五十番菜館 오타루역

오타루를 대표하는 중화요리 전문점. 기본적으로 사용되는 면은 구운 것이지만 이 집은 튀긴 면으로 만든 앙카케 아게소바 あんかけアゲソバ(¥950)도 있다.

맵북 P.14-A2 발음 고쥬우방사이칸 주소 小樽市稲穂2-10-1 전화 0134-32-4793 영업 11:00~14:30 휴무 화요일 가는 방법 JR 오타루 小樽역에서 도보 5분. 주차장 없음 키워드 gojyuubansaikan

튀긴 면으로 만든 앙카케 아게소바

쇼유라멘
醬油ら~めん

토카이야 渡海家 [오타루역]

프렌치 레스토랑 셰프였던 주인장이 운영하는 라멘집. 화학조미료와 보존료 등을 일절 사용하지 않고 건강을 생각한 자극적이지 않은 맛으로 여성에게도 인기가 높다. 돼지 뼈, 닭 뼈, 해산물로 만든 세 가지 육수를 혼합해 새하얀 간장쇼유로 완성시킨 쇼유라멘 醬油ら~めん을 완성시켰다. 면 굵기를 두꺼운 것과 얇은 것 중에서 선택할 수 있다.

[추천메뉴] 쇼유라멘 醬油ら~めん ¥950

[맵북] P.14-A2 발음 토카이야 주소 小樽市稲穂3-7-14 전화 0134-24-6255 영업 12:00~21:00 휴무 화요일 가는 방법 JR 오타루 小樽역에서 도보 5분. 주차장 건너편 주차장 이용 키워드 라멘 토카이야

야부한 籔半 [오타루역]

1954년에 창업한 노포 소바집. 홋카이도산 메밀가루로 만든 면과 일반적인 시판용 메밀가루 면 두 종류가 있으며 가격은 ¥150~200 차이가 난다. 새우, 조개관자, 양파, 생강, 쑥갓을 넣고 튀긴 일본식 튀김이 소바와 함께 나오는 카키아게소바 かきあげそば를 추천한다. 튀김을 말차소금과 튀김 전용장에 찍어 따로 먹거나 소바와 함께 먹어도 맛있다.

[추천메뉴] 카키아게소바 かきあげそば 홋카이도산 면 ¥1,800, 일반 면 ¥1,640

[맵북] P.14-A2 발음 야부항 주소 小樽市稲穂2-19-14 전화 0134-33-1212 홈페이지 www.yabuhan.co.jp 영업 11:15~14:30, 17:00~20:30(마지막 주문 20:00) 휴무 화, 수요일 가는 방법 JR 오타루 小樽역에서 도보 5분. 주차장 7대 키워드 야부한 소바

와카도리지다이 나루토
若鶏時代なると 오타루역

1952년 문을 연 이후부터 오타루의 현지 명물 음식으로 불리는 영계 튀김 若鶏の半身揚げ을 만나볼 수 있는 음식점. 생후 42일 전후인 영계를 이집만의 비법 소금 후추소스를 뿌린 다음 200도 고온에서 튀겨 겉은 바삭하고 속은 수분이 풍부한 맛을 낸다. 주문 방식은 다음과 같다. 우선 번호표를 뽑아 대기하다가 번호가 불리면 자리로 안내된다. 입구 쪽 전용 카운터에서 메뉴를 말하고 결제를 진행하면 주문이 완료된다.

추천메뉴 영계 정식 若鶏定食 ¥1,300

맵북 P.14-A1 발음 와카도리지다이 나루토 주소 小樽市稲穂3丁目16番13号 전화 0134-32-3280 홈페이지 otaru-naruto.jp/naruto 운영 11:00~21:00(마지막 주문 20:30) 휴무 부정기 가는 방법 JR 오타루 小樽역에서 도보 5분. 주차장 21대 키워드 나루토 본점

뉴산코 본점 ニュー三幸本店
오타루역

일본식 경양식, 징기스칸, 초밥, 스테이크 등 폭넓은 장르의 메뉴를 갖춘 음식점. 점심시간에 방문할 경우 70가지가 넘는 메뉴 가운데 선택 가능하며 커피, 주스 등 음료를 마음껏 마실 수 있다. 저녁에는 소시지, 생선구이, 튀김 등 안주메뉴가 충실하여 주류와 함께 곁들여 먹을 수 있다.

추천메뉴 경양식 메뉴 ¥1,078~

맵북 P.14-A2 발음 뉴우산코오혼텐 주소 小樽市稲穂1-3-6 전화 0134-33-3500 영업 11:30~21:00(마지막 주문 20:30) 휴무 1/1 가는 방법 JR 오타루 小樽역에서 도보 5분. 주차장 20대 키워드 뉴산코 본점

프레스 카페 プレスカフェ [오타루 운하]

1895년에 건축된 석조창고를 개조하여 세련되고
모던한 분위기로 재탄생한 카페. 조명, 시계, 장식
품 등 하나하나 신경 쓴 흔적이 느껴져 둘러보는 재
미가 있다. 점심에 선보이는 카레와 페이퍼 드립으
로 추출한 커피가 인기 메뉴. 샐러드, 디저트까지
포함되어 있어 만족스러운 식사를 할 수 있다.

[추천메뉴] 런치타임세트 ¥1,000

[맵북 P.14-A1] 발음 프레스카훼 주소 小樽市色内3-3-21
旧澁澤倉庫 전화 0134-24-8028 홈페이지 www.
presscafe.biz 영업 11:30~21:00 휴무 목·금요일, 연말
연시 가는 방법 JR 오타루 小樽역에서 도보 15분. 주차장
6대 키워드 프레스카페

오타루 생제르망 小樽サンジェルマン
[오타루역]

소금빵, 크루아상, 소시지빵, 카레빵 등 일본 빵집
의 정통 메뉴는 물론이고 유명 음식점과의 협업으
로 탄생한 빵과 시즌에 맞춘 한정 메뉴가 반응이
좋아 오타루 시민의 입소문으로 인기 빵집이 된 곳
이다. 쫄깃한 식감이 살아 있는 빵 속에 달콤한 밀
크 마가린이 숨어있는 '로열 밀크 ロイヤルミルク'
는 반드시 맛보자.

[추천메뉴] 로열 밀크 ロイヤルミルク ¥259

[맵북 P.14-A2] 발음 오타루상제르망 주소 小樽市稲穂2
丁目22-15 JR小樽駅構内 전화 0134-64-1501 운영
07:30~20:00 휴무 부정기 가는 방법 JR 오타루 小樽역
사내 위치 주차장 없음 키워드 otaru saint germain

명물 음식점 '나루토'와
협업한 한정 빵

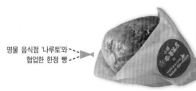

03 오타루 미식탐방
디저트와 커피

르타오 본점 ルタオ本店

사카이마치 거리

오타루를 대표하는 디저트 전문점. 가게명은 프랑스어로 '오타루의 친애하는 탑'이라는 의미를 가진 'La Tour Amitie Otaru'의 알파벳 첫 문자를 따 만든 것이다. 오픈부터 줄곧 판매 1위를 놓치지 않는 스테디셀러 상품 더블 프로마주 ドゥーブルフロマージュ와 치즈케이크 베네치아 랑데부 ヴェネチア ランデヴー를 담은 케이크 세트가 가장 인기 높다. 건물 3층에는 사카이마치 거리를 한눈에 조망할 수 있는 전망대도 있다.

추천메뉴 입에서 살살 녹는 기적의 세트 奇跡の口どけセット ¥1,500

맵북 P.14-B3 발음 르타오 주소 小樽市堺町7-16 전화 0120-46-8825 홈페이지 www.letao-brand.jp/shop/letao 영업 09:00~19:00 휴무 연중무휴 가는 방법 JR 미나미오타루 南小樽역에서 도보 5분. 주차장 인근 오타루 뉴센 小樽入船 주차장 이용, ¥2,000, 최대 2시간 키워드 르타오 본점

카히사칸 可否茶館

사카이마치 거리

창업 54주년을 맞이한 자가배전 카페 프랜차이즈로 오타루와 삿포로 등지에 16개의 지점을 운영하고 있다. 사카이마치 거리에 있는 지점은 원두 공장이 있는 곳으로 공장에서 로스팅한 원두를 바로 받아 만든 신선한 커피를 마실 수 있다. 오리지널 커피 메뉴와 빵, 샌드위치, 핫도그 등 간단한 요기를 해결할 수 있는 메뉴도 구비하고 있다.

추천메뉴 오타루 클래식 블렌드 小樽クラシックブレンド ¥660

맵북 P.14-B2 발음 카히사칸 주소 小樽市堺町5番30号 可否茶館小樽ファクトリー 전화 0134-24-0000 홈페이지 www.kahisakan.jp 영업 10:00~17:00 휴무 연중무휴 가는 방법 JR 미나미오타루 南小樽역에서 도보 10분. 주차장 있음 키워드 카히사칸 커피

류게츠 오타루토점 柳月 オタルト店

사카이마치 거리

70년 전통의 오비히로 유명 디저트 전문점이 오타루에 진출했다. 아몬드와 발효버터·팥을 넣어 만든 오타루만의 타르트 '오타루토', 오타루의 유리공예에 영감을 받아 요이치 余市산 포도과즙으로 만든 여름 한정 상품 '오타루 유리젤리 小樽ガラスジュレ' 등 집으로 가지고 돌아갈 만한 명과를 비롯해 가게 안 카페 공간에서 즐길 수 있는 소프트아이스크림, 커피, 단팥죽 등을 판매한다.

추천메뉴 소프트크림 ソフトクリーム ¥356~

맵북 P.14-A2 발음 류우게츠 오타루토텐 주소 小樽市堺町3-18 전화 0134-64-5222 홈페이지 www.ryugetsu.co.jp/lp_otaruto 영업 09:30~17:30 휴무 연중무휴 가는 방법 오타루 운하에서 도보 10분. 주차장 없음 키워드 류게츠 오타루토점

키타이치 홀 北一ホール

사카이마치 거리

100년 이상의 역사를 가진 유리공예품 전문점 '키타이티 글래스' 내부에 자리한 카페. 1900년대 초반 어업용 창고로 쓰였던 건물을 일부 개조하여, 목조의 모던한 느낌은 살리되 화려한 샹들리에를 설치해 화려함을 더했다. 키타이치 홀에서 직접 만드는 로열 밀크티를 비롯해 커피, 홍차, 맥주, 와인 등 다양한 음료 메뉴를 즐겨보자.

추천메뉴 키타이치 특제 음료 ¥500~

맵북 P.14-B3 발음 키타이치호오루 주소 小樽市堺町7-26 北一硝子三号館 전화 0134-33-1993 홈페이지 www.kitaichiglass.co.jp 영업 09:00~18:00 휴무 1/1 가는 방법 JR 미나미오타루 南小樽역에서 도보 9분. 주차장 1시간 ¥300, 20분마다 ¥100 추가, ¥2,000 이상 구입 시 2시간 무료. 키워드 키타이치홀

아티잔 アルチザン　오타루역

자가배전한 커피와 함께 빵, 샌드위치, 피자, 샐러드 등이 포함된 가성비 좋은 세트 메뉴를 판매하는 카페. 가게 내부에 배전실이 있어 신선한 커피를 마실 수 있다. 원두 종류 또한 케냐, 코스타리카, 파나마, 파퓨아뉴기니 등 15종류를 갖추고 있다. 홋카이도산 밀가루를 사용해 직접 만든 빵도 인기 만점!

추천메뉴 블렌드&스트레이트커피 ブレンド&ストレートコーヒー ¥550~580, 빵 종류 ¥150~

맵북 P.14-A2 발음 아르치잔 주소 小樽市稲穂2-5-110 전화 0134-23-3300 영업 09:00~19:00 휴무 일요일 가는 방법 JR 오타루 小樽역에서 도보 6분. 주차장 3대 키워드 Artisan otaru

긴노카네 1호관 銀の鐘 1 号館
사카이마치 거리

귀엽고 깜찍한 여러 종류의 머그컵 가운데 마음에 드는 것을 선택해 음료를 즐길 수 있는 카페. 머그컵의 종류는 매번 달라지지만 대부분 도라에몽, 키티와 같은 인기 캐릭터와 이 집의 오리지널 로고가 새겨진 것들이다. 이용한 머그컵도 음료 가격에 포함되어 있어 집으로 가지고 갈 수 있다. 커피는 무료로 리필이 가능하며, 케이크, 쿠키, 아이스크림도 함께 판매한다.

추천메뉴 음료가 포함된 머그컵 ¥700~

맵북 P.14-B3 발음 긴노카네이치고오칸 주소 小樽市入船1-1-2 전화 0134-21-2001 홈페이지 www.ginnokane.jp 영업 10:00~17:30 휴무 연중무휴 가는 방법 JR 미나미오타루 南小樽역에서 도보 6분. 주차장 12대 키워드 긴노카네

PLUS AREA

니세코 ニセコ

니세코는 일본에서 가장 높은 산인 후지산의 형태와 흡사하여 '홋카이도의 후지산'이라는 애칭을 가진 요테이산 羊蹄山과 케이블카와 스키를 즐길 수 있는 활화산 니세코 안누푸리 ニセコアンヌプリ 등 풍부한 삼림에 둘러싸인 지역이다. 이러한 자연을 최대한 활용한 즐길 거리 또한 풍성한데 취향에 따라 빼어난 비경을 감상하거나 직접 자연 속으로 들어가 체험하는 등 다양한 선택지가 있다. 홋카이도 최고의 드라이브 코스로 인기가 높은 고속도로 66호선은 니세코 파노라마 라인이라고도 불린다.

맵북 P.15하단 **발음** 니세코 리조트 관광 협회 홈페이지 www.niseko-ta.jp **키워드** 니세코정

니세코 밀크공방에서 바라본 요테이산

맵북 P.15하단-A1 **발음** 신센누마 **주소** 岩内郡共和町前田 **운영** 휴게소-6~10월 08:30~17:15 **가는 방법** JR 니세코 ニセコ역 앞 버스정류장에서 니세코선 ニセコ線 고시키온센고 五色温泉郷행 탑승하여 신센누마레스트하우스神仙沼レストハウス에서 하차, 7/15~10/9 하루 2회 운행 **주차장** 80대 **키워드** shinsen marsh

니세코 볼거리

신센누마 神仙沼

해발 770m 고원에 자리한 연못으로, 니세코에 있는 호수연못 가운데 가장 아름답다고 일컬어진다. 오묘하고 신비스러운 풍경을 보고 마치 신선들이 사는 곳 같다 하여 이름 붙여졌다. 입구가 있는 신센누마 자연휴양산림 휴게소에서 출발하여 잘 정비된 나무길을 따라 약 20분을 걸으면 베일에 감춰진 연못이 모습을 드러낸다. 자연휴양림이 선사하는 대자연을 오롯이 만끽하며 산책할 수 있어 지루할 틈이 없다. 계절마다 다양한 모습으로 바뀌어 언제 방문해도 좋지만 단풍이 물드는 가을을 추천한다. 입구로 돌아와 휴게소에서 휴식을 취하기 전 바로 옆에 있는 길을 따라 200m 정도 더 안으로 들어가면 전망대가 나오는데, 이곳에서 멋진 전원풍경을 감상할 수 있다.

니세코 밀크공방 ニセコミルク工房
타카하시 高橋 목장에서 운영하는 디저트 전문
점. 목장에서 얻은 신선한 재료로 다양한 디저트
를 만들어 판매한다. 푸딩, 요구르트, 아이스크
림, 슈크림, 롤케이크 등 우유의 풍미를 살린 제
품이 주를 이룬다. 건물 옆 넓은 잔디밭에서는
탁 트인 시야에서 요테이산을 감상할 수 있다.
맵북 P.15-A2 발음 니세코미루쿠코오보오 주소 虻田
郡ニセコ町曽我888-1 전화 0136-44-3734 홈페이
지 www.niseko-takahashi.jp 운영 09:30~18:00 휴
무 연중무휴 가는 방법 JR 니세코 ニセコ역에서 택시
로 10분. 주차장 130대 키워드 niseko milk kobo

후키다시 공원 ふきだし公園
일본 정부가 선정한 맑고 깨끗한 물 100선
에 든 '요테이의 후키다시 용수 羊蹄のふき
だし湧水'가 매일 8만톤 씩 솟아나는 공원.
공원 곳곳에 흘러내리는 물은 자유롭게 마
실 수 있으며, 물병에 담아가도 된다. 이곳
물로 만든 커피, 주류를 비롯해 다양한 먹
거리도 판매한다.
맵북 P.15하단-B2 발음 후키다시코오엔 주소
虻田郡京極町字川西45 전화 0136-42-2111 홈
페이지 www.town-kyogoku.jp 가는 방법 JR
쿳찬 俱知安역 앞 버스정류장에서 키모베츠 喜
茂別행 버스에 탑승하여 쿄고쿠 터미널 京極バ
スターミナル에서 하차, 도보 15분. 주차장 300
대 키워드 후키다시공원

니세코에서 즐기는 액티비티
니세코의 대자연을 열기구, 래프팅, 스키 등 다양한 체험을
통해 즐겨보자. 니세코 빌리지 ニセコビレッジ, 니세코 어드
벤처센터 ニセコアドベンチャーセンター, 니세코 아웃도어
센터 ニセコアウトドアセンター에서 운영하는 액티비티 프로
그램에 참여하면 된다.
니세코 프로모션 보드 홈페이지 www.nisekotourism.com

PLUS AREA

요이치余市

오타루에서 20km 떨어진 작은 마을, 요이치. 일본에서 처음으로 사과재배에 성공하여 현재도 홋카이도에서 수확량 1위를 차지하는 곳이며, 일본인 최초의 NASA 우주비행사인 모리 마모루 毛利衛의 고향이자 학창시절을 보낸 곳이기도 하다. 마을 곳곳에서 이와 관련된 시설을 만나볼 수 있어 더욱 재미있는 곳이다. 하지만 무엇보다도 작은 마을 요이치의 이름을 알린 것은 바로 위스키. 위스키의 본고장인 스코틀랜드에서 직접 제조법과 블렌딩 기술을 배워 온 타케츠루 마사타카 竹鶴正孝가 오리지널 정통 위스키를 생산하기 위해 선택한 곳이 바로 요이치다. 스코틀랜드의 하이랜드 지방과 매우 흡사한 기후와 깨끗한 물, 맑은 공기 등 위스키 제조에 필요한 조건이 모두 부합되었기 때문이다. 갖은 우여곡절 끝에 1940년 탄생한 첫 위스키 '닛카위스키'로 일본 위스키 역사의 새로운 장을 열게 되었고 일본을 대표하는 위스키 브랜드로 오늘날까지 그 명성이 이어지고 있다.

맵북 P.15 상단-B2 ▶ 요이치 관광 협회 홈페이지 yoichi-kankoukyoukai. com **키워드** 요이치정

닛카 위스키 요이치 증류소 ニッカウヰスキー余市蒸溜所
위스키가 제조되고 있는 증류소 겸 닛카 위스키의 역사가 담긴 박물관으로, 위스키 제조공정을 직접 들여다볼 수 있다. 이외에도 창업자 타케츠루 마사타카와 그의 아내 리타 부인이 실제로 거주했던 저택과 그들의 자료를 보관한 박물관을 통해 당시의 생활상과 에피소드도 전시 중이다. 자유 견학이 가능하지만 일본어가 가능하다면 무료 가이드 투어에 참여하는 것도 좋다. 약 70분간 진행되며 30분 간격으로 시작한다.

발음 닛카우이스키요이치죠오류우쇼 주소 余市郡余市町黒川町7-6 전화 0135-23-3131 홈페이지 www.nikka.com/distilleries/yoichi/index.html 요금 무료 운영 09:00~15:30(인터넷 예약 필수) 휴무 12/23~1/7 가는 방법 JR 요이치 余市역에서 도보 3분. 주차장 있음 키워드 닛카 위스키 요이치 증류소

PLUS AREA

한 무장과 사랑에 빠진 여인 '차렌카 チャレンカ'가 그가 떠나는 배를 카무이곶에서 바라보다 슬픔을 견디지 못하고 바다에 몸을 던졌고 그것이 카무이 암석으로 변했다는 슬픈 전설이 내려온다.

샤코탄積丹

투명하고 푸른빛의 바다색깔을 가리키는 애칭 '샤코탄블루 積丹ブルー'로 유명한 샤코탄반도. 홋카이도 서해안 중앙부에 있는 해중공원으로 어업이 발달한 지역이다. 해안가를 따라 펼쳐지는 절경이 무척이나 아름다운데, 자연이 빚어낸 조각 같은 절벽과 암석들이 바다와 어우러져 환상의 절경을 선물한다.

샤코탄 관광협회 홈페이지 www.kanko-shakotan.jp

맵북 P.15 상단-A1 발음 시마무이카이간 **주소** 積丹郡積丹町入阿 **가는 방법** JR 오타루 小樽역 또는 JR 요이치 余市역 앞 버스정류장에서 고속샤코탄호 高速しゃこたん号에 탑승하여 시마무이카이간이리구치 島武意海岸入口 하차. 하루 1편 여름에만 운행. **주차장 있음 키워드** 시마무이 해안

샤코탄 볼거리

시마무이 해안 島武意海岸

샤코탄반도를 대표하는 바다로 일본의 아름다운 바닷가 100선에 선정되었다. 명칭은 홋카이도 원주민 아이누족의 언어로 암석 후미를 뜻하는 단어 '슈마무이 シュマムイ'에서 유래했다. 전망대로 향하는 길은 높이 180m, 길이 30m의 어두운 터널로 되어 있는데, 투명한 바다를 만나기까지 한껏 기대감을 품게 한다. 터널을 빠져나오면 병풍 모양의 암석과 물속이 훤히 보일 정도로 투명한 바다가 방문객을 반긴다. 투명한 바다를 가까이서 느끼고 싶다면 해안까지 길을 따라 내려가보자. 하지만 꽤나 가파르고 험해서 반드시 운동화를 신고 가야 한다.

카무이곶 神威岬

샤코탄반도 북서단에 있는 곳. 가까운 무료 주차장에서 곶 끝자락까지는 800m 정도의 거리로 잘 정비된 산책로를 이용하면 된다. 코발트 블루 빛 새파란 바다를 바라보며 거닐면 20~30분 정도가 소요된다. 산책로가 만들어지기 전에는 매우 험난한 구역으로 꼽혀 1855년까지 여성의 출입이 금지되었다고 전해진다. 지금도 도로 폭이 워낙 좁은 데다 오르막과 내리막이 반복되면서 경사도 급한 편이라 걷기 편한 복장과 운동화를 신고 갈 것을 권하고 있다. 아름다운 바다와 그 위에 우뚝 서 있는 카무이 암석을 보고 나면 어렵게 찾아온 보람을 느낄 수 있을 것이다.

맵북 P.15 상단-A1 발음 카무이미사키 주소 積丹郡積丹町神岬 전화 0135-44-3715(샤코탄 관광협회) 운영 4·8~10월 08:00~17:30, 5·7월 08:00~18:00, 6월 08:00~18:30, 11월 08:00~16:30, 12~3월 10:00~15:00 휴무 날씨에 따라 변동 가는 방법 JR 오타루 小樽역 또는 JR 요이치 余市역 앞 버스정류장에서 고속샤코탄호 高速しゃこたん号에 탑승하여 카무이미사키 神威岬 하차, 하루 1편 여름에만 운행. 주차장 있음 키워드 가무이곶

❶ ❷ ❺ 아름다운 카무이곶의 경치 ❸ 샤코탄블루를 본따서 만든 민트맛 아이스크림 ❹ 이 문을 통과해서 곶을 통행할 수 있었던 사람은 남자뿐이었다. 금지가 풀렸지만 문은 그대로 남아있다.

후라노·비에이

富良野·美瑛
FURANO·BIEI

찬란한 계절의 절정을 알리는 오색 빛깔 꽃밭, 평화롭고 목가적인 전원 풍경, 신비스러운 비밀을 품은 듯한 호수…. 후라노와 비에이는 여름의 홋카이도 하면 떠오르는 이미지를 가장 잘 나타내는 지역이다. 라벤더로 상징되는 후라노의 꽃밭에서는 셀 수 없이 다양한 종류의 꽃이 인사를 건네고 광활한 구릉지대가 이어지는 비에이에서는 그림엽서와 같은 풍경이 눈앞에 펼쳐진다. 사진으로만 보아도 감탄사가 절로 나오는 아름다운 풍경은 존재 자체만으로도 힐링이 된다. 이와 더불어 기름진 토양 위로 쏟아지는 농작물과 유제품까지 신이 선사한 풍요로움을 한껏 느낄 수 있는 곳이다.

후라노·비에이 Must Do

비에이 구릉 너머로 펼쳐지는 그림같은 전원 풍경 만끽하기 P.198

보랏빛 물결이 넘실대는 후라노의 라벤더 밭 탐방 P.190

신비로운 자연의 세계, 청의 호수 감상하기 P.201

드라이브로 아름다운 자연 경관을 즐기며 콧바람 쐬기

후 라 노
비 에 이
여행코스

Travel course

자동차 30분

자동차 15분

3 팜토미타 P.190
총 면적 3만 6,000평에 달하는 대규모 농장. 12개의 꽃밭으로 구성되어 있으며, 라벤더를 중심으로 각종 꽃의 향연을 만끽할 수 있다.

5 사계채언덕 P.199
라벤더, 샐비어, 패랭이꽃, 루피너스 등 30여 종의 꽃들이 장관을 이루는 꽃밭.

1 흰수염 폭포 P.201
용암층의 갈라진 부분에서 지하수가 흘러 내리는 모습이 마치 하얀 수염 모양 같은 폭포.

자동차 15분

자동차 15분

자동차 5분

2 청의 호수 P.201
1988년 활화산 토카치다케 十勝岳가 분화하면서 생기는 재해를 막기 위해 쌓아 둔 제방에 물이 고이면서 형성된 호수. 물에 함유된 성분 때문에 에메랄드 빛을 띤다.

4 플라워랜드 카미후라노 P.194
아사히카와 旭川에서 시무캇푸무라 占冠村까지 이어지는 약 100㎞ 길이의 237번 국도, 화인가도에 위치한 농원 중 가장 넓은 규모를 자랑한다.

6 패치워크의길 P.196
JR 비에이 美瑛역 북서쪽에 있는 구릉길. 구역마다 다른 색의 작물들이 멀리서 보면 마치 조각보처럼 보인다.

185

치요가오카역
千代ヶ岡駅

세븐스타 나무
セブンスターの木

⑥ 패치워크의 길
パッチワークの路

오야코 나무
親子の木

카시와엔 공원
かしわ園公園

켄과 메리의 나무
ケンとメリーの木

키타비에이역
北美瑛駅

마일드세븐의 언덕
マイルドセブンの丘

제루부 언덕·아토무 언덕
ぜるぶの丘·亜斗夢の丘

호쿠세이 언덕 전망공원
北西の丘展望公園

비에이정
美瑛町

비에이역
美瑛駅

산아이 언덕 전망공원
三愛の丘展望公園

크리스마스트리 나무
クリスマスツリーの木

빨간 지붕 집
赤い屋根の家

칸노 팜
かんのファーム

치요다 언덕 전망대
千代田の丘見晴台

비바우시역
美馬牛駅

타쿠신칸
拓真館

제트코스터의 길
ジェットコースターの路

⑤ 사계채 언덕
四季彩の丘

② 청의 호수
青い池

④ 플라워 랜드 카미후라노
フラワーランドかみふらの

카미후라노
上富良野

① 흰 수염 폭포
白ひげの滝

카미후라노역
上富良野駅

히노데 공원
日の出公園

니시나카역
西中駅

③ 팜 토미타
ファーム富田

라벤더바타케역
ラベンダー畑駅

나카후라노 라벤더 농원
中富良野町営ラベンダー園

나카후라노역
中富良野駅

시카우치역
鹿討駅

나카후라노
中富良野

가쿠덴역
学田駅

후라노역
富良野駅

신 후라노 프린스 호텔
新富良野プリンスホテル

N

0   3.6km

누노베역
布部駅

Transportation in Furano · Biei | 후라노 · 비에이 교통

후라노로 이동하기

| 삿포로 | 방법① 열차 50분 | 타키카와 | 방법① 열차 1시간 10분 | 후라노 | 열차 1시간 10분 방법① / 버스 1시간 40분 방법② | 아사히카와 |

열차

후라노로 가는 직통열차는 아사히카와 旭川에서 JR전철 후라노 富良野선
으로 이동하는 것밖에 없다. 삿포로에서 이동할 경우 JR전철 특급열차 라
일락 ライラック을 타고 타키카와 滝川역까지 간 후 네무로본 根室本선 보통
열차로 환승하면 약 2시간 만에 후라노 富良野역에 도착한다. 단, 여름철 한
시적으로 운행되는 JR전철 특급 후라노 라벤더 익스프레스 特急フラノラベ
ンダーエクスプレス는 삿포로에서 후라노까지 환승 없이 한 번에 도착한다.

버스

삿포로에서 환승 없이 이동하는 방법은 장거리버스를 타는 것이다. 추오버스 中央バス 고속후라노호 高
速ふらの号를 이용하면 약 2시간만에 도착하며, 08:50~18:40까지 두 시간당 한 대씩 정기적으로 운행
하고 있다. 가격도 열차보다 저렴하므로 열차 프리패스 소지자가 아니라면 버스를 이용하자. 아사히카
와에서는 후라노버스 ふらのバス 라벤더호 ラベンダー号를 운행하지만 열차보다 다소 시간이 소요되므
로 신 후라노 프린스 호텔(P.202)에 갈 것이 아니라면 그다지 추천하지 않는다.

> **Pickup** 후라노 · 비에이 여행에서 주의해야 할 점
> ❶ 라벤더가 절정을 이루는 7~8월이 베스트 시즌. 이 시기만 되면 평일, 주말 할 것 없이 후라노와 비에이는 물론 아사
> 히카와 주변 숙소들까지 만실이 되기 일쑤다. 비행기 티켓을 구입한 시점에 숙소도 함께 예약하도록 하자.
> ❷ 없는 시간을 쪼개어 삿포로에서 당일치기로 방문하는 관광객이라면 크게 욕심을 부리지 않고 꽃밭 한두 군데만 골
> 라 돌아보는 것을 추천한다. 2일 이상 투자할 경우 후라노와 비에이에 숙소를 두어도 좋지만 아사히카와를 거점으로
> 움직이는 것도 괜찮은 방법이다.
> ❸ 명소 간 거리가 먼 편이므로 운전이 가능하다면 렌터카를 대여해 이동하는 것이 가장 편리하다. 뚜벅이 여행자라면
> 버스의 배차 간격이 관건. 버스별 시간표를 미리 확인하여 철저한 계획을 세워 움직이는 것이 좋다.
> ❹ 대부분의 밭은 사유지다. 농작물을 심은 밭도 많기 때문에 함부로 들어가지 않도록 한다.

비에이로 이동하기

열차

후라노와 마찬가지로 비에이로 가는 직통열차는 아사히카와에서 가는 후라노 富良野선 단 하나. 삿포로
에서 출발한다면 JR전철 특급열차 카무이 カムイ를 타고 아사히카와 旭川로 가서 환승한다.

버스

샷포로에서 비에이로 가는 직통버스는 운행하지 않는다. 후라노 또는 아사히카와로 이동한 다음 버스를 이용하는 것밖에는 방법이 없다.

후라노·비에이 시내 교통수단

열차

전철역에 인접한 명소를 둘러본다면 아사히카와를 출발해 비에이 美瑛, 비바우시 美馬牛, 카미후라노 上富良野, 나카후라노 中富良野를 거쳐(나카후라노역과 니시나카 西中역 사이 라벤다바타케 ラベンダー畑역은 여름에만 한시적으로 운영) JR 후라노 富良野역까지 이어지는 JR전철 후라노 富良野선을 이용하면 편리하다. 하지만 역에서 떨어져 있는 경우가 대부분이라 열차만으로 둘러보기에는 무리가 있다.

버스

관광 극성수기인 여름철에는 JR전철에서 운영하는 한정 버스를 이용하면 효율적으로 둘러볼 수 있다. 관광명소에 시간별로 정차하여 자유시간이 주어지는 관광버스가 있는가 하면 명소를 단순 순환만 하는 버스도 있는 등 장소에 따라 다양하게 운행하고 있다. 단 이 시기가 지나면 버스 번호와 정류장, 배차 간격 등을 확인해 철저한 계획 하에 움직여야 하는 단점이 있다. 관광명소별 가는 버스 번호와 정류장은 명소별 '가는 방법'에서 확인하자.

후라노버스 ふらのバス 라벤더호 ラベンダー号

자전거

자전거를 대여해 개인적으로 둘러보는 방법도 있다. 햇볕이 워낙 강렬한 지역이라 한여름에는 일사병에 노출되어 조금 위험할 수도 있지만, 그 외의 시기라면 시원한 바람을 맞으며 기분 좋게 돌아볼 수 있다. 자전거를 탈 때 주의해야 할 점을 숙지한 후 이용하자. JR 후라노 富良野역과 비에이 美瑛역 부근에 대여점이 있어 대여와 반납도 간편하게 할 수 있다.

렌터카

후라노와 비에이 지역은 타 지역에 비해 대중교통이 덜 발달하였으며, 명소 간 거리가 다소 떨어져 있다. 이런 점을 고려했을 때 가장 편리하게 이동할 수 있는 수단이 바로 렌터카다. 국제 운전면허증을 소지하고 오른쪽 운전석에 부담을 느끼지 않는다면 주저 없이 권하고 싶다. 하지만 여행 시기가 겨울철이라면 예외다. 미끄러운 눈길이 끊임없이 이어지는 경우가 많아 평소보다 배로 운전하기 힘들기 때문. 또 렌터카를 이용할 예정이라면, 출발 전 한국에서 미리 예약하고 가는 것이 덜 번거롭고 가격도 저렴하다(P.69 참조). 여행 당일 대여하려 한다면 JR 후라노 富良野역과 비에이 美瑛역 부근에 렌터카 업체가 영업 중이므로 이용해보자.

zoom in

대중교통으로 즐기는 후라노·비에이

열차

후라노·비에이 노롯코 열차 富良野·美瑛ノロッコ号
여름에 한시적으로 아사히카와와 후라노 간을 운행하는 노롯코 열차는 관광용으로 큰 인기를 얻고 있다. 아름다운 전원풍경을 천천히 감상할 수 있도록 보통 속도보다 느리게 달리는 점이 특징이다. 열차는 특별히 라벤더 밭의 선구자 격인 농원 팜 토미타ファーム富田 인근에 있는 임시 역 라벤더바타케 ラベンダー畑역에 정차한다. 1호차는 지정석, 2~4호차는 자유석으로 되어 있다.

요금 (후라노↔라벤더바타케 기준) 자유석-성인 ¥300, 어린이 ¥150, 지정석-성인 ¥840, 어린이 ¥420 추가

특급 후라노 라벤더 익스프레스
特急フラノラベンダーエクスプレス
삿포로에서 후라노까지 환승 없이 한 번에 연결하는 열차로 약 2시간이 소요된다. 6월 하순부터 8월 중순 사이는 매일, 6월 상순~중순과 8월 하순~9월 하순에는 주말과 공휴일에 운행한다. JR 철도가 발행하는 홋카이도 레일패스 소지자는 더욱 저렴하게 이용할 수 있다.

요금 자유석 ¥4,690, 지정석 ¥5,220

라벤더 프리패스 ラベンダーフリーパス
JR 아사히카와旭川역에서 출발하여 후라노와 비에이를 당일치기로 여행하는 이들에게 추천하는 티켓. 아사히카와, 타키카와, 비에이, 후라노역 구간을 보통열차 자유석으로 자유롭게 승하차 할 수 있다.

요금 성인 ¥2,800, 어린이 ¥1,400

Pickup 스케줄 체크는 필수!
열차 스케줄은 매년 운행 스케줄이 달라지므로, 탑승 전 반드시 홈페이지를 통해 체크하자.
홈페이지 www.jrhokkaido.co.jp

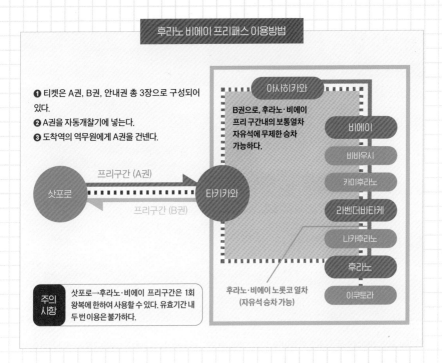

후라노 비에이 프리패스 이용방법

❶ 티켓은 A권, B권, 안내권 총 3장으로 구성되어 있다.
❷ A권을 자동개찰기에 넣는다.
❸ 도착역의 역무원에게 A권을 건넨다.

프리구간 (A권)
삿포로 ━━━━▶ 타키카와
프리구간 (B권)

B권으로, 후라노·비에이 프리 구간내의 보통열차 자유석에 무제한 승차 가능하다.

아사히카와
비에이
비바우시
카미후라노
라벤더바타케
나카후라노
후라노
이쿠토라

후라노·비에이 노롯코 열차 (자유석 승차 가능)

주의사항 삿포로→후라노·비에이 프리구간은 1회 왕복에 한하여 사용할 수 있다. 유효기간 내 두번 이용은 불가하다.

후라노 비에이 프리패스 ふらの·びえいフリーきっぷ

삿포로에서 타키카와 滝川, 아사히카와 旭川, 비에이, 후라노 등 9개 역 중 하나를 1회 왕복할 수 있는 왕복 승차권(특급열차 보통차 자유석) 1장과 후라노와 비에이 자유 구간을 무제한으로 탑승할 수 있는 승차권 1장(보통열차 자유석)이 결합된 레일패스다. 출발일로부터 4일간 이용할 수 있다.

요금 성인 ¥7,400, 어린이 ¥3,700

관광버스

뷰 버스 美遊バス/Biei view bus

비에이의 인기 명소를 돌 때 유용한 관광 순환버스. 가이드가 동승하지 않으며, 명소마다 약 15~35분씩 정차하여 자유롭게 둘러본 후 다시 승차하는 방식이다. 정차하는 코스는 봄·여름, 가을·겨울 시기에 따라 조금씩 달라지며, 코스별로 운행 요일 및 시간, 그리고 기간이 다르다. 티켓은 인터넷으로 미리 구입할 수 있고, 자리가 남아 있다면 탑승 당일까지 JR 비에이 美瑛역 앞 관광안내소 '사계 정보관 四季の情報館(맵북 P.17-A1)'에서도 구입할 수 있다.

홈페이지 www.biei-hokkaido.jp/ja/bus_ticket 요금 성인 ¥3,500~4,500, 초등학생 ¥1,750~2,250(투어마다 상이), 좌석을 이용하지 않는 만 5세 이하 무료

팜 토미타
ファーム富田

'후라노 하면 라벤더'라는 공식을 만들어낸 라벤더 밭의 선구자. 1958년 이 일대에서는 처음으로 라벤더 재배를 시작해 주변 농장에 라벤더 유행을 불러일으키기도 했다. 하지만 이후 인기가 식으면서 팜 토미타만이 유일하게 라벤더 재배를 이어가고 있었는데 1970년대 당시 일본 국철의 달력에 이곳의 사진이 실리면서 일약 유명세를 타게됐다. 방문자의 꾸준한 증가로 인해 꽃밭만 가득했던 농장에서 관광지로서 점점 변화를 모색했고 홋카이도를 대표하는 관광명소로 거듭나게 되었다. 총 면적 3만6,000평에 달하는 넓은 농장은 12개의 꽃밭으로 구성되어 라벤더를 중심으로 각종 꽃의 향연을 만끽할 수 있다. 라벤더는 대개 7월 중순에 절정을 이루지만 꽃의 종류가 워낙 다양해 시기에 따라 다른 모습을 감상하는 묘미가 있다. 화보에서나 볼 법한 환상적인 장관은 여름철 6월 하순에서 8월 상순 사이에 방문해야만 즐길 수 있다.

맵북 P.16-A3 발음 화아무토미타 **주소** 空知郡中富良野町基線北15 **전화** 0167-39-3939 **홈페이지** www.farm-tomita.co.jp **운영** 08:30~17:30(시기마다 다름) **휴무** 부정기 **요금** 무료 **가는 방법** JR 라벤다바타케 ラベンダー畑역에서 도보 7분(여름 한정), JR 나카후라노 中富良野역에서 도보 25분 또는 자동차 5분(요금 약 ¥770), **주차장** 500대 **키워드** 팜도미타

채색의 꽃밭 彩りの畑
보라색 라벤더, 빨간색 양귀비, 하얀색 안개꽃, 분홍색 끈끈이대나물, 주황색 금영화 등 일곱 빛깔 무지개처럼 펼쳐진 풍경 덕에 팜 토미타를 대표하는 꽃밭이 되었다.
개화 시기 7월 상순~하순 만개 7월 중순~하순

트래디셔널 라벤더 꽃밭 トラディショナルラベンダー畑
팜 토미타에서 가장 오래된 꽃밭으로, 이곳을 인기 명소로 만든 일등공신. 보라색 융단을 깔아놓은 듯 빽빽하게 자리 잡은 라벤더가 고운 자태를 뽐내고 있다.
개화 시기 6월 하순~8월 상순 만개 7월 상순~중순

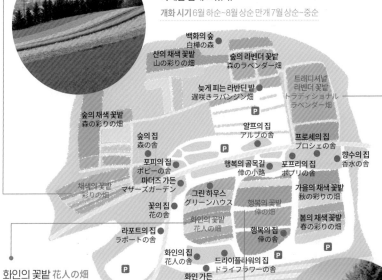

백화의 숲 白樺の森
산의 채색 꽃밭 山の彩りの畑
숲의 라벤더 꽃밭 森のラベンダー畑
늦게 피는 라반딘 밭 遅咲きラバンジン畑
트래디셔널 라벤더 꽃밭 トラディショナルラベンダー畑
숲의 채색 꽃밭 森の彩りの畑
숲의 집 森の舎
알프의 집 アルプの舎
프로셰의 집 プロシェの舎
향수의 집 香水の舎
포피의 집 ポピーの舎
행복의 골목길 倖の小路
포푸리의 집 ポプリの舎
마더즈 가든 マザーズガーデン
채색의 꽃밭 彩りの畑
그린 하우스 グリーンハウス
가을의 채색 꽃밭 秋の彩りの畑
꽃의 집 花の舎
행복의 꽃밭 倖の畑
봄의 채색 꽃밭 春の彩りの畑
하인의 꽃밭 花人の畑
행복의 집 倖の舎
라포트의 집 ラポートの舎
화인의 집 花人の舎
드라이플라워의 집 ドライフラワーの舎
화인 가든 花人ガーデン

화인의 꽃밭 花人の畑
알뿌리 식물이 자라는 봄부터 금잔화같이 사계절 내내 피어나는 가을 무렵까지 형형색색의 다양한 꽃들이 피어나는 밭이다.
개화 시기 5월 상순~10월 상순 만개 7월 상순~9월 하순

행복의 꽃밭 倖の畑
팜 토미타 한가운데에 위치한 꽃밭으로, 네 종류의 라벤더가 그라데이션을 이루고 있다. 농장을 방문하는 이들이 행복했으면 하는 바람에서 지어진 이름이다.
개화 시기 6월 하순~8월 상순 만개 7월 상순~중순행복의 밭 倖の畑

화인가도
花人街道

아사히카와 旭川에서 비에이와 후라노를 거쳐 시무캇푸무라 占冠村까지 이어지는 약 100㎞ 길이의 237번 국도를 일컬어 하나비토 카이도 즉 화인가도라고 부른다. 팜 토미타의 창업자가 꽃을 보러 온 방문객에게 감사와 애정을 담아 붙인 이름이다. 아름드리 가로수가 길게 뻗은 도로 곳곳에는 15여 개의 꽃 농원이 배치되어 있는데, 농장마다 나름의 특색을 지니고 있어 보는 눈이 즐겁다. 농장 간 거리가 멀고 고속도로인 점을 감안해 대중교통보다는 렌터카를 이용해 이동하는 것이 좋다. 모든 곳을 둘러보기에는 거리상 다소 무리가 있으므로 드라이브를 즐기면서 점 찍어둔 2~3개 명소를 돌아보는 것을 추천한다. 라벤더가 절정을 이루는 여름에는 매우 혼잡한 편이니 시간 여유를 가지고 움직이도록 하자.

발음 하나비토카이도 **가는 방법** 주요 농원은 JR 비바우시 美馬牛역 인근에서 시작해 JR 나카후라노 中富良野역까지 이어진다. 자동차는 237번 국도를 타고 이동. **키워드** hokkaido 237 road

화인가도 추천 농원

1 제루부 언덕 · 아토무 언덕 ぜるぶの丘. 亜斗夢の丘

20여 종류의 꽃을 만나볼 수 있는 명소. 전망대에 오르면 패치워크의 길(P.196)에 있는 켄과 메리의 나무 (P.197)가 내려다 보인다.

맵북 P.16-A1 발음 제루부노오카·아토무노오카 주소 上川郡美瑛町大三 전화 0166-92-3160 홈페이지 biei.selfip.com 운영 4월 하순~10월 중순 08:30~17:00 휴무 10월 하순~4월 중순 요금 무료 가는 방법 JR 비에이 美瑛역에서 약 2.3㎞ 도보 30분, 자동차 5분 주차장 120대. 키워드 제루부언덕

2 칸노 팜 かんのファーム

비에이 美瑛와 카미후라노 上富良野 사이에 있는 꽃밭. 언덕 밑에서부터 정상까지 경사진 부분에 피어 있는 진한 색감의 꽃들이 인상적이다. 농원에서 재배한 감자, 옥수수, 양파도 구입할 수 있다.

맵북 P.16-A2 발음 칸노화아무 주소 上富良野町美馬牛峠 전화 0167-45-9528 홈페이지 www.kanno-farm.com 운영 6~10월 중순 09:00~17:00 휴무 11~5월 요금 무료 가는 방법 JR 비바우시 美馬牛역에서 도보 15분. 주차장 100대 키워드 칸노팜

3 히노데 공원 日の出公園

3종류 약 4만 송이의 라벤더가 반기는 공원. 예쁜 꽃과 평화로운 전원풍경이 파노라마로 펼쳐져 인기를 얻고 있다. 전망대에 있는 '사랑의 종'을 커플이 울리면 행복해진다고 한다.

맵북 P.16-A3 발음 히노데코오엔 주소 空知郡 上富良野町東1線北27 전화 0167-39-4200 운영 24시간 요금 무료 가는 방법 JR 카미후라노 上富良野역에서 도보 15분. 주차장 50대 키워드 히노데 공원

4 나카후라노 라벤더 농원

中富良野町営ラベンダー園
여름에는 라벤더 밭이었다가 겨울에는 스키장으로 변신하는 재미있는 곳. 4종류의 라벤더를 한눈에 내려다볼 수 있는 1인 리프트를 꼭 타보자.

맵북 P.16-A3 발음 나카후라노쵸오에라벤다엔 주소 中富良野町宮町1番41 전화 0167-44-2123 요금 무료 운영 24시간 (리프트 6월 중순~8월 하순 09:00~18:00) 가는방법 JR 나카후라노 中富良野역에서 도보 15분. 주차장 100대 키워드 나카후라노 호쿠세이야마 라벤더원

5 플라워 랜드 카미후라노 フラワーランドかみふらの

화인가도에 위치한 농원들 가운데 가장 넓은 규모를 자랑한다. 라벤더, 코스모스, 해바라기 등 300여 종의 꽃이 만발하는 농원 내를 트랙터버스로 도는 코스가 인기다.

맵북 P.16-A3 발음 후라와란도카미후라노 주소 上富良野町西5線北27 전화 0167-45-9480 홈페이지 flower-land.co.jp 요금 무료 운영 3·4·11월 09:00~16:00, 5·6, 9·10월 09:00~17:00, 7·8월 09:00~18:00 휴무 12~2월 가는 방법 JR 카미후라노 上富良野역에서 약 3.4km 도보 40분, 자동차 7분. 주차장 500대 키워드 플라워 랜드 카미 후라노

国道237号
ROUTE 237
237
ラベンダーの妖精

제루부 언덕·아토무 언덕
ぜるぶの丘·亜斗夢の丘

237 JR 비에이
美瑛駅

칸노 팜
かんのファーム

JR 비바우시
美馬牛駅

사계채 언덕
四季彩の丘

비바우시정

제트코스터의 길
ジェットコースターの路

플라워 랜드 카미후라노
フラワーランドかみふらの

237

히노데 공원
日の出公園
JR 카미후라노
上富良野駅

카미후라노정

JR 니시나카
西中駅

팜 토미타
ファーム富田
나카후라노 라벤더 농원
中富良野町営ラベンダー園

JR 라벤더바타케
ラベンダー畑駅

JR 나카후라노
中富良野駅

JR 시카우치
鹿討駅

나카후라노정

JR 가쿠덴
学田駅

JR 후라노
富良野駅

후라노시

6 제트코스터의 길

ジェットコースターの路

JR 비바우시 美馬牛역을 지나 JR 후라노 富良野역으로 향하는 237번 국도 오른편에 있는 서쪽 11번 도로를 달리면 마치 롤러코스터를 탄 것처럼 오르락내리락하는 기분을 느낄 수 있어 '제트코스터의 길'이라 불린다. 2.5㎞의 직선도로를 달리며 스릴을 만끽해보자.

맵북 P.16-A2 발음 젯또코오스타노미치 주소 空知郡上富良野町西11線北 가는 방법 JR 비바우시 美馬牛역에서 약 1㎞ 도보 13분, 자동차 2분. 키워드 rollercoaster road biei

패치워크의 길
パッチワークの路

JR 비에이 美瑛역에서 북서쪽에 있는 구릉길을 일컫는 애칭으로 구역마다 자라나는 작물의 색깔이 마치 작은 천조각을 서로 꿰매 붙인 조각보(패치워크)와 같다 하여 이름 붙여졌다. 비에이의 아기자기한 풍경을 즐길 수 있어 드라이브 코스로 이름난 곳이다. 제품의 광고와 패키지에 실리면서 대중에게 널리 알려진 명소들을 둘러보는 것이 코스의 주된 내용이다.

패치워크의 길 추천 코스

① JR 비에이 美瑛역 → ② 켄과 메리의 나무 → ③ 카시와엔 공원 → ④ 세븐스타 나무 → ⑤ 오야코 나무 → ⑥ 호쿠세이 언덕 전망공원 → ⑦ 마일드세븐의 언덕 → ⑧ JR 비에이 美瑛역

패치워크의 길 주요 명소

2 켄과 메리의 나무 ケンとメリーの木

닛산자동차 스카이라인의 TV광고 시리즈 '켄과 메리'에 등장한 높이 31m의 포플러나무. 이 광고 덕분에 해당 자동차는 그해 역대 최고 판매량을 기록했다.

맵북 P.16-A1 **발음** 켄또메리노키 **주소** 上川郡美瑛町字大久保 **키워드** 켄과메리의나무

3 카시와 공원 かしわ公園

언덕에 자리하여 패치워크의 길을 조망할 수 있는 공원. 공원 내부에 떡갈나무가 많이 심어져 있어 붙여진 이름이다(떡갈나무를 일본어로 하면 카시와이다).

맵북 P.16-A1 **발음** 카시와엔코오엔 **주소** 上川郡美瑛町字北瑛第1 **키워드** 카시와공원

4 세븐스타 나무 セブンスターの木

담배 브랜드 '세븐스타'의 제품 패키지에 등장하여 유명세를 탄 나무. 떡갈나무 한 그루가 도로에 나홀로 덩그러니 서 있다.

맵북 P.16-A1 **발음** 세븐스타노키 **주소** 上川郡美瑛町字北瑛 **키워드** 세븐스타나무

5 오야코 나무 親子の木

세 그루의 떡갈나무가 엄마, 아이, 아빠가 나란히 서있는 것처럼 보인다 해 붙여진 이름. 엄마아빠 나무의 수령은 약 90년, 아이 나무는 약 60년으로 알려져 있다.

맵북 P.16-A1 **발음** 오야코노키 **주소** 上川郡美瑛町字夕張 **키워드** 오야코나무

6 호쿠세이언덕 전망공원

北西の丘展望公園

피라미드 모양의 전망대가 이색적인 공원. 주변의 라벤더 밭과 광활한 자연풍경을 눈에 담을 수 있다.

맵북 P.16-A1 **발음** 호쿠세에노오카텐보코오엔 **주소** 美瑛町大久保協生 **키워드** 호쿠세이노오카전망공원

7 마일드세븐의 언덕

マイルドセブンの丘

담배 브랜드 '마일드세븐'의 제품 패키지에 들어간 사진이 많은 화제를 불러일으키면서 유명해졌다. 그러나 최근 관광객들이 언덕 앞에서 사진을 찍을 목적으로 사유지에 함부로 들어가는 행위가 늘어나면서 밭이 훼손되는 피해가 잇따라 발생하자 주인은 나무 일부를 벌채했다. 예전 모습은 볼 수 없지만 여전히 사랑받는 관광명소.

맵북 P.16-A1 **발음** 마이루도세븐노오카 **주소** 上川郡美瑛町字美田 **키워드** 마일드세븐언덕

파노라마 로드
パノラマロード

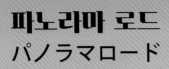

JR 비에이 美瑛역에서 남동쪽으로 펼쳐지는 구역으로 고지대에 위치한 명소가 많아 탁 트인 시야로 주변 경관을 감상할 수 있다. '패치워크의 길'과 함께 드라이브 코스로 인기가 높은 곳이다. 오르락내리락하는 도로 사정 상 속도를 내어 운전하는 것은 피하자.

파노라마 로드 추천 코스

JR 비에이
美瑛역

5 산아이 언덕 전망공원
三愛の丘展望公園

6 빨간 지붕 집
赤い屋根の家

7 크리스마스트리 나무
クリスマスツリーの木

1,8
JR 비바우시
美馬牛역

비에이 비바우시강
美瑛美馬牛川

4 치요다 언덕 전망대
千代田の丘見晴台

타쿠신칸
拓真館

3

2 사계채 언덕
四季彩の丘

JR 카미후라노
上富良野역

① JR 비바우시美馬牛역(2.3km) → **2** 사계채 언덕(2.3km) → **3** 타쿠신칸(2.8km) → **4** 치요다 언덕 전망대(1.7km) → **5** 산아이 언덕 전망공원(2.3km) → **6** 빨간 지붕 집(4.3km) → **7** 크리스마스 트리 나무(2.5km) → **8** JR 비바우시역

파노라마 로드 주요 명소

2 사계채 언덕 四季彩の丘

라벤더, 샐비어, 패랭이꽃, 루피너스 등 30여 종의 꽃들이 무지개와도 같은 아름다운 장관을 이루는 꽃밭. 워낙 넓은 편이라 미니 열차, 카트, 경마차 등을 이용해 경치를 감상할 수도 있다.

맵북 P.16-A2 발음 시키사이노오카 주소 上川郡美瑛町新星第三 전화 0166-95-2578 홈페이지 www.shikisainooka.jp 운영 1~4월 09:10~17:00, 5·10월 08:40~17:00, 6~9월 08:40~17:30, 11·12월 09:10~16:30 휴무 음식점 수요일 (11~3월) 요금 입장료(7~9월) 고등학생 이상 ￥500, 초등학생·중학생 ￥300, 미취학 아동 무료, 알파카 목장 ￥500, 고등학생 이상 ￥500, 초등학생·중학생 ￥300, 미취학 아동 무료 키워드 사계채의 원덕

3 타쿠신칸 拓真館

비에이와 후라노의 풍경 사진을 주로 찍었던 사진작가 마에다 신조 前田真三의 작품을 전시하기 위해 오래된 폐교를 개조해 만든 미술관.

맵북 P.16-A2 발음 타쿠신칸 주소 上川郡美瑛町字拓進 전화 0166-92-3355 홈페이지 www.takushinkan.shop 운영 5·10월 10:00~17:00(마지막 입장 16:45), 11·1·4월 10:00~16:00(마지막 입장 15:45) 휴무 부정기

4 치요다 언덕 전망대 千代田の丘見晴台

소, 말, 양을 기르는 목장 내부에 있는 전망대. 언덕에 자리한 전망대 풍경이 근사한 경관을 만들어내어 이곳의 상징이 되었다.

맵북 P.16-A2 발음 치요다노오카미하라시다이 주소 上川郡美瑛町春日台 키워드 치요다언덕 전망대

5 산아이 언덕 전망공원
三愛の丘展望公園

고깔 모자 모양의 빨간 삼각형 지붕의 쉼터가 보이면 제대로 찾은 것이다. 남서쪽에서는 비에이 구릉 일대를, 북서쪽에서는 아사히다케 旭岳와 토카치다케 十勝岳를 감상할 수 있다.

맵북 P.16-A2 발음 산아이노오카텐보오엔 주소 上川郡美瑛町字三愛 키워드 산아이노오카전망공원

6 빨간 지붕 집 赤い屋根の家

그림 엽서 같은 전원풍경이 펼쳐져 인기가 높은 언덕.

맵북 P.16-A2 발음 아카야네노이에 주소 上川郡美瑛町三愛 키워드 akaiyane bokujyo

7 크리스마스트리 나무
クリスマスツリーの木

겨울에 바라본 풍경이 아름다워 유명해진 나무. 전체 실루엣과 별 모양을 띠고 있는 가장자리 나뭇가지의 형태가 크리스마스트리처럼 보인다 하여 이러한 애칭이 붙여졌다. 사유지라 밭 안으로는 들어갈 수 없다.

맵북 P.16-A2 발음 크리스마스츠리이노키 주소 上川郡美瑛町美馬牛 키워드 크리스마스 나무

비에이센카 美瑛選菓

비에이에서 나고 자란 채소와 과일을 비롯해 각종 제품을 취급하는 숍. 내부에는 주스, 잼, 과자, 밀가루 등 오리지널 가공식품을 판매하는 센카시장 選菓市場과 아이스크림, 푸딩, 케이크 등을 판매하는 센카공방 選菓工房, 프렌치 레스토랑 아스페르주 アスペルジュ, 빵집 비에이코무기 공방 美瑛小麦工房이 입점해 있다.

맵북 P.17-A1 발음 비에이센카 주소 上川郡美瑛町大町2 전화 0166-92-4400 홈페이지 bieisenka.jp 운영 10:00~17:00(6~8월은 09:00~18:00) 휴무 12/30~1/5, 11~3월 수요일 가는 방법 JR 비에이 美瑛역에서 도보 10분. 주차장 66대 키워드 biei senka

❶ 비에이센카의 내부 모습 ❷ 질 좋은 가공식품 및 유제품들

비에이 신사 美瑛神社

경내가 그리 넓지 않은 아담한 규모의 신사지만 사랑이 이루어지는 파워 스폿으로 인기를 누리고 있다. 비에이 풍경을 자수로 새긴 부적은 기념품으로 제격. 신사 건물 곳곳에 숨겨진 하트 모양의 장식을 찾는 재미 또한 쏠쏠하다.

맵북 P.17-B2 발음 비에이진자 주소 上川郡美瑛町東町4丁目701番地23 전화 0166-92-1891 운영 24시간 가는 방법 JR 비에이 美瑛역에서 도보 20분. 주차장 20대 키워드 biei shrine

❶ ❷ 구석구석 보는 재미가 있는 아담한 비에이 신사 ❸ 기념 선물로 제격인 부적

청의 호수 青い池

1988년 토카치다케 十勝岳의 화산 분화로 인해 생기는 재해를 막기 위해 쌓은 제방에 물이 고이면서 자연스레 형성된 호수. 우연이 빚어낸 기가 막힌 연출이 입소문을 타고 널리 알려지게 된 대표적인 예다. 호수에 잠긴 낙엽송과 자작나무가 에메랄드색 물빛에 비치면서 신비로운 분위기를 자아낸다. 물에 함유된 성분이 빛의 산란을 일으키면서 더욱 푸르게 보이는 것이며, 5월 중순에서 6월 하순 사이가 가장 진하고 선명한 푸른색을 볼 수 있는 시기라 한다. 최근 들어 관광객이 급증하여 큰 인기를 누리고 있으므로 차분히 풍경을 감상하고 싶다면 되도록 평일 이른 시간에 방문하는 것이 좋다. 11~4월에는 야간 라이트 업을 실시하여 낮시간대와는 다른 경치를 즐길 수 있다.(11월 17:00~, 12월 16:30~, 1월 17:00~, 2월 17:30~, 3월 18:00~, 4월 18:30~ / 종료시간 21:00). 호수 주변 길 사정이 좋지 못한 편이므로 운동화 착용을 권한다.

맵북 P.16-B2 **발음** 아오이이케 **주소** 上川郡美瑛町白金 **가는 방법** JR 비에이 美瑛역 앞에서 도호쿠버스 道北バス 시라가네온센 白金温泉행 39번 승차하여 시라가네아오이이케이리구치 白金青い池入口 정류장에서 하차, 도보 7분. **주차장** 100대 **키워드** 청의 호수

Pickup 겨울에만 운행하는 청의 호수&흰 수염 폭포 야간 관광버스
11월부터 1월까지 주말과 공휴일에는 청의 호수와 흰 수염 폭포를 도는 관광버스 뷰 버스 美遊バス Biei View Bus를 운행한다. JR 비에이 美瑛역 앞에 위치한 관광안내소 사계 정보관 四季の情報館에서 출발하여 하얀수염 폭포를 15분간, 청의 호수를 30분 둘러보고 다시 돌아오는 코스로 구성되어 있다.

흰 수염 폭포 白ひげの滝

청의 호수에서 3㎞ 떨어진 시라가네 白金 온천 부근의 신비스러운 폭포도 꼭 한 번 들러보자. 블루리버 ブルーリバー 다리에서 내려다본 하얀폭포와 푸른 강의 대비가 환상적이다. 용암층의 갈라진 부분에서 비에이 美瑛강 지하수가 흘러내리는 장면이 하얀 수염 같다 하여 이름 붙여졌다.

맵북 P.16-B3 **발음** 시라히게노타키 **주소** 上川郡美瑛町字白金 **가는 방법** JR 비에이 美瑛역 앞에서 도호쿠버스 道北バス 시라가네온센 白金温泉행 39번 승차하여 시라가네온센 白金温泉에 하차, 도보 5분. **주차장** 시라가네 관광안내소 공공주차장 白金観光案内所公共駐車場 이용 **키워드** 흰수염폭포

신 후라노 프린스 호텔
新富良野プリンスホテル

일본의 유명 작가이자 각본가인 쿠라모토 소우의 '후라노 3부작'으로 불리는 드라마 〈북쪽 나라에서 北の国から〉, 〈자상한 시간 優しい時間〉, 〈바람의 정원 風のガーデン〉을 촬영할 목적으로 만들어진 세트장 가운데 그대로 남아 운영되고 있는 곳들이 신 후라노 프린스 호텔 내부에 있다. 드라마를 보지 않은 사람들 사이에서도 후라노를 만끽하기에 좋은 명소로 각광받고 있다.

맵북 P.18 상단-A2 **발음** 신후라노프린스호테루 **주소** 富良野市中御料 新富良野プリンスホテル **전화** 0167-22-1111 **홈페이지** www.princehotels.co.jp/furano-area **가는 방법** JR 비에이 美瑛역 앞에서 후라노버스 ふらのバス 아사히카와 旭川선 신후라노프린스호테루 新富良野プリンスホテル행 승차하여 종점 하차, 도보 1분. **주차장** 270대 **키워드** 신후라노 프린스 호텔

신 후라노 프린스 호텔 즐길 거리

바람의 정원 風のガーデン
일본 후지TV 개국 50주년을 기념하여 제작된 드라마 〈바람의 정원〉의 촬영지로 쓰이기 위해 2년에 걸쳐 조성된 영국식 정원.

맵북 P.18 상단-A2 **발음** 카제노가아덴 **전화** 0167-22-1111 **운영** 4월 하순~6월, 9월 상순~9월 중순 08:00~17:00, 7·8월 06:30~17:00, 9월 중순~10월 상순 08:00~16:00 **휴무** 10월 하순~4월 중순 **요금** 중학생 이상 ¥1,000, 초등학생 ¥600, 미취학 아동 무료

닝구르 테라스 ニングルテラス

다수의 명작을 만들어 낸 일본 유명 각본가이자 작가 쿠라모토 소우 倉本聰가 기획한 숲속 쇼핑로드. 후라노의 자연을 테마로 한 수제 공예품점을 중심으로 공방, 미니 갤러리, 카페 등이 들어서 있다. 카페 '추추의 집 チュチュの家'의 시그니처 메뉴 구운 우유 焼きミルク(야키미루쿠)도 꼭 맛보자.

맵북 P.18 상단-A2 **발음** 닝구르테라스 **운영** 11:00~19:45(7·8월 10:00~20:45) **휴무** 부정기

숲의 시계 森の時計

일본 드라마 〈자상한 시간 優しい時間〉에서 주인공이 운영했던 찻집으로 등장한 카페. 드라마 속 장면처럼 카운터석에 앉으면 자신이 마실 커피 원두를 핸드밀로 직접 분쇄할 수 있어 카운터석의 인기가 높다.

맵북 P.18 상단-A2 **발음** 모리노토케 **운영** 12:00~20:00(마지막 주문 19:00) **휴무** 부정기

후라노·비에이 미식탐방
아름다운 풍경만큼 오감을 자극하는 맛의 향연

아스페르주 アスペルジュ

비에이 농업 협동 조합과 홋카이도를 대표하는 요리사 나카미치 히로시 中道博와의 협업으로 탄생한 프렌치 레스토랑. 비에이에서 수확한 제철 식재료만을 사용해 오로지 이곳에서만 맛볼 수 있는 음식을 선보이기 위해 문을 열었다고 한다. 프랑스의 공신력 있는 음식점 평가지 '미슐랭' 홋카이도 특별판에서 별 1개를 획득하여 화제가 되었다. ¥3,500~5,700(서비스 10% 별도) 사이 가격대별로 코스가 마련되어 있으며, 내용은 기본 전채요리와 디저트 구성 외에 주 요리에서 조금씩 차이를 보인다. 평일, 주말 상관없이 인기가 높으므로 반드시 미리 예약한 다음 방문할 것(전화 예약만 가능).

추천메뉴 런치 코스 Lunch Courses ¥3,500~5,700

맵북 P.17-A1 **발음** 아스페르쥬 **주소** 上川郡美瑛町大町2 **전화** 0166-92-5522 **홈페이지** biei-asperges.com **영업** 11:00~14:00, 17:00~19:00 **휴무** 수요일 **가는 방법** JR 비에이 美瑛역에서 도보 10분. **주차장** 66대 **키워드** asperges furano

비에이 카레우동 〈야키멘〉

코에루 KOERU

비에이는 일본에서 손꼽히는 밀 생산지다. 밀가루를 사용한 비에이만의 명물 요리를 개발하기로 한 비에이 음식점들의 결론은 바로 카레우동 カレーうどん. 감자, 당근, 양파 등의 작물들도 많이 나는 점을 고려했다고 한다. 6개 음식점 중 JR 비에이 美瑛역에서 가장 가까운 코에루는 카레우동을 오븐에 구운 야키멘 焼き麺과 우동을 카레에 찍어먹는 츠케멘 つけ麺 두 가지 종류를 선보인다.

추천메뉴 비에이 카레우동 〈야키멘〉 美瑛カレーうどん〈焼き麺〉¥1,100

맵북 P.17-A1 발음 코에루 주소 上川郡美瑛町大町1-1-17 전화 0166-92-5531 홈페이지 www.biei-koeru.jp 영업 11:00~14:30, 17:30~20:00 휴무 화요일, 연말연시 가는 방법 JR 비에이 美瑛역에서 도보 1분. 주차장 30대 키워드 코에루

유이가도쿠손 唯我独尊

비에이에 카레우동이 있다면 후라노에는 오므카레 オムカレー가 있다. 후라노는 일교차가 매우 큰 편으로 유제품이나 채소 재배에 최적인 지역인데, 달걀, 치즈, 버터, 우유를 이용한 명물 요리를 생각했을 때 가장 적합하다고 본 것이 바로 오므라이스와 카레를 혼합한 오므카레. 유이가도쿠손은 프랑크소시지를 얹어 내오는 오므카레를 선보이는 오므카레의 원조집이다. 카레를 리필하고 싶다면 점원에게 "루~루루루~"라고 사인을 보내보자.

추천메뉴 오므 소시지 카레 オム+ソーセージ付きカレー ¥1,780

맵북 P.18상단-B1 발음 유이가도쿠손 주소 富良野市日の出町11-8 전화 0167-23-4784 홈페이지 doxon.jp 영업 11:00~21:00(마지막 주문 20:30) 휴무 월요일 가는 방법 JR 후라노 富良野역에서 도보 5분. 주차장 10대 키워드 유아독존

준페이 じゅんぺい

새우튀김덮밥으로 이름난 비에이의 대표 음식점. 홋카이도산 식재료만을 사용해 재료 본연의 맛을 살린 음식을 선보인다. 가게가 자신 있게 권하는 튀김요리는 매일 직접 만드는 빵가루와 3종을 혼합한 기름을 사용해 더욱 바삭하고 고소하며, 장시간 끓여 농축된 소스를 얹어 감칠맛이 더해진다. 메뉴에는 기본적으로 샐러드와 미소된장국이 포함되어 있다.

추천메뉴 새우튀김덮밥 마츠(새우튀김 4개) 海老丼 松 ¥1,441

맵북 P.17-A1 발음 준페에 주소 上川郡美瑛町本町4-4-10 전화 0166-92-1028 홈페이지 youshokutocafejyunpei.com 영업 11:00~15:00 휴무 월요일 가는 방법 JR 비에이 美瑛역에서 도보 10분. 주차장 18대 키워드 준페이

두툼한 새우튀김이 4개 얹어 나오는 새우튀김덮밥 ▷▷▷

오키라쿠테이 おきらく亭

비에이 美瑛 역 인근에 위치한 프렌치 레스토랑. 닭고기, 소시지, 감자, 양배추를 넣고 푹 끓인 프랑스 스튜요리 포토푀 ポトフ가 간판 메뉴다. 점심시간(11:30~14:00)에는 식사 메뉴를 위주로 프랑스식 전채요리 오르되브르, 수프, 메인요리 순으로 하나씩 대접하는 미니 코스 방식이다. 그 외의 시간대는 음료와 디저트만을 제공한다.

추천메뉴 포토푀 ポトフ ¥1,300

맵북 P.17-A1 발음 오키라쿠테에 주소 上川郡美瑛町大町2 전화 0166-92-3741 홈페이지 bieiokiraku.sakura.ne.jp 영업 11:00~16:00 휴무 수요일, 둘째 주·넷째 주 목요일 가는 방법 JR 비에이 美瑛역에서 도보 2분. 주차장 역앞 공공주차장 이용 키워드 오키라쿠

키타코보 北工房

1989년 문을 연 이래 비에이를 지켜온 카페. 비에
이에서 재배한 콩 중에서 커피원두와 가장 잘 맞는
것을 엄선해 1:1 비율로 혼합한 오리지널 커피 언덕
의 향기 丘のかおり(오카노카오리)가 이집의 대표
메뉴다. 여러 원두를 섞어 맛을 낸 블렌드 커피와
최고 품질의 한 원두만을 사용한 스트레이트 커피
를 선보인다.

추천메뉴 **언덕의 향기** 丘のかおり **¥500**

맵북P.17-A2 발음 키타코오보 주소 上川郡美瑛町栄町
3 전화 0166-92-1447 홈페이지 www.kitakouboh.
com 영업 10:00~18:00 휴무 수~목요일(공휴일인 경우
다음날) 가는 방법 JR 비에이 美瑛역에서 도보 7분. 주차
장 4대 키워드 기타코보

채소 듬뿍 카레

키노이이나카마
木のいいなかま

제철 식재료로 만든 일본식 양식이 인기인 음식점.
카레, 오므라이스, 하야시라이스, 돈카츠와 같이
전형적인 양식 메뉴가 주를 이루고 있어 어느 것을
주문해도 무난하다. 비에이에서 수확한 채소가 듬
뿍 담긴 채소카레는 계절마다 재료를 달리해 매번
색다른 맛을 즐길 수 있다. 미국식 통나무집에서
식사를 즐기는 것만으로도 비에이스러운 체험이
될 것이다.

추천메뉴 **채소 듬뿍 카레** たっぷり野菜のカレ
ー **¥1,400**

맵북P.17-B2 발음 키노이이나카마 주소 上川郡美瑛町
丸山2-5-21 전화 0166-92-2008 영업 11:30~17:00 휴
무 월요일, 첫째 주·셋째 주 화요일(7,8월 제외) 11~2월
전체 휴업 가는 방법 JR 비에이 美瑛역에서 도보 30분,
약 2.3㎞ 도보 30분, 자동차 5분. 주차장 7대 키워드
kinoiinakama

아사히카와 旭川
ASAHIKAWA

ASAHIKAWA

삿포로
SAPPORO

홋카이도에서 삿포로 다음으로 큰 제2의 도시로, 삿포로의 북쪽에 있다. 아사히야마 동물원이라는 굵직한 명소를 보유하고 있어 현지인 사이에서는 홋카이도 여행 시 반드시 방문하는 인기 관광도시이며 인지도도 매우 높다. 하지만 동물원만 들렀다가 다른 도시로 넘어가는 경우가 대부분이라 도시 관광 자체의 인기는 그다지 많지 않아 아쉬운 지역이기도 하다. 정원, 미술관, 자연경관 등천천히 둘러볼수록 아기자기한 감성이 스며들어 있는 곳이므로 시간 여유가 되면 함께 둘러보는 것을 추천한다.

아사히카와 Must Do

일본 최북단에 자리한 동물원, 아사히야마 동물원 관람하기 P.212

홋카이도에서 가장 높은 산, 아사히다케 하이킹하기 P.222

Pickup 아사히카와 알차게 여행하는 법

1 아사히카와 시내에 있는 호텔 또는 료칸에서 숙박(해당 숙박업소는 홈페이지 확인)하고 아사히야마 동물원을 방문할 예정이라면, 오모테나시권 おもてなし券을 이용해보자. 아사히야마 동물원의 1일 입장권과 같은 가격에 아사히야마 동물원 2일간 입장권+아사히카와 내 590여 개의 상점(해당 상점은 홈페이지 확인)에서 사용할 수 있는 쿠폰 제공 혜택이 주어진다. 단, 티켓 구입 당일은 12:00 이후, 다음날은 12:00 이전에 아사히야마 동물원에 입장해야 하는 조건이 있지만 별도 시간 제한 없이 동물원을 둘러볼 수 있다. 제휴하는 숙박업소와 상점, 상점별 쿠폰 혜택은 홈페이지를 참조한다. 티켓은 제휴하는 숙박업소 또는 아사히야마 동물원 매표소, JR 아사히카와 旭川 역 동쪽 광장에 있는 아사히카와 관광 물산 정보센터 旭川観光物産情報センター (운영 6~9월 08:30~19:00, 10~5월 09:00~19:00) 에서 구입할 수 있다.

홈페이지 www.atca.jp/omotenashi 요금 ¥1,000

※ 티켓과 함께 숙박을 증명할 수 있는 바우처 또는 영수증을 제시해야 한다.

2 '조각의 거리'로도 불리는 아사히카와 시내 곳곳에는 100여 개의 조각상이 설치되어 있다.

아사히카와 여행코스

Travel course

버스 25분

2 JR아사히카와旭川역 부근에서라멘으로한 끼식사 P.218

버스 30분

4 오토코야마주조 자료관 P.215
350년 역사의 일본 향토주를 전시한 자료관. 주류 시음과 판매코너도 겸비하고 있다.

1 아사히야마동물원 P.212
연간 160만 명이 방문하는 홋카이도를 대표하는 관광 명소.

3 우에노 팜 P.214
쌀 농가를 변형시켜 만든 꽃 정원. 규모는 작지만 아기자기한 볼거리가 가득하다.

버스 15분

5 JR아사히카와역

---

3 우에노 팜
上野ファーム

4 오토코야마
주조 자료관
男山酒造り資料館

치카부미역
近文駅

39

40

미나미나가야마역
南永山駅

신아사히카와역
新旭川駅

눈의 미술관
雪の美術館

12

2 5 아사히카와역
旭川駅

39

아사히카와시조역
旭川四条駅

237

1 아사히야마 동물원
旭山動物園

카구라오카 공원
神楽岡公園

N

0   1km

Transportation in Asahikawa | 아사히카와 교통

아사히카와로 이동하기

열차

주요 대도시의 JR전철 역에서 특급열차를 이용해 이동할 수 있다.
삿포로, 왓카나이 이외의 도시에서 출발할 경우 한 번 환승을 거쳐
야 한다. 비에이에서는 보통열차가 운행 중이며, 후라노·비에이 지
역에서는 한 번에 연결되는 보통열차가 있어 편리하게 이동할 수 있
다. JR 홋카이도 레일패스 소지자라면 반드시 열차를 이용하는 것
이 이득이다.

JR 아사히카와역

도시	열차명	소요 시간
삿포로 札幌	특급 라일락 特急ライラック·특급 카무이 特急カムイ	1시간 25분
왓카나이 稚内	특급 사로베츠 特急サロベツ	3시간 50분
비에이 美瑛	후라노선 富良野線	33분

버스

열차보다 더 많은 시간이 소요되고 삿포로를 제외하면 편수도 적은 편이므로 되도록이면 열차를 이용
하는 것이 좋지만 환승 없이 한 번에 이동을 원한다면 버스가 대안책이 될 수 있다. JR 홋카이도 레일패
스 소지자가 아니라면 열차보다 저렴한 가격에 이용할 수 있다.

도시	버스명	소요 시간
삿포로 札幌	고속 아사히카와호 高速あさひかわ号	2시간 25분
오비히로 帯広	노스라이너 ノースライナー	4시간 10분
쿠시로 釧路	선라이즈 아사히카와 쿠시로호 サンライズ旭川·釧路号	7시간 5분

아사히카와 시내 교통수단

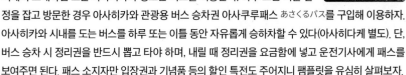

책에서 소개하는 모든 아사히카와 명소는 버스를 이용한다. 하루 또는 이틀 일
정을 잡고 방문한 경우 아사히카와 관광용 버스 승차권 아사쿠루패스 あさくるパス를 구입해 이용하자.
아사히카와 시내를 도는 버스를 하루 또는 이틀 동안 자유롭게 승하차할 수 있다(아사히다케 별도). 단,
버스 승차 시 정리권을 반드시 뽑고 타야 하며, 내릴 때 정리권을 요금함에 넣고 운전기사에게 패스를
보여주면 된다. 패스 소지자만 입장권과 기념품 등의 할인 특전도 주어지니 팸플릿을 유심히 살펴보자.

승차권 판매처 각 버스 회사 매표소, 아사히카와 관광 물산 정보센터 旭川観光物産情報センター (JR 아사히카와역 내 위치)
운영 6~9월 08:30~19:00, 10~5월 09:00~19:00, 시내 주요 호텔 요금 1일권-만 12세 이상 ￥1,200, 어린이 ￥600, 2일권-만
12세 이상 ￥1,800, 어린이 ￥900 ※ 단, 만 1~5세는 동반자 1인당 1명 무료, 만 1세 미만은 무료.

아사히야마 동물원 旭山動物園

1967년에 문을 열어 2025년 57주년을 맞은 홋카이도의 대표적인 관광명소. 연간 160만 명이 방문할 만큼 큰 인기를 누리는 이유는 일반적인 동물원에서 전개하던 전시 방식에서 한층 더 진화된 형태를 보인다는 점 때문이다. 동물의 생김새와 서식지의 생태환경에만 집중했던 기존의 전시 형태만으로는 동물이 가진 본능과 움직임을 보여줄 수 없다는 결론에 이르렀고, 결국 동물들이 자주 하는 행동을 이끌어내기 위한 맞춤형 전시장을 고안해냈다. 좀 더 쉽게 표현하자면 위아래로 헤엄을 치는 바다표범의 움직임을 나타내기 위해 원주형 수조를 세운다든지, 육지에서는 뒤뚱뒤뚱 천천히 걷는 이미지이지만 실상 바닷속에서는 여느 물고기 못지않게 빠른 속도로 헤엄치는 펭귄의 모습을 보여주기 위해 수중 터널을 만든 것이 대표적이다. 동물이 본능적으로 행하는 움직임이야말로 가장 아름답다는 사실을 잘 나타낸 경우라고 볼 수 있다.

맵북 P.19-B2 발음 아사히야마도오부츠엔 **주소** 旭川市東旭川町倉沼 **전화** 0166-36-1104 **홈페이지** www.city.asahikawa.hokkaido.jp/asahiyamazoo **운영** 여름 시즌(4/26~10/15) 09:30~17:15, (10/16~11/3) 09:30~16:30, 밤의 동물원 (8/10~16) 09:30~21:00, 겨울 시즌(11/11~4/7) 10:30~15:30 **휴무** 부정기(홈페이지 확인) **요금** 고등학생 이상 ¥1,000 중학생 이하 무료 **가는방법** JR 아사히카와旭川역 동쪽 출구 앞 버스 정류장 6번에서 41·47번 승차하여 아사히야마도오부츠엔 旭山動物園 정류장에서 하차, 40분 소요. **주차장** 700대 **키워드** 아사히야마 동물원

Pickup 관람 전 알아두면 좋은 정보

❶ **꼭 지켜야 할 매너** 동물에게 음식물을 먹이거나 사진을 찍을 때 플래시를 터트리는 행위는 삼가자.

❷ **간판, 패널, 조형물도 예술작품** 동물원 곳곳에서 볼 수 있는 장식물에 주목하자. 모두 아사히야마 동물원에서 한때 사육사로 일하고 현재는 그림작가로 왕성한 활동을 펼치고 있는 아베 히로시 あべ弘士 씨의 작품들이다.

❸ **전시장에 붙어 있는 설명문** 사육사들이 손수 제작한 것으로 내용의 이해를 돕도록 정성스럽게 그림까지 곁들였다. 동물을 사랑하는 마음이 느껴진다.

❹ **모구모구 타임** 사육사가 동물에게 먹이를 주면서 다양한 특징을 소개해주는 시간. 스케줄은 홈페이지에서 확인할 수 있다.

❺ **여름에만 전시되는 동물들** 영하의 강추위가 계속되는 지역인 점을 고려해 따뜻한 지역에서 서식하는 카피바라, 원숭이, 표범, 플라밍고, 펠리컨 등은 겨울에 볼 수 없다.

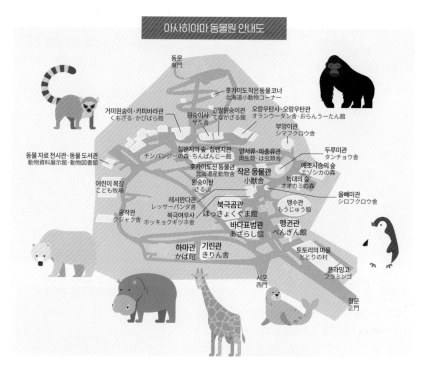

아사히야마 동물원 안내도

펭귄관 ぺんぎん館

12월 하순에서 3월 중순 사이에 선보이는 '펭귄 산책 ペンギンの散歩'은 오전과 오후 두 번 개최되며 500m 거리를 30분간 걷는 이벤트를 펼친다.

북극곰관 ほっきょくぐま館

북극곰을 가장 가까이서 지켜볼 수 있는 곳. 곰이 생활하는 공간 가운데 부분에 구멍을 내어 마치 바다표범의 눈으로 바라보는 듯한 구조와 형태를 만들었다.

바다표범관 あざらし館

원통형 수조를 위아래로 왔다 갔다 헤엄치는 '마린웨이 マリンウェイ'는 동물원 인기시설 1,2위를 다툰다.

하마관 かば館

아크릴판으로 만들어진 3m의 대형수조를 휘젓고 다니는 하마의 움직임을 사방에서 관찰할 수 있다.

기린관 きりん舎

기린과 같은 눈높이에서 바라볼 수 있도록 높낮이를 다양하게 구성한 점이 특징.

레서판다관 レッサーパンダ舎

인형인지 실물인지 구분하기 어려울 정도로 깜찍함을 자랑하는 동물.

우에노 팜 上野ファーム

후라노, 비에이만큼의 강렬함은 없지만, 아사히카와에서도 작은 규모의 아름다운 정원을 만나볼 수 있다. 쌀을 재배하던 농가에서 꽃이 만발한 정원으로 변신한 재미있는 사연이 담긴 우에노 팜이 그것. 농장으로 쌀을 구매하러 오던 고객들에게 아름다운 농촌 풍경을 선사하기 위해 하나씩 심기 시작한 꽃이 정원이 될 정도의 규모로 발전했다. 영국에서 직접 배워온 가드닝을 기초로 하여 홋카이도의 기후와 풍토에 맞춰 정성스레 가꾼 결과 지금의 모습을 갖추게 되었다. 5월부터 10월까지 시기마다 피어나는 꽃의 종류가 달라 매번 색다른 모습을 즐길 수 있다. 정원 내에는 홋카이도의 식재료를 이용한 식사와 디저트를 판매하는 카페가 있으며, 주말에는 작은 시장도 열린다.

맵북 P.19-B1 발음 우에노화하무 주소 旭川市永山町16-186 전화 0166-47-8741 홈페이지 www.uenofarm.net 운영 4월 중순~10월 중순 10:00~17:00 휴무 운영기간에는 무휴 요금 고등학생 이상 ¥1,000 중학생 ¥500 초등학생 이하 무료 가는 방법 JR 아사히카와 旭川역 북쪽 출구 부근 상업시설 필 フィール 앞 18번 버스 정류장에서 666번 승차하여 우에노 화아무마에 上野ファーム前 정류장에서 하차. 30분 소요. 주차장 100대 키워드 우에노팜

❶❷❸❹ 한적함과 평화로움이 물씬 풍기는 우에노 팜의 모습. ❺ 정원 안에 자리한 나야 카페 NAYA Café. 홋카이도산 재료를 사용해 만든 다양한 요리들이 준비돼 있다.

오토코야마 주조 자료관
男山酒造り資料館

350년의 역사를 지닌 일본 향토주 브랜드의 자료관. 3층은 일본의 대표적인 전통 산업 중 하나인 '사케 酒'의 역사와 공정을, 2층은 에도시대 전통회화 '우키요에 浮世絵'를 통해 당시 주조 문화를 소개한다. 1층에서는 주류 시음과 판매코너가 마련되어 있다.

맵북 P.19-B1 **발음** 오토코야마사케즈쿠리시료오칸 **주소** 旭川市永山2条7-1-33 **전화** 0166-47-7080 **홈페이지** www.otokoyama.com/museum **운영** 09:00~17:00 **휴무** 12/31~1/3 **요금** 무료 **가는 방법** JR 아사히카와 旭川역 북쪽 출구 부근 상업시설 필 フィール 18번 앞 버스 정류장에서 667번 승차하여 나가야마 니조로쿠초메 永山2条6丁目 정류장에서 하차, 도보 2분. **주차장** 50대 **키워드** otokoyama sake brewery

Pickup 오토코야마 男山란?
일본 백대 명산으로 꼽히는 다이세츠산 大雪山의 만년설에서 흘러내려오는 복류수를 비롯해 청주 양조에 적합한 혹한의 기후 풍토, 엄선한 재료, 정미 비율의 조합으로 탄생한 아사히카와의 대표적인 니혼슈 日本酒 브랜드. 매서운 추위를 이겨낸 홋카이도의 자연을 느낄 수 있는 매콤하면서도 담백, 시원한 맛이 오토코야마의 특징이다.

❶❷1층 주류 시음과 판매코너 ❸2층 우키요에 전시실 ❹3층 사케 전시실 ❺건물 외관의 모습

Feature

아사히카와의 겨울 축제,
후유마츠리 旭川冬まつり

눈 조각상 전시와 겨울놀이 체험을 한자리에서 경험할 수 있는 이벤트로 삿포로 눈 축제의 축
소판이라 하면 이해하기 쉬울 것이다. 삿포로에 비해 규모는 작지만 놀이체험을 위해 다른 행
사장으로 이동해야 하는 번거로움이 없는 점이 최대 강점이다. 눈 위에서 즐길 수 있는 다채
로운 액티비티가 마련되어 있어 추위를 잊게 해줄 만큼 스릴 만점의 재미를 선사한다.

행사기간 2025년 2월 6일~11일 **홈페이지** asahikawa-winterfes.jp **가는 방법** JR 아사
히카와旭川역 북쪽 출구 택시 승차장 앞 정류장에서 무료 셔틀버스 운행. 10:00~18:00 사
이 30분~1시간 간격. (축제회장에는 주차장이 없으므로 무료 셔틀버스나 토키와코엔 常
磐公園행 노선버스 이용)

아사히카와시의 마스코트,
윳키링과 아삿삐

❶ 눈 조각상의 디테일과 완성도에 감탄사가 절로 나온다.
❷ 얼음 속에 갇힌 꽃 ❸ 스릴만점 빙상보트

❹ 겨울 축제의 인기폭발 어트랙션, 얼음 미끄럼틀.
❺ 겨울 축제 참가자들의 눈사람 작품
❻ 행사장 한쪽에서는 아사히카와 라멘을 판매한다.
❼ 축제에서는 다양한 체험을 누릴 수 있다.
   사진 속에서는 크레인을 타고 아사히카와의
   상공 위를 체험하고 있다.

Pickup 아사히카와 겨울 축제를 즐기는 방법

● 눈으로 만든 조각상 감상
아사히카와 지역 고등학생과 시민 동호회를 중심으로 꾸려진 다양한 팀이 참가해 크고 작은 설상 雪像을 출품한다. 전시된 작품들 가운데 우수한 디자인과 설계 형태를 보여준 작품을 선정해 상을 수여하는 콘테스트를 실시하므로 매년 수준 높은 작품을 만나볼 수 있다.

● 눈으로 제작한 놀이기구 즐기기
눈으로 만든 대형 미끄럼틀과 거대한 미로게임, 전시회장을 상공 위에서 내려다보며 즐길 수 있는 스노우 짚라인과 크레인 체험 등 다양한 액티비티 공간을 마련해 놓았다. (운영 09:00~17:00)

● 겨울축제 오리지널 라멘 먹어보기
아사히카와 겨울 축제를 위해 만들어진 오리지널 아사히카와 라멘과 소바, 우동 등을 간단한 한 끼를 때우기에 좋은 음식을 판매하고 있어 허기진 배를 간단히 채울 수 있다. (영업 09:00~20:30)

● 무대에서 공연 감상하기
매일 전시장 한쪽에 설치된 가설극장에서 라이브 공연이 펼쳐진다. 공식 홈페이지(일본어만 지원)에서 공연 정보를 확인할 수 있다.

아사히카와 미식담방
라멘부터 스키야키까지

라멘야 텐킨 らーめんや天金

돼지 뼈를 우린 육수에 간장쇼유를 넣은 진한 국물과 곱슬 면으로 만든 정통 아사히카와식 라멘을 맛볼 수 있는 라멘 전문점. 토핑 역시 차슈, 파, 말린 죽순이 올려진 심플한 구성이다. 아사히카와 라멘의 역사가 시작된 1950년대에 영업을 시작해 지금까지도 변함없는 사랑을 받는 곳이다. 곱빼기는 ¥100 추가.

추천메뉴 쇼유라멘 正油ラーメン ¥900

맵북 P.20-A2 발음 라아멘야텐킨 주소 旭川市四条通9-1704-31 전화 0166-27-9525 홈페이지 www.tenkin-asahikawa.jp 영업 11:00-20:30(마지막 주문 20:00) 휴무 화요일 가는 방법 JR 아사히카와 旭川역 북쪽 출구에서 도보 7분. 주차장 6대 키워드 tenkin ramen asahikawa

아사히카와 라멘 아오바
旭川らぅめん青葉

1947년에 문을 연 노포 라멘전문점. 아사히카와를 대표하는 쇼유라멘으로 손꼽히며 현지인과 관광객 모두에게 인기가 높다. 보통 사이즈 외에 곱빼기(오오모리 大盛り)와 어린이용(お子様)과, 학생라멘(学生ラーメン, 고등학생까지)으로 세세하게 나뉘어져 있으며, 여타 라멘집과 달리 이른 아침(9시 30분)부터 영업을 시작하는 점이 특징이다.

추천메뉴 쇼유라멘 醤油らぅめん ¥900

맵북 P.20-A2 발음 아사히카와 라아멘 아오바 주소 旭川市二条通8二条ビル名店街 전화 0166-23-2820 홈페이지 www5b.biglobe.ne.jp/~aoba1948 영업 09:30-14:00, 15:00-17:30 휴무 수요일 가는 방법 JR 아사히카와 旭川역 북쪽 출구에서 도보 6분. 주차장 없음 키워드 아사히카와 라멘 아오바 혼텐

Pickup 홋카이도가 자랑하는 라멘 격전지, 아사히카와

아사히카와 旭川 쇼유라멘 醤油ラーメン(간장쇼유)은 삿포로 札幌 미소라멘 味噌ラーメン(미소된장), 하코다테 函館 시오라멘 塩ラーメン(소금)과 함께 홋카이도 3대 라멘으로 꼽힌다. 돼지 뼈, 닭 뼈, 어패류 등을 우려낸 육수와 간장 쇼유를 혼합한 진한 베이스에 국물이 빨리 식지 않도록 기름을 듬뿍 넣고 곱슬곱슬한 면 형태를 사용한 것이 특징이다.

스키야키 산코샤
すき焼 三光舎

2017년 창업 100주년을 맞이한 스키야키 전문점. 개업 당시부터 이어져 온 미소된장소스와 엄선한 최고급 소고기 품종인 쿠로게와규의 등심, 제철 채소만을 사용해 최고의 맛을 낸다. 점심시간에는 소고기 품질에 따라 다양한 가격대를 선보이며, 샤부샤부, 스테이크, 함바그스테이크도 맛볼 수 있다.

추천메뉴 등심스키야키정식 牛ロースすき焼定食 ¥3,630~5,280

맵북 P.20-A1 발음 스키야키산코오샤 **주소** 旭川市5条通9 **전화** 0166-23-3548 **홈페이지** www.asahikawa-sukiyaki-sankousha.jp **영업** 11:30~14:30, 17:00~23:00 **휴무** 일요일 **가는 방법** JR 아사히카와 旭川역 북쪽 출구에서 도보 10분. **주차장** 인근 지정 주차장 1시간 무료 **키워드** sankousha asahikawa

진한 소스맛이 일품인 등심스키야키정식

아사히카와 이센 あさひ川井泉

빵 사이에 돈카츠를 끼워 먹는 카츠샌드 かつサンド를 고안한 도쿄 우에노 上野의 노포 돈카츠 전문점의 기술을 전수받아 1972년 문을 연 돈카츠 전문점. '젓가락으로도 쉽게 잘라지는 돈카츠'라는 캐치프레이즈를 내세워 속은 부드러우면서도 겉은 바삭한 식감을 자랑한다. 로스카츠, 크로킷, 새우튀김, 굴튀김 등 다양한 메뉴를 갖추고 있다.

추천메뉴 A세트 Aセット ¥1,450

맵북 P.20-A2 발음 아사히카와 이센 **주소** 旭川市宮下通7-2-5 4F **전화** 0166-26-7666 **홈페이지** www.tonkatu-isen.com **운영** 11:00~21:00 **휴무** 부정기 **가는 방법** 이온몰 아사히카와 역 4층에 위치. **주차장** 900대 **키워드** aeon asahikawa

새우튀김, 굴튀김, 크로킷 등 다양한 튀김이 나오는 세트A.

지유켄 自由軒

한국에도 알려진 일본의 인기 드라마 '고독한 미식가 孤独のグルメ'에 등장한 현지 맛집. 주인공 고로가 출장으로 아사히카와를 방문했을 당시 먹었던 음식으로 구성된 '고로세트 五郎セット'가 간판메뉴로 자리매김하였다. 세트메뉴는 게살크림 크로킷 2개, 임연수어 튀김 2개에 양배추와 감자샐러드 그리고 쌀밥과 미소된장국이 제공된다.

추천메뉴 **고로세트 五郎セット** **¥1,380**

맵북 P.20-A1 **발음** 지유우켄 **주소** 旭川市五条通8丁目左2 **전화** 0166-23-8686 **홈페이지** guknak.jimdofree.com **영업** 11:30~14:00, 17:00~21:00 **휴무** 일요일 **가는 방법** JR 아사히카와 旭川역 북쪽 출구에서 도보 12분. **주차장** 없음 **키워드** 지유켄

드라마 〈고독한 미식가〉의 주인공과 찍은 기념사진이 가게 한쪽에 전시돼 있다.

타치구이소바 텐유 立ち食いそば 天勇

소바 전문점이지만 메인인 소바보다 오징어 다리 튀김을 얹은 덮밥 게소동 ゲソ丼이 더 유명하다. 이 집에서 처음으로 오징어 다리 튀김을 생각해냈기 때문인데, 폭신한 튀김 옷과 부드러운 오징어, 달콤한 소스가 어우러진 궁합이 기가 막힌다. '빠르고, 싸고, 맛있는'을 모토로 한 만큼 주문 후 음식이 나오기까지 대기 시간이 짧고, 가격대가 저렴하면서도 알차고 맛있는 음식을 제공하기 위해 힘쓰고 있다.

추천메뉴 **게소동 ゲソ丼** **¥600**

맵북 P.20-A1 **발음** 타치구이소바텐유 **주소** 旭川市5条通7-2-1 **전화** 0166-23-6736 **영업** 09:00~21:00 **휴무** 일요일 **가는 방법** JR 아사히카와 旭川역 북쪽 출구에서 도보 10분. **주차장** 없음 **키워드** asahikawa tenyuu

정갈한 상차림으로
나오는 가마솥밥정식

고코쿠 五穀

자극적이지 않은 깔끔한 한 상 차림
이 먹고 싶을 때 추천하는 음식점.
가마솥으로 지은 따끈한 오곡밥과
싱싱한 제철 재료로 만든 음식이 정갈하게 차려서 나온다. 간
은 전체적으로 삼삼한 편이지만 부족함이 느껴지지 않는다.
기본 오곡정식 외에도 치킨카츠, 돼지고기 생강구이, 우설(소
의 혀) 구이, 회, 생선조림 등 메인 요리급 메뉴도 있다.

추천메뉴 가마솥밥정식 釜めし定食 ¥979~

맵북 P.20-A2 발음 고코쿠 주소 旭川市宮下通7-2-5 イオンモール旭川駅前4F 전화 0166-73-3113 홈페이지 gokoku-pierthirty.net 영업 11:00~21:00(마지막 주문 20:30) 휴무 JR 아사히카와 旭川역 앞 이온 몰 Aeon mall에 따름 가는 방법
JR 아사히카와 旭川역 북쪽 출구에서 도보 1분. 이온 몰 4층에 위치. 주차장 900대, ¥2,000 이상 120분 무료, 이후 20분마
다 ¥100 추가 키워드 aeon mall asahikawa(이온 몰)

키쿠요시 㐂久好 [아사히카와역]

토카치 十勝 지역 대표 음식인 돼지고기
덮밥 '부타동 豚丼'과 쿠시로 명물 음식인
닭튀김 '잔기 ザンギ 정식' 등 홋카이도의
식재료로 만든 음식을 제공하는 식당이다.
부타동은 보편적인 맛을 느낄 수 있는 일반 특제 간장 소스와
매콤한 맛을 가미한 특제 카라미 소스 두 종류를 선보인다.

추천메뉴 토카치부타동 十勝豚丼 ¥1,089

맵북 P.20-A2 발음 키쿠요시 주소 旭川市宮下通7丁目2 イオンモール旭川駅前4F 전화 0166-73-5328 홈페이지 tokachi-kikuyoshi.com 운영 11:00~21:30 휴무 부정기 가는 방법 JR 아사히카와 旭川 역 북쪽 출구에서 도보 1분. 주차장 900대 키워
드 kuyoshi

코히테 치로루 珈琲亭ちろる

스페셜티 커피를 전문으로 하는 카페. 일본 남서부에 위치한
코치 高知 지방의 아라비카 원두를 자가배전해 적당한 산미
와 뒷맛이 깔끔한 커피를 제공한다. 커피와 더불어 인기를 얻
고 있는 메뉴는 11:00~16:30에만 주문할 수 있는 리코타 팬케
이크. 바나나, 허니넛 버터, 생크림, 메이플 시럽이 더해져 촉
촉하면서도 달콤하다. 주문을 받은 다음 만들기 때문에 음식
이 나오기까지 10~20분 정도의 시간이 걸린다.

추천메뉴 리코타 팬케이크 鉄板焼きふわふわリコッタパンケーキ 단품 ¥1,000, 드링크 세트 ¥1,300, 블렌드
커피 ブレンドコーヒー ¥600

맵북 P.20-A2 발음 코오히테에치로루 주소 旭川市3条通8丁目左7 전화 0166-26-7788 홈페이지 cafe-tirol.com 영업
10:00~16:30 휴무 일요일 가는 방법 JR 아사히카와 旭川역 북쪽 출구에서 도보 7분. 주차장 없음 키워드 cafe tirol asahikawa

PLUS AREA

아사히다케 旭岳

홋카이도 중앙부에 위치한 10여 개의 산을 총칭하는 다이세츠산 大雪山은 2,000m에 달하는 높은 고봉들이 모여 있어 '홋카이도의 지붕'이라 불린다. 이 가운데 홋카이도에서 가장 높은 산인 아사히다케 旭岳는 2,291m 높이의 활화산으로 장대한 자연을 만끽할 수 있는 하이킹 코스가 잘 정비되어 있다. 1.7km 길이의 이 코스는 보통 성인이라면 완주하는 데 1시간 30분 정도 소요되며, 시작점까지 케이블카(로프웨이)를 타고 편안하게 이동할 수 있어 등산에 익숙하지 않은 초보자도 걸을 수 있는 비교적 쉬운 길로 되어 있다. 하지만 산을 오르는 것이니만큼 등산에 맞는 복장을 입고 가는 것이 좋다. 특히 아사히다케는 거대한 홋카이도 안에서도 가장 눈이 많이 내리는 지역이고 한여름에도 기온 차가 급변하기 때문에 6~9월에 오르는 것을 추천한다.

맵북 P3-C2 **키워드** Asahidake Visitor Center(아사히다케 비지터센터)

아사히다케 로프웨이 旭岳ロープウェイ

발음 아사히다케로오프웨이 **주소** 上川郡東川町旭岳温泉 **전화** 0166-68-9111 **홈페이지** asahidake.hokkaido.jp **운영** 시기마다 상이(홈페이지 참조) **요금** 하단 표 참조 **가는 방법** JR 아사히카와 旭川역 북쪽 출구 앞 버스 정류장 9번에서 66번 승차하여 아사히다케 旭岳에서 하차. 버스 티켓은 정류장 뒤 로손 Lawson 편의점 내 자판기에서 구입. **주차장** 150대, 1일 ¥500 **키워드** daisetsuzan asahidake ropeway

● 로프웨이 요금표

6/1~10/31	왕복	편도
중학생 이상	¥3,200	¥2,000
어 린 이	¥1,600	¥1,000
11/1~5/31		
중학생 이상	¥2,400	¥1,600
어 린 이	¥1,450	¥900

※미취학 아동은 성인 동반자 1인당 1인 무료

아사히다케 하이킹 코스

1 아사히다케 로프웨이 스가타미 姿見역

2 제1전망대

3 제2전망대

4 제3전망대

5 부부 연못(절구 연못 擂鉢池, 거울 연못 鏡池)

6 제4전망대

7 분기공 噴気孔

8 스가타미 연못 姿見の池

9 제5전망대

10 로프웨이 스가타미역

Pickup 기상 상황에 대비하자

눈이 많이 내리는 지역답게 기상 상황이 급변한다. 로프웨이 스가타미 姿見역에는 항시 그날의 기상상황을 알려주는 알림판이 있으니, 미리 체크한다. 초여름에도 눈이 쌓여 있는 경우가 많은데, 그럴 땐 스가타미 역에서 방수 장화를 대여해서 신고 가자(대여비 ¥300).

토마무 トマム
TOMAMU

토마무는 한국인 여행자에게는 다소 생소하나 현지인 사이에서는 홋카이도 여행에서 반드시 언급될 만큼 인기가 높은 여행지다. 후라노와 오비히로 사이에 위치하여 신치토세 공항이나 삿포로에서도 접근성이 좋은 편이며, 내륙 산악지대에 있어 홋카이도의 대자연을 만끽할 수 있는 지역이다. 본래는 낙농업이 중심이었던 목초지였으나 1990년대 일본의 유명 호텔 체인인 호시노리조트 星野リゾート가 들어서면서 전 세계 각지에서 여행자가 모여드는 관광도시로 부상하게 되었다. 호시노리조트는 운해, 무빙, 설경 등 토마무에서 발생하는 신비로운 자연현상을 상품화하여 토마무의 매력을 제대로 알리고 있다.

토마무 Must Do

이른 아침 부지런히 움직여 맞이하는 운해 풍경 P.229

계절마다 달라지는 색다른 액티비티 체험 P.235, 238

사계절 내내 뜨끈한 미나미나 비치에서의 물놀이 P.235

거장이 빚어낸 명건축 '물의 교회' 답사 P.235

포근하고 아늑한 객실에서 호캉스 P.234

먹음직스러운 토마무의 맛있는 음식 즐기기 P.240

토마무 여행코스

Travel course

3 호타루스트리트 P.242
8개 음식점 및 카페와 아웃도어 셀렉트숍이 자리하는 상업구역.

5 운해테라스 P.230
구름이 바다처럼 드넓게 펼쳐지는 신비로운 자연현상. 5월 상순~10월 중순 아침 시간대에 방문하면 만날 수 있다.

1 호시노리조트토마무
체크인. 15:00부터 가능
P.234

셔틀버스 5분

도보 12분

4 물의교회 P.235
세계적인 건축가 '안도 더 다오'가 설계한 예식장. 행사가 없는 저녁에 잠깐 공개한다.

▼
체크아웃 후
*체크아웃 당일에도
미나미나 비치를
이용할 수 있다.

2 팜호시노 P.236
푸른 농장을 배경으로 버기 라이딩, 카트 드라이브, 해먹에서의 낮잠, 오리지널 유제품으로 가득한 애프터눈 티 등의 액티비티를 즐길 수 있다.

▼
다음 날

6 미나미나비치 P.235
사계절 내내 물놀이를 즐길 수 있는 일본 최대 규모의 실내 수영장

도보 5분

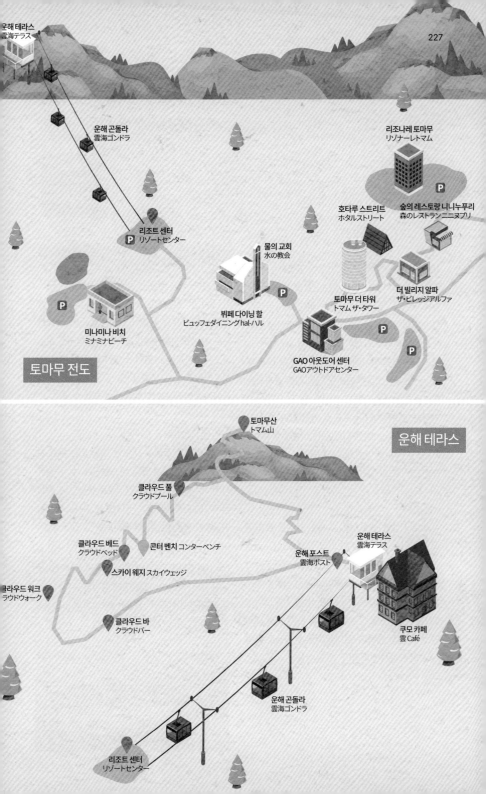

운해 테라스
雲海テラス

운해 곤돌라
雲海ゴンドラ

리조나레 토마무
リゾナーレトマム

리조트 센터
リゾートセンター

호타루 스트리트
ホタルストリート

숲의 레스토랑 니니누푸리
森のレストラン ニニヌプリ

물의 교회
水の教会

더 빌리지 알파
ザ・ビレッジ アルファ

뷔페 다이닝 할
ビュッフェダイニング hal・ハル

토마무 더 타워
トマム ザ・タワー

미나미나 비치
ミナミナビーチ

GAO 아웃도어 센터
GAOアウトドアセンター

토마무 전도

토마무산
トマム山

운해 테라스

클라우드 풀
クラウドプール

운해 포스트
雲海ポスト

운해 테라스
雲海テラス

클라우드 베드
クラウドベッド

콘터 벤치 コンターベンチ

스카이 웨지 スカイウェッジ

클라우드 워크
ラウドウォーク

클라우드 바
クラウドバー

쿠모 카페
雲 Café

운해 곤돌라
雲海ゴンドラ

리조트 센터
リゾートセンター

Transportation in Tomamu | 토마무 교통

토마무로 이동하기

삿포로 ——————— 방법① 열차 1시간 35분~1시간 48분 **토마무**
방법② 버스 3시간 40분

열차

JR 삿포로 札幌 역에서 토마무를 연결하는 특급 열차는 토카치 とかち 또는 오오조라 おおぞら 두 종류가 있다. 특급열차에 탑승하면 토마무까지 환승 없이 이동 가능하나 자유석 없이 전석 지정석으로 운행하는 열차이므로 반드시 사전에 좌석을 지정한 다음 승차해야 한다. 지정석 구매 시 추가요금이 부담되나 홋카이도 레일 패스 소지자는 무료로 지정석을 예약할 수 있다. 단, 열차 내에서 지정석 예약은 불가능하므로 열차 탑승 전 삿포로 역 내 티켓 발매소인 미도리노마도구치 みどりの窓口 또는 티켓 발매기에서 진행해야 한다.

요금 편도 ¥5,550, 홋카이도 레일 패스 이용 가능

버스

삿포로 시내를 출발하여 호시노 리조트 토마무에 도착하는 전용 버스가 있다. OMO3삿포로스스키노, 호텔WBF삿포로추오, ANA크라운플라자호텔삿포로, 신치토세 공항 국내선 터미널을 순차적으로 들른 다음 약 3시간 40분만에 토마무에 도착한다. 5월 상순부터 10월 하순 사이 매일 단 한 차례 운행하며, 토마무에서 삿포로로 돌아오는 버스 역시 운행한다.

요금 [삿포로 출발] 일반 ¥6,000, 3~11세 ¥5,000 [신치토세 공항 출발] 일반 ¥5,000, 3~11세 ¥4,000(편도 기준)

토마무 교통수단

JR 토마무 역 – 호시노리조트 토마무

JR 토마무 역에서 호시노리조트 토마무까지 바로 연결하는 무료 셔틀버스를 운행 중이다. 열차 도착 시간에 맞춰 운행되며, 더 타워까지는 5분, 리조나레까지는 10분이 소요된다. 만약 역 앞에 셔틀버스가 보이지 않는다면 토마무 역 2번 플랫폼에 설치된 전용 전화를 통해 호출할 수 있다.

리조트 내 이동

호시노리조트 토마무 내부는 도보 또는 무료 셔틀버스로 이동할 수 있다. 버스는 각 시설 앞 정류장에 하차하며 10~20분 간격으로 운행한다. 정류장에 기재된 하차 지점과 시각표를 수시로 확인하여 움직이면 한층 수월하게 이동할 수 있다.

리조나레토마무 ▶ 숲의 레스토랑 니니누푸리 ▶ 더 타워(호타루 스트리트, 농장 구역, GAO 아웃도어 센터) ▶ 물의 교회(뷔페 다이닝 할) ▶ 리조트 센터(운해 곤돌라 정거장) ▶ 미나미나 비치(키린유)

토마무의 운해
운해란?

산간 지역의 공기 중 수분이 순간 냉각되어 발생한 안개가 온통 퍼진 현상을 가리키는 것으로, 위에서 내려 다봤을 때 구름이 바다처럼 전면에 펼쳐진다 하여 운해라는 이름이 붙었다. 토마무는 이러한 운해 현상이 자주 보이는 지역 중 하나로, 5월 중순과 10월 중순 사이에는 약 40%의 확률로 운해를 감상할 수 있는 것으로 알려져 있다. 단, 새벽부터 이른 아침 사이에만 목격할 수 있어 부지런히 행동할 필요가 있다 토마무의 광대한 대자연과 신비로운 운해가 어우러지면서 여태까지 보지 못했던 비일상적인 광경을 목격할 수 있다.

운해의 종류

태평양산 운해 太平洋産雲海
태평양 고기압으로 인해 홋카이도 동부 해안에서 생겨난 대규모 해무가 바람을 타고 산맥을 넘어 토마무로 건너오면서 테라스 전체를 뒤덮을 만한 거대한 운해가 발생한다.

악천후형 운해 悪天候型雲海
날씨가 흐리거나 점점 안 좋아질 때 나타나는 운해. 산에 엉겨 붙듯 발생한 층운이 퍼지면서 운해가 되고 구름도 함께 생성된다. 구름의 움직임이 격한 탓에 날씨는 점점 나빠진다.

토마무산 운해 トマム産雲海
바람이 약하고 맑은 밤, 열이 상공으로 빠져나간 차가운 공기가 분지 형태의 지형 지면에 쌓이면서 발생하는 운해. 자연과 토마무 리조트가 희미하게 비치며 오묘한 조화를 이룬다.

Pickup 호시노리조트 토마무 공식 홈페이지에서 최근 7일간의 운해 발생 상황과 운해 발생 확률을 소개하는 운해 예보를 매일 업로드하고 있다. 운해 종류와 함께 기온에 따른 옷차림, 혼잡 예상 등 세세하게 안내한다.

홈페이지 www.snowtomamu.jp/summer/unkai

운해 테라스 雲海テラス

토마무산 해발 1,088m 지점에 설치된 전망 시설. 늦봄과 초가을 사이 40%의 확률로 관찰되는 자연현상 '운해'의 다이내믹한 모습을 감상할 수 있도록 만들어졌다. 산맥을 넘어 흘러 들어온 운해가 눈앞에 펼쳐지는 테라스는 마치 공중에 떠있는 기분을 느낄 수 있도록 설계하였다. 건물 3층은 12m 높이의 최상층으로, 히다카日高 산맥의 산등성이 사이로 멀리 퍼져 나가는 운해를 넓은 시야로 바라볼 수 있다. 당일 날씨 전망과 운해 발생 원리를 친절하게 설명해주는 가이드가 상주해 있으며, 기념품점에서 구매한 운해 사진 엽서(¥200)에 편지를 써서 넣으면 우표 없이 전 세계 어디든 보낼 수 있는 구름 우체통도 설치되어 있다. 맵북 P.18 하단-A1, P.227

1. 쿠모 카페 雲Café

운해를 맘껏 즐긴 다음 잠깐의 휴식처로 그만인 테라스 내 카페. 운해가 펼쳐지는 아침 시간대에만 운영한다. 엄선한 로스팅 커피를 비롯해 구름과 운해를 연상시키는 각종 디저트와 음료를 선보여 또 다른 추억을 만들 수 있다. 카페 내부나 테라스에는 구름 모양의 디저트나 아이스크림을 들고 운해를 배경으로 인증샷을 찍는 이들이 자주 목격된다. 달콤한 맛은 피로를 잊기에도 제격이다.

발음 쿠모카훼 **영업** 05:00~07:30(**시간** 변동 가능성 있으므로 홈페이지 확인)

2. 운해 곤돌라 雲海ゴンドラ

미나미나 비치에서 '물의 교회' 사이에 자리하는 리조트 센터에는 해발 1,088m 운해 테라스까지 13분이면 도착하는 운해 곤돌라의 정거장이 있다. 운해를 관찰할 수 있는 이른 아침 시간대만 운행하며, 운행시간 전인 새벽부터 기나긴 대기행렬을 이룰 만큼 꽤나 혼잡한 편이다. 호시노리조트 숙박자라면 무료로 이용 가능하며, 숙박자가 아니더라도 요금을 지불하면 누구나 이용할 수 있다.

발음 운카이곤도라 **영업** 5월 05:00~07:00, 6~8월 10월 05:00~08:00, 9월 04:30~08:00 **요금** 성인 ¥1,900, 어린이 ¥1,200, 반려견 ¥500, 미취학 아동 무료(왕복 기준)

3. 겨울에 깜짝 변신, 무빙 테라스 霧氷テラス

눈이 내리는 새하얀 겨울이 되면 운해 테라스는 무빙 테라스로 변신한다. 여기서 무빙 霧氷이란 영하의 추위에서 공기 중의 수증기나 안개에서 발생한 물방울이 나뭇가지에 붙으면서 생기는 얼음을 말한다. 곤돌라를 타고 정상에 도착하는 순간 주변이 온통 순백의 자연으로 둘러싸여 있는데, 마치 유리로 조각한 듯한 나무들의 모습을 확인할 수 있다. 이러한 무빙을 감상하며 토마무의 자연을 느낄 수 있도록 테라스와 주변 시설은 무빙 관련으로 꾸며진다. 쿠모 카페에서는 무빙을 모티프로 한 메뉴를 선보이며, 구름을 형상화한 전망 데크 클라우드 워크부터 클라우드 바까지의 200m는 설산 산책로로 조성된다. 무빙은 12~2월 사이에 관찰할 수 있으며, 2024년 기준 63%의 확률로 볼 수 있었다.

클라우드나인 Cloud9

산 정상에서 누리는 구름 위의 산책. 운해 테라스에서 운해를 즐긴 다음 산길을 따라 이어지는 6개의 전망 데크를 통해 다양한 각도에서 운해와 절경을 즐길 수 있다. 본래 9개 시설을 만들 목적으로 이름에 9라는 숫자가 붙었으나 현재는 6개 시설이 운영되고 있다. 각 시설마다 특별한 경험을 하며 다채롭게 즐겨보도록 하자. 맵북 P.18 하단-A1

1. 클라우드 워크 Cloud Walk
구름 위를 걷는 듯한 느낌이 드는 구름 형태의 산책로다. 지면에서 돌출된 구조로 되어 있어 걸으면 바닥이 살짝 흔들리기도 한다. 구름 위를 둥실둥실 떠다니는 기분을 느낄 수 있다.

2. 스카이 웨지 Sky Wedge
클라우드 워크에서 조금만 올라가면 보이는 스카
이 웨지는 뱃머리처럼 불쑥 튀어나온 전망 데크다.
영화 '타이타닉'의 명장면처럼 연출하여 사진 촬영
을 즐겨도 좋다.

3. 콘터 벤치 Contour Bench
등고선을 형상화해 자연 지형을 그대로 살리는 형
태로 설치된 총 길이 117m의 벤치. 시시각각 변하
는 운해를 다양한 높이와 각도의 좌석에서 바라보
는 재미가 있다.

4. 클라우드 풀 Cloud Pool
구름 모양을 한 거대한 해먹 같은 전망 명소. 지상
에서의 높이는 약 8m. 구름 위에 서서 운해와 어우
러진 토마무산의 절경을 바라보는 기분을 맛볼 수
있다.

5. 클라우드 베드 Cloud Bed
구름을 형성하는 구름의 입자를 형상화한 15m 길
이의 클라우드 베드는 폭신한 쿠션이 설치되어 있
어 눕거나 기대거나 자유롭게 이용할 수 있다. 이 쿠
션은 한 가구 브랜드가 개발한 특수 소재라고.

6. 클라우드 바 Cloud Bar
지상 3m, 길이 13m로 이루어진 기다란 카운터와
의자. 일출과 운해를 지켜보기에는 더할 나위 없이
좋다. 1인용과 2인용이 있으며, 의자에 붙어있는 사
다리를 타고 올라갈 수 있다.

호시노리조트 토마무의 호텔

리조나레 토마무 リゾナーレトマム
한 층에 4개 객실만 두고 전 객실 30평 규모의 올 스위트룸으로 운영되는 토마무의 대표적인 호텔 리조트다. 객실에는 토마무의 절경을 바라보며 입욕을 즐기는 대형 욕조와 프라이빗 사우나가 완비되어 있다. 호텔 건물에는 음식점과 기념품점을 비롯해 24시간 언제든 이용 가능한 북카페가 들어가 있다. 또한 숙박객을 위한 특별한 혜택이 주어지는데, 운해 테라스를 가장 먼저 오를 수 있도록 곤돌라 우선 탑승권과 함께 리조트 센터로 바로 갈 수 있는 버스도 지원한다.

맵북 P.18 하단-B1 **발음** 리조나아레토마무 **주소** 勇払郡占冠村中トマム **전화** 0167-58-1111 **홈페이지** hoshinoresorts.com/ja/hotels/risonaretomamu **요금** ¥40,000~ **체크인** 15:00 **체크아웃** 11:00 **가는 방법** JR 토마무 トマム 역에서 셔틀버스로 10분. **키워드** 리조나레 토마무

토마무 더 타워 トマム ザ・タワー
호시노리조트 토마무를 보다 합리적인 요금에 누릴 수 있는 호텔. 아늑한 분위기의 객실은 1~5명을 수용할 수 있는 스탠더드 룸, 패밀리 룸 등으로 구성되어 있으며, 리조나레 토마무와 마찬가지로 리조트 내 시설을 모두 만끽할 수 있다.

맵북 P.18 하단-B2 **발음** 토마무자타와아 **주소** 勇払郡占冠村中トマム **전화** 0167-58-1111 **홈페이지** hoshinoresorts.com/ja/hotels/tomamuthetower **요금** ¥20,000~ **체크인** 15:00 **체크아웃** 11:00 **가는 방법** JR 토마무 トマム 역에서 셔틀버스로 5분. **키워드** 토마무더타워

토마무의 액티비티

미나미나비치 ミナミナビーチ

전면 유리로 된 건물 안으로 들어서면 온통 수영복 차림의 인파들로 북적거린다. 사계절 내내 30도를 유지하며 여름 기분을 느낄 수 있는 실내 수영장 미나미나 비치의 풍경이다. 이곳은 일본 최대 규모의 인도어 웨이브 수영장으로, 주기적으로 발생하는 인공 파도로 인해 실제 해수욕장에 있는 착각이 든다.

이 밖에도 30cm 어린이 전용 수영장을 마련해 가족 이용자를 배려하였으며, 자연을 벗삼아 입욕을 즐길 수 있도록 노천탕도 제공한다. 패들보드, 슬랙 라인, 사이버 휠 등 색다른 액티비티를 체험할 수 있도록 아이템을 대여하고 있다. 수영복, 래시가드, 라이프재킷, 튜브도 구비되어 있어 미리 준비할 필요도 없다. 수영장 내 카페와 매점이 있어 간단한 식사와 간식도 즐길 수 있다.

맵북 P.18 하단-B2 발음 미나미나비이치 홈페이지 www.snowtomamu.jp/summer/minamina 기간 4월 하순~11월 상순 영업 11:00~20:00(마지막 입장 19:00) 요금 일반 ￥2,600, 초등학생 ￥1,100, 미취학 아동 및 숙박객 무료

물의 교회 水の教会

세계 건축계의 거장이자 건축의 노벨상인 프리츠커 상을 수상한 건축가 안도 다다오 安藤忠雄가 설계한 예식장. 푸른 자연과 완벽하게 대비되는 잿빛 콘크리트 외벽의 등장으로 고개를 갸웃거리게 되지만 건물 안으로 들어가 계단을 오르고 내리다 보면 서서히 교회의 본 모습을 드러낸다. 전방위로 펼쳐지는 대자연을 건축을 통해 접할 수 있도록 설계된 건물에서 자연의 요소인 물, 빛, 초록, 바람을 온전히 느낄 수 있다. 안도 다다오가 정의한 '성스러운 공간'에서 심신을 정화하는 시간을 보내보자.

맵북 P.18 하단-B2 발음 미즈노쿄오카이 운영 20:30~21:30 (마지막 입장 21:25)

팜 호시노의 농장 구역 ファームエリア

일찍이 토마무는 리조트로 개발되기 전까지 700마리의 소를 사육해 농사를 짓던 지역이라고 한다. 호시노리조트는 리조트 건설로 새로운 건물을 지으며 대대적인 개발을 감행하지만 이 땅이 본래 가지고 있던 역사와 아름다움을 고스란히 간직하고자 마음먹었다. 그 결과 리조트는 농업 프로젝트를 개시, 낙농 전문 농장을 가꾸어 숙박객에게 다양한 체험 프로그램을 제공하고 있으며, 이곳에서 생산된 유제품을 사용해 신선하고 맛있는 음식을 만들어 선보이고 있다. 대자연이 주는 풍요로움을 토마무의 유산이라 여기며 그 전통을 이어 나가고 있는 것이다. 웅장한 자연에 둘러싸인 농장 풍경은 그 자체만으로 힐링이 된다. 맵북 P.18 하단-B2

TO DO LIST

☐ 길이 30m의 거대 목초 베드에 누워 여유로운 시간 보내기

☐ 해먹에 누워 머릿속으로 주변에 있는 양을 세며 낮잠 자기

☐ 농장에서 만든 유제품으로 가득한 애프터눈 티 즐기기

☐ 초원을 거닐며 목가적인 풍경 감상하기

GAO아웃도어 센터 GAOアウトドアセンター

리조트 내에서 즐길 수 있는 각종 액티비티의 시작점. 농장 구역 입구 부근에 센터가 있으며, 이곳에서 모든 액티비티를 신청하고 체험할 수 있다. 계절에 맞춘 다채로운 체험 프로그램을 선보이며, 특히 여름과 겨울에 많은 액티비티가 이루어진다. 여름의 대표적인 액티비티로 버기나 카트를 타고 농장 구역을 돌아다니거나 낚시, 래프팅, 카누 등 주변의 자연을 만끽할 수 있는 프로그램이 준비되어 있다. 겨울이면 설원을 신나게 달리는 스노 모빌, 스노 래프팅, 바나나보트가 대표적이다. 스키장에 방문하지 않아도 즐거운 겨울 스포츠를 즐길 수 있다. 맵북 P.18 하단-B2

Pickup 센터 옆 카페 '팜디자인즈 ファームデザインズ'에서는 팜 호시노 농장에서 생산한 우유로 만든 다채로운 음료와 음식을 즐길 수 있으니 들러 보자.
영업 10:00~17:00

TO DO LIST

☐ 전용 카트나 버기를 타고 광활한 필드로 드라이브

☐ 겨울의 설원을 마구 달리는 각종 액티비티

☐ 소몰이 체험 후 개체별 우유를 마시며 비교 체험

☐ 말 타고 눈밭의 초원을 유유히 산책하는 승마 시간

겨울 액티비티

토마무 스키장 トマムスキー場

리조트에서 운영하는 스키장으로 초보자부터 상급자까지 누구나 즐길 수 있는 코스를 선보인다. 해발 1,239m 토마무산과 동쪽에 위치하는 970m 타워 마운틴 두 개의 산에서 이루어지는 29개 코스는 내륙의 혹한 지역에서만 볼 수 있다는 드라이 파우더스노를 느끼며 즐길 수 있다. 또한 어린이를 위한 스키 전문 프로그램부터 스키를 탈 수 없는 이들을 위한 스노 카트 코스, 설상차를 타고 가이드와 함께 즐기는 백컨트리 투어까지 다채로운 프로그램도 운영한다. 겨울 스포츠 관련 장비를 모두 대여할 수 있어 특별히 준비할 부분도 없다. 그냥 몸만 와서 맘껏 겨울을 누리면 되는 것이다.

맵북 P.18하단-A1 발음 토마무스키이죠오 홈페이지 www.snowtomamu.jp/winter/ski

- **코스** 수 총 29코스(상급 4코스, 중급 14코스, 초급 10코스, 초보 1코스)
- **총 활주** 거리 약 21.5km
- **스키 코스 면적** 123.9ha
- **최장 활주 거리** 4,200m(코스명 실버벨~비기너스 초이스)
- **최대 경사** 35도
- **표고차** 585m(1,171~586m)
- **리프트 수** 리프트 5대, 곤돌라 1대

Pickup 공식 홈페이지에서 당일 날씨와 함께 영업 정보를 수시로 업데이트한다. 리프트와 코스 운행 상황, 슬로프에 따른 레인 오픈 상황 등을 상세히 안내한다.

아이스빌리지 アイスヴィレッジ

마침내 온 세상이 얼음으로 이루어진 마을이 나타나고 말았다. 얼음과 눈으로 만든 11개의 돔 모양 집이 들어
선 아이스빌리지는 호시노리조트 토마무의 겨울 대표 액티비티 중 하나다. 한국인 여행자에게는 다소 생소
하지만 이미 25주년을 맞이한 오랜 이벤트다. 여기서만 만나볼 수 있는 신기하고 재미난 액티비티를 즐기다
보면 어느새 추위도 까맣게 잊을지도 모른다.

맵북 P.18 하단-B2 **발음** 아이스비렛지 **홈페이지** www.snowtomamu.jp/winter/icevillage **운영** 12월 중순~3월 중순
17:00~22:00 **요금** 초등학생 이상 ￥600

아이스빌리지의 주요 액티비티

☐ 얼음 바에서 칵테일 한 잔

☐ 얼음 라멘집에서 얼음 그릇에 담긴 라멘 먹기

☐ 얼음 광장에서 마시멜로 구워 먹기

☐ 얼음으로 된 편의점 '세이코 마트'에서
　 기념품 구매

01 토마무 미식탐방
토마무의 레스토랑

니니누푸리
森のレストラン ニニヌプリ

숲을 배경 삼아 다채로운 음식을 즐길 수 있는 뷔페 레스토랑. 팜 호시노 농장에서 직접 생산한 치즈를 사용한 피자를 중심으로 일본식, 양식, 중식 등의 메뉴를 제공한다. 이곳의 명물은 홋카이도의 해산물을 듬뿍 담은 '해물덮밥'과 부드러운 식감을 자랑하는 '프렌치토스트'이다. 어린이용 메뉴와 이유식도 준비되어 있으며, 아이가 파티시에로 변신해 오리지널 디저트를 만들 수 있는 키즈 스튜디오도 운영 중이니 참고하자.

맵북 P.18 하단-B2 **발음** 니니누푸리 **홈페이지** www.snowtomamu.jp/summer/restaurantnininupuri.php **영업** 06:00~09:00, 17:30~20:30 **가는 방법** 더 타워 빌리지 알파에 위치.

오토 세테 토마무
OTTO SETTE TOMAMU

홋카이도의 풍부한 식재료로 선보이는 이탈리안 음식점. 메뉴 콘셉트는 이탈리아어로 미식 달력을 뜻하는 'Calendario Gastronomico'. 토마무와 같은 산악지대인 이탈리아 피에몬트와 해산물이 풍요로운 리그리아 지방의 향토 요리를 제공한다. 엄선한 제철 식재료를 듬뿍 사용해 전채요리부터 메인, 디저트에 이르기까지 코스로 즐길 수 있다. 완전 예약제로 운영되며, 코스에 맞는 알코올 음료나 논알코올 음료를 페어링한 구성도 있다.

맵북 P.18 하단-B1 **발음** 오토세테토마무 **홈페이지** www.snowtomamu.jp/summer/ottosette **영업** 6/1~10/31 17:30~예약 완료 시(완전 예약제) **휴무** 11~5월 **가는 방법** 리조나레 사우스동 31층에 위치.

소라 天空-SORA

고층 건물 최상층에서 맛보는 일식. 전면 유리창에 비친 토마무의 전경을 바라보며 맛있는 음식을 즐길 수 있다. 예약 필수인 조식은 일본을 테마로 하여 회정식, 연어와 연어알덮밥, 돼지고기덮밥, 게살덮밥 중 선택할 수 있는 메인 요리와 40가지가 넘는 뷔페 음식으로 구성되어 있다. 저녁은 샤부샤부와 해산물 요리를 선보인다. 모두 예약제로 운영되는 점을 참고로 하자.

맵북 P.18하단-B1 **발음** 소라 **홈페이지** www.snowtomamu.jp/summer/restaurant/sora.php **영업** 07:00~10:00, 17:00~22:00 **가는 방법** 리조나레 노스동 31층에 위치.

할 hal -ハル-

다양한 음식을 선보이는 뷔페 레스토랑. 조식은 프렌치토스트, 연어와 연어알의 오야코덮밥 등 눈앞에서 직접 만들어주는 명물 메뉴가 인기 높다. 저녁은 '게와 연어'를 콘셉트로 하여 각각의 특징을 살린 메뉴와 제철 식재료를 사용한 음식들이 먹음직스럽게 진열되어 있다. 조식은 예약 불가이나 저녁은 예약이 필수이므로 주의하자.

맵북 P.18하단-B2 **발음** 하루 **홈페이지** www.snowtomamu.jp/summer/restaurant/hal.php **영업** 06:30~09:30, 17:30~21:00 **가는 방법** 호텔 알파토마무 1층에 위치.

02 토마무 미식탐방
호타루 스트리트의 맛집

호타루 스트리트 ホタルストリート

일본에서 처음으로 시도한 '스키 인 스키 아웃 빌리지' 형태의 상업 시설. 스키나 스노보드를 타다가 입고 있던 차림 그대로 식사와 쇼핑을 즐길 수 있도록 설계된 곳이다. 겨울 스포츠를 하지 않더라도 호텔 건물에서 회랑을 걸어 쉽게 도달할 수 있어 리조트 숙박객들도 많이들 찾는다. 수프카레 가라쿠 スープカレーGARAKU처럼 홋카이도에서도 알려진 유명 음식점 외에도 라멘, 이탈리안, 스테이크, 해산물, 와인 하우스, 아웃도어 셀렉트숍 등 9개 점포가 들어서 있다. 계절마다 제철 음식을 내세운 이벤트도 개최하는 등 다양한 즐길 거리를 제공하고 있다.

맵북 P.18 하단-B2 발음 호타루 스트리트 홈페이지 www.snowtomamu. jp/hotalu-street/green.php 영업 가게마다 다름 가는 방법 리조나레 토마무와 토마무 더 타워 회랑을 따라 걸어가면 위치한다.

1. 츠키노 cafe&bar

호타루 스트리트의 이벤트가 열리는 야외공간 중앙 건물에 자리하는 카페 겸 바. 호시노리조트의 오리지널 블렌드 커피, 토마무산 우유의 달달함과 에스프레소의 쓴맛이 만나 조화를 이루는 스페셜 라테, 토마무 우유로 커피를 추출한 밀크 브루 커피 등 이곳만의 메뉴가 충실하다. 크래프트 비어, 와인, 칵테일 등 주류 메뉴와 샌드위치, 햄버거 등 식사 메뉴도 준비되어 있다.

발음 츠키노 홈페이지 www.snowtomamu.jp/summer/restaurant/tukino.php 영업 11:00~22:00

2. 카마로 스테이크 다이너
カマロ・ステーキダイナー
화덕에서 구운 홋카이도산 브랜드 소고기 '코부
쿠로'와 좋은 품질의 쿠로게와규로 만든 스테이
크와 철판 햄버그스테이크를 제공하는 음식점.
메인은 소고기이나 홋카이도산 사슴, 오리, 조
개관자를 철판에 구운 스테이크 메뉴도 선보이
고 있다.
발음 카마로스테에키다이나아 홈페이지 www.
snowtomamu.jp/summer/restaurant/camaro.
php 영업 11:00~22:00

3. 아르테짜 토마무 アルテッツァ・トマム
홋카이도의 식재료를 고집한 이탈리안 전문점.
호타루 스트리트에서 가장 높은 곳에 위치하고
있어 숲에 둘러싸인 듯한 가게 분위기가 인상적
이다. 원하는 재료와 소스를 고를 수 있는 '오더
메이드 파스타'와 육류, 해물, 채소를 구워 먹는
바비큐 메뉴가 유명하다.
발음 아르테짜토마무 홈페이지 www.snow
tomamu.jp/summer/restaurant/altezza.php
영업 11:00~22:00

4. 미세스 팜 디자인즈
ミセス ファームデザインズ
일본차와 화과자를 메인으로 호시노리조트 자
체 농장에서 생산한 유제품 관련 디저트와 음
료, 일본의 유명 홍차 브랜드인 루피시아가 만
든 크래프트 비어 등 무엇을 골라야 할지 고민
될 만큼 매력적인 메뉴로 구성되어 있다.
발음 미세스화아무데자인즈 홈페이지 www.snow
tomamu.jp/summer/restaurant/fdesign_hotaru.
php 영업 11:00~21:00

토야·노보리베츠
洞爺 · 登別
TOYA·NOBORIBETSU

TOYA NOBORBETSU

삿포로
SAPPORO

분화로 탄생한 호수와 화산 그리고 무시무시한 자연재해의 흔적들이 관광자원이 되어 하나의 거대한 지질공원으로 발돋움한 토야. 1900년대 온천을 활용한 숙박시설이 하나 둘씩 생겨나면서 일본 굴지의 온천 관광지로 성장한 노보리베츠. 두 지역은 삿포로에서 자동차로 약 1시간 30분~2시간이면 도착하는 근거리에 위치해 있어 온천과 관광을 동시에 즐기러 온 가족 단위 여행자들에게 인기가 높은 지역이다.

토야·노보리베츠 Must Do

영롱한 토야 호숫가 산책 즐기기 P.248

신비롭지만 무서운 화산의 세계, 우스산 분화 흔적 둘러보기 P.250

하늘에 한 발짝 다가가기, 우스산 로프웨이 P.251

도깨비가 사는 지옥 계곡, 노보리베츠 온천 P.252

토야 노보리베츠 여행코스

버스 25분

Travel course

1 노보리베츠온천 지옥순례 P.252
홋카이도 3대 온천 중 하나로 손꼽히는 노보리베츠 온천. 9가지의 풍부한 원천이 매일 1만 톤씩 뿜어져 나오는 마을을 둘러보며 자연 그대로의 온천을 즐길 수 있다.

2 토야호수 유람선탑승 P.249
약 11만 년 전 화산활동으로 탄생한 호수로, 일본에서 세 번째로 큰 칼데라 호수다.

버스 15분

3 우스산로프웨이 P.251
토야 호수 남쪽에 우뚝 솟은 우스산 有珠山. 지금도 20~50년 주기로 분화가 일어나고 있는 화산이다. 케이블카(우스산 로프웨이)을 타고 정상에 자리한 전망대로 갈 수 있다.

버스 15분

4 토야호수불꽃놀이 P.248
4월 하순~10월 하순 토야 호수에서 매일 20분간 펼쳐지는 불꽃축제.

Transportation in Toya·Noboribetsu | 토야·노보리베츠 교통

토야·노보리베츠로 이동하기

열차

JR 삿포로 札幌역 또는 하코다테 函館역에서 특급 슈퍼 호쿠토 特急
スーパー北斗를 이용하면 환승 없이 한 번에 갈 수 있다. 삿포로에서
출발할 경우 노보리베츠, 토야 순으로, 하코다테는 토야, 노보리베
츠 순으로 정차한다. JR 토야 洞爺역과 노보리베츠 登別역 모두 관
광지가 있는 중심가로부터 떨어져 있는 편이므로 반드시 역 앞에서
버스를 타고 각 버스 터미널까지 이동해야 한다. 버스 터미널 주변
에 대부분의 관광지가 모여 있기 때문이다.

JR 노보리베츠역

버스

토야와 노보리베츠 두 곳 다 관광지가 몰려 있는 중심가에 버스
터미널이 있다. 삿포로라면 환승의 번거로움 없이 버스 터미널까
지 바로 가는 버스가 있어 열차보다 이동이 편리하다. 도난버스
가 운행하는 버스를 이용하면 토야코온센 버스 터미널 洞爺湖温
泉バスターミナル까지는 2시간 40분, 노보리베츠온센 버스 터미널
登別温泉バスターミナル까지는 1시간 40분이 소요된다.

도난버스

노보리베츠온센 버스 터미널

토야코온센 버스 터미널

도난버스 버스정류장

토야·노보리베츠 주요 교통수단

토야는 호수 동서남북을 전부 둘러보지 않는 이상 버스를 이용하는 경우는 우스산 로프웨이에 한한다.
노보리베츠는 도보로 충분히 관광할 수 있다.

토야 호수 洞爺湖

면적 70.7㎢, 평균 수심 117m의 원형에 가까운 형태를 지닌 일본에서 세
번째로 큰 칼데라 호수로 약 11만 년 전의 화산활동으로 탄생하였다. 아름
다운 여신이 산다는 전설이 내려올 만큼 사계절 내내 빼어난 경치를 자랑
한다. 코발트블루 빛으로 물든 호수 한가운데에는 크고 작은 4개의 섬 나
카지마 中島가 물 위에 떠 있는데, 호수 부근에 만들어진 산책로와 전망대
를 통해서 이 풍경을 즐길 수 있다. 또한 선상에서도 바라볼 수 있도록 유
람선을 운영한다.

4월 하순에 시작해 10월 하순까지 우천 시를 제외하고 매일 20분간
(20:45~21:05) 펼쳐지는 롱런불꽃축제 洞爺湖ロングラン花火大会도 빼
놓을 수 없는 즐거움이다.

맵북 P.29 상단-B1 **발음** 토오아코 **주소** 虻田郡洞爺湖町洞爺湖温泉洞爺湖畔 **전화**
0142-75-2446(토야 호수관광협회) **홈페이지** www.laketoya.com **가는 방법** JR
토야 洞爺역 앞에서 도난버스 道南バス 토야코온센 洞爺湖温泉행 승차 후 토야코
온센 洞爺湖温泉에서 하차, 도보 1분. **키워드** 도야 호

Pickup 무료로 즐기는
족욕탕&수욕탕

토야 호수의 중심가인 온천 지구
에는 누구나 즐길 수 있는 무료
족욕탕과 수욕탕이 마련되어 있
다. 잠시 들러 여행의 피로를 풀
고 가보자.

❶❸토야 호수의 풍경 ❷토야 호수에서 보이는 요테이산 ❹호수 한가운데 있는 나카지마 ❺롱런불꽃축제

토야 호수 100% 즐기기

토야 호수 유람선 洞爺湖汽船

중세의 성을 모티브로 한 유람선 에스포아르 エスポワール를 타고 선상 나들이를 떠나보자. 토야 호수 한가운데에 자리한 나카지마를 유람하는데, 요테이산 羊蹄山, 우스산 有珠山, 쇼와신산 昭和新山 등 주변에 보이는 산들도 멋스럽다. 불꽃축제 기간에는 매일 저녁 운항을 실시한다. 홈페이지에 있는 서비스 쿠폰을 인쇄해 제시하면 10% 할인된다.

맵북 P.29상단-B1 발음 토오야코키센 주소 虻田郡洞爺湖町洞爺湖温泉29 전화 0142-75-2137 홈페이지 www.toyakokisen.com 운영 여름(4월 하순~10월 하순) 08:30~16:30(30분 간격), 겨울(11월 상순~4월 중순) 09:00~16:00(1시간 간격) 휴무 부정기 요금 나카지마 유람선-중학생 이상 ¥1,600, 초등학생 ¥800, 미취학 아동 무료, 불꽃놀이 관람선-중학생 이상 ¥1,700, 초등학생 ¥850, 미취학 아동 무료 가는 방법 토야코온센 버스 터미널에서 도보 9분. 주차장 150대 키워드 도야코기센 페리터미널

토야 호수 조각공원 とうや湖ぐるっと彫刻公園

'사람과 자연이 맞닿은 야외 조각공원'이란 주제로 만들어진 조각공원. 호수 언저리 산책로에 58점의 동상이 전시되어 있다. 토야 호수의 중심가인 온천 지구에 가장 많이 몰려 있는 편이다.

맵북 P.29상단-B2 발음 토오야코구룻또쵸오코쿠코오엔 주소 虻田郡洞爺湖町洞爺湖温泉洞爺湖畔 키워드 토야호반조각공원

화산의 흔적

화산의 분출로 형성된 토야 호수를 비롯해 인근에 화산활동으로 인해 생긴 다양한 흔적들을 여기저기서 만나볼 수 있다. 활발한 활동으로 인해 많은 일이 있었지만 최근 큰 피해를 입은 것은 2000년 3월에 일어난 우스산 有珠山 분화다. 이때 발생한 화구와 재해유구를 그대로 남겨 당시의 상황을 간접적으로나마 체험할 수 있도록 콘피라 화구 재해 유구 산책로 金比羅火口災害遺構散策路와 니시야마 화구 산책로 西山山麓火口散策路를 만들어 개방하고 있다. 토야 호수의 관광정보를 제공하는 토야 호수 비지터 센터 洞爺湖ビジターセンター 내에는 우스산의 역사와 분화 과정을 소개하는 화산과학관 火山科学館이 개설되어 있다.

발음 토야코비지타센터 주소 虻田郡洞爺湖町洞爺湖温泉町142-5 전화 0142-75-2555 홈페이지 www.toyako-vc.jp/volcano 운영 09:00~17:00 휴무 12/31~1/3 요금 [화산과학관] 성인 ￥600, 어린이 ￥300 가는 방법 토야코온센 버스 터미널에서 도보 2분. 주차장 40대 키워드 toyako visitor center

❶❷ 토야 호수 비지터센터·화산과학관 ❸❹ 니시야마 화구 산책로 ❺❻ 화산으로 인해 피해를 입은 흔적을 그대로 보존해 둔 콘피라 화구 재해 유구산책로

우스산 로프웨이 有珠山ロープウェイ

토야 호수 남쪽에 우뚝 솟은 우스산 有珠山과 쇼와신산 昭和新山. 우스산은 현재도 20~50년 주기로 분화가 일어나고 있는 해발 737m의 화산으로 토야 호수의 상징과도 같은 존재다. 우스산 바로 옆 조그마한 쇼와신산은 1943년 발생한 지진의 영향으로 1944년부터 2년간 거듭된 화산활동으로 생성된 산으로 기적의 산이라 불린다. 두 산 모두 최근까지도 활발한 화산활동이 이루어지고 있어 학술적, 경관적 가치를 높이 평가 받아 일본 최초로 유네스코가 지원하는 '세계 지질공원'에 지정되었다.

우스산 정상에는 전망대가 있어 쇼와신산과 토야 호수를 조망할 수 있는데, 정상까지는 케이블카인 우스산 로프웨이를 이용해 올라갈 수 있다. 우스산 로프웨이는 최대 인원 106명이 탑승 가능한 대형 케이블카로, 약 6분 동안 운행되며 쇼와신산을 비롯한 주변 풍경을 바라보며 공중산책을 즐길 수 있다.

우스산 로프웨이 티켓

맵북 P.29상단-B2 발음 우스잔로오프웨이 **주소** 有珠郡壮瞥町字昭和新山184-5 **전화** 0142-75-2401 **홈페이지** usuzan,hokkaido,jp **운영** 08:00~18:00(시기마다 상이하므로 홈페이지 확인) **휴무** 부정기 **요금** 중학생 이상 ¥1,800, 초등학생 ¥900, 미취학 아동 무료 **주차장** 400대 1일 ¥500 **가는 방법** 토야코온센 버스 터미널 洞爺湖温泉バスターミナル에서 도난버스 道南バス 쇼와신잔 昭和新山행 승차 후 종점에서 하차. **키워드** 우스산 로프웨이

❶ 우스산 전망대에서 바라본 모습 ❷ 우스산 로프웨이 ❸ 로프웨이서 본 쇼와신산의 모습 ❹ 쇼와신산

노보리베츠 온천 登別温泉

홋카이도 3대 온천 가운데 하나로, 9가지의 풍부한 원천이 매일 1만 톤씩 뿜어져 나오는 온천 마을이다. 화산 분출로 생겨난 지옥 계곡 지고쿠다니 地獄谷를 시작으로 다양한 온천 늪이 산재해 있다. 산책로를 따라 박력 넘치는 자연의 모습을 하나하나 관찰해보자.

맵북 P.28 발음 노보리베츠온센 주소 登別市登別温泉町無番地 홈페이지 noboribetsu-spa.jp 가는 방법 노보리베츠온센 버스 터미널 登別温泉バスターミナル에서 도보 10분. 주차장 160대, 1회 ¥500 키워드 노보리베쓰온센초

Pickup 온천 거리를 지키는 도깨비들

온천 거리를 따라 걷다보면, 각기 다른 모양의 도깨비 조각상들을 만날 수 있다. 행복을 빌어주고 나쁜 액운을 가지고 사라지는 착한 도깨비들로, 길을 가다 만나면 반갑게 인사를 건네보자.

아버지와 아들 도깨비

홍 도깨비와 청 도깨비

무병장수하는 도깨비

심벌도깨비

오쿠노유 奥の湯 **맵북 P.28-B1**
원뿔형 늪 바닥에서 유황천이 분출하는 직경 30m의 원형 온천 늪. 표면 온도가 75~85℃로 높은 편이다.

텟센이케 鉄泉池
지고쿠다니 중앙에 있는 간헐천. 길을 따라 안으로 들어가면 끝에 자리한다.

지고쿠다니 地獄谷 **맵북 P.28-B1**
쿳타라 화산의 분화로 인해 형성된 분화구. 수많은 분기공과 분출구에서 뿜어나오는 수증기와 온천수의 풍경이 마치 '도깨비가 사는 지옥' 같다 하여 유래한 이름. 하루 1만 톤의 온천수가 솟아나 온천 거리의 료칸과 호텔로 흘러 들어간다. 매일 해 질 녘부터 23:00까지 라이트업을 실시한다.

오오유누마 大湯沼
해발 377m의 활화산 히요리산 日和山
이 분화하면서 생겨난 표주박 모양의
늪. 표면 온도는 40~50℃이지만 바닥은
130℃의 유황천이 분출한다.

맵북 P.28-B1

오오유누마 천연 족탕
大湯沼天然足湯
오오유누마에서 흘러나오는 온천수로
족욕을 즐길 수 있는 곳.

맵북 P.28-A1

오오유누마가와 산책로
(388m, 15분 소요)

오오유누마 천연 족탕
大湯沼天然足湯

오오유누마 산책로②
(308m, 7분 소요)

아버지와 아들 도깨비

오오유누마
大湯沼

타이쇼지고쿠
大正地獄

오쿠노유
奥の湯

타이쇼지고쿠 大正地獄
타이쇼 시대에 일어난 작은 폭
발로 생긴 10m의 온천 늪. 시시
각각 회색, 초록색, 파란색 등 7
가지 색으로 변한다.

맵북 P.28-A1

후나미야마 산책로
(599m, 20분)

오오유누마 산책로①
(298m, 7분 소요)

오오유누마 제2산책로
(444m, 10분 소요)

지고쿠다니 산책로
(568m, 10분 소요)

텟센이케
鉄泉池

지고쿠다니 전망대
(오니하나비 鬼花火 열리는 곳)

지고쿠다니
제2전망대

지고쿠다니
地獄

엔마도 閻魔堂
염라대왕이 반기는 곳. 온
화하던 얼굴이 정해진 시
간만 되면 갑자기 화내는
얼굴로 바뀐다. '지옥의 심
판'이라 불리는 퍼포먼스
로 하루 6번(10:00, 13:00,
15:00, 17:00, 20:00,
21:00(날씨에 따라 실시하
지 않는 경우도 있다) 모습
이 바뀐다.

맵북 P.28-A2

후나미야마 제2산책로
(229m, 7분 소요)

홍도깨비와 청도깨비

센겐 공원
泉源公園

엔마도
閻魔堂

노보리베츠
관광협회

무병장수를
기원하는 도깨비

노보리베츠온센 버스 터미널
登別温泉バスターミナル

로프웨이 승차장

센겐 공원 泉源公園
노보리베츠 온천이 문을 연
지 150주년이던 2008년에
세워진 공원. 일정한 간격으
로 수증기와 가스를 분출하
는 간헐천을 볼 수 있어 인
기. 약 3시간마다 50분간 온
천수를 분출시킨다.

맵북 P.28-A2

오니하나비 鬼花火
사람들의 행복을 기원하고 나쁜 액을 떨쳐
버리기 위해 지옥계곡에 사는 도깨비 '유키
진 湯鬼神'이 분화 같은 불꽃쇼를 벌이는 이
벤트. 6/1~7/6 매주 월·목요일, 7/13·20·27
목요일, 10월 매주 목요일 20시부터 15분간
지고쿠다니 전망대 주변에서 펼쳐진다.

토야·노보리베츠 미식탐방
온천마을의 인기 맛집

보요테 望羊蹄 〉 토야 호수 〈

1946년에 문을 연 일본식 양식 레스토랑. 옛 모습을 그대로 간직한 레트로풍의 내부 인테리어가 분위기 있으면서 따뜻함이 느껴진다. 특제소스를 듬뿍 얹은 폭찹 스테이크가 간판 요리. 밥, 수프, 커피가 포함된 세트 메뉴로 주문하는 것을 추천한다. 그라탕, 스파게티, 샌드위치 등 다양한 양식 메뉴를 선보인다.

추천메뉴 **폭찹 ポークチャップ ¥1,450**

맵북 P.29상단-B2 발음 보오요우테에 주소 虻田郡洞爺湖町洞爺湖温泉36-12 전화 0142-75-2311 홈페이지 www.boyotei. com 영업 11:00~15:30(마지막 주문 14:30), 17:00~20:30(마지막 주문 19:30) 휴무 부정기, 식당 대관이 많으므로 휴무일 홈페이지로 확인 가는 방법 토야코온센 버스 터미널 洞爺湖温泉バスターミナル에서 도보 3분. 주차장 18대 키워드 보요테이

추천메뉴 **시로이오시루코 白いおしるこ ¥550**

맵북 P.29상단-B2 발음 오카다야 주소 虻田郡洞爺湖町洞爺湖温泉36 전화 0142-75-2608 홈페이지 okadaya-toya.com 영업 10:00~15:00 휴무 월요일 가는 방법 토야코온센 버스 터미널 洞爺湖温泉バスターミナル에서 도보 2분. 주차장 5대 키워드 오카다야

오카다야 岡田屋
〉 토야 호수 〈

토야산 흰 강낭콩으로 만든 일본식 단팥죽에 우유를 첨가한 시로이오시루코 白いおしるこ가 명물인 음식점 겸 기념품점. 남녀노소 누구나 즐길 수 있는 적당한 달달함과 폭신폭신한 식감의 새알떡이 절묘한 궁합을 이룬다. 밀가루 반죽 사이에 팥 또는 앙금, 말차, 흑설탕 등을 넣은 온센도라야키 温泉どら도 각종 매체에 소개되면서 차기 명물로 떠오르고 있다.

후쿠안 福庵 노보리베츠

홋카이도산 메밀로 직접 면을 뽑은 소바와 바삭바삭한 튀김 옷이 살아 있는 새우튀김으로 유명한 소바 전문점. 수타 면은 하루 20인분 한정으로 선보이며, 개점 직후에 방문하지 않으면 맛볼 수 없을 만큼 높은 인기를 누리고 있다. 좌식형 테이블과 카운터석으로 되어 있다.

추천메뉴 새우튀김덮밥 세트 エビ天丼セット ¥1,150

맵북 P.28-A2 발음 후쿠안 주소 登別市登別温泉町30 전화 0143-84-2758 영업 11:30~14:00 휴무 부정기 가는 방법 노보리베츠온센 버스 터미널 登別温泉バスターミナル에서 도보 3분. 주차장 없음 키워드 소바 도코로 후쿠안

새우튀김덮밥 세트

밀키하우스 ミルキィーハウス
노보리베츠

노보리베츠산 신선한 우유로 만든 아이스크림과 커피, 셰이크 위에 소프트 크림을 얹은 플로트 フロート를 맛볼 수 있는 곳. 우유의 부드러움과 진한 풍미가 느껴지는 밀크 맛을 비롯해 말차, 초콜릿, 머스크멜론, 참깨, 칼피스, 바닐라&캐러멜, 블루베리&요구르트, 딸기&바닐라 등 9가지 중에서 선택할 수 있다. 요구르트, 푸딩, 반숙계란 등 홋카이도다운 각종 먹거리를 판매한다.

추천메뉴 아이스크림 ソフトクリーム ¥500

맵북 P.28-A2 발음 미르키하우스 주소 登別市登別温泉町60 전화 0143-84-2410 영업 09:00~20:00 휴무 부정기 가는 방법 노보리베츠온센 버스 터미널 登別温泉バスターミナル에서 도보 3분. 주차장 없음 키워드 noboribetsu milky house

PLUS AREA

무로란 室蘭

태평양 해안을 따라 토야에서 노보리베츠로 향하는 도중에 위치한 무로란은 철강업을 중심으로 제유, 석탄 등 홋카이도의 공업을 지탱하는 항구 도시다. 해안가에 형성된 자연 풍경과 공장지대의 야경 감상이 주요 볼거리인데, 자연이 스스로 만들어낸 신비로움과 인간이 인위적으로 만든 웅장함을 동시에 품고 있다는 점이 재미있는 부분. 시원스럽게 탁 트인 두 풍경을 낮과 밤에 나누어 즐겨보면 무로란의 매력을 흠뻑 빠질 것이다.

맵북 P.2-B3, P.29하단 **키워드** 무로란 시

무로란 볼거리

톳카리쇼 トッカリショ

지구곶에서 약 1.5km 떨어진 곳에 위치한 또 다른 무로란 8경도 있다. 홋카이도 원주민 아이누족의 언어로 '바다표범의 바위'라는 뜻을 지닌 톳카리쇼. 100m 절벽을 휘덮은 식물 얼룩조릿대가 융단처럼 펼쳐져 아름다운 비경을 선사한다.

맵북 P.29하단-B2 **발음** 톳카리쇼 **주소** 室蘭市母恋南町3 **가는 방법** 지구곶에서 도보 23분. **키워드** 톳카리쇼 전망대

지구곶 地球岬

국가 지정 명승, 홋카이도 자연 100선, 무로란 8경 등
같은 수식어를 보유한 무로란의 상징이다. 전망대에
서는 낭떠러지 끝에 우뚝 선 등대와 새파란 태평양
을 조망할 수 있는데, 수평선 너머 풍경이 마치 바다
가 잠긴 듯 희미하게 시야에 들어오는 것을 보고 있
노라면 지구가 둥글다는 점을 새삼 실감할 수 있다.

맵북 P.29 하단-B2 **발음** 치키유미사키 **주소** 室蘭市母恋
南町4-77 **키워드** 지구곶 무로란

무로란 나이트 크루즈 室蘭ナイトクルーズ

여타 도시와는 차원이 다른 야경이 보고 싶다면 무로란으로 향하자. 무로란항 인근의 제철, 제강, 제유 업체
가 모여 있는 공장지대는 '일본 7대 공장 야경' 중 하나로, 묵직하고 무게감 있는 야경이 펼쳐진다. 무로란 관
광협회에서는 4~11월 주요 야경 명소를 유람하는 나이트 크루즈가 매일 운행된다. 일본제강소 日本製鋼所
공장, 일본제철 日本製鐵 공장, 일철시멘트 日鉄セメント 공장, 무로란 바이오마스 발전소 室蘭バイオマス発
電所, 하쿠초대교 白鳥大橋를 차례로 둘러보며 60분간 야경의 세계로 안내한다. 홈페이지 예약폼으로는 3
일 전까지, 전화로는 전날과 당일 예약을 받는다.

발음 나이토크루우즈 **주소** 室蘭市祝津町4-16-15 **전화** 0143-27-2870 **홈페이지** star-marine.co.jp/cruise/night_
cruise.html **요금** 중학생 이상 ¥4,000, 4세 이상~초등학생 ¥2,000, 3세 이하 무료 **가는 방법** 11, 12, 13, 15번 버스 미타
라 스이조쿠칸마에みたら・水族館前 정류장에서 하차하여 도보 1분. **키워드** 미치노에키미타라무로란

무로란 맛집

아지노다이오 味の大王

무로란 지역에 카레 라멘 유행을 이끌어낸 주인공. 일본의 인기 아이돌 가수의 단골집으로 입소문을 타면서 전국적인 유명세를 얻었다. 토마코마이 苫小牧 지역의 유명 라멘집에서 수련을 거친 주인장이 1971년 원조와 동일한 이름으로 무로란에 문을 연 것을 시작으로 현재는 7개 지점을 운영하고 있다. 곱슬곱슬 중간 굵기의 수타면과 진한 카레 풍미가 느껴지는 국물이 잘 어우러진다.

추천메뉴 **카레 라멘** カレーラーメン ¥930

맵북 P.29하단-B1 **발음** 아지노다이오 **주소** 室蘭市中央町2-9-3 **전화** 0143-23-3434 **영업** 11:00~15:00(마지막 주문 14:45) **휴무** 화요일 **가는 방법** JR 무로란 室蘭역에서 도보 5분, 주차장 상점회 지정 주차장 이용, 20대 **키워드** 아지노다이오 무로란 본점

무로란 명물, 야키토리

잇페이 一平

카레 라멘과 함께 언급되는 무로란 명물 일본식 꼬치구이 '야키토리'를 맛보려면 이곳으로 향하자. 홋카이도산 신선한 돼지 어깨등심과 양파, 머스타드를 넣어 만든 오리지널 소스를 내세워 닭고기로 만든 일반적인 야키토리와는 색다른 맛을 느낄 수 있다. 닭, 소, 메추리알, 채소 등 다양한 꼬치 메뉴가 있다.

추천메뉴 **야키토리** やきとり ¥180~

맵북 P.29하단-B1 **발음** 야키토리노잇페에 **주소** 室蘭市中島町1-17-3 **전화** 0143-44-4420 **홈페이지** www.e-ippei.com **영업** 월~토요일 17:00~23:00(마지막 주문 22:30), 일요일·공휴일 17:00~22:00(마지막 주문 21:30) **휴무** 12/30~1/1 **가는 방법** JR 히가시무로란 東室蘭역 서쪽 출구에서 도보 13분. **주차장** 10대 **키워드** muroran yakitori ippei

아지신 味しん

1970년 개업할 때부터 변함 없는 맛을 선보여 지금까지 꾸준한 사랑을 받고 있는 야키소바 맛집. 쫄깃한 면발과 더불어 큼지막하게 썬 채소, 돼지고기, 새우가 듬뿍 들어 있어 씹는 맛이 좋고 뜨거운 철판 위에 올려져 나와 따뜻한 맛이 오래 유지된다. 보통 사이즈에 ¥250을 추가하면 흘러 넘칠 만큼의 점보 사이즈를 제공한다.

추천메뉴 점보야키소바 ジャンボ焼きそば ¥1,250

맵북 P.29 하단-B1 **발음** 아지신 **주소** 室蘭市中島町2-27-6 **전화** 0143-44-8736 **영업** 수·목요일 11:00~14:00 금~일요일 11:00~14:00, 17:00~19:00 **휴무** 월·화요일 **가는 방법** JR 히가시무로란 東室蘭역 서쪽 출구에서 도보 9분. **주차장** 3대 **키워드** muroran ajisin

톤쿡쿠 とん食っ食

볼륨 만점인 튀김 정식메뉴를 맛볼 수 있는 식당. 돈카츠, 치킨카츠, 새우튀김, 크림 크로켓, 홋카이도식 프라이드 치킨 잔기 ザンギ 등 웬만한 튀김류 정식을 모두 제공하며, 세 종류의 튀김을 동시에 먹을 수 있는 믹스 ミックス 메뉴도 충실하다. 정식 메뉴에 한해 밥을 한 번 무료로 리필할 수 있으니 참고하자.

추천메뉴 믹스프라이 ミックスフライ ¥1,150~1,500

맵북 P.29 하단-A2 **발음** 톤쿡쿠 **주소** 室蘭市中央町２丁目6-2 大町会館ビル1F **전화** 0143-25-2599 **영업** 11:30~14:30(마지막 주문 13:45), 17:30~20:30(마지막 주문 19:45) **휴무** 수요일 **가는 방법** JR 무로란 室蘭역에서 도보 4분 **주차장** 없음 **키워드** MIKISHO (인근에 위치)

하코다테 函館
HAKODATE

HAKODATE
삿포로
SAPPORO

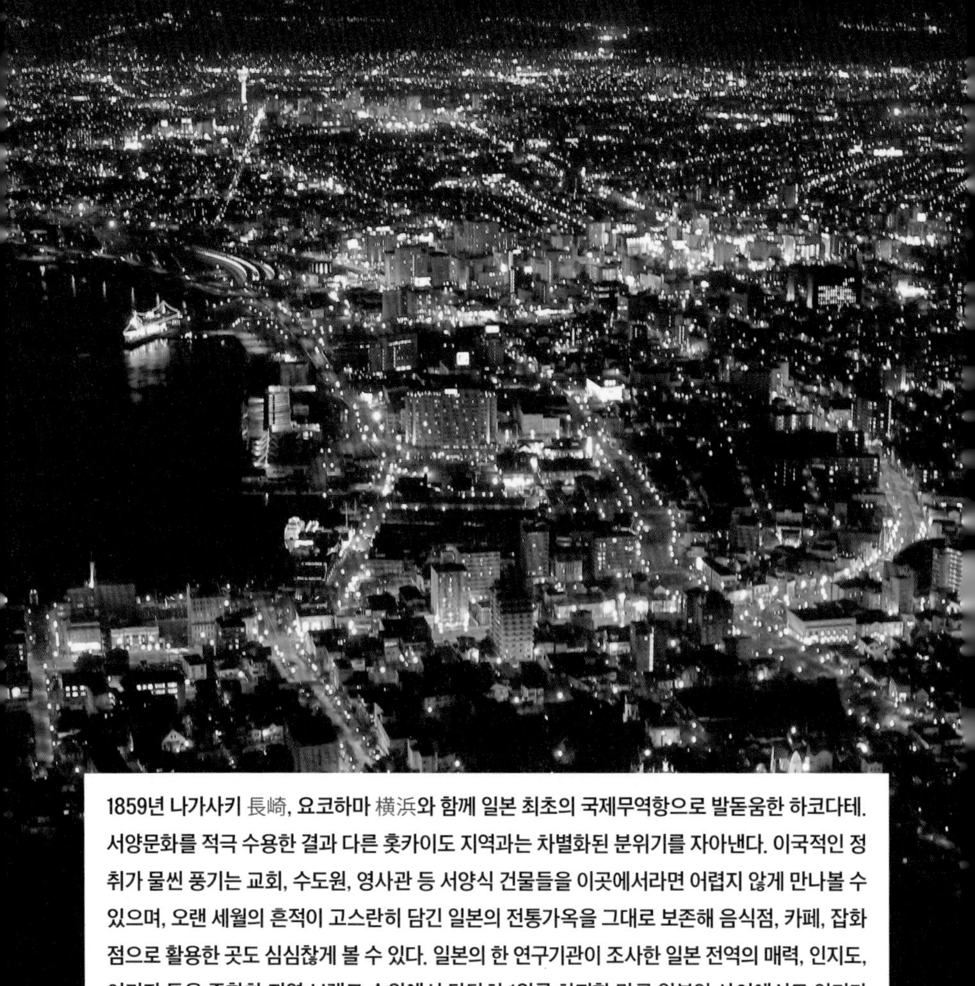

1859년 나가사키 長崎, 요코하마 橫浜와 함께 일본 최초의 국제무역항으로 발돋움한 하코다테. 서양문화를 적극 수용한 결과 다른 홋카이도 지역과는 차별화된 분위기를 자아낸다. 이국적인 정취가 물씬 풍기는 교회, 수도원, 영사관 등 서양식 건물들을 이곳에서라면 어렵지 않게 만나볼 수 있으며, 오랜 세월의 흔적이 고스란히 담긴 일본의 전통가옥을 그대로 보존해 음식점, 카페, 잡화점으로 활용한 곳도 심심찮게 볼 수 있다. 일본의 한 연구기관이 조사한 일본 전역의 매력, 인지도, 이미지 등을 종합한 지역 브랜드 순위에서 당당히 1위를 차지할 만큼 일본인 사이에서도 인기가 매우 높다. 멈춘 듯 잔잔하게 흘러가는 시간 속에서 제대로 힐링할 수 있는 좋은 기회다.

하코다테 Must Do

모토마치 어슬렁 산책하기 P.268

해산물, 소울푸드,
레트로 카페 등 먹거리 즐기기 P.294~

하코다테산에서 환상의 야경 조망 P.278

격동의 역사가 담긴 별 모양
성곽 고료카쿠 탐방 P.284

하코다테 항구의 랜드마크
카네모리 아카렌가 창고에서 쇼핑 타임 P.280

하코다테 명물, 노면전차 타보기 P.265

발을 넓혀 자연, 온천, 역사 등
테마에 맞춰 명소 방문

하코다테
여 행
코 스

Travel course

1 하코다테 아침시장
P.294 약 1만 평 부지에 신선한 해산물과 채소, 과일을 취급하는 250여 개의 가게가 한데 모인 하코다테 대표 시장.

▼

노면전차 30분

2 유노카와 P.288
노보리베츠 登別, 조잔케이 定山渓와 함께 홋카이도 3대 온천으로 불린다.

▼

노면전차 15분

도난이사리비철도선 道南いさりび鉄道線

227

5

고료카쿠역
五稜郭駅

JR 하코다테본선 JR 函館本線

고

5

노면전차
市電

쇼와

치토세초

노면전차 5번선
市電 5系統

하코다테도츠쿠마에
函館どつく前

신카와초 新川町

마츠카제초 松風町

하코다테역
函館駅

하코다테
에키마에
函館駅前

외국인 묘지
外国人墓地

오오마치
大町

1 하코다테 아침시장
函館朝市

시야쿠쇼마에
市役所前

5 카네모리 아카렌가
창고
金森赤レンガ倉庫

우오이치바도오리
魚市場通

스에히로초 末広町

4 모토마치
元町

주지가이
十字街

하코다테산 로프웨이
函館山ロープウェイ

호라이초
宝来町

노면전차 2번선
市電 2系統

6 하코다테산
函館山

하코다테 공원
函館公園

아오야기초 青柳町

야치가시라 谷地頭

츠가루 해협
津軽海峡

타치마치곶
立待岬

3 고료카쿠 P.284
일본에서 최초로 만들어진 별 모양의 성곽. 107m 높이의 고료카쿠 타워에서 바라보면 별 모양의 성곽을 한눈에 볼 수 있다.

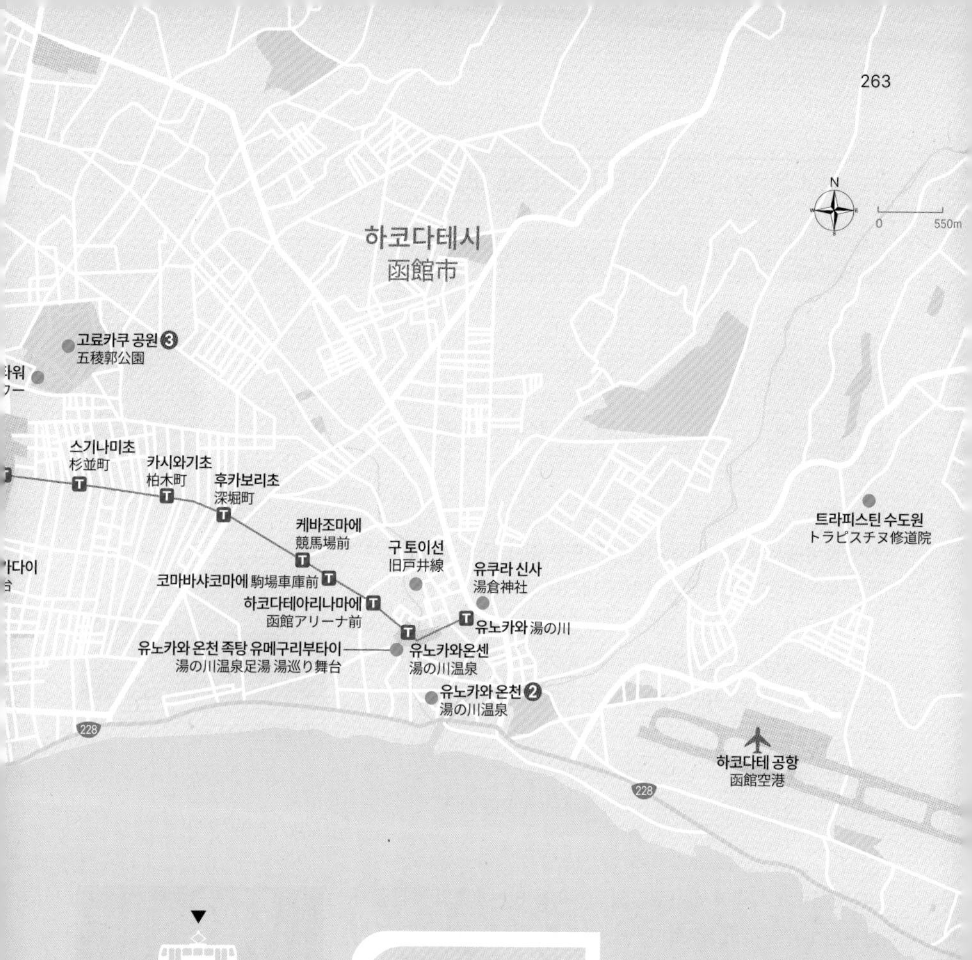

N

0   550m

하코다테시
函館市

고료카쿠 공원 ③
五稜郭公園

스기나미초
杉並町

카시와기초
柏木町

후카보리초
深堀町

케바조마에
競馬場前

구 토이선
旧戸井線

유쿠라 신사
湯倉神社

트라피스틴 수도원
トラピスチヌ修道院

코마바샤코마에 駒場車庫前

하코다테아리나마에
函館アリーナ前

유노카와온센
湯の川温泉

유노카와 湯の川

유노카와 온천 족탕 유메구리부타이
湯の川温泉足湯 湯巡り舞台

유노카와 온천 ②
湯の川温泉

하코다테 공항
函館空港

228

228

▼

노면전차 15분

4 모토마치 P.268
하코다테항에 인접한 마을. 서양문물의 빠른 유입으로 인해 이국적인 분위기를 풍긴다.

▼

도보 10분

5 카네모리아카렌가
창고 P.280
1887년에 만들어진 하코다테 최초의 영업용 창고로 붉은 벽돌과 장난감 같은 외관이 매력적이다.

▼

로프웨이역까지
도보 10분+로프웨이 3분

6 하코다테산 P.278
하코다테시 서쪽에 자리한 하코다테의 대표 산. 하코다테의 상징과도 같은 멋진 야경을 볼 수 있다.

Transportation in Hakodate | 하코다테 교통

하코다테로 이동하기

삿포로	방법❶ 비행기 40분	하코다테
	방법❷ 열차 3시간 25분~3시간 55분	
	방법❸ 버스 5시간 50분~6시간 30분	

비행기

현재 한국에서 하코다테로 가는 직항편은 없다. 대신 삿포로 신치토세 新千歲 공항으로 입국하여 국내선으로 이동하는 방법이 있다. 신치토세 공항에서 하코다테 函館 공항까지 약 40분이 소요되며, 일본항공(JAL)과 전일본공수(ANA)가 운항한다. 공항에서 시내 중심지인 JR 하코다테 函館역까지 이동할 땐 연락버스를 이용한다.

JR 하코다테역

연락버스 소요 시간 하코다테 공항 ↔ JR 하코다테역 편도 약 20분(5~15분 운행)
요금 성인 ¥500, 어린이 ¥250

열차

JR 삿포로 札幌역에서 하코다테 函館역을 잇는 2개의 특급열차 호쿠토 北斗와 슈퍼호쿠토 スーパー北斗를 이용한다(한 시간에 한 대씩 운행). 특급열차는 노보리베츠 登別, 히가시무로란 東室蘭, 토야 洞爺를 거쳐 하코다테로 향하므로 이 지역을 거쳐가는 이들도 편리하게 이동할 수 있다.

특급열차 호쿠토 지정석 앞. 티켓을 꽂아두면 역무원이 티켓 검사를 한다.

요금 편도(지정석)-성인 ¥9,440, 어린이 ¥4,710

도시	열차명	소요 시간
삿포로 札幌 ▶ 하코다테	호쿠토 北斗 & 슈퍼호쿠토 スーパー北斗	3시간 25분~3시간 55분

Pickup 홋카이도 열차를 합리적인 가격에 이용할 수 있는 '홋카이도 레일패스(P.71)' 소지자라면 열차를 이용하는 것이 이득!

버스

삿포로에서 출발하는 기준으로 가장 긴 시간이 소요되지만(5시간 50분~6시간 30분), 대신 가장 저렴한 가격에(편도 ¥4,800~4,900, 왕복 ¥8,740~9,800) 하코다테로 갈 수 있다. 뉴스타호 ニュースター号(1일 6편), 고속하코다테호 高速はこだて号(1일 7편) 등이 삿포로역 앞 버스터미널에서 출발한다.

하코다테 시내 교통수단

노면전차 市電

하코다테시의 웬만한 지역을 거쳐가는 노면전차. 노면전차역 대부분이 관광지에 인접해 있어 이동수단으로 쓰이기에 이만한 것이 없다. 단, 짧은 거리를 이동하는 것치고는 1회 요금(¥210~250)이 비싼 편이라, 하루에 3회 이상 노면전차를 이용할 예정이라면 노면전차 1일 승차권(P.266)을 구입하는 것이 이득이다.

귀여운 외관은 물론 한국에선 보기 힘든 교통수단이므로 한 번쯤 승차해보는 것도 좋다. 관광개념으로 이용한다면 4월 15일부터 10월 31일까지 하루 4번 운행되는 '하코다테하이컬러호 箱館ハイカラ號'를 노려보자. 1918년부터 1936년까지 사용된 옛 노면전차를 복원해 운행하는 것으로, 노선과 요금은 일반 노면전차와 동일하다.

홈페이지 www.city.hakodate.hokkaido.jp/bunya/hakodateshiden/

Pickup 노면전차 탑승 방법
뒷문으로 승차한다. → 오른쪽에 설치된 기계에서 정리권을 뽑거나 카드리더기에 IC교통카드를 찍는다(1일 승차권은 불필요). → (정리권을 뽑았다면, 운전석 위쪽에 있는 모니터를 통해 자신의 정리권 번호에 해당하는 요금을 확인한다) → 하차 시 운전석 부근에 설치된 동전통에 정리권과 함께 돈을 넣거나 카드리더기에 IC교통카드를 다시 한 번 찍는다. 1일 승차권 사용 시 승무원에게 제시한다. → 앞문으로 하차한다.

셔틀버스 シャトルバス

하코다테를 다닐 때는 대부분 도보나 노면전차를 이용하면 편리하지만, 특정 관광지 몇 곳을 오고가는 셔틀버스를 이용해도 좋다. 첫 번째 하코다테버스 函館バス가 운영하는 버스로, 고료카쿠 타워 五稜郭タワー, 트라피스틴 수도원 トラピスチヌ修道院, 유노카와 湯の川를 거쳐간다. JR 하코다테역 앞 버스 터미널 4번 정류장에서 출발하며, 버스는 한 시간 간격으로 하루 6편 운행된다. 두 번째는 하코다테산으로 갈 때 버스를 이용하는 것이다. 자세한 내용은 P.279를 참고하자.

홈페이지 www.hakobus.co.jp

Pickup 하코다테에서만 만날 수 있는 것

1 1923년 10월에 세워진 가장 오래된 콘크리트 전신주

2 하코다테의 명물, 노면전차 타기

3 하코다테의 특산품과 상징을 새겨놓은 맨홀

4 1934년에 있었던 큰 화재를 계기로 눈에 쉽게 띄는 노란색으로 만든 소화전

5 각 명소마다 비치된 서로 다른 디자인의 기념촬영용 패널

하코다테 대중교통 티켓

하코다테는 노면전차와 버스 등 대중교통이 잘 발달 되어 있다. 여행 계획에 따라 자신에게 맞는 대중교통 티켓을 사용한다. 티켓은 JR 하코다테역 내 여행센터에서 구입하면 된다.

● 노면전차 1일 승차권 ☞ 노면전차 1일 승차권, 24시간 승차권
노면전차 1일 무제한 이용 가능한 승차권. 사용하는 년도, 월, 일을 복권 긁듯이 긁어서 사용하면 된다. 노면전차 편도 이용 요금이 ¥210~250인 점을 감안하면, 3번 이상을 탈 예정이라면 1일 승차권 또는 24시간 승차권이 이득이다. 스마트폰 앱 '도오나 Dohna!!'를 통해 전자티켓도 구입할 수 있다. 가격은 1인 승차권이 성인 ¥600, 어린이 ¥300이고 24시간 승차권은 성인 ¥900, 어린이 ¥450이다.

● 버스+노면전차 1일 승차권 ☞ 노면전차·하코다테버스 1일 승차권
하코다테 지역을 다니는 버스와 노면전차를 1일간 무제한으로 이용할 수 있는 승차권. 관광 명소 인근까지 들어갈 수 없는 노면전차의 단점을 보완해주는 티켓이다. 종이티켓은 폐지되었고 오로지 스마트폰 앱 '도오나 Dohna!!'를 통해서만 전자티켓 구입이 가능하다. 가격은 1일 승차권은 성인 ¥1,400, 어린이 ¥700, 2일 승차권은 성인 ¥2,400, 어린이 ¥1,200.

● IC 교통카드 ☞ 이카스 니모카, 스이카, 키타카
일본 각 지역에서 발행하는 교통카드로 사용 가능하다. 예를 들어, 도쿄 여행에서 사용한 스이카 Suica 또는 파스모 Pasmo IC 교통카드로 금액을 충전해서 사용할 수 있다는 의미다. 하코다테시에서 발행하는 IC 교통카드로는 이카스 니모카 ICAS nimoca가 있다.

요금 ¥2,000(보증금 ¥500+기본 충전 금액 ¥1,500)

IC카드를 단말기에 갖다 대면 OK ➤➤➤

택시
하코다테 공항과 JR 하코다테역 간 택시로 이동할 경우, 중형차 ¥2,720~, 대형차 ¥3,200~, 약 20분이면 도착한다. 22:00~05:00는 20% 심야 할증이 붙는다.

전동 자전거 하코링 はこりん
보다 가까이에서 여행지 구석구석을 즐기는 데는 도보 여행이 제격이지만, 언덕길이 많은 하코다테에서는 도보 보다는 전동 자전거를 이용하는 것이 편리하다(단, 눈이 오지 않는 3월 중순~11월 중순에 한정). JR 하코다테역 키라리스 하코다테 キラリス函館 1층 에조리스 えぞりす에서 대여할 수 있다. 이용 시 요금은 선불제이며 운전면허증, 학생증 등 본인확인서류가 필요하다. 중학생 이상 또는 신장 145cm 이상만 이용할 수 있다. 1박 2일 연속 대여는 불가능하며 반드시 운영 시간 내에 반납해야 한다. 주의할 점은 전동 자전거 이용 시 헬멧 착용이 필수임을 기억하자.

요금 하루종일(운영 시간 내) ¥2,090, 4시간 ¥1,430, 오전 시간 (10:00~12:30) ¥880

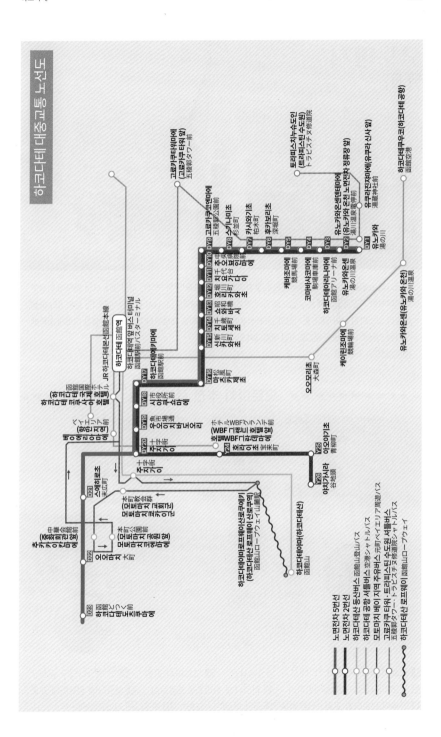

하코다테 대중교통 노선도

모토마치
元町

하코다테는 일본 최초의 국제무역항으로 홋카이도에서도 가장 먼저 개척된 지역이다. 특히 항구에 인접한 모토마치는 서양문물의 빠른 유입으로 인해 번성을 누렸던 지역으로, 당시 형성된 이국적인 분위기의 마을 풍경이 고스란히 남아 있다. 동서양의 건축양식이 혼합된 건축물 대부분은 1907년에 발생한 대화재 이후에 재건된 것들로 마을 곳곳에 그림처럼 배치되어 있다.

맵북 P.26~27 가는 방법 노면전차 市電 스에히로초 末広町역 하차 후 도보 이동. **키워드** motomachi hokkaido

모토마치 추천 루트

하코다테 시립 북방 민족 자료관 函館市立北方民族資料館
키타지마 사부로 기념관 北島三郎記念館
① 모토이자카 基坂
스에히로초 末広町
시립 하코다테 박물관 향토자료관 市立函館博物館郷土資料館
하코바 하코다테 HakoBA函館
카네모리 아카렌가 창고 金森赤レンガ倉庫
② 하코다테시 구 영국영사관 函館市旧イギリス領事館
③ 모토마치 공원 元町公園
⑤ 구 소마 저택 旧相馬邸
하코다테 타카다 야카헤이 박물관 箱館高田屋嘉兵衛資
일본에서 가장 오래된 콘크리트 전신주
구 하코다테구 공회당 旧函館区公会堂
④
⑥ 하치만자카 八幡坂
⑩ 일본 기독교단 하코다테 교회 日本基督教団函館教会
주지가이 十字街
하코다테 공예사 はこだて工芸舎
하코다테 지역교류센터 函館地域交流まちづくりセンター
⑨ 가톨릭 모토마치 교회 カトリック元町教会
⑪
하코다테 하리스토스 정교회 函館ハリストス正教会 ⑦
⑧ 하코다테 성요하네 교회 函館聖ヨハネ教会

1 모토이자카 → **2** 하코다테시 구 영국영사관 → **3** 모토마치 공원 → **4** 구 하코다테구 공회당 → **5** 구 소마 저택 → **6** 하치만자카 → **7** 하코다테 하리스토스정교회 → **8** 하코다테 성요하네 교회 → **9** 가톨릭 모토마치 교회 → **10** 일본 기독교단 하코다테 교회 → **11** 하코다테 지역교류센터

모토마치 관광 명소

1 모토이자카 基坂

마을의 기점이 되는 언덕길. 모토마치
에 있는 총 19개의 짧고 경사가 완만한
언덕길 중 정중앙에 있는 길이다.

맵북 P.26-B2 **발음** 모토이자카 **주소** 函館
市末広町20 **가는 방법** 노면전차 市電 스
에히로초 末広町역에서 도보 1분. **키워드**
모토이자카

2 하코다테시 구 영국영사관
函館市旧イギリス領事館

1913년 영국인 설계사에 의해 건축된 콜
로니얼 양식의 건축물로 1934년까지 영사
관으로 쓰였다. 현재는 하코다테의 개항
역사를 알리는 자료관과 티룸으로 운영되
고 있다.

맵북 P.26-B2 **발음** 하코다테시큐이기리스료
지칸 **주소** 函館市元町33-14 **전화** 0138-27-
8159 **홈페이지** www.fbcoh.net **운영** 4~10월
09:00~19:00, 11~3월 09:00~17:00 **휴무** 연말
연시 **요금** 성인 ¥300, 어린이·65세 이상·학
생 ¥150 (하코다테시 구 영국영사관, 구 하코
다테구 공회당, 하코다테시 북방민족자료관,
하코다테시 문학관 콤보입장권 중 2곳 성인
¥500, 학생 ¥250, 3곳 성인 ¥720, 학생

¥360, 4곳 성인 ¥840, 학생 ¥420) **가는 방법** 노면전차 市電 스에히로초 末広町역에서 도보 7분. **키워드** 하코다테시 구 영국
영사관

Pickup 티룸 빅토리안 로즈 ティルーム ヴィクトリアンローズ

영사관 내에는 정통 영국식 애프터눈 티를 선사하는 티룸이 있다. 2023년 5
월 23일 리뉴얼 오픈하여 모든 다기는 영국제 웨지우드로 통일하였다. 고풍스
러운 서양풍 공간에서 우아하게 홍차 한 잔을 즐겨보자. 애프터눈 티 세트 ア
フタヌーンティーセット 가격은 ¥2,800.

맵북 P.26-B2 **발음** 티루우무 비쿠토리안로오즈 **홈페이지** www.fbcoh.net/
cafe-tiser **영업** 10:00~18:00(마지막 주문 17:00)

③ 모토마치 공원

元町公園

한때 홋카이도 남쪽 지방의 행정중심지였던 곳으로 공원 내에는 관광안내소로 탈바꿈한 구 홋카이도청 하코다테 지청 청사 旧北海道庁函館支庁庁舎와 구 개척사 하코다테 지청 서적고 旧開拓使函館支庁書籍庫 등 역사적인 건축물이 고스란히 남아 있다.

맵북 P.26-B3 **발음** 모토마치코오엔 **주소** 函館市 元町12-18 **홈페이지** www.hama-midorinokyokai.or.jp/park/motomachi **가는방법** 노면전차 市電 스에히로초 末広町역에서 도보 8분. **키워드** 모토마치 공원

❶ 구 홋카이도청 하코다테 지청 청사는 현재 졸리젤리피시(P. 299) 모토마치공원점으로 운영 중이다. ❷ 하코다테항을 한눈에 조망할 수 있다. ❸ 메이지시대, 하코다테의 경제, 문화, 상업, 교육 등을 크게 번성시킨 역사적 인물 4인의 동상인 하코다테 사천왕상 函館四天王像

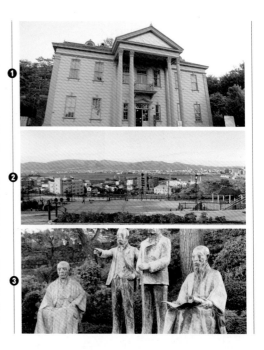

④ 구 하코다테구 공회당

旧函館区公会堂

1910년에 건축된, 파란색과 노란색의 조합과 좌우대칭의 콜로니얼 건축양식이 돋보이는 건물. 내진보강공사를 거쳐 2021년 4월 리뉴얼 오픈했다. 국가 지정중요문화재로 등록되어 있다.

맵북 P.26-B3 **발음** 큐하코다테쿠코오카이도오 **주소** 函館市元町11-13 **전화** 0138-22-1001 **홈페이지** www.zaidan-hakodate.com/koukaido **운영** 4~10월 화~금요일 09:00~18:00, 토~월요일 09:00~19:00, 11~3월 09:00~17:00(마지막 입장 종료 30분 전까지) **휴무** 11/23, 12/31~1/3, 1/23 **요금** 성인 ￥300, 학생 ￥150, 콤보입장권 P.269 하코다테시 구 영국영사관 참조 **가는 방법** 노면전차 市電 스에히로초 末広町역에서 도보 8분. **키워드** 구 하코다테구 공회당

❶ 공원 한가운데 있는 구 하코다테구 공회당 ❷ 2층 발코니에서 바라보는 하코다테 풍경이 특히 아름답기로 유명하다. ❸ 르네상스 양식의 화려한 내부

5 구 소마 저택 旧相馬家住宅

메이지 明治시대의 거상 소마 텟페이 相馬哲平가 세운 호화 저택. 화려했던 당시의 모습이 그대로 보존되어 있으며, 방마다 디자인이 달라 보는 재미가 있다. 창고는 내부를 개조해 역사적 가치가 높은 미술품을 전시하는 화랑으로 사용하고 있다.

맵북P.26-B3 발음 큐소마테이 주소 函館市元町33-2 전화 0138-26-1560 홈페이지 www.kyusoumake.com 운영 4~10월 09:30~16:30(마지막 입장 16:00) 11/1~11/13 09:00~16:00(마지막 입장 15:30) 휴무 화~목요일, 12~3월 요금 일반 ¥900, 80세 이상 ¥700, 대학생 ¥500, 중학생 이하 ¥300, 초등학생 이하 무료 가는 방법 노면전차 市電 스에히로초 末広町 역에서 도보 5분. 키워드 구 소마저택

6 하치만자카 八幡坂

하치만 궁전이 있던 자리. 모토마치의 언덕길 중 언덕에서 일직선으로 내려다보이는 하코다테항의 풍경이 아름다워 포토스폿으로 인기가 높다. 영화 〈러브레터〉에서 주인공이 자전거를 타고 내달리는 장면을 찍으면서 더 유명해졌고, 이밖에도 여러 TV 프로그램 및 광고에 등장했다.

맵북P.26-B3 발음 하치만자카 주소 函館市末広町19 가는 방법 노면전차 市電 스에히로초 末広町역에서 도보 2분. 키워드 하치만자카

7 하코다테 하리스토스정교회
函館ハリストス正教会

1858년 최초로 일본에 러시아 영사관이 문을 열었을 당시 부속 예배당으로 세워진 러시아정교회. 녹색 지붕과 백색 외벽의 대비가 인상적인 비잔틴 양식의 건물과 성경에 등장한 일화를 담은 성화 '이콘' 70점이 주요 볼거리이다.

맵북P.26-B3 발음 하코다테하리스토스세쿄오카이 주소 函館市元町3-13 전화 0138-23-7387 홈페이지 orthodox-hakodate.jp 운영 월~금요일 10:00~17:00, 토요일 10:00~16:00, 일요일 13:00~16:00 휴무 12/26~3월 중순 부정기 요금 고등학생 이상 ¥200, 중학생 ¥100, 초등학생 이하 무료 가는 방법 노면전차 市電 주지가이 十字街에서 도보 15분. 키워드 하코다테 하리스토스 성당

8 하코다테 성요하네 교회
函館聖ヨハネ教会

1874년에 건립된 일본에서 가장 오래된 교회로 영국 선교사가 전도를 목적으로 세웠다. 어떤 각도에서 보아도 십자가가 보이는 디자인으로, 위에서 내려다봐도 건물 자체가 십자가 형태를 띠고 있다.

맵북 P.26-B3 **발음** 하코다테세에요하네쿄오카이 **주소** 函館元町3-23 **전화** 0138-23-5584 **주차장** 10대 **가는 방법** 노면전차 市電 주지가이 十字街역에서 도보 15분. **키워드** 하코다테 성요한 교회

9 가톨릭 모토마치 교회
カトリック元町教会

12세기 고딕양식의 뾰족 솟은 종각 지붕이 특징인 교회. 대성당 내부의 제단은 당시 교황이 보내온 것이다. 지붕 끝에 달린 새 모양의 풍향계와 교회 뒤편에 자리한 동굴 위 아베마리아가 이곳의 상징이다.

맵북 P.26-B3 **발음** 하코다테세에요하네쿄오카이 **주소** 函館市元町15-30 **전화** 0138-23-5584 **홈페이지** motomachi.holy.jp **운영** 월~토요일 10:00~16:00, 일요일 12:00~16:00 **가는 방법** 노면전차 市電 주지가이 十字街역에서 도보 15분. **주차장** 없음 **키워드** 모토마치 성당

10 일본 기독교단 하코다테 교회
日本基督教団函館教会

미국 영사이자 선교사를 겸임한 해리스가 1874년에 창설한 교회. 하코다테시가 지정한 경관 형성 지정 건축물로 일본에서 세 번째로 오래된 교회다. 내부 견학은 반드시 예약해야 한다.

맵북 P.26-B3 **발음** 하코다테세에요하네쿄오카이 **주소** 函館市元町31-19 **전화** 0138-22-3242 **홈페이지** hako-ch.sakura.ne.jp **가는 방법** 노면전차 市電 스에히로초 末広町역에서 도보 5분. **주차장** 없음 **키워드** 일본 기독교단 하코다테 교회

11 하코다테 지역교류센터
函館地域交流まちづくりセンター

마루이 이마이 백화점의 전신인 마루이 이마이 포목점의 하코다테 지점으로 1923년 건축됐다. 현재는 시민 교류의 장이자 여행자들을 위한 관광 정보를 알리는 공간으로 이용되고 있다. 1층에 있는 카페에서 잠시 휴식을 취하기에도 좋다.

맵북 P.27-C3 **발음** 하코다테치이키코오큐마치즈쿠리센타 **주소** 函館市末広町4-19 **전화** 0138-22-9700 **홈페이지** hakomachi.com **운영** 09:00~21:00 **휴무** 12/31~1/3 **가는 방법** 노면전차 市電 주지가이 十字街역에서 도보 1분. **주차장** 30대 **키워드** 하코다테시 지역교류 마을 조성 센터

Feature

모토마치 근대 건축 산책

골목길 속에 숨겨진 멋스러운 근대 건축물들을 찾아보며 산책하는 것도
모토마치를 즐길 수 있는 하나의 방법.
그냥 지나치기엔 아까운 모토마치의 대표 근대 건축물을 소개한다.

1
하코다테 중화회관
函館中華会館
일본 유일의 청나라식 건축 양식 건물.
맵북 P.26-B2 발음 하코다테츄카카이칸 주소
函館市大町1-12 전화 0138-22-5660

2
하코바 하코다테
HakoBA函館
85년의 역사를 지닌 은행 건물을 호텔로
개조했다.
맵북 P.26-B2 발음 하코바하코다테 주소 函館
市末広町23-9 전화 0138-27-5858 홈페이지
www.thesharehotels.com/hakoba/

3
시립 하코다테
박물관 향토자료관
市立函館博物館郷土資料館
1880년 세워진 수입 잡화점. 현재는 메이지 明
治시대의 하코다테 문화를 소개한 자료관으로
운영 중이다.
맵북 P.26-B2 발음 시리츠하코다테하쿠부츠칸 쿄도
시료칸 주소 函館市末広町19-15 전화 0138-23-
3095 홈페이지 www.city.hakodate.hokkaido.jp/
docs/2015121000073/ 운영 4-10월 09:00~16:30,
11~3월 09:00~16:00 휴무 월요일, 매월 마지막 금요
일, 공휴일, 12/29~1/3

4
하코다테 타카다야 카헤이 박물관
箱館高田屋嘉兵衛資料館
하코다테 발전의 은인이라 불리는 부호 타카다야 카헤이
의 역사를 전시한 박물관.
맵북 P.27-C2 발음 하코다테타카다야카헤에하쿠부츠칸 주소
函館市末広町13-22 전화 0138-27-5226 운영 수~금요일
13:00~16:00

Feature

모토마치 레트로 카페 탐방

하코다테에는 오랜 역사를 있는 그대로 보여주는 전통가옥과 근대 건축물을 개조해 카페로
활용하는 곳이 많다. 산책을 즐기고 잠깐의 휴식을 취하기에 좋은 카페를 소개한다.

1 다방 큐차야테이
茶房 旧茶屋亭

1900년대 초 메이지 明治시대 말기의
건축물을 그대로 보존해 카페로 재탄
생하였다. 동서양 문화가 조화를 이루
는 하코다테 특유의 건축양식과 가구,
조명, 인테리어 소품 등 서양의 실내장
식을 엿볼 수 있다.

맵북 P.27-C3 발음 사보오 큐우차야테에이
주소 函館市末広町14-29 **전화** 0138-22-
4418 **홈페이지** kyuchayatei.hakodate.
jp **영업** 13:00~17:00 **휴무** 화·목요일 **가는
방법** 노면전차 市電 주지가이 十字街역에
서 도보 2분. **주차장** 4~5대 **키워드** 큐차야
테이

과일안미츠세트

2 다방 키쿠이즈미
茶房 菊泉

1921년에 건축된 전통가옥에서 디저트를 즐겨보자. 가게 곳곳에 전화기, 수동카메라 등 아날로그 시대의 향수를 불러일으키는 골동품이 눈에 띈다. 좌식 테이블에 일본식 전통화로 이로리 囲炉裏가 있어 일본의 옛 가정집 체험도 할 수 있다.

맵북 P.26-B3 발음 사보오 키쿠이즈미 주소 函館市元町14-5 전화 0138-22-0306 영업 10:00~17:00 휴무 부정기 가는 방법 노면전차 市電 스에히로초 末広町역에서 도보 7분. 주차장 없음 키워드 Kikuizumi

두부시로타마파르페와 녹차세트

3 다방 히시이
茶房 ひし伊

1921년에 세워진 옛 전당포 건물을 개조한 카페. 1층은 테이블식의 서양풍, 2층은 좌식 테이블로 된 동양풍으로 꾸며져 있다. 입구에 들어서면 왼편에는 카페가, 오른편에는 동서양의 골동품을 판매하는 앤티크숍이 자리한다.

맵북 P.27-C4 발음 사보오 히시이 주소 函館市宝来町9-4 전화 0138-27-3300 홈페이지 hishii.info 영업 11:00~17:00 휴무 수요일 가는 방법 노면전차 市電 타마라이초 宝来町역에서 도보 2분. 주차장 8대 키워드 hakodate sabou hishii

4 다방 무쿠리 茶房 無垢里

곳간이 딸린 메이지 明治시대의 옛 가옥을 몸소 느낄 수 있는 작은 카페. 마치 누군가의 집을 방문한 듯 신발을 벗고 들어서면 방 안으로 안내된다. 아늑함과 평온함 속에서 일본 전통 디저트를 맛볼 수 있는 좋은 기회다.

맵북 P.26-B3 **발음** 사보오 무쿠리 **주소** 函館市元町13-14 **전화** 0138-26-1292 **영업** 일~금요일 10:00~17:00 토요일 11:00~17:00 **휴무** 수·목요일, 12/26-2월 말일 **가는 방법** 노면전차 市電 스에히로초 末広町역에서 도보 5분. **주차장** 3대 **키워드** 사보 무쿠리

멘코이이나카시루코와 커피세트

5
모스트리스
MOSSTREES

1900년대 초에 등장한 서양식 건축물로, 내부 또한 이국적인 분위기를 물씬 풍긴다. 하코다테항에서 가까운 위치에 있어 원래는 선박 관련 물품을 팔았던 곳이었다. 점심 메뉴는 카레와 파스타 중 선택할 수 있으며, 샐러드와 커피가 포함돼 있다.

맵북 P.26-B2 **발음** 모스트리 **주소** 函館市大町9-15 **전화** 0138-27-0079 **영업** 화~금요일 11:45~14:00, 17:30~22:00, 토~일요일 11:45~23:00 **휴무** 월요일 **가는 방법** 노면전차 市電 오오마치 大町역에서 도보 3분. **주차장** 7대 **키워드** 모스트리스

6
로만티코 로만티카
ROMANTiCO ROMANTiCA

복고풍의 외관과는 달리 내부는 현대적인 감각으로 꾸며져 있다. 노랑, 주황, 초록색 원색으로 꾸며진 내벽과 가게 한가운데를 차지한 다량의 서적들이 눈길을 사로잡는다. 디저트 위주의 메뉴가 대부분이지만 점심에는 식사도 제공한다.

맵북 P.26-B1 **발음** 로만티코 로만티카 **주소** 函館市弁天町15-12 1F **전화** 0138-23-6266 **홈페이지** www.romanticoromantica.com **영업** 11:00~20:00 **휴무** 화·수요일 **가는 방법** 노면전차 市電 오오마치 大町역에서 도보 3분. **주차장** 6대 **키워드** romantico romantica

하코다테산
函館山

하코다테 관광에서 빠질 수 없는 것이 바로 야경. 하코다테산은 하코다테시 서쪽에 위치한 해발 334m의 산으로, 하코다테의 멋진 야경을 한눈에 내려다볼 수 있는 최고의 명소다. 산꼭대기에는 전망대가 있어 하코다테시의 전경을 감상할 수 있는데, 날씨가 맑을 때는 저 멀리 츠가루 津軽 해협과 하코다테 공항까지 보인다. 특히 맑고 투명한 공기가 깔리는 가을에 더욱 먼 곳까지 보인다고 하니 참조하자. 비가 오거나 안개 낀 흐린 날씨가 아니라면 대체로 깨끗한 야경을 조망할 수 있다.

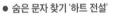 **맵북** P.26-A4 **가는방법** P.279참고 **키워드** 하코다테산

Pickup 하코다테산을 더 재미있게 즐기기
● 야경 감상 최적의 시간
야경을 감상하기에 가장 좋은 시간은 일몰 30분 전후다. 석양이 서서히 지면서 온 세상이 검은 풍경으로 뒤덮이는 모습을 감상하는 것이 가장 좋은데, 대부분의 관광객이 이 시간을 노리고 오기 때문에 넉넉히 일몰 한 시간 전에는 도착해서 자리를 잡아두는 것이 좋다. 산 정상은 2~3도 정도 기온 차가 있으므로 따뜻한 겉옷을 챙겨가도록 하자.

월별 일몰시간

1월	2월	3월	4월	5월	6월
16:10	16:50	17:30	18:00	18:30	19:00
7월	8월	9월	10월	11월	12월
19:10	19:00	17:30	17:10	16:30	16:00

● 숨은 문자 찾기 '하트 전설'
하코다테의 야경을 가만히 들여다보면 일본어로 '하트'를 뜻하는 'ハート(하또)'와 '좋아해'를 뜻하는 'スキ(스키)'라는 카타카나 문자를 찾을 수 있다. 이것을 발견하면 사랑이 이루어진다는 믿거나 말거나 전설이 내려오는데, 하트 문자를 스스로 찾지 않고 남에게 물으면 그 운이 사라진다고 한다.

● 낮 풍경도 놓칠 수 없어요
600여 종류의 식물이 서식하고 있어 신록의 계절에는 하이킹 코스로도 인기가 높은 하코다테산. 관광객이 붐비는 밤 시간대를 피해 비교적 한산한 낮 시간대에 방문하는 것도 하코다테산을 즐기는 색다른 방법이다.

로프웨이가 산정전망대까지 가장 빨리 도착할 수 있는 방법

하코다테산 가는 방법

❶ 로프웨이 ロープウェイ

산정 전망대까지 가장 빨리 도착할 수 있는 방법. 산로쿠 山麓역에서 탑승하여 단 3분 만에 도달한다는 점, 3면이 통유리로 되어있어 곤돌라 안에서 전경을 바라볼 수 있다는 점 등이 장점으로 꼽히지만 그 이면에 무시무시한 단점도 존재한다. 일몰 전후로 해서 매우 붐비는 편이므로 다양한 모습의 풍경을 감상할 수 있는 일몰시간에 맞춰 움직였다가는 대기시간으로 인해 풍경을 놓치는 불상사를 겪게 될 수도 있다. 또 현지 날씨에 따라 운행이 급작스럽게 중단되는 경우도 있으니 흐리거나 추운 날에는 방문 전 홈페이지를 확인하고 가야한다.

맵북 P.26-A4·B4·C4 **발음** 로우프웨이 **주소** 函館市元町19-7 **전화** 0138-23-3105 **홈페이지** 334.co.jp **운영** 4/20~9/30 10:00~21:50(하행은 22:00), 10/1~4/19 10:00~20:50(하행은 21:00), 15분 간격으로 운행 **휴무** 부정기 **요금** 왕복-중학생 이상 ￥1,800, 초등학생 이하 ￥900, 편도-중학생 이상 ￥1,200, 초등학생 이하 ￥600 **가는 방법** 노면전차 市電 주지가이 十字街역에서 도보 7분. **키워드** 하코다테야마 로프웨이

❷ 하코다테 등산버스 函館登山バス

시간은 조금 걸리지만 가장 싼 가격에 산정 전망대까지 오를 수 있는 방법. 약 30분이 소요된다. 버스에 승차해 오른쪽 좌석에 앉으면 하코다테의 풍경을 바라보며 갈 수 있다. 반대로 내려올 때는 왼쪽에 앉으면 된다. 하코다테역 앞에서 출발하여 하코다테 아침시장 函館朝市, 하코다테 국제호텔 函館国際ホテル, 하코다테 메이지칸 はこだて明治館, 주지가이 十字街, 하코다테산 정상 函館山山頂을 거쳐 산 정상에 도착한다.

발음 하코다테토산바스 **전화** 0138-51-3137 **홈페이지** www.hakobus.co.jp **운영** 4월 중순~11월 중순 17:30~20:00(하코다테역 기준) **휴무** 11월 하순~4월 상순 **요금** 성인 ￥500, 어린이 ￥250

❸ 택시

자동차는 17:00~22:00까지 통행이 금지되지만 대신 택시는 산정 전망대까지 올라갈 수 있다. 하코다테역에서 정상까지의 거리가 7km이므로 요금은 ￥2,500~3,000선. 교통 체증만 없다면 20분 정도 소요될 것으로 예상된다. 때문에 3인 이상 이동 시 로프웨이보다 저렴하게 이용할 수 있으며 편리함은 말할 것도 없다.

요금 중형 기준 ￥600, 이후 302m마다 ￥100 추가

카네모리 아카렌가 창고 金森赤レンガ倉庫

하코다테항을 대표하는 관광지. 1887년에 만들어진 하코다테 최초의 영업용 창고로 붉은 벽돌과 장난감 같은 외관이 매력이다. 창고업의 쇠퇴로 인해 점차 사업을 축소해가던 창고를 미술관과 비어홀 등 새로운 용도로 사용하면서 지금의 카네모리 아카렌가 창고가 탄생했다.

창고는 서구의 풍부한 생활문화를 테마로 패션잡화, 인테리어 소품 등 수입산 제품이 주를 이루는 '카네모리양물관 金森洋物館', 오르골, 수제 공예품과 같이 독특한 제품의 전문점이 들어선 '베이 하코다테 BAY函館', 비어홀이 자리한 '하코다테 히스토리 플라자 函館ヒストリープラザ' 등 세 구역으로 나뉘어 있다.

맵북 P.27-C2 발음 카네모리아카렌가소오코 주소 函館市末広町14番12号 전화 0138-27-5530 홈페이지 hakodate-kanemori.com 운영 09:30~19:00(비어홀 월~금요일 11:30~21:30 토·일·공휴일 11:00~21:30) 가는 방법 노면전차 市電 스에히로초 末広町역에서 도보 5분. 주차장 카네모리 아카렌가 창고 대형 주차장 金森赤レンガ大型駐車場에서 가능. 1시간 ￥500, 이후 30분마다 ￥250 추가 키워드 카네모리 아카렌가 창고

❶❷마치 장난감처럼 아기자기한 모습의 카네모리 아카렌가 창고 ❸ 함께 줄을 당겨 종을 울리면 행복해진다는 종 ❹❺다양한 기념품과 먹거리를 판매하는 창고 내부 모습

Pickup 빨간 구두를 신은 소녀상

하코다테항에 설치된 동상 가운데 단연 눈에 띄는 동상은 바로 '빨간 구두를 신은 소녀상 赤い靴の少女像'이다. 일본 동요 '빨간 구두'의 모델이 된 소녀 키미짱의 모습을 조각한 동상으로, 빨간 구두를 신고 있는 것이 포인트이다.

발음 아카이쿠츠노쇼오죠조 주소 函館市末広町23-17 가는 방법 노면전차 市電 스에히로초 末広町역에서 도보 3분.

Feature

하코다테항 색다르게 즐기기

멀리서 전망으로만 즐기는 하코다테항이 아닌 바다 위에서 또는 바다 가까이에서
하코다테항을 즐길 수 있는 방법을 소개한다.

1 바다 위에서 누리는 낭만
관광유람선 블루문 観光遊覧船 ブルームーン

바다에 떠 있는 달을 형상화한 관광유람선 블루문은 하코
다테항을 제대로 만끽할 수 있는 방법이다. 하코다테항을
한 바퀴 일주하는 '베이 크루즈 ベイクルーズ'와 저녁 시간
대에 츠가루 津軽 해협까지 넓게 도는 '나이트 크루즈 ナ
イトクルーズ' 등 두 가지 타입으로 구성되어 있다. 운이
좋으면 돌고래와 갈매기를 가까이서 볼 수 있다.

맵북 P.27-C2 발음 칸코유란센 브루우문 주소
函館市末広町14-17 ブルームーン遊覧船乗場 전화 0138-26-6161 홈페이지 www.hakodate-
factory.com/bluemoon 운영 10:00~17:00(시기마다 다름) 요금 베이 크루즈-중학생 이상
￥2,200, 65세 이상 ￥2,000, 초등학생 ￥1,100, 3~6세 ￥500, 2세 이하 무료, 나이트 크루즈-중학
생 이상 ￥3,200, 65세 이상 ￥3,000, 초등학생 ￥1,600, 3~6세 ￥700, 2세 이하 무료 가는 방법 노
면전차 市電 스에히로초 末広町역에서 도보 5분. 키워드 hakodate bay cruise bluemoon

2 바다를 바라보며 즐기는 소울푸드와 커피

바닷가와 인접한 카네모리 아카렌가 창고 건너편에 떡 하니
자리한 상업시설은 다름 아닌 하코다테 시민의 소울푸드 '럭키피에
로 ラッキーピエロ'와 미국의 대표적인 커피 프랜차이즈 '스타벅스'
다. 럭키피에로는 본래 햄버거 전문점이지만 지점에 따라 다양한 메
뉴가 추가되기도 한다. 이곳은 오므라이스, 카레라이스, 함바그스
테이크 등 일본식 양식과 피자, 야키소바 등을 제공한다. 두 곳 모두
바다를 조망할 수 있다는 점이 특징.

[추천 카페]

● 럭키피에로 마리나스에히로점 ラッキーピエロ マリーナ末広店
맵북 P.27-C2 발음 락키삐에로 주소 函館市末広町14-17 전화 0138-27-5000 홈페이지 luckypierrot.jp 운영
09:30~22:00 휴무 부정기 가는 방법 노면전차 스에히로초에서 도보 5분. 키워드 럭키 삐에로 마리나 스에히로점

● 스타벅스 하코다테 베이 사이드점 スターバックスコーヒー函館ベイサイド店
맵북 P.27-C2 발음 스타아박쿠스 주소 函館市末広町24-6 전화 0138-21-4522
홈페이지 www.starbucks.co.jp 운영 07:00~22:00 휴무 부정기 가는 방법 노면
전차 市電 스에히로초 末広町역에서 도보 5분. 키워드 스타벅스 하코다테베
이사이드

Feature

겨울의 하코다테를 만끽하고 싶다면

홋카이도의 겨울을 만끽할 수 있는 수많은 관광지가 있지만, 그중에서도 일찍이 개항한 도시
하코다테의 겨울은 더욱 특별하다. 이국적인 정취를 가득 품은 건물들과 어우러진 아름다운
일루미네이션과 여행자들에게는 잘 알려지지 않은 숨은 명소까지 하코다테만의
겨울을 만끽할 수 있는 명소가 가득하다. 하코다테의 겨울을 만끽할 수 있는 겨울 명소를 소개한다.

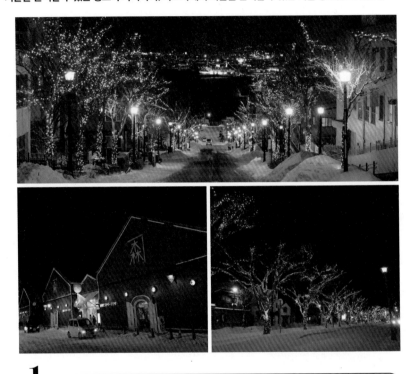

1
하코다테 일루미네이션

겨울이 되면 하치만자카 八幡坂, 카네모리아카렌가창고 金森赤レンガ倉庫, 니쥬켄자카 二十間坂, 하코다
테역 광장 등 하코다테를 대표하는 명소들이 장식용 전등으로 아름답게 꾸며져 눈을 즐겁게 하는데, 하코다
테가 가진 특유의 이국적인 분위기에 일루미네이션이 더해져 환상적인 겨울 풍경이 완성된다. 특히 하치만
자카는 16만 개의 전구와 소복하게 쌓인 하얀 눈이 어우러져 로맨틱한 분위기를 자아낸다. 이 때문에 뼛속
까지 시리는 추위 속에서도 사진 촬영을 위해 많은 이들이 방문한다. 12월 상순에서 2월 하순 사이 일몰이
시작되는 시간부터 밤 10시까지 점등된다. 2월에는 하코다테항에서 매주 토요일 밤 8시에 약 10분간 불꽃
놀이가 펼쳐져 보다 화려한 하코다테의 모습을 감상할 수 있다.

홈페이지 www.HAKODATE-ILLUMINATION.com

2
하코다테시 열대 식물원 函館市熱帶植物園

한국인 여행자에게는 그다지 알려져 있지 않지만 현지인이라면 알 만한 사람은 다 아는 숨은 인기 명소다. 온천 마을 유노카와 湯の川에 자리한 이곳은 90마리의 귀여운 일본 원숭이들이 노천탕에 들어가 온천욕을 즐기는 모습으로 유명세를 타기 시작하였다. 나가노 長野현의 유명한 온천 원숭이를 볼 수 있는 곳이 홋카이도에도 있는 것.

매년 12월부터 5월 초 사이 식물원에서는 추위를 싫어하는 원숭이들을 위해 40도의 따끈따끈한 온천탕을 만든다. 원숭이는 기본적으로 물을 싫어하지만 강추위가 시작되면 언제 그랬냐는 듯이 온천욕을 즐긴다고 한다. 온천에 들어가 유유자적 신선 놀음을 하는 모습이 꼭 사람과 닮아 절로 웃음이 나온다. 귀여운 원숭이의 재롱을 즐기며 힐링하고 싶은 이에게 적극 추천하는 곳이다. 원숭이들을 보고 자신도 온천에 들어가고 싶어졌다면 식물원 내에 족욕탕이 마련되어 있으니 이용해보자.

맵북 P.23-C2 발음 하코다테시넷타이쇼쿠부츠엔 **주소** 函館市湯川町3-1-15 **전화** 0138-57-7833 **홈페이지** www.hako-eco.com **운영** 11~3월 09:30~16:30, 4~10월 09:30~18:00 **휴무** 12/29~1/1 **요금** 일반 ￥300 초·중학생 ￥100 **가는 방법** JR 하코다테 函館역 앞 버스 정류장에서 하코다테 버스 96번 승차하여 넷타이쇼쿠부츠엔마에 熱帶植物園前에서 하차후 도보 2분. **주차장** 120대 **키워드** 하코다테시 열대식물원

고료카쿠 五稜郭

일본에서 처음으로 만들어진 별 모양의 성곽. 미국과 체결한 니치베와 신조약 日米和親条約으로 하코다테항이 개항을 하게 되고 이를 계기로 많은 외국인의 방문이 줄을 잇자 이들과의 교섭을 진행하던 관공서 '하코다테 부교쇼 箱館奉行所'를 지키기 위해 축성된 것이다. 에도 江戸시대 말기부터 메이지 明治시대 초반에 이르기까지 수많은 전쟁에 휘말렸던 파란만장한 역사를 지니고 있어 일본 역사 팬들에게는 더할 나위 없는 유적지다.

맵북 P.22-B1·B2

고료카쿠 공원 五稜郭公園

고료카쿠 관광의 시작점이라고도 할 수 있는 고료카쿠 타워를 보고 내려왔다면 본격적으로 성곽 내부를 둘러보자. 국가가 지정한 특별 역사 유적지로 등록된 고료카쿠는 일반인에게 공개되면서 공원으로서 자리 잡게 되었는데, 사실 일본 역사에 관심이 많은 이가 아니라면 푸르른 자연이 펼쳐지는 공원을 쉬엄쉬엄 둘러보며 휴식을 취하는 것만으로도 이곳을 느낄 수 있다. 하코다테 부교쇼를 비롯해 대포, 성벽, 비석 등 역사적 흔적이 공원 곳곳에 남아 있다. 12월부터 2월까지는 밤이 되면 조명을 환하게 비추는 야간 이벤트가 펼쳐진다.

맵북 P.22-B1 발음 고료오카쿠코오엔
주소 函館市五稜郭町44 운영 4~10월
05:00~19:00, 11~3월 05:00~18:00
가는 방법&주차장 고료카쿠 타워 부분
참조 키워드 고료카쿠 공원

고료카쿠 타워 五稜郭タワー
고료카쿠의 별 모양 성곽을 실감하
려면 위에서 내려다보는 것이 정답.
성곽을 형상화한 5각형 전망대 고
료카쿠 타워에서 성곽을 바라보자.
전망대는 전면 통유리로 되어 있으
며, 107m 높이의 총 2층으로 구성
되어 1층은 높이 86m, 2층은 90m
지점에서 전망을 감상할 수 있다. 전
망 1층 바닥 일부는 시스루플로어
シースルーフロア라 하여 뻥 뚫린
시야로 스릴 있게 조망할 수 있게끔
통유리로 되어 있다. 2층은 고료카
쿠의 역사를 전시한 공간이 마련되
어 있다.

맵북 P.22-B2 ▶ 발음 고료오카쿠타와 주
소 函館市五稜郭町43-9 전화 0138-
51-4785 홈페이지 www.goryokaku-
tower.co.jp 운영 09:00~18:00(티켓
판매 ~17:50) 휴무 연중무휴 요금 성인
¥1,000, 중, 고등학생 ¥750, 초등학
생 ¥500, 미취학 아동 무료 가는 방법
노면전차 市電 고료카쿠코엔마에 五稜
郭公園前역에서 도보 15분. 주차장 인
근 하코다테시 예술홀 函館市芸術ホー
ル 또는 하코다테시 고료카쿠 관광주
차장 函館市五稜郭観光駐車場에서 유
료 이용. 1시간 ¥200, 이후 30분마다
¥100 추가 키워드 고료카쿠 타워

트라피스틴 수도원
トラピスチヌ修道院

1898년 프랑스에서 일본으로 파견 온 8명의 수녀들이 설립한 일본 최초의 여자 수도원. 현재도 이곳 수녀들은 엄격한 계율을 지키며 자급자족 생활을 이어나가고 있다. 내부를 견학할 수는 없으나 정원과 자료실을 둘러볼 수 있다. 붉은 벽돌로 지어진 성당과 사제관은 푸르른 자연과 어우러져 더욱 멋스럽다.

잔다르크, 성모 마리아, 성 미카엘 등 정원 구석구석에 자리한 조각상은 저마다의 의미가 담겨 있어 하나씩 차근차근 둘러볼 것을 권하며, 매점에서 판매하는 수제 쿠키와 마들렌도 먹어보도록 하자.

맵북 P.23-D2 발음 토라피스치누슈우도오인 주소 函館市上湯川町346 전화 0138-59-2839 홈페이지 www.ocso-tenshien.jp 운영 09:00~11:30, 14:00~16:30 휴무 부정기 요금 무료 가는 방법 JR 오시마토베츠 渡島当別역에서 도보 20분. 주차장 인근 시민의숲 市民の森 주차장 이용, 1회 ¥200 키워드 트라피스틴 천사의 성모 수도원

❶ 트라피스틴 수도원의 전경 ❷ 프랑스의 마리 베르나르 신부의 작품인 인자하신 성모마리아 ❸ 성 테레지아. '내가 하늘나라로 가면 지상에 장미 비를 내리게 할 것입니다.' 그녀가 남긴 마지막 한마디 때문에 조각상 가슴에 장미가 새겨져 있다. ❹ 성 미카엘 동상. 일본에 처음으로 기독교를 전파했던 프란치스코 자비에르가 일본의 보호자로 정한 것이 성 미카엘이다.

5 프랑스 남부지방의 도시 루르드에 있는 암굴을 작게 만든 것. **6** 12각형 지붕이 특징인 여행자의 성당 **7** 자료실과 매점이 들어선 천사원 **8** 수도원의 중심, 성당. 정면 벽에 있는 것이 성녀 잔다르 크이다. **9** 입회자의 문 **10** 수녀들이 직접 만든 수제 쿠키와 마들렌 **11** 성당 뒤편에는 성경을 담은 벽화가 있다.

유노카와 湯の川

노보리베츠 登別, 조잔케이 定山渓와 함께 홋카이도 3대 온천으로 불리는 지역. 오래전부터 영업 중인 료칸부터 유명 브랜드 호텔까지 온천을 즐길 수 있는 숙박시설이 다수 모여 있다. 유료시설만 있는 것은 아니다. 무료로 즐길 수 있는 족탕인 유메구리부타이 湯巡り舞台, 이외에도 유쿠라 신사 湯倉神社, 구 토이선 旧戸井線 등 관광 명소도 있으니 함께 둘러보면 좋다. 맵북 P.23-C2

유노카와 온천 족탕 유메구리부타이
湯の川温泉足湯 湯巡り舞台

시영전철 유노카와온센 湯の川温泉역 바로 앞에 자리한 무료 족탕. 개인 수건만 지참하면 누구나 이용할 수 있으며, 09:00부터 21:00까지 운영된다.

맵북 P.23-C2 발음 유노카와온센아시유 유메구리부타이 주소 函館市湯川町1-16-5 전화 0138-57-8988 운영 09:00~21:00 휴무 연중무휴 요금 무료 가는 방법 노면전차 市電 유노카와온센 湯の川温泉역에서 도보 1분. 주차장 이용 가능 키워드 유노카와족욕탕

유쿠라 신사 湯倉神社

족탕에서 도보 10분에 위치한 신사. 유노카와 온천을 지키는 신을 모시는 곳으로 오징어 어획량이 많은 지역답게 이곳 부적 역시 오징어 모양이다.

맵북 P.23-C2 발음 유쿠라진자 주소 函館市湯川町 2-28-1 전화 0138-57-8282 홈페이지 www. yukurajinja.or.jp 운영 08:30~17:30 가는 방법 노면전차 市電 유노카와 湯の川 역에서 도보 1분. 주차장 80대 키워드 유쿠라 신사

구 토이선 旧戸井線

유쿠라 신사에서 5분을 더 걸어가면 군사물자 운송을 목적으로 건설되었으나 지금은 폐선된 구 토이선이 나온다. 옛 정취가 느껴지는 고즈넉한 분위기 덕분에 포토 스폿으로 제격이다.

맵북 P.23-C2 발음 큐우토이센 주소 函館市湯川町2-29 가는 방법 유쿠라 신사 湯倉神社에서 도보 5분. 주차장 없음 키워드 yunokawacho 2-29

타치마치곶 立待岬

하코다테산 函館山을 기준으로 동남쪽 끝자락에 있는 타치마치곶은 츠가루 津軽 해협의 수평선을 탁 트인 시야로 감상할 수 있는 전망 명소다. '타치마치'라는 이름의 유래는 홋카이도의 원주민이 사용한 언어인 아이누어 アイヌ語로, 바위 위에서 물고기를 기다렸다가 작살로 잡는 장소를 뜻하는 '피우스 ピウス'를 의역한 것이라는 설이 있다. 곶이 자리한 광장 일부를 '해당화 공원 はまなす公園'으로 조성하였고, 여름이 되면 활짝 핀 해당화가 만발하는 장관이 펼쳐진다. 여름에 한해 해산물 꼬치와 어묵을 판매하는 매점도 운영하므로 주전부리로 즐겨보는 것도 좋다.

맵북 P.22-A4 발음 타치마치미사키 주소 函館市住吉町 운영 24시간 휴무 11월 상순~3월 중순 차량 통행 금지 가는 방법 노면전차 市電 아치가시라 谷地頭駅에서 도보 15분. 주차장 40대 키워드 다치마치곶

❶조성된 길을 따라 걸을 수 있는 타치마치곶 ❷곶이 자리한 곳에서 많은 사람이 기념사진을 찍고 있다. ❸주전부리를 즐길 수 있는 매점

외국인 묘지 外国人墓地

하코다테항이 개항하고 외국 선박의 왕래가 잦아지면서 조국에 돌아가지 못한 채 하코다테에서 죽음을 맞이했던 외국인들이 점차 늘어나자 이들을 안장하기 위해 마련된 곳이다. 미국 해군함대의 병사 두 명의 죽음이 계기가 되어 이후 러시아, 중국, 영국 등 다양한 나라의 외국인들이 이곳에 잠들어 있다. 높은 지대에 위치해 있어 해안선과 바다의 조화로운 풍경을 감상할 수 있다.

맵북 P.22-A3 발음 가이코쿠진보치 주소 函館市船見町23 가는 방법 노면전차 市電 하코다테도츠쿠마에 函館どつく前駅에서 도보 15분. 주차장 없음 키워드 하코다테 외국인 묘지

❶저멀리 해안선이 보이는 모습 ❷삭막한 분위기의 묘지가 아닌 마치 공원에 와있는듯한 분위기이다.

하코다테 공원 函館公園

'아픈 사람에게는 병원이 필요하듯이 건강한 사람에게는 공원이 필요하다'고 주장한 영국 영사 리처드 유스덴 Richard Eusden과 이에 동의했던 시민들의 협력으로 1879년 개원한 공원이다. 일본에서 가장 오래된 관람차를 비롯해 회전목마, 스카이체어 등 어린이들이 좋아할 만한 놀이기구가 한데 모여 있는 유원지 '어린이 나라 こどものくに', 구 하코다테 박물관으로 쓰였던 건물, 동물원 등 자그마한 시설들이 옹기종이 모여 있다.

계단을 타고 오르면 작은 전망대가 나오는데, 이곳에서도 다른 전망대 못지않은 시원한 전경이 펼쳐진다.

맵북 P.22-A3 발음 하코다테코오엔 주소 函館市青柳町17-4 운영 [공원] 24시간 [놀이기구] 월~금요일 10:30~16:30, 토·일요일·공휴일 10:00~17:00 휴무 우천 시, 11월 중순~3월 중순 요금 입장 무료 놀이기구 티켓 1장 ¥350, 8장 묶음 티켓 ¥2,500 가는 방법 노면전차 市電 아오야기초 青柳町역에서 도보 2분. 주차장 없음 키워드 하코다테 공원

❶❷ 평화로운 공원의 모습 ❸ 일본에서 가장 오래된 관람차 ❹ 놀이기구가 한데 모여 있는 어린이 나라

하코다테시 세이칸연락선 기념관 마슈마루

函館市青函連絡船記念館摩周丸

혼슈 本州의 아오모리 青森와 홋카이도 北海道의 하코다테를 잇던 마지막 연락선 '마슈마루'를 기념하기 위해 만들어진 시설. 선박 내부를 그대로 보존한 '조타실과 무선실', 마슈마루의 오랜 역사를 알 수 있는 다양한 자료를 전시한 '세이칸연락선의 발자취 코너', 배의 상세 구조를 모형과 영상으로 소개한 '배 구조 전시실', 하코다테항과 하코다테산을 조망할 수 있는 '시사이드 살롱'으로 구성되어 있다.

맵북 P.24-A2 발음 하코다테시세에칸렌라쿠센키넨칸마슈마루 주소 函館市若松町12 전화 0138-27-2500 홈페이지 www.mashumaru.com 운영 4~10월 08:30~18:00, 11~3월 09:00~17:00 휴무 12/31~1/3 요금 성인 ¥500, 학생 ¥250, 미취학 아동 무료 가는 방법 JR 하코다테 函館역에서 도보 4분. 주차장 하코다테 역 앞 광장 주차장 이용, 2시간 무료 키워드 하코다테시 세이칸 연락선 기념관 마슈마루

하코다테 공예사 はこだて工芸舎

식료품, 잡화, 주류의 도매업을 운영한 우메즈쇼텐 梅津商店의 건물에 문을 연 공예품 전문점. 80년의 역사를 지닌 근대 건축물의 옛스러움이 물씬 느껴지는 내부에서는 다양한 핸드메이드 제품이 전시, 판매되고 있으며 매장한 켠에는 카페도 운영하고 있다. 2016년에 개봉한 일본 영화 〈세상에서 고양이가 사라진다면〉에 등장하기도 해 화제가 되었다.

맵북 P.27-C3 발음 하코다테코오게샤 주소 函館市末広町8-8 전화 0138-22-7706 홈페이지 www.hakodate-kogeisya.jp 운영 10:00~18:00 휴무 부정기 가는 방법 노면전차 市電 주지가이 十字街역에서 도보 1분. 주차장 6대 키워드 하코다테 코게이샤

PLUS AREA

오오누마 국정공원
大沼国定公園

활화산 '코마가다케 駒ヶ岳'와 분화로 생긴 세 개의 연못 그리고 100여 개가 넘는 작은 섬으로 이루어진 공원. 계절마다 다양한 모습을 선사하여 언제 방문하여도 아름다운 자연을 만끽할 수 있다. 봄에서 가을 사이에는 드넓은 자연경관을 바라보며 사이클링, 카누, 유람선, 승마 등의 액티비티를, 겨울에는 단단하게 언 호수 빙판 위에서 빙어 낚시, 스노모빌, 썰매 등 재미난 체험을 할 수 있는 점도 공원의 큰 장점이다. 오오누마 호수를 중심으로 곳곳에 있는 다리를 건너며 7개의 섬을 돌아볼 수 있도록 정비가 잘 되어 있으므로 산책을 즐기기에도 좋다. JR 오오누마코엔 大沼公園역 맞은편에 있는 오오누마 국제교류 플라자 大沼国際交流プラザ에는 오오누마 국정공원을 둘러보는 데 도움이 되는 많은 정보를 제공하고 있으니 먼저 들렀다 가는 것을 추천한다.

맵북 P.2-A4 발음 오오누마코쿠테에코오엔 **주소** 亀田郡七飯町大沼町85-15(오오누마 국제교류 플라자) **홈페이지** onumakouen.com/ko/ **가는 방법** JR 하코다테 函館역에서 오오누마코엔 大沼公園역까지 특급열차 호쿠토 北斗로 약 30분, 보통열차로 약 50분. **주차장** 260대(1회 요금 ¥400) **키워드** 오누마 국정공원

호수를 산책하다 보면 기념비를 만나게 되는데, 오오누마의 바람을 맞으며 탄생한 명곡을 기념하기 위해 세워진 것이다. 이 명곡의 비하인드 스토리는 이렇다. 일본의 작곡가 아라이 만 新井満이 오오누마 호수 부근의 통나무집에 머물며 만든 곡이 '천 개의 바람이 되어'다. 이 곡은 죽은 이가 추모하는 이에게 위로를 건네는 가사가 듣는 이의 심금을 울려 일본에서 큰 인기를 누린 곡으로, 우리나라에서도 팝페라 가수 임형주가 리메이크한 바 있다.

오오누마 국정공원이 속한 지역 나나에정 七飯町은 사과 산지로도 유명한데, 이 사과로 만든 사이다를 공원 내에서 판매한다.

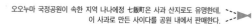

01 하코다테 미식탐방
수산시장의 양대 산맥, 해산물

관광객의 필수 코스, 하코다테 아침시장 函館朝市 하코다테역

약 1만 평 부지에 신선한 해산물과 채소, 과일을 취급하는 250여 업체가 한데 모인 아침시장. 1940년 하코다테 函館역 앞 광장 노상에서 인근 농가가 직접 가꾼 채소와 과일을 팔던 것을 계기로 주변 상권이 형성되기 시작했다. 규모가 점차 커지자 약 10년 후 지금의 자리로 이전하였고 이때부터 본격적인 시장의 모습을 갖추게 되었다. 시장은 크게 네 구역으로 돼 있다. 수산물과 청과물 판매점, 푸드코트가 있는 하코다테 아사이치히로바 函館朝市ひろば와 직접 자신의 손으로 잡은 오징어를 구입할 수 있는 이카노츠리보리 イカの釣り堀가 1층에 있으며, 2층엔 식당으로 되어 있는 에키니이치바 えき市場, 음식점과 기념품점이 들어선 돈부리요코초이치바 どんぶり横丁市場, 건어물을 주로 취급하는 엔칸이치바 塩干市場가 있다.

맵북 P.24-B2 발음 하코다테아사이치 주소 函館市若松町9-19 전화 0138-22-7981 홈페이지 www.hakodate-asaichi.com 영업 1~4월 06:00~14:00, 5~12월 05:00~14:00 휴무 연중무휴(가게마다 휴무인 경우가 있음) 가는 방법 JR 하코다테 函館역에서 도보 1분. 주차장 20분 ¥100 키워드 하코다테아침시장

하코다테 아침시장 추천 식당

차무 茶夢

돈부리요코초이치바 どんぶり横丁市場 내에 있는 노포. 당
일 들여온 싱싱한 게살과 성게, 연어알을 듬뿍 담은 하코다테
동(¥1,800)이 인기.

맵북 P.24-B2 발음 차무 주
소 函館市若松町 9-15 전화
0138-27-1749 영업 07:00~
14:00 휴무 부정기 키워드
chamu seafood restaurant

니방칸 二番館

에키니이치바 えきに市場 내에 있는 정식집. 점심에는 해산
물덮밥을 단돈 ¥500에 즐길 수 있다. 연어알, 게살, 오징어,
연어 등 다양한 메뉴를 선보인다.

맵북 P.24-B2 발음 니방칸
주소 函館市若松町9-19 2F
전화 0138-22-5330 영업
06:00~14:00 휴무 셋째 주
수요일(7~9월·12월은 무휴)
키워드 아침시장식당 니반칸

키쿠요식당 味処 きくよ食堂

1956년에 개업한 아침시장의 명물 식당. 신치토세 공항에도
지점이 있을 정도로 현지인과 관광객 사이에서 높은 인지도를
자랑한다. 덮밥부터 정식까지 하코다테산 신선한 해산물을
사용한 각종 메뉴를 합리적인 가격에 즐길 수 있다. 가장 인기
있는 메뉴는 성게와 성게알, 조개관자를 밥 위에 얹은 '원조 하
코다테 토모에덮밥 元祖函館 巴丼(¥2,728, 미니 사이즈는
¥2,398)'. 모든 덮밥 메뉴에는 해초미소된장국이 제공된다.
회나 생선구이 등 다른 메뉴와 곁들여 주문하고 싶다면 덮밥
을 미니 사이즈로 주문하는 것도 하나의 방법이다.

맵북 P.24-A2 발음 키쿠요쇼쿠도 주소 본점 函館市若松町11-15, 2
호점 函館市若松町10-11 전화 본점 0138-22-3732, 2호점 0138-
23-2334 홈페이지 hakodate-kikuyo.com 영업 5~11월 06:00
~14:00, 12~4월 06:00~13:00 휴무 1/1 가는 방법 JR 하코다테 函
館역에서 도보 2분. 주차장 있음(¥2,100 이상 영수증 제시하면 1
시간 무료) 키워드 키쿠요식당

하코다테 자유시장 函館自由市場 신카와초

하코다테 시민의 식탁을 책임지는 자유시장은 수산물과 청과물을 판매하는 40업체가 들어서 있다. 신선하고 품질이 좋은 것으로 알려져 음식점을 운영하는 장인들도 이곳에서 재료를 구입한다. 오징어, 연어, 게 등 한 품목만 다루는 전문점이 많은 것도 특징. 매달 8일, 18일에는 평소보다 더욱 저렴하게 구입할 수 있는 '토쿠바이노히 特売の日' 이벤트를 개최한다(8, 18일이 일요일인 경우 토요일에 진행).

맵북 P.25-D2 **발음** 하코다테지유우이치바 **주소** 函館市新川町1-2 **전화** 0138-27-2200 **영업** 08:00~17:00 **휴무** 일요일 **가는 방법** 노면전차 市電 신카와초 新川町역에서 도보 2분. **주차장** 40대 **홈페이지** hakodate-jiyuichiba.com **키워드** 하코다테 자유시장

하코다테 자유시장 추천 식당

커피마르셰 コーヒーマルシェ

가게 이름과는 달리 생선구이 정식과 해산물 덮밥을 전문으로 하는 자유시장 내에 있는 식당. 가게 분위기는 밥집이라기보다는 일본식 다방에 가깝다. 커피를 좋아하는 주인장의 취향에 의해 지어진 이름이나 주메뉴는 식사 메뉴이며 후식으로 커피도 즐길 수 있다. 식사 메뉴를 주문할 경우, ¥200만 추가하면 정성이 담긴 커피를 마실 수 있다. 이곳의 인기 메뉴 1, 2위를 다투는 은대구 구이와 오징어회를 둘 다 먹어보고 싶다면 은대구 오징어회 정식 銀だら·イカ刺し定食을 주문하도록 하자. 주문을 받은 즉시 자유시장에서 재료를 구입한 후 조리하는 방식이라 신선함이 살아있다.

맵북 P.25-D2 **발음** 코오히이마르셰 **주소** 函館市新川町 1-2はこだて自由市場内 **전화** 0138-22-7686 **영업** 07:00-15:00 **휴무** 부정기 **가는 방법** 노면전차 市電 마츠카제초 松風町역에서 도보 2분. **주차장** 있음(1시간 무료, 이후 30분 마다 ¥100씩 추가) **키워드** hakodate jiyuichiba

02 하코다테 미식탐방
현지인들이 오랜 시간 함께 해온 서민 음식, 하코다테 소울푸드

럭키피에로 ラッキーピエロ

하코다테 전역

1987년에 탄생한 하코다테의 소울푸드. 하코다테 내 맥도날드, 모스버거 등 유명 패스트푸드 프랜차이즈의 지점 수를 다 합쳐도 럭키피에로를 이기지 못한다. 미리 제조하지 않고 주문을 받은 뒤에 만들기 시작하는 오더메이드 시스템이 이 집의 특징. 고기나 쌀은 홋카이도산, 채소는 하코다테를 비롯한 도남 지역에서 재배된 것을 사용한다.

추천메뉴 인기 No.1 차이니즈치킨버거 チャイニーズチキンバーガー ¥420(세금 제외)

맵북 P.25-C3 발음 락키피에로 주소 函館市若松町8-8 ホテルニューオーテ2F 전화 0138-26-8801 홈페이지 luckypierrot.jp 영업 08:00~22:00 휴무 부정기 가는 방법 홈페이지 참조 주차장 3대 키워드 럭키 삐에로 하코다테 에키마에점

이집의 간판메뉴 시스코라이스

캘리포니아 베이비
カリフォルニア・ベイビー　　하코다테항

버터라이스 위에 미트소스와 프랑크소시지를 얹은 이 집의 간판 메뉴 시스코라이스 シスコライス는 하코다테 시민의 대표적인 소울푸드로 꼽힌다. 타이쇼 大正시대의 우체국을 아메리칸 스타일의 레스토랑으로 개조한 것이 특징이다.

추천메뉴 시스코라이스 シスコライス ¥980

맵북 P.27-C2 발음 카리호루니아 베이비 주소 函館市末広町23-15 전화 0138-22-0643 영업 11:00~20:00 휴무 목요일 가는 방법 노면전차 市電 스에히로초 末広町역에서 도보 5분. 주차장 없음 키워드 캘리포니아 베이비

후식으로 나오는 케이크

졸리 젤리피시
Jolly Jellyfish　[고료카쿠]

1982년에 개업한 이래 현지인의 발길이 끊이질 않
는 레스토랑. 〈냉정과 열정 사이〉로 유명한 일본의
소설가 츠지 히토나리 辻仁成의 하숙집이었던 곳
이 음식점으로 변신하였다. 볶음밥 위에 먹음직스
럽게 스테이크가 얹어진 '스테피'란 애칭의 스테이
크필라프 ステーキピラフ가 이 집의 대표 메뉴로
연간 1만 개가 팔릴 정도로 인기가 높다.

추천메뉴　스테이크필라프 ステーキピラフ
¥1,430

맵북 P.23-C1 발음 쵸리제리핏슈 **주소** 函館市東山
2-6-1 South Cedar DRIVE INN 1F **전화** 0138-86-
9908 **영업** 11:00~14:30, 17:00~21:00 **휴무** 수요일, 연
말연시 **가는 방법** 하코다테버스 函館バス 히가시야마코
엔 東山公園 정류장에서 도보 2분. **주차장** 36대 **키워드**
jolly jelly fish

스테이크필라프가
대표메뉴

야키토리벤또

하세가와 스토어
ハセガワストア　[하코다테항]

하코다테의 명물 돼지고기 꼬치구이 도시락(야키
토리벤또 やきとり弁当)을 판매하는 편의점. 매장
에 구비된 주문용지를 기입하여 카운터에서 계산
을 하면 만들기 시작한다. 영어로 주문 방법과 메
뉴가 적혀 있어 어렵지 않다. 다양한 종류의 닭꼬치
를 낱개로도 주문할 수 있다.

추천메뉴　야키토리벤또 やきとり弁当 ¥560~

맵북 P.27-C3 발음 하세가와스토아 **주소** 函館市末広町
23-5 **전화** 0138-24-0024 **영업** 07:00~22:00 **휴무** 없
음 **가는 방법** 노면전차 市電 스에히로초 末広町 역에서
도보 5분. **주차장** 4대 **홈페이지** www.hasesuto.co.jp
키워드 hakodate bay hasegawa store

03 하코다테 미식탐방
하코다테 밥집 열전

아사리 본점 すき焼き 阿佐利本店
주지가이

1901년 문을 연 스키야키 전문점. 스키야키는 얇게 썬 소고기를 간장 양념에 졸인 일본의 전통 나베요리다. 점심에는 스키야키 정식 세트만을 선보이는데, 이 집의 또 다른 명물인 크로켓 コロッケ을 ¥200에 추가할 수 있으니 함께 즐겨보자. 100년이 넘은 전통가옥 다다미방에 앉아 고급 품질의 소고기 요리를 즐길 수 있다.

추천메뉴 스키야키 런치 세트 すき焼きランチセット ¥1,800

맵북 P.27-D4 발음 아사리 혼텐 주소 函館市宝来町10-11 전화 0138-23-0421 홈페이지 asarihonten.com 영업 11:00~14:30, 16:00~21:00 휴무 수요일 가는 방법 노면전차 市電 타마라이초 宝来町역에서 도보 1분. 주차장 10대 키워드 아라시 본점

후식으로 나오는 유자 셔벗

지요켄 滋養軒
하코다테역

삿포로에 미소라멘, 아사히카와에 쇼유라멘이 있다면 하코다테에는 시오라멘 塩ラーメン(소금)이 있다. 홋카이도 3대 라멘 중 하나인 시오라멘의 정통스타일을 제대로 맛볼 수 있는 인기 라멘전문점이다. 1947년에 문을 연 이래 변함없이 옛 레시피를 그대로 고수하고 있다. 투명한 국물로 대변되는 깔끔하고 담백한 맛은 느끼함을 부담스러워 하는 사람들도 만족할 만하다.

추천메뉴 하코다테시오라멘 函館塩ラーメン ¥600

맵북 P.25-C2 발음 지요오켄 주소 函館市松風町7-12 전화 0138-22-2433 영업 11:30~14:00 휴무 화·수요일 가는 방법 노면전차 市電 하코다테에키마에 函館駅前역에서 도보 5분. 주차장 3대 키워드 지요켄 하코다테

소바사이사이 쿠루하

蕎麦彩彩 久留葉　**모토마치**

오픈 전부터 긴 대기행렬을 이루고 음식점 평가지 미슐랭 가이드에서 ¥5,000 이하로 즐길 수 있는 최고의 음식 '비브구르망'에도 선정된 소바 전문점. 추천 메뉴는 새우와 그날 들여온 제철 채소를 튀긴 일본식 튀김 텐푸라소바. 토마토, 가지, 바질, 오쿠라 등 다양한 채소를 맛볼 수 있다. 따뜻한 것 蕎麦 과 차가운 것 セイロ 중에서 선택할 수 있으며 새우튀김을 한 개 더 추가할 수 있다.

추천메뉴 소바 そば ¥880~

맵북 P.27-C3 **발음** 소바사이사이 쿠루하 **주소** 函館市元町30-7 **전화** 0138-27-8120 **영업** 월~금요일 11:30~14:30 토·일요일 11:30~15:00 **휴무** 겨울 시즌 화요일 **가는 방법** 노면전차 市電 주지가이 十字街역에서 도보 7분. **주차장** 6대 **키워드** 소바사이아야쿠루요

톤에츠 和風とんかつ専門店 とん悦
주지가이

1971년에 개업한 일본식 돈카츠 전문점으로 엄선된 홋카이도산 돼지고기만을 사용한다. 기름에 넣어 통째로 튀기는 일반적인 조리 방식으로 만든 사쿠사쿠아게 サクサク揚げ와 튀김 옷을 얇게 만들어 스테이크를 굽듯 한 면씩 튀겨내는 이 집만의 독특한 방식으로 만든 카츠레츠아게 カツレツ揚げ 중 선택할 수 있다.

추천메뉴 히레(안심)돈카츠 정식 ヒレとんかつ定食 ¥1,580

맵북 P.27-D3 **발음** 톤에츠 **주소** 函館市宝来町22-2 **전화** 0138-22-2448 **홈페이지** tonetsu.com **영업** 11:30~14:30, 17:00~20:30 **휴무** 부정기 **가는 방법** 노면전차 市電 타마라이초 宝来町역에서 도보 1분. **주차장** 8대 **키워드** hakodate tonetsu

부타동 포르코 豚丼ポルコ

하코다테역

100마리 중 2~3마리 나올까 말까 할 정도로 귀한 오비히로 帯広산 브랜드 '카미코미 돼지 かみこみ 豚'와 홋카이도산 쌀로 만든 돼지고기덮밥 전문점. 수일간 숙성시켜 만든 토카치 특제 소스가 입맛을 돋운다. 소금과 후추로 간을 한 하코다테 시오, 매운 된장 양념으로 구운 삿포로 피리카라미소, 버터 소테, 쇼가야키 등 입맛에 따라 고를 수 있다.

추천메뉴 토카치 특제돼지고기덮밥 十勝特製 豚丼 ¥1,200

맵북 P.25-C3 발음 부타동 뽀르코 주소 函館市松風町 10-6 2F 전화 0138-83-5046 홈페이지 butadon-porco.com 영업 11:30~14:30(마지막 주문 14:00), 18:00~20:30(마지막 주문 20:00) 휴무 수·목요일 가는 방법 노면전차 市電 마츠카

제초 松風町역에서 도보 1분. 주차장 8대 키워드 Butadon Porco

레스토랑 셋카테이 レストラン雪河亭

주지가이

1879년에 문을 연 양식 레스토랑 '고토켄 五島軒'의 본점. 홋카이도에서 가장 오랜 역사를 가진 서양식 레스토랑으로 개업 당시에는 러시아 요리 전문점이었다. 카레라이스, 하야시라이스, 오므라이스 등 일본식 양식이 주요 메뉴이며 레토르트 카레를 생산, 판매하고 있다.

추천메뉴 양식카레세트 洋食カレーセット ¥3,850

맵북 P.27-C3 발음 레스토랑 셋카테에 주소 函館市末広町4-5 전화 0138-23-1106 홈페이지 gotoken1879.jp 영업 11:30~14:30, 17:00~20:00 휴무 화요일, 1/1, 1/2 가는 방법 노면전차 市電 주지가이 十字街역에서 도보 5분. 주차장 있음 키워드 고토켄 본점 셋카테이

카페 델리 마루센
Cafe&Deli MARUSEN 하코다테역

1934년에 지어진 건물에 들어선 카페 겸 레스토랑.
하코다테항이 번영을 누리던 시기에 수산업 회사
의 사옥이었던 건물을 사용하고 있다. 인기 메뉴는
리코타치즈로 부드러운 식감을 배가시킨 팬케이
크. 메이플버터, 믹스베리, 캐러멜바나나 등 다양
한 토핑을 올려 먹는다. 14:00까지 주문 시 ￥150
을 추가하면 음료도 함께 나온다.

추천메뉴 팬케이크 パンケーキ ￥1,000

맵북 P.24-A3 발음 카훼안도데리 마루센 주소 函館市若
松町20-1 キラリスB1F 전화 0138-85-8545 홈페이지
www.cafe-marusen.com 영업 11:00~19:00 휴무 첫
째·셋째 주 월요일, 화요일 가는 방법 JR하코다테 函館역
에서 도보 4분. 주차장 없음 키워드 hakodate marusen

카페 디시 Café D'ici 모토마치

오래된 집을 개조한 카페로 내 집 같은 편안한 분위
기를 느낄 수 있다. 커피 메뉴는 내추럴, 비터, 프렌
치 등 취향에 따라 골라 마실 수 있도록 다양하게
갖추고 있다. 빵, 샐러드, 수프, 커피가 함께 제공되
는 세트 메뉴 4つのセット가 인기가 높다.

추천메뉴 4개 세트 4つのセット ￥1,500

맵북 P.27-C4 발음 카페디씨 주소 函館市元町22-9 전
화 0138-76-7476 홈페이지 cafe-dici.jugem.jp 영업
10:30~19:00 휴무 목요일, 첫째&셋째 주 수요일 가는
방법 노면전차 市電 야치가시라 谷地頭역에서 도보
1분. 주차장 7대 키워드 cafe dici

빵, 샐러드 수프,
커피가 제공되는
세트 메뉴

04 하코다테 미식담방
커피와 디저트 그리고 빵

한입에 쏙!
치즈케이크 메르치즈

프티 메르베이유
Petite Merveille

`카네모리 아카렌가 창고`

하코다테를 대표하는 디저트 전문점. 한입에 쏙 들어가는 치즈케이크 메르치즈 メルチーズ는 하루 1만 개를 생산할 정도로 큰 인기를 누리고 있다. 매장 안에서 케이크와 음료를 함께 주문하면 할인혜택이 적용된다.

`맵북 P.27-C2` **발음** 푸티메르비아유 **주소** 函館市末広町 10-18, **전화** 0138-26-7755 **홈페이지** www.petite-merveille.jp **영업** 09:30~19:00 **휴무** 연말연시 **가는 방법** 노면전차 市電 주지가이 十字街역에서 도보 3분. **주차장** 카네모리 아카렌가 창고 전용대형 주차장 이용 **키워드** petite merveille at bay

◄ 케이크와 음료를 함께
   주문하면 할인된다.

피베리 ピーベリー `고료카쿠`

자가배전식 커피를 제공하는 커피 전문점. 인기 메뉴인 수제 케이크와 함께 커피를 즐겨보자. 창가 테이블 자리에서는 창밖 자연풍경을 감상하기에 좋다. 고료카쿠를 산책한 후 들르기 좋은 곳.

`맵북 P.22-B1` **발음** 피이베리이 **주소** 函館市五稜郭町27-8 **전화** 0138-54-0920 **영업** 09:00~16:30 **휴무** 월·화요일 **가는 방법** 노면전차 市電 고료카쿠코엔마에 五稜郭公園前역에서 도보 12분. **주차장** 10대 **키워드** 피베리

카페 라미네어 Cafe' LAMINAIRE 하코다테 공원

츠가루 津軽 해협을 조망할 수 있는 카페. 카페 내부가 전면 유리창으로 되어 있다. 테라스석에 앉으면 바다내음을 맡으며 끝없이 펼쳐지는 바다 풍경을 감상하며 커피를 음미할 수 있다.

맵북 P.27-D4 **발음** 카훼 라미네에루 **주소** 函館市宝来町14-31 **전화** 0138-27-2277 **영업** 월~토요일 11:00~18:00, 일요일 11:00~17:30 **휴무** 목요일 **가는 방법** 노면전차 市電 타마라이초 宝来町역에서 도보 5분. **주차장** 10대 **키워드** 카페 라미네르

킨교차야 きんぎょ茶屋 모토마치

아기자기한 잡화점 겸 카페. 전통가옥의 옛 모습을 그대로 살리면서 귀여운 빈티지 소품을 촘촘히 배치했다. 카페 내부를 여기저기 둘러보아도 눈이 즐겁다.

맵북 P.26-B2 **발음** 킨교차야 **주소** 函館市末広町20-18 **전화** 0138-24-5500 **영업** 10:00~16:00 **휴무** 수요일 **가는 방법** 노면전차 市電 스에히로초 末広町역에서 도보 1분. **주차장** 1대 **키워드** kingyochaya

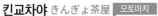

카페 클래식 하코다테
Cafe classic hakodate 야치가시라

세탁소를 카페로 탈바꿈시킨 재미있는 곳. 창문이나 천장 등 군데군데에 예전 흔적이 남아 있다. 깔끔하고 세련된 분위기를 갖추어 카페놀이하기에 안성맞춤이다. 카페 이름을 붙인 '클래식푸딩'이 대표적.

맵북 P.22-A3 발음 카훼크라식쿠하코다테 주소 函館市谷地頭町25-20 전화 080-5596-2291 홈페이지 classic-hakodate.jimdofree.com 영업 11:30~21:00 휴무 화요일, 마지막 주 수요일 가는 방법 노면전차 市電 야치가시라 谷地頭역에서 도보 2분. 주차장 2대 키워드 cafe classic hakodate

커피 미스즈 珈琲焙煎工房 美鈴
하코다테역

1932년 개업, 홋카이도에서 가장 오래된 커피 전문점. 주문을 받은 직후 약 3분간 원두를 직접 배전하여 신선한 커피를 제공한다. 브라질, 콜롬비아, 에티오피아 등의 다양한 커피를 맛볼 수 있다.

맵북 P.25-C2 발음 코오히바이센코오보 미스즈 주소 函館市松風町7-1 전화 0138-23-7676 홈페이지 www.misuzucoffee.com 영업 10:00~18:00(마지막 주문 17:30) 휴무 부정기 가는 방법 노면전차 市電 하코다테에키마에 函館駅前역에서 도보 2분. 주차장 없음(주차권 제공) 키워드 coffee misuzu daimon

톤보로 tombolo 모토마치

홋카이도산 밀가루, 소금, 물로만 만든 딱딱한 빵을 전문으로 하는 빵집. 무화과와 호두를 넣은 빵이 가장 인기가 좋다. 건포도, 땅콩을 곁들이거나 아무 재료도 넣지 않은 바게트, 캄파뉴도 판매한다.

맵북 P.27-C3 **발음** 톤보로 **주소** 函館市元町30-6 **전화** 0138-27-7780 **홈페이지** tombolo.jpn.org **영업** 11:00~17:00(빵이 다 팔리면 영업 종료) **휴무** 월~수요일(공휴일인 경우 다음날), 연말연시 **가는 방법** 노면전차 市電 주지가이 十字街역에서 도보 12분. **주차장** 10대 가능 **키워드** tombolo hakodate

카마쿠라 気ままなパン屋 窯蔵 야치가시라

노면전차 야치가시라 谷地頭역 바로 앞에 위치한 작은 빵집. 아담한 사이즈의 빵들이 귀엽고 깜찍하다. 다양한 종류의 빵이 판매되지만 인기가 많아 금세 동이 나버린다.

맵북 P.22-A3 **발음** 키마마나팡야 카마쿠라 **주소** 函館市谷地頭町25-18 **전화** 0138-23-8330 **영업** 09:00~18:00 **휴무** 목·일요일, 공휴일 **가는 방법** 노면전차 市電 아치가시라 谷地頭역에서 도보 1분. **주차장** 없음 **키워드** 야치가시라 (역 건너편에 위치)

모양도 귀여운 빵

토카치 오비히로 十勝 帯広
TOKACHI OBIHIRO

TOKACHI OBIHIRO

삿포로
SAPPORO

풍부한 농산물을 생산하여 일본 식료 공급의 기지라 평가되는 토카치 지역. 그중 오비히로는 토카치 지역의 핵심 도시이자 관광의 중심지다. '토카치 맑음 とかち晴れ'이라 불릴 만큼 연중 청량하고 맑은 날씨가 많은 편이며 특히 가을과 겨울에는 흐린 날을 찾아보기 힘들 정도다. 대자연을 몸소 느낄 수 있는 볼거리와 고기, 채소, 과일, 유제품 등 풍성한 재료를 이용한 음식이 큰 자랑거리다. 또한 세계 유일의 썰매 경마도 놓칠 수 없는 재미다.

토카치 오비히로 Must Do

세계 유일의 썰매 경마, 반에이토카치 관전하기 P.314

250km 도로 속에 숨어 있는 정원, 홋카이도 정원 가도 P.316

목장과 낙농의 왕국 토카치가 자신 있게 추천하는 부타동과 디저트 맛보기 P.321, 324

사랑과 행복의 성지, 전철역에서 소원을 빌어보자 P.318

Pickup 토카치 오비히로 알차게 여행하는 법

1 JR 오비히로 帯広 역사 내 에스타 ESTA 입구 바로 옆을 주목하자. 코후쿠역(행복역)을 소규모 크기로 재현해 놓은 미니 행복역에서 토카치의 관광 정보를 얻을 수 있다.

2 토카치의 대자연에 속한 전원 도시 '오비히로'를 나타내는 사슴들을 찾아보자. 오비히로 시내에 총 7마리의 동상이 있다.

토카치 오비히로 여행코스

Travel course

버스 15분

3 코후쿠역(행복역)
P.318

애국역과 마찬가지로 전철역이 있는 마을의 이름 '코후쿠 幸福'에서 따온 폐역.

● 토카치 천년의 숲
十勝千年の森舎

1 마나베정원 P.316
일본식, 서양식, 풍경식 정원을 모두 볼 수 있는 곳.

버스 20분

2 아이코쿠역(애국역)
P.319

옛 일본 국철인 히로오 広尾선 구간의 운행이 중단되면서 문을 닫은 폐역. 전철역이 위치한 마을의 이름인 '아이코쿠 愛国'에서 따왔다.

버스 15분

4 롯카테이나카사츠나이미술촌 P.320
오비히로의 유명 디저트 브랜드 '롯카테이 六花亭'가 운영하는 예술공간. 6곳의 미술관과 레스토랑, 기념품숍, 정원이 있다.

버스 20분

5 반에이토카치 P.314
세계 유일의 썰매 경마 '반에이케이바 ばんえい競馬'가 열리는 곳.

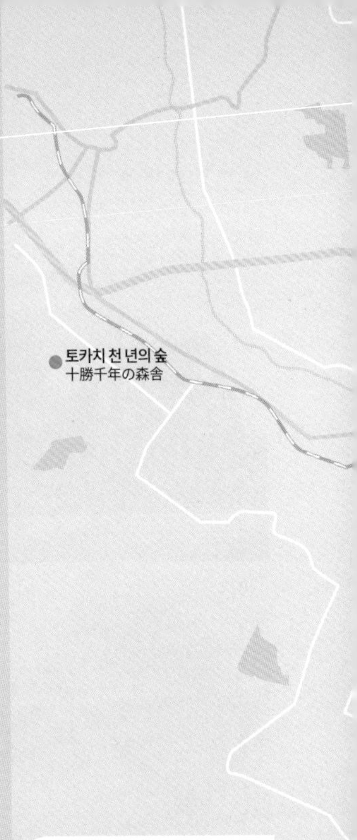

다
大

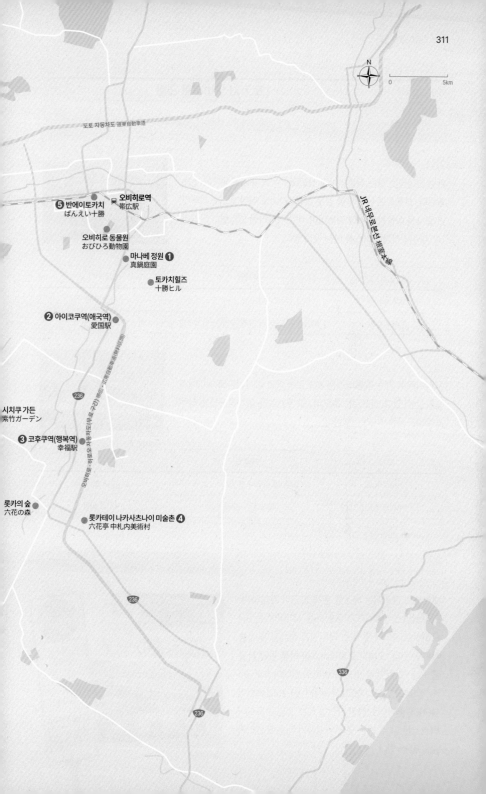

N

0   5km

도토 자동차도 道東自動車道

JR 네무로본선 根室本線

⑤ 반에이토카치
ばんえい十勝

오비히로역
帯広駅

오비히로 동물원
おびひろ動物園

마나베 정원 **①**
真鍋庭園

토카치힐즈
十勝ヒル

② 아이코쿠역(애국역)
愛国駅

오비히로~하로토동차도 구간 帶広~廣尾自動車道

236

시치쿠 가든
紫竹ガーデン

③ 코후쿠역(행복역)
幸福駅

롯카의 숲
六花の森

롯카테이 나카사츠나이 미술촌 ④
六花亭 中札内美術村

236

236

336

Transportation in Tokachi Obihiro | 토카치 오비히로 교통

오비히로로 이동하기

열차

환승 없이 이동하는 직통열차가 삿포로 札幌와 쿠시로 釧路에서 운행된다. 삿포로에서 출발할 경우 JR 홋카이도 레일패스 소지자라면 열차를 이용하는 것이 이득이며, 미소지자라면 열차보다 가격이 1/2 가까이 저렴한 버스를 타는 것이 좋다.

열차가 도달하는 JR 오비히로 帯広역

도시	열차명	소요 시간
삿포로 札幌	특급슈퍼토카치 特急スーパーとかち	2시간 30분
쿠시로 釧路	특급슈퍼오오조라 特急スーパーおおぞら	1시간 30분

버스

오비히로로 가는 직통버스는 삿포로 札幌와 아사히카와 旭川에서 승차할 수 있다. 삿포로는 추오버스 中央バス가, 아사히카와는 타쿠쇼쿠버스 拓殖バス가 운행한다.

오비히로 버스 터미널

도시	버스명	소요 시간
삿포로 札幌	포테이토라이너 ポテトライナー	3시간 30분~40분
아사히카와 旭川	노스라이너 ノースライナー	4시간 10분

오비히로 시내 교통수단

대부분의 관광지는 버스를 통해 접근이 가능하며, 토카치버스 十勝バス가 운행하는 시내버스는 JR 오비히로 帯広역 앞 버스 터미널과 정류장에서 승차하면 된다. 오비히로 시내버스를 하루 동안 자유롭게 승·하차할 수 있는 '오비히로 원데이 おびひろ 1day' 티켓도 있으니 참고하자(성인 ¥1,200, 어린이 ¥600). 홋카이도 정원 가도의 일부 정원은 도보나 버스로는 갈 수 없는 곳에 위치하기 때문에 렌터카로만 갈 수 있다.

토카치버스

오비히로 동물원 おびひろ動物園

1963년 홋카이도에서 두 번째로 문을 연 동물원. 도 내에 있는 동물원 가운데 유일하게 코끼리를 사육했던 곳으로 개원 당시부터 살았던 인도 코끼리 '나나'는 무지개 다리를 건넌 2020년까지 60년 가까이 이곳에서 지냈다. 북극곰, 바다표범, 마코앵무 등 약 70종 350여 마리의 동물들을 만나볼 수 있으며, 유원지로서의 기능도 갖추고 있어 어린이도 아담한 놀이기구 10종을 즐길 수 있다.

맵북 P.30-B1 **발음** 오비히로도오부츠엔 **주소** 帯広市字緑ヶ丘2 **전화** 0155-24-2437 **홈페이지** www.city.obihiro.hokkaido.jp/zoo **요금** 성인 ￥420, 65세 이상·고등학생 ￥210, 중학생 이하 무료 **운영** 4월 하순~9월 09:00~16:30, 10·11월 09:30~16:00, 12~2월 11:00~14:00 **휴무** 3~4월 중순 전체 휴원, 12~2월 월~금요일 **가는 방법** JR 오비히로 帯広역 앞 9번 버스 정류장에서 오오조라단치 大空団地행 승차하여 도오부츠엔마에 動物園前 하차, 도보 5분. **주차장** 남문 150대, 정문 80대 **키워드** 오비히로 동물원

❶동물원 내에 있는 놀이기구 ❷잠수시간이 길어 30분 정도 잠수가 가능하다는 점박이 물범 ❸오비히로 동물원의 마스코트였던 인도 코끼리 '나나'는 59세였던 2020년 일본 국내 최고령을 기록하고 세상을 떠났다. ❹멸종 위기 종 보존 사업 추진을 위해 삿포로 마루야마 동물원에서 온 북극곰 ❺화려한 깃털을 자랑하는 붉은 앵무새 ❻지능이 높은 침팬지

반에이토카치 ばんえい十勝

세계에서 유일한 썰매 경마 '반에이케이바 ばんえい競馬'를 볼 수 있는 곳이 바로 오비히로다. 썰매 경마는 몸무게 1톤 전후의 육중한 말이 1톤 무게의 강철 썰매를 끌면서 직선 200m를 달리는 경주다. 평지만을 달리는 일반적인 경마와 달리 언덕으로 이루어진 2개의 장애물을 거쳐야 하므로 힘과 속도는 물론 지구력과 테크닉까지 요한다. 더욱 흥미진진하고 극적인 경기를 위해 골인 지점에 높이 0.5m의 모래 경사가 있어, 썰매의 끝부분이 결승선을 통과해야만 인정된다. 1년 내내 매주 토·일·월요일에 개최되며 여름에는 야간 레이스, 겨울에는 눈 레이스가 펼쳐진다.

맵북 P.30-B1 발음 반에이토카치 주소 帯広市西13条南9-1 전화 0155-34-0825 홈페이지 banei-keiba. or.jp 운영 4월 하순~11월 중순 14:00~20:45, 11월 하순~12월 하순 13:00~20:00, 1~3월 13:00~19:00 휴무 화~금요일 요금 ¥100 가는 방법 JR 오비히로 帯広역 앞 버스 터미널 12번 정류장에서 시라카바도오리 白樺通り 행 승차하여 케이바조마에 競馬場前에서 하차, 도보 1분. 주차장 750대 키워드 오비히로 경마장

❶ 세계에서 유일한 썰매 경마 '반에이케이바' ❷ 백야드 투어에 참가하면 중계석의 모습을 지켜볼 수 있다. ❸ 경마장을 마차로도 둘러볼 수 있다. 중학생 이상 ¥500, 초등학생 이하 무료

백야드 투어 (임시 중단)
バックヤードツアー

경주마가 생활하는 마사와 레이스 전 도구를 장착하는 장안소 등지를 견학할 수 있는 백야드 투어에도 참가해보자. 경마 개최일에 실시하며 종합안내소에 문의하면 된다.

투어 시간 13:45~ 접수 시간 토·일요일 13:00~, 월요일 13:30~(판매 접수처 1층 종합 안내소) 요금 중학생 이상 ¥500, 초등학생 이하 무료

경마장 완벽 이용 가이드

❶ 경마장 입장

❷ 입구에서 받은 출주표를 확인하여 패독에서 말을 유심히 관찰

❸ 배당률 확인

❹ 마크카드 기입

❺ 발매 發売 창구에서 마권을 구입(마크카드를 넣고 현금 입금)

❻ 레이스 관전

❼ 전광판에 결과 확인

❽ 적중했다면 환급 払戻 창구에서 돈 돌려받기

마권의 마크 카드 기입 방법

❶ **경마장명** 場名 : 두 번째 오비히로 帯広에 표시한다.

❷ **레이스 번호** レース番号 : 전광판에 레이스 번호를 확인한 후 원하는 숫자에 표시한다.

❸ **식별** 式別 : 마권의 종류(총 8종류의 마권 중 초보자에게 추천하는 것은 1등 말을 맞히는 '탄쇼 単勝'와 1~3등에 들어갈 것으로 예상되는 말 한 마리를 맞히는 '후쿠쇼 複勝')

❹ **말 번호** 馬番号 : 우승을 예상하는 말의 번호. 1着·1頭目에만 기입하면 된다.

❺ **금액** 金額·**단위** 単位 : 구입한 금액의 숫자와 단위

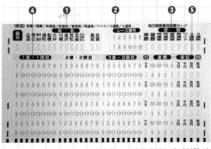

※ 파란색 또는 빨간색 카드에 기입할 것.

홋카이도 정원 가도
北海道ガーデン街道

다이세츠 大雪에서 후라노 富良野를 거쳐 토카치 十勝까지 이어지는 250㎞ 긴 고속도로. 도로 사이에는 다이세츠잔 大雪山 부근에 있는 다이세츠 숲의 정원 大雪 森の庭園을 시작으로 아사히카와 旭川의 우에노 팜 上野ファーム(P.214), 후라노 富良野의 바람의 정원 風のガーデン(P.202) 그리고 토카치 十勝의 토카치 천 년의 숲 十勝千年の森, 마나베 정원 真鍋庭園, 토카치힐즈 十勝ヒルズ, 시치쿠가든 紫竹ガーデン, 롯카의 숲 六花の森 등 홋카이도를 대표하는 총 8개 정원이 있다. 이 중 5개 정원이 집중된 토카치 지역에 거점을 두고 정원 가도를 둘러보는 여행 코스가 인기를 끌고 있는데, 일부 정원을 제외하고는 대중교통이 불편하므로 렌터카를 이용하는 것이 좋다.

홈페이지 www.hokkaido-garden.jp

Pickup 할인 티켓

● **토카치하나메구리 공통권** とかち花めぐり共通券
토카치 천 년의 숲, 마나베 정원, 토카치 힐즈, 시치쿠 가든, 롯카의 숲 5군데 중 3곳 또는 5곳 모두를 입장할 수 있는 티켓.
요금 3곳 ￥2,000, 5곳 ￥3,300

---

❶ 마나베 정원 真鍋庭園
일본식 정원, 서양식 정원, 풍경식 정원을 동시에 볼 수 있는 곳.

맵북 P.30-B1 발음 마나베테에엔 주소 帯広市稲田町東2-6 전화 0155-48-2120 홈페이지 www.manabegarden.jp 운영 4월 하순~9월 08:30~17:30(10월은 ~16:30, 11월~15:30) 휴무 12월~4월 중순 요금 고등학생 이상 ￥1,000, 초등·중학생 ￥200, 미취학아동 무료 가는 방법 JR 오비히로 帯広역 앞 버스 터미널 10번 정류장에서 코교코·키타코 工業高·北高행 승차하여 니시온조산주큐초메 西4条39丁目에서 하차, 도보 5분. 주차장 50대 키워드 manabe garden

❷ 롯카의 숲 六花の森
일본식 정원, 서양식 정원, 풍경식 정원을 동시에 볼 수 있는 곳이다.

맵북 P.30-A2 발음 롯카노모리 주소 河西郡中札内村常盤西3線249-6 전화 0155-63-1000 홈페이지 www.rokkalel.co.jp 요금 고등학생 이상 ￥1,000, 초등·중학생 ￥500, 미취학아동 무료 운영 10:00~16:00 휴무 10월 하순~4월 중순 가는 방법 JR 오비히로 帯広역 앞 버스 터미널 11번 정류장에서 히로오 広尾행 승차하여 나카사츠나이쇼각코마에 中札内小学校前에서 하차, 도보 15분. 주차장 80대 키워드 forest of rokka

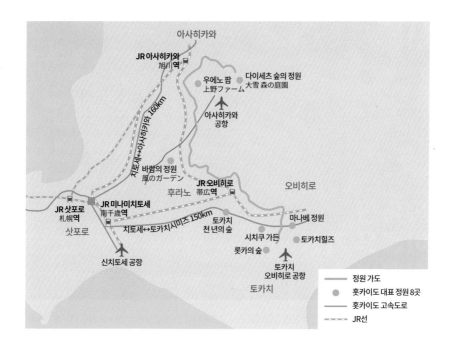

아사히카와

JR 아사히카와
旭川역

우에노 팜
上野ファーム

다이세츠 숲의 정원
大雪 森の庭園

치토세↔아사히카와 160km

아사히카와
공항

바람의 정원
風のガーデン

JR 오비히로
帯広역

후라노

오비히로

JR 삿포로
札幌역

JR 미나미치토세
南千歳역

마나베 정원

삿포로

치토세↔토카치시미즈 150km

토카치
천년의 숲

시치쿠 가든

토카치힐즈

신치토세 공항

롯카의 숲

토카치
오비히로 공항

토카치

— 정원 가도
● 홋카이도 대표 정원 8곳
— 홋카이도 고속도로
⋯⋯ JR선

❸ 토카치 천 년의 숲 十勝千年の森
영국의 권위적인 정원 디자인상에서 일본 최초로 대상을 수상한 정원.

맵북 P.30-A1 **발음** 토카치센넨노모리 **주소** 清水町羽帯南10線 **전화** 0156-63-3000 **요금** 고등학생 이상 ¥1,200, 초등·중학생 ¥600, 미취학아동 무료 **운영** 4·6월 09:30~17:00, 7·8월 09:00~17:00, 9·10월 09:30~16:00 **휴무** 10월 하순~4월 중순 **홈페이지** www.tmf.jp **가는 방법** JR 토카치시미즈 十勝清水역에서 자동차로 15분. **주차장** 200대 **키워드** 토카치센넨노모리

❹ 시치쿠 가든 紫竹ガーデン
2,500여 종의 꽃이 만발하는 정원.

맵북 P.30-A2 **발음** 시치쿠가아덴 **주소** 帯広市美栄町西4線

107 **전화** 0155-60-2377 **홈페이지** shichikugarden.com **운영** 08:00~17:00 **휴무** 11월~4월 중순 **요금** 고등학생 이상 ¥1,000 초등·중학생 ¥200 미취학아동 무료 **가는 방법** JR 오비히로 帯広역에서 자동차로 35분. **주차장** 50대 **키워드** 시치쿠 가든

❺ 토카치힐즈 十勝ヒルズ
채소와 과일나무를 테마로 하여 토카치의 농업을 느낄 수 있다.

맵북 P.30-B1 **발음** 토카치히르즈 **주소** 中川郡幕別町字日新13-5 **전화** 0155-56-1111 **홈페이지** www.tokachi-hills.jp ¥400 **운영** 09:00~17:00 **휴무** 10월 하순~4월 중순 **요금** 고등학생 이상 ¥1,000, 중학생 ¥400, 초등학생 이하 무료 **가는 방법** JR 오비히로 帯広역에서 자동차로 25분. **주차장** 150대 **키워드** tokachi hills hokaido

愛国 から
幸福 ゆき
発売当日限り有効 220円
下車前途無効
愛国地域活性化協議会 発行

愛国 → 幸福
小

독특한 이름을 가진 전철역

옛 일본 국철 히로오 広尾선 구간의 운행 중단으로 문을 닫은 폐역이 '연인의 성지'와 '행복의 상징'으로 탈바꿈하였다. 보통 전철 역명에는 지명 또는 주변에 알려진 명소를 붙이는 것이 일반적이지만 우연찮게도 지명을 따 명명된 행복역과 애국역. 이 이름 덕분에 폐역이 된 지 30년이 지난 지금도 많은 이들이 찾고 있다.

코후쿠역 幸福駅 (행복역)

전철역이 위치한 마을의 이름이 행복이란 뜻을 지닌 코후쿠라서 이름 붙여진 역. 역사 벽면에 자신의 명함을 붙이면서 행복을 비는 이가 늘어나면서 하나의 풍습이 되었다. 실제로 쓰였던 주황색 디젤기관차가 그대로 전시되어 있어 당시 모습을 짐작할 수 있다.

맵북 P.30-B2 발음 코오후쿠에키 주소 帯広市幸福町東1線 운영 09:00~17:30(겨울은 ~15:00) 휴무 부정기 가는 방법 JR 오비히로 帯広역 앞 버스 터미널 11번 정류장에서 히로오 広尾행 승차하여 코후쿠 幸福에서 하차, 도보 5분. 주차장 36대

아이코쿠역 愛国駅(애국역)

행복역과 마찬가지로 전철역이 위치한 마을의 이름
이 애국을 뜻하는 아이코쿠였기 때문에 이름이 붙여
졌다. '애국심'이 아닌 '사랑의 나라'로 널리 알려지면
서 행복역과 함께 사랑의 대명사로 자리 잡았다. 현재
폐역사는 폐선이 된 히로오 広尾선의 교통기념관으로
이용되고 있다.

맵북 P.30-B1 **발음** 아이코쿠에키 **주소** 帯広市愛国町基線
39-40 **운영** 3~11월 09:00~17:00 12~2월 일요일만 개관 **휴**
무 부정기 **가는 방법** JR 오비히로 帯広역 앞 버스 터미널 11번
정류장에서 히로오 広尾행 승차하여 아이코쿠 愛国에서 하
차, 도보 2분. **주차장** 20대

롯카테이 나카사츠나이 미술촌
六花亭 中札内美術村

오비히로에 본점을 둔 디저트 브랜드 '롯카테이 六花亭'가 운영하는 예술 공간으로 떡갈나무 숲속에 6곳의 미술관과 레스토랑, 기념품숍, 정원이 자리하고 있다. 홋카이도 출신 화가들의 작품과 홋카이도의 풍경을 담은 회화가 전시되어 있다. 고요한 숲속 산책로를 따라 시원한 풀 내음을 맡으며 예술작품을 감상하는 시간을 가져보자.

맵북 P.30-B2 발음 롯카테에나카사츠나이비쥬츠무라 주소 北海道河西郡中札内村栄東5線 전화 0155-68-3003 홈페이지 www.rokkatei.co.jp 요금 무료 운영 토·일·공휴일 10:00~16:00 휴무 월~금요일(홈페이지 확인 필요) 가는 방법 JR 오비히로 帯広역 앞 버스 터미널 11번 정류장에서 히로오 広尾행 승차하여 나카사츠나이비주츠무라 中札内美術村에서 하차 후 도보 1분. 주차장 130대 키워드 나카사츠나이 미술촌

❶ 아이하라큐이치로 相原求一郎 미술관 ❷ ❹ 키타노다이치 北の大地 미술관 ❸ ❻ 미술촌 내 미술관 풍경 ❺ ❼ 미술촌 내 음식점 포로시리 ポロシリ

01 오비히로 미식탐방
오비히로에서만 즐길 수 있는 요리

부타동 豚丼
매콤한 간장쇼유 소스로 맛을 내어 숯불에 구운 돼지고기 덮밥 '부타동'은 오비히로인이 가장 사랑하는 음식이다. 일찍이 양돈업을 시작한 토카치 지역 농가의 영향으로 돼지고기를 즐기는 문화가 자연스레 정착하면서 한 음식점의 치열한 연구 끝에 탄생하였다. 두껍게 썬 돼지고기와 가게마다 조금씩 다른 비법 소스가 찰떡궁합을 자랑하며 입맛을 돋운다.

추천 부타동 음식점

판초 ぱんちょう
1933년 문을 연 부타동의 선구자. 갖은 시행착오를 거쳐 완성한 당시의 소스를 현재까지 유지하고 있다.

맵북 P.31-B1 **발음** 판초오 **주소** 帯広市西一条南11-19 **전화** 0155-22-1974 **영업** 11:00~19:00 **휴무** 월요일, 첫째 주·셋째 주 화요일(공휴일인 경우 다음날) **가는 방법** JR 오비히로 帯広역 북쪽 출구에서 도보 3분. **주차장** 없음 **키워드** 부타동 판초

비계가 적당히 섞인 돼지 등심살

하게텐 본점 はげ天 本店
판초보다 1년 늦은 1934년에 창업한 향토요리점. 비계가 적당히 섞인 돼지 등심살을 엄선해 사용한다.

맵북 P.31-B1 **발음** 하게텐혼텐 **주소** 帯広市西一条南10-5-2 **전화** 0155-23-4478 **홈페이지** www.obihiro-hageten.com **영업** 11:00~15:00, 17:00~20:00 **휴무** 연말연시 **가는 방법** JR 오비히로 帯広역 북쪽 출구에서 도보 5분. **주차장** 없음 **키워드** 하게텐

부타동노톤타 ぶた丼のとん田
등심, 안심, 삼겹살 세 종류를 맛볼 수 있는 부타동 전문점. 소스가 담긴 항아리도 함께 제공된다.

맵북 P.30-B1 **발음** 부타동노톤타 **주소** 帯広市東10条南17-2 **전화** 0155-24-4358 **영업** 11:00~18:00 **휴무** 부정기 **가는 방법** JR 오비히로 帯広역 북쪽 출구에서 도보 30분. **주차장** 17대 **키워드** 부타동톤타

인데안카쿠틀렛
インデアンカツ

카레 숍 인데안
カレーショップ インデアン

오비히로인이 자랑하는 또 하나의 소울푸드 맛집. 메뉴마다 수십 가지의 향신료를 사용한 깔끔한 맛의 인데안, 소고기 루에 양파를 넣어 달달함을 배가시킨 베이직, 감자, 당근, 양파가 들어간 채소 등 세 가지 카레 루를 사용하여 맛을 내는 것이 특징이다. 맵기도 보통부터 아주 매운 것까지 5단계 중에 선택 가능하다.

추천메뉴 ● 인데안 インデアン ¥550

맵북 P.31-B1 발음 카레에쇼뿌인데안 주소 帯広市西2条南10丁目1-1 전화 0155-25-9197 홈페이지 www.fujimori-kk. co.jp/indian 영업 11:00~21:00 휴무 1/1 가는 방법 JR 오비히로 帯広역 북쪽 출구에서 도보 13분. 주차장 8대 키워드 obihiro indians east article 5 stores

◁┄ 매끈한 면발이 살아 있는 우동

토카치 눕푸쿠 가든 레스토랑

十勝ヌップクガー デンレストラン

토카치의 대자연이 담긴 꽃밭을 무료로 개방한 정원 '토카치 눕푸쿠 가든'을 둘러본 다음 정원 내에 있는 레스토랑도 들러보자. 홋카이도산 밀 100%를 사용해 쫄깃하고 매끈한 면발이 살아 있는 우동과 토카치산 고급 흑우로 만든 스테이크, 함바그스테이크 등 풍부한 메뉴를 선보인다. 정원을 바라보며 즐기는 식사는 절로 힐링이 될 것이다.

맵북 P.30-A2 발음 토카치눕푸쿠가아덴레스토랑 주소 帯広市昭和町西1線109 전화 0155-64-2244 홈페이지 nuppuku.com 영업 10:00~20:00 휴무 연중무휴 가는 방법 JR 오비히로 帯広역 앞 버스 터미널에서 히로오 広尾행 승차하여 타이쇼19고 大正19号에서 하차, 도보 5분. 주차장 53대 키워드 tokachinuppuku garden

키타노야타이 北の屋台

이자카야, 바, 프렌치, 중화요리, 한국요리 등 다채로운 장르의 음식을 전문으로 하는 20여 개의 음식점이 한데 모여 있는 포장마차촌. 해 질 녘 17:00경부터 문을 열어 자정 무렵까지 영업하여 술을 곁들인 저녁을 즐기기에 안성맞춤. 토카치에서 나고 자란 식재료로 만들어 이곳만의 추억거리를 만들 수 있다.

맵북 P.31-B1 발음 키타노야타이 주소 帯広市西1条南10-7 전화 0155-23-8194 홈페이지 kitanoyatai.com 영업 18:00~24:00 휴무 12/31, 1/1 가는 방법 JR 오비히로 帯広역 북쪽 출구에서 도보 5분. 주차장 없음 키워드 기타노 이타이

02 오비히로 미식탐방
달콤한 디저트의 세계

오비히로 2대 디저트 전문점

롯카테이 六花亭
오비히로를 넘어서 홋카이도를 대표하는 디저트 브랜드가 된 롯카테이의 본점. '과자는 대지의 은 총이다'라는 캐치프레이즈를 앞세워 오리지널 디저트를 선보인다. 화이트초콜릿으로 감싼 라즈베리 치즈크림을 파이에 끼운 토카치오비히로하츠 とかち帯広発, 바삭한 파이의 식감과 촉촉한 크림이 조화를 이룬 사쿠사쿠파이 サクサクパイ 등이 인기 메뉴다.

맵북 P.31-B1 **발음** 롯카테에 **주소** 帯広市西2条南9-6 **전화** 0155-24-6666 **홈페이지** www.rokkatei.co.jp **영업** 숍 09:00~18:00, 카페 11:00~16:30(마지막 주문 16:00) **휴무** 수요일 **가는 방법** JR 오비히로 帯広역 북쪽 출구에서 도보 7분. **주차장** 19대 **키워드** 롯카테이본점

토카치산 식재료가 듬뿍 담긴 디저트

류게츠 柳月
롯카테이와 함께 오비히로를 대표하는 디저트 브랜드. 1947년 단 세 명의 종업원을 둔 아이스 캔디 판매점으로 시작하였지만 오비히로인의 마음을 단번에 사로잡으면서 빠른 속도로 성장을 거듭했고 현재는 300종류가 넘는 디저트 메뉴를 개발한 어엿한 대기업으로 자리 잡았다. 토카치산 식재료를 듬뿍 사용하여 진한 풍미를 느낄 수 있다.

맵북 P.31-B1 **발음** 류우게츠 **주소** 帯広市大通南8-15 **전화** 0155-23-2101 **홈페이지** www.ryugetsu.co.jp **영업** 08:30~19:00 **휴무** 연중무휴 **가는 방법** JR 오비히로 帯広역 북쪽 출구에서 도보 7분. **주차장** 20대 **키워드** 류게츠본점

오비히로 명물 디저트

타카하시 만주야
高橋まんじゅう屋

'타카만 たかまん'이
라는 애칭으로 불릴
만큼 오비히로인의 사랑을 듬뿍
받고 있는 곳. 일본식 풀빵 오오반야키 大判焼き
가 인기다.

맵북 P.31-B1 발음 타카하시만쥬야 주소 帯広市東一条南5-19-4 전화 0155-
23-1421 영업 09:00~18:00 휴무 수요일 가는 방법 JR 오비히로 帯広역 북쪽 출
구에서 도보 15분. 주차장 7대 키워드 타카하시 만쥬가게

크랜베리 クランベリー

1972년 창업한 노포 디저트 전문점.
고구마를 껍질째 구워 만든 스위트
포테이토 スイートポテト가 간판상품
이다.

맵북 P.31-B1 발음 크란베리이 주소 帯
広市西2条南6丁目 전화 0155-22-
6656 홈페이지 www.cranberry.jp 영업
09:00~20:00 휴무 부정기 가는 방법 JR
오비히로 帯広역 북쪽 출구에서 도보 12
분. 주차장 6대 키워드 크렌베리 패
스트리샵

노릇노릇하게 구워진 스위트 포테이토 ▷▷▶

마스야 満寿屋
토카치산 식재료를 100% 사용한 먹음직스러운 빵을 제
공하는 빵집.

맵북 P.31-B1 발음 마스야 주소 帯広市西一条南10-2-1 전화
0155-23-4659 홈페이지 www.masuyapan.com 영업
09:30~16:00 휴무 연말연시 가는 방법 JR 오비히로
帯広역 북쪽 출구에서 도보 6분.
주차장 없음 키워드 마스야빵
베이커리

맛은 물론 아기자기한 비주얼의 빵 ◀◁◁

쿠시로 釧路
KUSHIRO

KUSHIRO

삿포로
SAPPORO

쿠시로는 도동 道東 지방의 산업, 경제, 관광 중심지로, 홋카이도에서 삿포로, 하코다테, 아사히카와에 이어 네 번째로 큰 도시다. 일본에서 가장 큰 습원이자 중요 관광자원으로 꼽히는 쿠시로 습원의 영향으로 여행 개발에 더욱 힘쓰고 있는데, 나가사키 長崎, 카나자와 金沢와 함께 일본 관광청이 실시한 '관광 모델 도시'로 선정되기도 하였다.

지리와 기후적 특성상 안개가 많이 끼는 것으로 유명하며, 연간 약 100일간 발생할 정도로 빈번하다. 쿠시로의 웅장한 대자연은 야생동물이 쾌적하게 살기에 좋은 조건을 갖추고 있어 많은 동물이 서식하고 있다. 이 때문에 관광 중 간혹 두루미, 사슴, 여우 등을 만날 수 있다.

쿠시로 Must Do

다양한 각도에서 감상하는 야생의 세계, 쿠시로 습원 P.332

노롯코 열차를 타고 떠나는 미니 기차여행 P.334

석양의 거리, 누사마이 다리 바라보기 P.340

푸른빛 칼데라 호수를 보며 힐링하기 P.344

Pickup

쿠시로 알차게 여행하는 법

1 쿠시로 지역에서만 볼 수 있는 마리모 マリモ와 두루미 たんちょう는 천연기념물로 지정될 만큼 희귀하므로 우연히 마주치면 현지인은 행운이라 여긴다.

2 쿠시로와 네무로 根室에서만 판매하는 우유가 있다. 유제품 브랜드 '요츠바 よつ葉'에서 나온 초록색 패키지의 '콘센우유 根釧牛乳'는 고품질 생우유로 만들어 영양가가 높고 맛도 좋다.

3 쿠시로는 안개 낀 날이 연간 100일 이상 발생해 '안개의 도시'라고 불린다. 날씨는 사계절 내내 대체로 흐린 편이며, 특히 여름은 절반 이상 해를 구경하기 어렵다.

쿠 시 로
여 행
코 스

Travel course

버스 40분

3 와쇼시장 P.341
쿠시로의 대표 해산물 시장. 싱싱한 해산물을 푸짐하게 올려 낸 해산물덮밥 캇테동 勝手丼을 맛볼 수 있다.

쿠시로 습원 노롯코 열차 50분
+도보 13분

6 쿠시로피셔맨즈와프 MOO P.340
쿠시로의 대표 상업시설. 쿠시로를 대표하는 기념품과 먹거리가 모여 있다.

1 쿠시로역앞 버스터미널 P.331

도보 2분

4 JR쿠시로 釧路역

도보 1분

버스 40분

2 쿠시로시습원전망대 P.333
쿠시로 습원의 서쪽을 볼 수 있는 전망대. 전망대 내부는 다양한 생물들을 전시한 자료관으로 꾸며져 있으며, 옥상에서 습지와 쿠시로 시내의 조망도 가능하다.

쿠시로 습원 노롯코 열차 50분

5 쿠시로습원 노롯코열차 P.334
쿠시로 습원을 더 가까이에서 즐길 수 있는 방법. 4~10월 동안만 한정으로 운행하는 관광열차다.

7 누사마이다리 P.340
쿠시로강 하류에 있는 다리. 삿포로의 토요히라 豊平 다리, 아사히카와의 아사히 旭 바시와 함께 홋카이도 3대 다리로 꼽히며, 아름다운 석양을 조망할 수 있다.

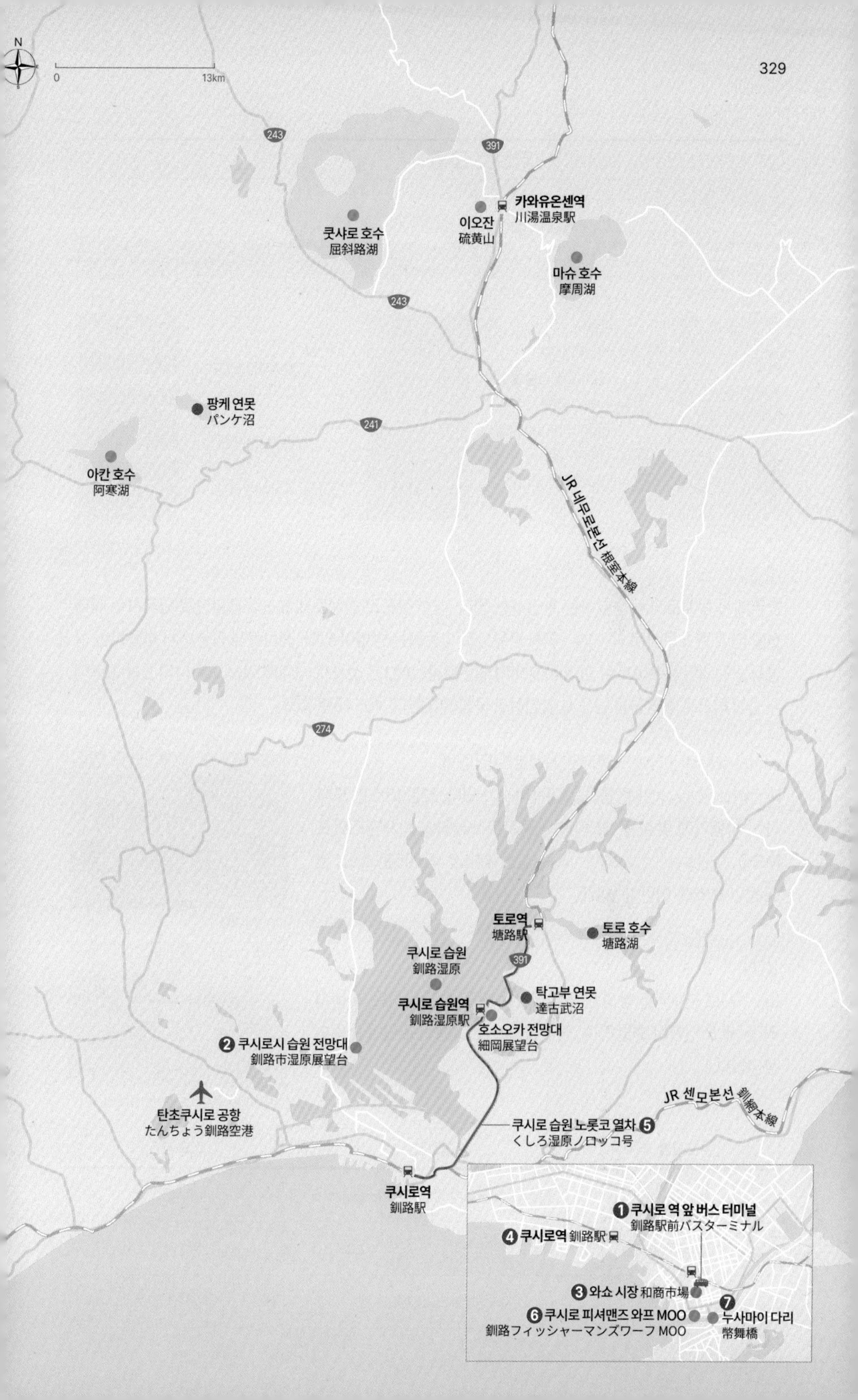

N

0   13km

243

391

카와유온센역
川湯温泉駅

이오잔
硫黄山

쿳샤로 호수
屈斜路湖

마슈 호수
摩周湖

243

팡케 연못
パンケ沼

241

아칸 호수
阿寒湖

JR 세무로본선 釧路本線

274

토로역
塘路駅

토로 호수
塘路湖

쿠시로 습원
釧路湿原

391

쿠시로 습원역
釧路湿原駅

탁고부 연못
達古武沼

❷ 쿠시로시 습원 전망대
釧路市湿原展望台

호소오카 전망대
細岡展望台

탄초쿠시로 공항
たんちょう 釧路空港

쿠시로 습원 노롯코 열차 ❺
くしろ湿原ノロッコ号

JR 센모본선 釧網本線

쿠시로역
釧路駅

❶ **쿠시로역 앞 버스 터미널**
釧路駅前バスターミナル

❹ **쿠시로역** 釧路駅

❸ **와쇼 시장** 和商市場 ❼

❻ **쿠시로 피셔맨즈 와프 MOO**
釧路フィッシャーマンズワーフ MOO

누사마이 다리
幣舞橋

Transportation in Kushiro | 쿠시로 교통

쿠시로로 이동하기

삿포로		쿠시로		
	방법① 비행기 45분 (신치토세 공항 출발)		방법① 열차 약 3시간 30분	아바시리
	방법② 비행기 45분 (오카다마 공항 출발)		방법① 버스 약 7시간 15분	아사히카와
	방법③ 열차 4시간			
	방법④ 버스 5시간 35분		방법① 열차 약 2시간	오비히로

비행기
한국에서 쿠시로까지 직항하는 항공사는 없다. 대신 삿포로 신치토세 新千歳 공항으로 입국하여 국내선을 타고 탄초쿠시로 たんちょう釧路 공항으로 이동하는 방법이 있다. 신치토세 공항에서 취항하는 항공사는 전일본공수(ANA) 한 회사뿐이며 일본항공(JAL)은 삿포로 시내에 있는 오카다마 丘珠 공항에서 출발하므로 출발편을 반드시 확인하고 구입해야 한다. 40~45분 소요.

● 탄초쿠시로 공항에서 쿠시로 시내로 이동 방법
아칸버스 阿寒バス가 운행하는 연락버스가 있다. 모든 버스는 도착하는 비행기에 맞춰 운행되며 JR 쿠시로 釧路역과 피셔맨즈와프 MOOフィッシャーマンズワーフMOO에 정차한다. 45~55분 소요, 편도 성인 ¥950, 어린이 ¥475.

JR 쿠시로역

열차
JR 쿠시로 釧路역을 향하는 특급열차는 삿포로, 오비히로, 아바시리 등 세 도시에서 출발하며, 정기 노선으로 운행되고 있어 이동이 용이하다.

삿포로에서 쿠시로로 향하는 열차 티켓

도시명	열차명	소요 시간
삿포로 札幌	특급슈퍼아오조라 特急スーパーおおぞら	4시간
오비히로 帯広	특급슈퍼아오조라 特急スーパーおおぞら	약 2시간
아바시리 網走	JR센모본선 JR釧網本線	약 3시간 30분

버스

아칸버스에서 운행하는 장거리 고속버스는 삿포로와 아사히카와에서 출발한다. 삿포로에서 이동
할 경우 열차보다 편수가 적고 소요시간도 약 2시간 차이가 나기 때문에 그다지 추천하지는 않으나
23:35 삿포로 역을 출발하는 야간버스는 잘 따져보면 여행자에게는 좋은 선택지가 될 수 있으므로
고려해볼 만하다. 아사히카와에서의 출발이라면 열차와 버스 모두 장단점이 있다. 열차는 삿포로
역행하여 쿠시로로 가는 루트가 최선이기 때문에 한 번의 환승이 필요하다. 배차 간격을 잘 생각하
고 승차해야 하므로 다소 비효율적이라고 할 수 있다. 버스는 7시간 이상의 장거리인 점이 걸리지만
직통으로 운행된다.

도시명	버스명	소요 시간
삿포로 札幌	쿠시로특급뉴스타호 스타라이트쿠시로호 釧路特急ニュースター号スターライト釧路号	6시간
아사히카와 旭川	선라이즈아사히카와·쿠시로호 サンライズ旭川·釧路号	7시간 15분

쿠시로 시내 교통수단

쿠시로 관광의 핵심인 쿠시로 습원을 둘러볼 때 전철과
버스를 이용하는 것외에 나머지 명소와 맛집은 도보
로도 충분히 이동 가능한 거리에 위치해 있다. 쿠시로
습원으로 향하는 교통수단은 JR 쿠시로 釧路역과 바
로 동쪽에 위치한 쿠시로역 앞 버스 터미널에서 승차하
면 된다. 전철과 버스 모두 이동 거리에 따라 요금이 책
정되는 방식이며, 현금으로만 지불 가능하다. 일본 각
지에서 사용할 수 있었던 suica, PASMO 등의 IC교
통카드와 JR홋카이도에서 발행하는 교통카드 Kitaca
는 사용 불가. 전철은 역사 티켓 판매소에서 목적지별
요금을 확인하여 승차권을 구매하면 된다. 버스는 차
량 중앙부 문을 통해 승차해 앞문으로 내리는 방식으
로, 승차하자마자 보이는 주황색 기계를 통해 정리권을
뽑고 버스 전면에 있는 요금표를 확인한 다음 하차 시
정리권에 적힌 숫자 하단에 표시된 요금을 지불하면 된
다. 참고로 초등학생은 표시된 금액의 절반을 내면 된
다. 1,000엔짜리 지폐만 소지한 경우 요금함에 있는 교
환기를 통해 동전으로 바꿀 수 있다.

쿠시로역앞 버스 터미널

쿠시로 습원
釧路湿原

동서 최대 폭 25km, 남북 36km, 총면적 190㎢에 달하는 일본 최대의 습원. 참고로 서울 면적이 605㎢이니 대략 서울 면적의 3분의 1이 광대한 습지로 이루어져 있다고 보면 가늠하기 쉬울 것이다. 1980년 국제습지보호조약인 람사르 조약에 가입된 이래 40년 가까운 세월 동안 지속적인 보호와 관리가 이루어지고 있는데, 덕분에 이곳에 사는 두루미는 멸종 위기에서 벗어나 현재 개체 수가 1,500여 마리 이상으로 늘어난 것으로 보고되고 있다. 오랜 기간 개발 없이 보존된, 있는 그대로의 대자연을 원 없이 만끽하기에 쿠시로 습원만 한 곳이 없다.

맵북 P.32-B2, P.33-A1 ▶ **발음** 쿠시로시츠겐 **홈페이지** www.kushiro-shitsugen-np.jp **키워드** 구시로 습원 국립공원

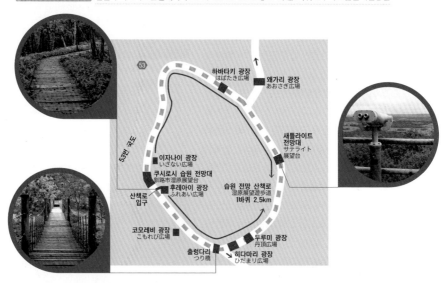

쿠시로시 습원 전망대 釧路市湿原展望台

쿠시로 습원 서쪽 풍경을 바라보기에 적합한 전망대. 습지 내에서 자주 보이는 풀의 형태를 모티브로 한 건물이
특징이다. 건물 내부는 자연과 서식하는 생물들을 전시한 자료관으로, 옥상에서 습지와 쿠시로 시내의 조망도 가
능하다. 본격적인 풍경 감상은 이곳이 아닌 전망대를 기점으로 이 주변 길을 따라 걷는 습원 전망 산책로 湿原展
望遊歩道를 통해서 시작된다. 약 2.5㎞ 거리의 비교적 걷기 쉽게 만들어진 길로, 일반 성인 기준 1시간이면 돌아
볼 수 있으며, 산책로 사이사이에 자그마한 광장이 있어 휴식을 취할 수 있다. 이 길의 하이라이트는 높이 80m 전
망대가 설치된 새틀라이트 전망대 サテライト展望台. 흡사 아프리카 초원을 보는 듯한 습지 전경을 180도 파노라
마로 감상할 수 있다.

맵북 P.32-A2, P.33-A1 ▶ 발음 쿠시로시시츠겐텐보오다이 주소 釧路市北斗6-11 전화 0154-56-2424 운영 5~10월 08:30~
18:00, 11~4월 09:00~17:00 휴무 12/31~1/3 요금 성인 ￥480, 고등학생 ￥250, 초·중학생 ￥120 가는 방법 쿠시로역 앞 버스
터미널에서 20번 승차, 쿠시로 시시츠겐텐보오다이 釧路市湿原展望台 정류장에서 하차하면 바로. 주차장 108대 키워드 쿠시
로습원 전망대

쿠시로 습원 노롯코 열차
くしろ湿原ノロッコ号

쿠시로 습원을 역동적으로 즐길 수 있는 방법은 4~10월 기간 한정으로 운행하는 관광열차인 노롯코 열차를 탑승하는 것이다. 쿠시로 습원의 동쪽 구역인 JR 쿠시로 釧路역과 토로 塘路역 사이를 약 50분간 달리는 이 열차는 쿠시로 관광의 백미라 할 수 있다. 시원한 바람을 맞으며 차창 너머로 보이는 생생한 자연의 풍광을 감상하는 것이 주된 내용이지만 소소하게 즐길 수 있는 깨알 같은 관광 포인트가 여기저기에 숨어 있다. 탁 트인 시야로 펼쳐지는 습지 구간에 도달하면 운행 속도를 늦추어 긴 호흡으로 감상할 수 있도록 하는데, 관광객을 위한 세심한 배려가 느껴지는 부분이다.

발음 쿠시로시츠겐노롯코고 **주소** 釧路市北大通14-5 **전화** 0154-24-3176 **홈페이지** www.jrhokkaido.co.jp/travel/kushironorokko **요금** 쿠시로-토로 간 편도 기준-자유석 ¥640, 지정석 ¥1,480 **운영** 4월 하순~10월 상순 **가는 방법** JR 쿠시로 釧路역 **주차장** 429대

Pickup 열차 운행 시간표

쿠시로 → 토로	쿠시로 釧路	히가시쿠시로 東釧路	쿠시로시츠겐 釧路湿原	호소오카 細岡	토로 塘路
2호	11:06	11:12	11:32	11:38	11:51
4호	13:35	13:40	13:59	14:04	14:17
94호	15:23	15:28	15:48	15:53	16:07
토로 → 쿠시로	토로 塘路	호소오카 細岡	쿠시로시츠겐 釧路湿原	히가시쿠시로 東釧路	쿠시로 釧路
1호	12:17	12:32	12:38	12:59	13:05
3호	14:50	15:04	15:08	15:28	15:34
93호	17:02	17:15	17:19	17:44	17:50

※ 보통은 첫 시간대만 왕복 운행, 7~9월은 시간대를 랜덤으로 왕복 운행한다(정확한 운행 시간표는 홈페이지 참조).

노롯코 열차를 통해 보이는 풍경들

토로 塘路역

❶ 토로 塘路역 노롯코 열차의 종점. 역 왼편에는 자그마한 전망대가 마련되어 있어 노롯코 열차와 습지를 동시에 내려다볼 수 있다.

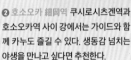

호소오카
細岡역

쿠시로시츠겐
釧路湿原역

❷ 호소오카 細岡역 쿠시로시츠겐역과 호소오카역 사이 강에서는 가이드와 함께 카누도 즐길 수 있다. 생동감 넘치는 야생을 만나고 싶다면 추천한다.

❸ 쿠시로시츠겐 釧路湿原역 역에서 도보 약 10분 거리에 호소오카 전망대 細岡展望台가 있다. 쿠시로 습원 동쪽 부분의 대표적인 명소로 습지 사이로 흐르는 쿠시로강의 전경을 감상할 수 있다.

❹ 히가시쿠시로 東釧路역
히가시쿠시로에서 다음 역으로 향할 때 왼쪽 차창에 등장하는 수문을 주목하자. 쿠시로강의 범람을 막기 위해 만들어진 이와봇키 岩保木 수문으로, 사진 오른편에 살짝 보이는 곳이 1931년에 지어진 구식 목조 수문, 가운데 보이는 건물이 1990년에 새로 지어진 콘크리트 수문이다.

❺ 쿠시로 釧路역 노롯코 열차의 출발점. 열차는 3번 플랫폼에서 출발한다.

히가시쿠시로
東釧路역

쿠시로 釧路역

Feature

노롯코 열차 핵심 포인트 4

| 쿠시로방면 | 4 호차 | 3 호차 | 2 호차 | 1 호차 | 기관차 | 토로방면 |

 지정석 ████ 자유석

포인트 1 박스석 안쪽 자리를 노려라

열차는 크게 지정석과 자유석으로 나뉘어 있다. 열차의 유일한 자유석인 1호차는 일반 열차의 객실과 다를 바 없는 좌석으로 총 67석으로 이루어져 있다. 총 186명이 탑승 가능한 2~4

자유석

지정석

호차 지정석은 6명이 서로 마주 보고 앉는 박스석과 2명이 나란히 앉아서 가는 벤치석으로 되어 있다. JR 쿠시로 釧路역을 출발해 토로 塘路역으로 향할 때 쿠시로 습원이 파노라마로 펼쳐지는 쪽은 박스석이므로 박스석 안쪽 자리에 가깝게 예약하는 것이 베스트. 예약은 JR 역 내 창구 미도리노마도구치 みどりの窓口에서 1개월 전부터 할 수 있다.

포인트 2 차량 내 매점을 이용하라

2호차에는 간단한 먹거리와 음료, 기념품을 판매하는 간이매점이 있다. 말랑말랑 부드러운 식감의 노롯코호푸딩 ノロッコ号プリン은 이곳의 대표상품. 홋카이도 한정 맥주인 삿포로 클래식 SAPPORO CLASSIC, 양갱, 도시락, 열차 모형 장난감, 열쇠고리 등을 판매하니 출발 전 구경 삼아 들러보자.

노롯코 열차 푸딩

포인트 3 노롯코 열차를 추억할 수 있는 것들

❶ 간이매점 바로 옆에서 기념 스탬프를 찍어 보자.

❷ 열차 직원이 차량을 오가며 기념촬영을 도와주므로 추억을 남겨보자.

❸ 노롯코 열차 탑승자 전원에게는 승차기념증을 증정한다. 토로塘路행과 쿠시로釧路행 디자인이 각각 다르다.

❹ 지정석 4호차는 다른 차량과 달리 쿠시로 습원의 풍경과 두루미, 사슴의 그림이 그려져 있다.

노롯코 열차를 추억하는
기념 스탬프를
찍어 보자.

포인트 4 겨울은 SL겨울 습원 열차로!

겨울에 방문할 경우 노롯코 열차 대신 1월 상순부터 2월 하순까지 한정으로 운행하는 SL겨울 습원 열차 SL冬の湿原号(P.338)를 이용하자. 새하얀 눈으로 뒤덮인 쿠시로 습원을 감상할 수 있다.

요금 편도–성인 ￥2,970(전 좌석 지정석이므로 예약 필수), 어린이 ￥1,480 **운영** 1월 하순 주말~3월 중순 주말 시베차 標茶행 11:05 출발, 12:35 도착, 쿠시로釧路행 14:00 출발, 15:42 도착(운행 기간은 홈페이지에서 사전에 확인하자)

Feature

쿠시로 습원의 겨울 열차,
SL겨울 습원 열차 SL冬の湿原号

늦봄부터 가을까지 내달리던 노롯코 열차를 대신해 순백의 겨울 풍경 사이를 질주하는 SL겨울의 습원 열차. 차량 외관은 물론 내부 세세한 부분까지 철저히 옛 모습을 재현하여 제대로 된 복고풍 열차를 지향한다. 출발역은 노롯코 열차와 동일한 JR 쿠시로 釧路역이지만, 종착역은 일본 전국에서도 상위권을 다툴 만큼의 매서운 강추위를 자랑하는 도시 '시벳차 標茶'까지 이어진다. 육중한 검정색 레트로 열차는 48km 거리를 약 1시간 30분 동안 달리며, 1일 왕복 1회 운행한다. 좌석 주변에는 석탄식 스토브가 설치되어 있어 매점에서 판매하는 마른 오징어나 생선을 탑승객이 직접 구워 먹는 진풍경이 연출된다. 전 좌석은 지정석이며, 정원은 280명이다.

운행기간 1월 하순~2월 하순 요금 편도 ¥2,970

시벳차행

○ 11:05 쿠시로 釧路

○ 11:12 히가시쿠시로 東釧路

○ 11:38 쿠시로시츠겐 釧路湿原

○ 11:58 토로 塘路

○ 12:12 카야누마 茅沼

○ 12:35 시벳차 標茶

쿠시로행

○ 14:00 시벳차 標茶

○ 14:25 카야누마 茅沼

○ 14:50 토로 塘路

○ 15:09 쿠시로시츠겐 釧路湿原

○ 15:35 히가시쿠시로 東釧路

○ 15:42 쿠시로 釧路

SL겨울 습원 열차의 이모저모

열차 안에 설치된 석탄 난로. 탑승객들은 간이매점에서 판매하는
마른 오징어나 생선을 난로 위에 구워 먹곤 한다.

역무원이 검표 후 나누어 주는
승차증명서

열차 내 간이매점

SL겨울 습원 열차의
인기 상품, 푸딩

SL겨울 습원 열차의 종착지, 시베차 標茶역

쿠시로에서 1시간 반을 달려 종착역인 시베차역에 도
착하면 쿠시로역과는 달리 소박하고 아담한 역과 마주
하게 된다. 역 천장에 매달린 두루미 모양의 장식이 정
겨울 정도. 지역명은 홋카이도에 거주하는 종족인 아
이누족의 언어로 큰 강변을 뜻하는 '시펫차'에서 유래
하였는데 실제로 남북으로 쿠시로강 釧路川이 흐른다.
겨울 열차가 운행되는 기간에는 시베차 특산물 판매를
비롯하여 역 안에서 다양한 이벤트가 열린다. 역 주변
에 커피와 간단하게 점심을 해결할 수 있는 카페가 있
으므로 쿠시로로 돌아가기 전에 들러보는 것도 좋다.

Pickup 커피타임 コーヒー・たいむ
시베차역 앞에 있는 작은 카페 겸 식당. 카레, 미트소스 스파게
티, 치킨도리아 등 일본 가정식 요리 메뉴가 많이 있어 간단하
게 식사를 하고 가기에 좋다. 인자한 인상의 주인장이 정성스레
요리해 주는 요리는 도무지 시골의 작은 식당이라 생각되지 않
을 정도로 훌륭한 맛을 자랑한다. 시골 마을의 정겹고 푸근한
분위기가 가득 느껴지는 가게 내부도 인상적이다.

발음 코오히이타이무 **주소** 川上郡標茶町旭2-2-3 **전화** 0154-85-
3475 **영업** 11:00~17:00 **휴무** 일요일 **가는 방법** JR 센모본 釧網
本線 시베차 標茶역에서 도보 3분. **주차장** 없음 **키워드**
43.299133, 144.605711(좌표값)

누사마이 다리 幣舞橋

쿠시로강 하류에 위치한 다리로 삿포로의 토요히라 豊平 다리, 아사히카와의 아사히 旭 바시와 함께 홋카이도 3대 다리로 꼽힌다. 다리 난간에 사계절을 표현한 여성의 동상 네 개가 세워져 있는 것이 특징이다. 이 다리가 유명세를 탄 것은 인도네시아의 발리, 필리핀의 마닐라와 더불어 '세계 3대 석양 명소' 중 하나로 알려지면서부터다. 선정 기준이 모호하면서도 다소 뜬금없다고도 할 수 있는 이 사실의 경위는 1965년으로 거슬러 올라간다. 당시 쿠시로 항구를 오가던 해외 선박의 선원들이 쿠시로의 노을 지는 풍경을 우연히 보게 되었고, 그 아름다움에 감명을 받았다고 한다. 아마도 전 세계를 돌아다니면서 마주했던 수많은 석양 중에서도 특히 인상에 남았던 곳을 선정한 것 같다.

맵북 P.33-A2 ▶ **발음** 누사마이바시 **주소** 北海道釧路市北大通 **가는 방법** JR 쿠시로 釧路역에서 도보 13분. **주차장** 없음 **키워드** 누사마이 다리

쿠시로 피셔맨즈 와프 MOO 釧路フィッシャーマンズワーフ MOO

석양을 보러 다리에 도착했을 때 풍경보다 가장 먼저 눈에 들어오는 독특한 형태의 건물. 바로 쿠시로를 대표하는 상업시설로 쿠시로 기념품과 먹거리를 충족시켜주는 곳이다. 1층은 쿠시로의 명물을 주로 판매하는 쇼핑존, 2층과 3층은 해산물을 직접 구워 먹는 로바타야키와 비어홀이 자리한 레스토랑존으로 구성되어 있다. 메인 건물 옆에 있는 달걀 모양의 건물 'EGG'는 시민들의 휴식공간으로 활용되고 있다.

맵북 P.33-A2 ▶ **발음** 쿠시로횟샤만즈와아후무 **주소** 釧路市錦町2 4 **전화** 0154-23-0600 **홈페이지** moo946.com **운영** 10:00~19:00(가게마다 다름) **가는 방법** JR 쿠시로 釧路역에서 도보 13분. **주차장** 76대, ¥2,000 이상 구입 시 90분 무료 **키워드** kushiro moo

쿠시로 미식탐방
쿠시로 사람들의 소울푸드

[캇테동勝手丼] **와쇼 시장** 和商市場

싱싱한 해산물을 마음대로 먹고 싶은 만큼 담아 먹는 해산물덮밥을 캇테동勝手丼이라고 한다. '카츠 勝'라는 이름이 들어간 한 상점 주인이 고안해낸 것으로, 쿠시로가 원조다. 쿠시로 시민의 부엌을 책임지는 해산물 시장인 와쇼 시장은 1954년 문을 열었다. 현재 60여 개 업체가 영업을 하고 있으며, 좋은 품질의 해산물을 합리적인 가격에 구입할 수 있어 인기가 높다. 날 생선을 못 먹는다면 정문 근처에 자리한 '이치바테 市場亭'에서 생선구이정식 焼き魚定食을 먹어보는 것을 추천한다. 현재 공식 홈페이지에서 캇테동 10% 할인 쿠폰을 배포하고 있다. 구입 시 스마트폰 화면을 제시해 할인 혜택을 받도록 하자.

맵북P.33-A2 **발음** 와쇼이치바 **주소** 釧路市黒金町13-25 **전화** 0154-22-3226 **홈페이지** www.washoichiba.com **영업** 08:00~17:00 **휴무** 일요일 **가는 방법** JR 쿠시로 釧路駅에서 도보 2분. **주차장** 상점가 주차장 30분 무료, 지하 주차장 2시간 무료 **키워드** 쿠시로 와쇼시장

Pickup 캇테동 먹는 방법
❶ 먼저 반찬가게에서 밥을 구입한다. 다양한 크기가 있으므로 샘플을 보고 고를 것.

❷ 해산물 전문점에서 먹고 싶은 해산물을 하나씩 고르면 점원이 밥 위에 얹어준다.

❸ 해산물을 계산하고 바로 앞 테이블에 앉아 먹는다.

[로바타야키 炉端焼き] **칸페키로바타** 岸壁炉ばた

어부가 직접 잡은 해산물을 그 자리에서 구워 먹은 것이 계기가 되어 탄생한 일본식 화로구이인 로바타야키 炉端焼き. 쿠시로는 일본 내에서도 손꼽힐 만큼 신선한 해산물이 어획되는 항구 도시라 로바타야키가 유명한 것은 어찌 보면 당연한 일이다.

쿠시로 피셔맨즈 와프 MOO 건물 앞에서 5월 중순부터 10월 하순까지 기간 한정으로 운영되는 로바타야키 전문점에서는 직접 고른 해산물을 직접 구워 먹을 수 있다.

맵북 P.33-A2 **발음** 칸페키로바타 **주소** 釧路市錦町2-4 **전화** 0154-23-0600 **홈페이지** www.moo946.com **영업** 17:00~21:00(마지막 주문 20:40) **휴무** 11~5월 상순 **가는 방법** JR 쿠시로 釧路역에서 도보 13분. **주차장** 76대. ￥2,000 이상 구입 시 90분 무료 **키워드** kushiro moo

Pickup 로바타야키 먹는법

❶ 우선 입구 티켓 판매처에서 ￥1,000 단위로 판매하는 티켓을 구입한다.

❷ 진열된 각종 해산물 가운데 먹고 싶은 것을 고른다.

❸ 티켓과 음식을 교환한 후 테이블에 앉아 직접 구워 먹는다.

[쿠시로라멘 釧路ラーメン]
카도야 つぶ焼 かど屋

얇은 면에 깔끔한 육수가 특징인 쿠시로 라멘 名代
ラーメン. 요코하마에서 온 한 중국인이 만든 라멘
이 시초라고 알려져 있다. 쿠시로 라멘과 함께 구운
고동 요리 名物つぶ焼 단 두 메뉴만을 제공하는 음
식점에서 기억에 남을 한 끼를 채워보자. 가격은 구
운 고동 ¥1,000, 라멘 ¥800.

맵북 P.33-A2 발음 카도야 주소 釧路市栄町4-1 전화
0154-24-4039 영업 17:00~24:00 휴무 일요일 가는 방
법 JR 쿠시로 釧路역에서 도보 10분. 주차장 없음 키워드
츠보야키 카도야

[스파카츠 スパカツ]
이즈미야 泉屋

따끈따끈한 철판에 넘쳐 흘러내릴 만큼 가득 담긴
미트소스 스파게티 그리고 그 위에 잔뜩 올려진 돈
카츠. 돈카츠와 스파게티가 함께 있는 비주얼만으
로 이미 합격점이다. 1959년부터 자리를 지켜온 한
양식점의 볼륨 만점 메뉴는 이제는 쿠시로인이라면
누구나 아는 소울푸드가 되었다. 가격은 ¥1,300.

맵북 P.33-A2 발음 이즈미야 주소 釧路市末広町2-2-28
전화 0154-24-4611 영업 11:00~21:00 휴무 첫째 주 화
요일 가는방법 JR 쿠시로 釧路역에서 도보 13분. 주차장
없음 키워드 이즈미야 본점

미트소스 스파게티 ▷▷▶

PLUS AREA

아칸·마슈·쿳샤로 호수
阿寒·摩周·屈斜路湖

화산 분출로 함몰된 분화구에 물이 고이면서 만들어진 호수로, 자연의 무한한 신비로움을 만끽하기에 좋은 칼데라 호수. 쿠시로 북쪽에 위치한 아칸마슈 국립공원 阿寒摩周国立公園에는 이러한 칼데라 호수가 세 군데나 존재한다. 동그란 털실 뭉치 모양의 수중생물 마리모 マリモ가 살고 있는 아칸 호수 阿寒湖, 세계에서 손꼽히는 투명도를 자랑하는 마슈 호수 摩周湖, 일본 최대 규모의 칼데라 호수 쿳샤로 호수 屈斜路湖 등 칼데라 호수와 이들을 감싸는 화산들이 장대한 아름다움을 빚어내고 있다. 바쁘게 흘러가는 도심에서는 좀처럼 보기 힘든 환상적인 풍경을 눈앞에 즐기면서 유유자적 휴식을 취하고 싶을 때 추천하는 곳이다.

세 개의 호수를 둘러보는 관광버스, 피리카호 ピリカ号

렌터카로 이동하는 경우 아침 일찍 쿠시로 시내를 출발해 부지런히 움직이면 하루 만에 세 군데를 모두 둘러보는 것이 가능하다. 그러나 뚜벅이 여행자는 전철과 버스 등 대중교통을 이용해 일일이 이동해야 하며 배차 간격까지 고려해야 하므로 여간 번거로운 것이 아니다. 이러한 불편함을 줄이고자 쿠시로 지역의 대중교통을 책임지는 버스회사 아칸버스 阿寒バス가 정기 관광버스를 운영하고 있다. 홋카이도의 원주민 아이누족의 언어로 '아름답다', '멋지다'란 의미를 지닌 단어를 붙여 만든 피리카호 ピリカ号가 바로 그것. 세 개의 호수와 더불어 주변 관광지도 함께 둘러보는 1일 관광버스는 4월 하순부터 11월 상순 사이 매일 운행되고 있다. 사전에 인터넷을 통해서 예약이 가능하며 좌석이 남아 있는 경우에 한해 당일 구입도 할 수 있지만 추천하지는 않는다. 겨울에는 화이트피리카호 ホワイトピリカ号로 이름을 바꾸어 한정으로 버스 투어를 실시한다.

맵북 P3-C2·C3·D2, P.32-A1·B1 **발음** 피리카고 **주소** 釧路市末広町14-1-2(쿠시로역 앞 버스 터미널) **전화** 0154-37-2221 **홈페이지** www.akanbus.co.jp/sightse/pirika.html **운영** 4월 하순~11월 상순 매일 **요금** 쿠시로 시내 출발 시내 도착 기준 성인 ¥5,600 어린이 ¥2,800 **가는 방법** JR 쿠시로 釧路역에서 도보 1분. **주차장** 52대(유료)

피리카호 관광 코스

출발

08:00 JR 쿠시로역 앞 버스 터미널
08:05 피셔맨즈 와프 MOO
08:08 쿠시로 프린스 호텔

쿠시로 습원 호쿠토 전망대 釧路湿原北斗展望台 차창 견학

마슈 호수 제1전망대 摩周湖第1展望台 자유시간 30분
유독 푸른색을 띠어 '마슈 블루 摩周블루' 라고도 불리는 호수. 마슈 호수의 총 세 개 전망대 가운데 휴게소와 기념품 판매장을 겸비한 855m 높이의 제1전망대에서 정차한다.

이오잔 硫黄山 자유시간 30분
마슈 호수와 쿳샤로 호수 사이에 위

치한 카와유 온천의 해발 512m 활화산도 유명한 명소. 본래 유황을 채굴하던 산으로 분화구 1;500여 개가 하얀 연기를 뿜어내고 있다.

쿳샤로 호수 屈斜路湖 자유시간 20분
드넓은 호수를 바라보며 무료로 족욕을 즐길 수 있는 모래온천이 있다. 스코틀랜드 네스 호수에 사는 전설의 괴수 '네시'처럼 쿳샤로 호수에도 괴수 쿳시 クッシー가 목격된다는 이야기가 전해진다.

아칸 호수 온천 阿寒湖温泉 자유시간120분 (도중 하차 가능)
홋카이도에서 처음으로 국립공원으로 지정된 지역. 호수 가운데 추루이 チュウイ 섬을 돌고 오는 유람선과 온천이 부근에 자리한 아이누족의 민속촌 아이누코탄 アイヌコタン이 주요 볼거리. 전통 공예품을 판매하는 기념품숍과 아이누족 전통 무용과 인형극을 관람할 수 있는 극장이 있다.

쿠시로 공항 釧路空港 (도중 하차 가능)

도착

16:50 쿠시로역 앞 버스 터미널
16:54 쿠시로 피셔맨즈 와프 MOO
16:55 쿠시로 프린스 호텔

아바시리·시레토코

網走 · 知床

ABASHIRI·SHIRETOKO

ABASHIRI-SHIRETOKO

삿포로
SAPPORO

오호츠크 해안가 부근에 위치한 도동 지방의 중요 도시, 아바시리와 지역 전체가 유네스코 세계자
연유산으로 지정된 시레토코 반도는 대자연이 연출해내는 살아 있는 풍광을 날것 그대로 누릴 수
있는 지역들이다. 태초의 자연 그대로를 간직한 숲속으로 트레킹을 떠나거나 유빙으로 가득한 바
다 사이를 가로지르며 크루즈를 즐기고, 실제로 사용되었던 옛 감옥을 체험해 보는 등 다른 곳에
서는 쉽게 경험할 수 없는 색다른 모험을 즐길 수 있다.

아바시리·시레토코 Must Do

혹독한 노동력으로 완성된 건축미,
아바시리 감옥 박물관 둘러보기 P.352

추운 겨울 바다 위 얼음 덩어리 유빙을 찾아서!
P.354

장엄한 대자연의 감동, 시레토코 오호
또는 라우스 호수 관광하기 P.360, 365

시레토코 관광선을 타고 선상에서
유네스코 세계자연유산 즐기기 P.362

Pickup 시레토코 오호와 라우스 호수 여행 팁

1 시레토코를 둘러보기 전 반드시 '시레토코 세계유산센터 知床世界遺産センター'에 들러 관련 정보를 수집하자. 자세한 내용은 P.361 참고.

2 시레토코 오호와 라우스 호수는 큰 곰, 사슴, 여우, 청설모 등 야생동물이 서식하는 지역! 후각에 민감한 이들을 자극할 수 있는 과자, 사탕, 물 이외의 음료수는 지참하지 않도록 한다.

3 트레킹 필수품 첫 번째, 벌레 퇴치용 스프레이 虫除けスプレー. 일본 드러그스토어에서 손쉽게 구입할 수 있다. 수시로 뿌려주면 더욱 효과적이다. 두 번째, 큰 곰 퇴치용 종. 항상 소리가 울리도록 가방이나 바지에 매달아두는 것이 좋다.

4 아침과 저녁 기온이 10도 이하인 경우가 흔한 편이므로 바람막이나 가디건 등의 가벼운 겉옷을 챙겨오도록 하자.

아바시리
시레토코
여행코스

Travel course
[아바시리 추천 루트]

1 아바시리감옥박물관
P.352 형무소로 사용된 건물을 현재의 자리로 이동해 와 복원한 박물관. 가혹한 환경 속에서 고된 작업을 이어 간 수감자의 생활상과 기나긴 감옥의 역사를 엿볼 수 있다.

버스 5분

2 오호츠크유빙관
P.354 유빙을 즐길 수 없는 시기에 방문한 관람객 을 위해 유빙을 체험해 볼 수 있도록 한 전시관.

버스 15분

3 JR아바시리 網走역

열차 15분

4 JR키타하마 北浜역
P.357 오호츠크해에 가장 가까이 자리한 무인역. 바다 옆을 달리는 열차를 볼 수 있다.

지도

238

노토로곶
能取岬

아바시리
網走

노토로 호수
能取湖

두개 바위
二つ岩

모자 바위
帽子岩

③ 아바시리역
網走駅

오호츠크 유빙관 **②**
オホーツク流氷館
아바시리 감옥 박물관 **①**
博物館網走監獄

아바시리 호수
網走湖

④ JR 키타하마역
北浜駅

토후츠호수
トウフツ湖

코시미즈 원생화원 小清水 原生花園,
JR 겐세카엔역 原生花園駅

시레토코샤리역
知床斜里駅

244

메만베츠 공항
女満別空港

JR 세키호쿠본선, JR 釧網本線

391

334

240

243

391

Travel course

[시레토코 추천 루트]

1 시레토코오호 P.360
시레토코 연산 知床連山
이 보이는 원시림 속에 숨어 있
는 다섯 개의 호수.

도보 1분

3 시레토코관광선 P.362
유네스코 세계자연유산
으로 지정된 시레토코 반도를
해상에서 즐길 수 있는 방법.

버스 30분

**2 고질라바위·
오롱코바위** P.364
우토로항 인근에 자리한 독특
하면서도 거대한 바위들.

시레토코 오호 **①**
知床五湖

③ 우토로
　ウトロ
ㅡ 고질라 바위 ゴジラ岩
ㅡ 오롱코 바위 オロンコ岩 **②**

344

라우스 호수
羅臼湖

345

시레토코 반도
知床半島

344

244

N

0　　　　　　　11.5km

Transportation in Abashiri · Shiretoko | 아바시리·시레토코 교통

아바시리로 이동하기

```
아사히카와 ──── 방법❶ 열차 3시간 45분 ────┐
                                          │
삿포로 ── 방법❶ 비행기 50분 ── 메만베츠 공항 ── 방법❶ 버스 30~35분 ── 아바시리
   └── 방법❶ 열차 3시간 45분 ──┘                                    ↑
   └── 방법❷ 버스 6시간 ─────────────────────────────────────────┘
```

비행기

한국에서 아바시리까지 직항을 운영하는 항공사는 없으나 삿포로 신치토세 私千歳 공항으로 입국하여 국내선을 타고 메만베츠 女満別 공항으로 이동하는 방법이 있다. 일본항공(JAL), 전일본공수(ANA)가 취항한다. 50분 소요.

● 메만베츠 공항에서 아바시리 시내로 이동하는 방법

아바시리버스 網走バス에서 연락버스를 운행한다. 도착하는 비행기에 맞춰 운행되며, JR 아바시리 網走역까지 26분, 아바시리 버스 터미널까지 35분이 소요된다. 요금은 ¥1,050.

JR 아바시리역

열차

JR 삿포로 札幌역과 아사히카와 旭川역에서 직통열차를 이용하자. 삿포로에서 특급오호츠크호 特急オホーツク号로 5시간 30분, 아사히카와에서는 특급타이세츠호 特急大雪로 3시간 45분 소요된다. 참고로 시레토코샤리 知床斜里 역에서 아바시리 網走 역까지는 보통 쾌속열차로 41~48분이 소요된다.

버스

JR 삿포로 札幌역 앞 버스 터미널에서 아바시리 버스 터미널까지 고속버스를 운행한다. 추오버스 中央バス, 아바시리버스 網走バス, 키타미버스 北見バス가 공동 운행하는 드리민트오호츠크호 ドリーミントオホーツク号는 6시간이 소요된다.

아바시리 시내 교통수단

아바시리 감옥 박물관, 오호츠크 유빙관은 아바시리버스 網走バス에서 운행하는 칸코시세츠메구리 観光施設めぐり 버스와 도코버스 どこバス를 이용하면 편리하다(아바시리 버스 터미널 3번 정류장과 JR 아바시리 網走역 앞 2번 정류장에서 텐토잔 天都山 방면 버스 승차). 하루 동안 무제한으로 이용 가능한 원데이 패스1DAY패스(¥1,800)도 판매한다. 열차 여행은 JR 아바시리 網走역에서 시레토코샤리 知床斜里 행을 이용하자.

시레토코로 이동하기

```
              아사히카와              방법① 열차 4시간 45분

삿포로   방법① 열차 5시간 30분   아바시리   방법① 열차 55분      시레토코
         방법② 버스 6시간 20분             방법② 버스 1시간 5분

                                              방법① 열차 2시간 15분

         비행기 45분 / 열차 4시간 ~ 4시간 25분 / 버스 5시간 35분        쿠시로
```

비행기

아바시리 인근 메만베츠 공항이 가장 가깝다. 샤리버스 斜里バス에서 운행하는 '시레토코에어포트라이너 知床エアポートライナー'를 이용하면 공항을 출발해 시레토코 버스 터미널까지 1시간 20분이면 도착한다. 단, 여행자가 몰리는 6월 상순~10월 상순, 1월 중순~3월 하순에만 운행되므로 주의가 필요하다.

열차

시레토코 반도의 중심 전철역인 시레토코샤리 知床斜里역까지 운행하는 도시 간 직통 특급열차는 없다. JR 삿포로 札幌, 아사히카와 旭川와 아바시리 網走 간 직통열차를 이용한 후 보통열차로 이동하거나 JR 쿠시로 釧路역에서 쾌속 또는 보통열차를 이용하는 방법이 있다.

JR 시레토코샤리역

버스

시레토코 관광의 중심지인 우토로 ウトロ까지 가는 직통버스는 삿포로에서 승차 가능하다. 추오버스 中央バス가 운행하는 이글라이너호 イーグルライナー로 7시간이 소요된다. 아바시리에서 이동할 경우 JR 아바시리 網走역 앞 1번 버스 정류장과 아바시리 버스 터미널에서 샤리버스 斜里バス 시레토코 에어포트 라이너 知床エアポートライナー를 이용하자.

샤리버스

시레토코 시내 교통수단

시레토코의 각 주요 명소 간 거리는 다소 떨어져 있는 편이다. 렌터카를 이용하는 것이 가장 효율적이나 뚜벅이 여행자라면 우토로온센 ウトロ温泉 버스 터미널에서 주요 명소를 연결하는 버스를 이용하자. 단, 사전에 시간표를 확인하여 계획을 미리 세워둘 것. 버스는 이동 거리에 따라 요금이 책정되는 방식이며, 현금으로만 지불 가능하다. 일본 각지에서 사용할 수 있었던 suica, PASMO 등의 IC교통카드와 JR홋카이도에서 발행하는 교통카드 Kitaca는 사용 불가. 편리함을 우선순위로 둔다면 현지 투어에 참가하는 것도 하나의 방법이다.

아바시리 감옥 박물관 博物館網走監獄

1890년대부터 1984년까지 형무소로 사용된 건물을 현재의 자리로 옮겨와 그대로 재현한 박물관. 본래 홋카이도 개척에 필요한 노동력을 활용할 목적으로 만들어진 수용소로, 가혹한 환경 속에서 고된 작업을 이어간 수감자의 생활상과 기나긴 감옥의 역사를 엿볼 수 있다. 1912년에 세워진 청사와 교육용 강당을 비롯해 후타미가오카 형무지소, 옥사 및 중앙감시소는 국가 중요문화재로, 4개의 초소와 뒷문, 벽돌조 독방은 등록 유형 문화재로 지정되어 있다. 홈페이지에 있는 입장권 10% 할인 쿠폰을 인쇄해서 챙겨가거나 쿠폰 페이지 화면을 제시하면 혜택을 받을 수 있다.

맵북 P.34-A3, P.36-A2 ▶ **발음** 하쿠부츠칸아바시리칸고쿠 **주소** 網走市字呼人1-1 **전화** 0152-45-2411 **홈페이지** www.kangoku.jp **운영** 09:00~17:00(마지막 입장 16:00) **휴무** 12/31, 1/1 **요금** 성인 ¥1,500 고등학생 ¥1,000 초등·중학생 ¥750 **가는방법** 아바시리 버스 터미널 3번 정류장에서 칸코시세츠메구리 観光施設めぐり 버스 텐토잔 天都山행 버스 승차하여 하쿠부츠칸아바시리칸고쿠 博物館網走監獄 정류장에서 하차 **주차장** 400대 **키워드** 아바시리 감옥

현 아바시리 형무소와 같은 형태를 지닌 정문 正門

수감자가 5년 동안 벽돌을 하나하나 쌓아 완성한 뒷문 裏門

창이 없는 캄캄한 벽돌조 독방 煉瓦造り独居房. 규칙을 위반을 수감자가 갇혔던 곳이다.

메이지 시대의 전형적인 건축양식을 띠는 청사 庁舎

수감자의 자급자족 생활상을 재현한 후타미가오카 형무지소 二見ヶ岡刑務支所

교육용 강당 教誨堂. 외관은 일본식, 내부는 서양식으로 설계된 건축물로 천장 샹들리에 장식이 특징

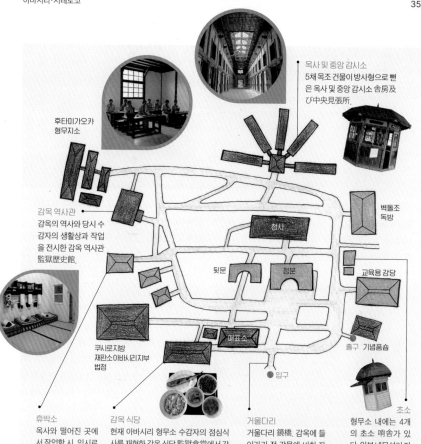

옥사 및 중앙 감시소
5채 목조 건물이 방사형으로 뻗은 옥사 및 중앙 감시소 舍房及び中央見張所

후타미가오카 형무지소

감옥 역사관
감옥의 역사와 당시 수감자의 생활상과 작업을 전시한 감옥 역사관 監獄歴史館.

벽돌조 독방

청사

뒷문

정문

교육용 강당

쿠시로지방 재판소 아바시리지부 법정

매표소

출구 기념품숍

입구

휴박소
옥사와 떨어진 곳에서 작업할 시, 임시로 숙박했던 가건물, 휴박소 休泊所.

감옥 식당
현재 아바시리 형무소 수감자의 점심식사를 재현한 감옥 식당 監獄食堂에서 감옥식을 맛보자. 사진은 꽁치구이가 메인인 감옥식A 監獄食A(￥900).

거울다리
거울다리 鏡橋. 감옥에 들어가기 전 강물에 비친 자신을 되돌아보라는 의미로 만들어진 다리다.

초소
형무소 내에는 4개의 초소 哨舎가 있다. 일본내무성이 지정한 양식을 토대로 세워진 것이다.

법조계의 상징인 저울을 형상화한 샹들리에에 주목!

쿠시로 지방 재판소 아바시리 지부 법정
釧路地方裁判所 網走支部法廷

유빙
流氷

겨울에만 즐길 수 있는 아바시리의 즐거움이라면 단연 유빙을 꼽을 수 있다. 남극과 북극에서나 볼 법한 얼음덩어리를 쇄빙선을 타고 가까이에서 체험할 수 있다. 아바시리가 있는 홋카이도 북동 해안가에서 약 1,000㎞ 떨어진 시베리아 아무르강이 유빙의 발원지다. 이곳에서 만들어진 얼음은 해류를 타고 점차 두께를 늘려가며 오호츠크해로 떠내려온다.

오호츠크 유빙관 オホーツク流氷館

유빙을 즐길 수 없는 계절에 방문했다면 아쉬운 대로 이곳에서 유빙을 체험해보자. 유빙을 테마로 한 전시관으로 지하 1층 영하 15도의 유빙 체감 테라스에서 직접 유빙을 관찰할 수 있다. 겨울 바닷속에서 일어나는 신비로운 자연의 세계를 다양한 방식으로 전시하며, 3층 전망 테라스에서는 주변 경관을 조망할 수 있다.

맵북 P.34-A3, P.36-A2 발음 오호오츠크류우효오칸 주소 網走市天都山244-3 전화 0152-43-5951 홈페이지 www.ryuhyokan.com 운영 5~10월 08:30~18:00, 11~4월 09:00~16:30, 12/29~1/5 10:00~15:00 휴무 연중무휴 요금 성인 ￥990, 고등학생 ￥880, 초등학생·중학생 ￥770, 미취학 아동 무료 가는 방법 아바시리 버스 터미널에서 하나텐토 はなてんと행 버스 승차, 텐토잔 天都山 정류장에서 하차. 키워드 오호츠크 유빙관

Pickup 클리오네

신비로운 생김새부터 호기심을 자극시키는 '클리오네'는 수온이 매우 낮은 차가운 바다에서만 생존하는 조개류의 생물이다. 유빙과 함께 발견되는 일이 많아 '유빙의 천사' 또는 '바다의 요정'으로 불리운다. 바닷물 속에서 유유히 떠다니는 이 작고 투명한 생명체를 바라만 보고 있어도 마음이 절로 힐링이 된다.

유빙 크루즈 流氷クルーズ

쇄빙선을 타고 유빙 크루즈를 즐겨보자. 약 400명이 수용 가능한 대형 선박 오로라 おーろら는 약 한 시간 동안 오호츠크해를 주유하는 코스로, 490톤 선체의 무게로 얼음을 부수면서 앞으로 나아간다. 2층 갑판에서 유빙이 가득한 바다를 조망하거나 1층 갑판 양옆에서 유빙을 자세히 볼 수 있다. 2월 상순부터 3월 상순까지 금·토·일요일 한정으로 16:30에 출발하는 선셋 크루즈도 운행한다. 예약은 탑승 당일까지 가능하지만 성수기에는 되도록 빨리 예약하는 편이 좋다.

단, 명심해야 할 것은 유빙 크루즈의 시즌이 시작되었다 하더라도 반드시 유빙을 볼 수 있다고 할 수 없다는 점이다. 유빙의 움직임은 그 누구도 예측할 수 없기 때문에 운에 맡겨야 한다는 것이 가장 아쉬운 부분이기도 하다. 급격한 기후변화로 인해 크루즈 운항이 중단되는 일도 빈번하다. 홈페이지에서 운항 상황이 실시간으로 안내되므로 자주 체크하도록 하자.

맵북 P.36-B1 **발음** 류우효오크루우즈 **주소** 網走市南3条東4-5-1 道の駅流氷街道網走(미치노에키 유빙가도 아바시리 선착장) **전화** 0152-43-6000 **요금** 중학생 이상 1·3월 ￥4,500 2월 ￥5,000, 초등학생 1·3월 ￥2,250 2월 ￥2,500, 미취학 아동 무료(현금만 가능), 특별석 ￥500 **운영** 1/20~4월 상순 09:00~15:30, 하루 4~5편 운항 **휴무** 4월 중순~1/19 **가는 방법** 아바시리 버스터미널에서 도보 8분. **주차장** 100대 **홈페이지** www.ms-aurora.com/abashiri **키워드** 유빙 관광 쇄빙선 오로라

❶ 크루즈에 승선하기 전 선착장 내 기념품숍에서 ❹ 유빙맥주를 구입하거나 ❷ 오로라빵 おーろら焼き과 아바시리산 우유로 간단하게 배를 채우면 좋다. ❸ 기념품숍에서는 유빙카레와 같은 이색 유빙 기념품도 많이 있다.

Pickup 유빙사탕 流氷飴

오로라 크루즈 선착장, 오호츠크 유빙관 등에서 판매되는 유빙사탕은 1955년에 탄생한 이래 꾸준한 사랑을 받아온 아바시리 대표 기념품이다. 에메랄드 블루와 화이트의 절묘한 색 조합이 바다 위에 둥둥 뜬 유빙을 연상시키는데 하나하나 모양이 다 달라 실제 얼음조각과도 같다. 맛은 진하지도 연하지도 않은 심플한 설탕맛이다. ￥324.

아바시리 열차 여행

아바시리 網走와 시레토코샤리 知床斜里 간을 연결하는 JR 센모본선 釧網本線은 오호츠크 해안을 따라 만들어진 선로 덕분에 시원한 바다 경치를 바라보며 열차 여행을 즐기기에 제격인 구간이다. 사이에 자리한 무인 역에도 정차해볼 것. 역사와 주변의 풍경이 서로 어우러져 한 폭의 그림을 만들어낸다.

아바시리역과 히가시쿠시로역을 잇는 JR 센모본선 釧網本線

Pickup 열차 여행 팁

❶ 아바시리역을 출발하는 열차에 승차한 경우 왼쪽, 반대쪽에서 출발할 경우는 오른쪽에 앉아야 오호츠크해를 감상할 수 있다.

❷ 운행 편수가 적은 편이므로 여행 시작 전 시간표를 반드시 확인하고 계획을 세우자.

JR 홋카이도 시간표 www.jrhokkaido.co.jp/global/korean

❸ 겨울에 방문했다면 기간 한정 관광열차인 유빙 이야기 열차 流氷物語号를 타보는 것도 좋은 추억이 될 것이다.

코시미즈원생화원
小清水 原生花園

무인 역인 JR 겐세카엔 原生花園역에 위치한 국정공원. 사람의 손을 거치지 않은 있는 그대로의 꽃밭이 눈앞에 펼쳐진다. 해당화, 백합, 메꽃 등 200여 종의 꽃이 4월부터 개화하여 6월에서 8월 사이에 절정을 이룬다. 공원은 모래사장까지 이어져 오호츠크 해변가를 거닐며 산책을 즐길 수 있다.

맵북 P.34-B4 발음 코시미즈 겐세카엔 주소 斜里郡小清水町字浜小清水 전화 0152-63-4187 운영 09:00~17:00 휴무 11~4월상순 가는방법 JR 겐세카엔 原生花園역에서 바로. 주차장 100대 키워드 겐세이카엔

❶ 동화속에나올 것만 같은 아기자기한 역사
❷ 역사 앞에 펼쳐진 아름다운 꽃밭

JR 키타하마 北浜역

오호츠크해에서 가장 가까운 전철역이란 타이틀로 관광명소가 된 무인 역. 해안가에서 불과 20m 떨어진 곳에 위치하여 바다 옆을 달리는 열차의 모습을 지켜볼 수 있다. 일본에서는 국민배우 타카쿠라 켄 高倉健이 젊은 시절 출연한 영화 〈아바시리 번외지 網走番外地 (1965)〉의 촬영지로 유명하다. 역사 바로 옆에는 주변을 조망할 수 있는 미니 전망대가 설치되어 있으며, 역무실을 개조한 음식점에서 식사나 음료를 즐길 수 있다.

맵북 P.34-A4 발음 키타하마에키 주소 網走市北浜番地 北浜駅 전화 0152-46-2410 운영 11:00~18:00 휴무 화요일, 연말연시 가는 방법 JR 키마하마 北浜역에서 바로. 주차장 20대 홈페이지 suzuki-syusaku.com/teishaba 키워드 키타하마 역

❶ JR 키타하마 北浜역사 ❷ 미니 전망대에서 바라본 오호츠크해와 JR 키타하마 北浜역 ❸ 역사 내 있는 레스토랑 '테이샤바 停車場' ❹ 함바그스테이크, 달걀프라이, 샐러드, 미소된장국, 밥, 커피로 구성된 테이샤바 런치 停車場ランチ(¥1,000) ❺ 역사 내부에는 전국 각지에서 방문한 여행자들의 명함이 역안을 가득 메우고 있다.

Feature

유빙을 볼 수 있는 관광열차, 유빙이야기호

매년 1월 하순부터 약 한 달간 기간 한정으로 운행하는 '유빙이야기호流氷物語号'는 JR전철 아바시리 網走역과 시레토코샤리 知床斜里역을 오가며 오호츠크해에 떠 있는 유빙 풍경을 즐길 수 있는 겨울 관광열차이다. 여타 관광열차와는 달리 추가 요금 없이 오로지 일반 승차권 구입만으로 탑승할 수 있다는 점이 매력적이다. 아바시리에서 출발하는 시레토코샤리행 열차는 오호츠크해에서 가장 가까운 전철역인 키타하마 北浜역에서 10분간 정차하여 역에 설치된 전망대에서 유빙을 감상할 수 있고, 시레토코샤리역에서 출발하는 아바시리행 열차는 하마코시미즈 浜小清水역에서 20분간 정차하여 역 앞 휴게소에서 기념품 구매와 간단한 요기를 해결할 수 있다. 하루 2번 정해진 시간에 왕복 운행하므로 탑승 전 운행시간을 반드시 확인하자.

홈페이지 www.jrhokkaido.co.jp

❶ 유빙이야기호 열차 티켓 ❷ 열차에 대해 친절하게 설명해주는 안내원 ❸ 열차의 벽면을 장식하고 있는 클리오네. '바다의 천사'라 불리는 수생생물로 오호츠크해에서 서식하는 대표 생물이다. ❹ 플랫폼으로 들어오고 있는 열차 ❺ 열차의 종착역에서 바라본 모습

노토로곶 能取岬

탁 트인 시야로 오호츠크 해안을 조망하기에 노토로곶만 한 곳도 없다. 1917년에 세워진 등대를 벗 삼아 가만히 풍경을 감상해보자. 노토로란 이름은 홋카이도 원주민 아이누족의 언어로 '곶이 있는 곳'을 뜻하는 단어 '놋 오로 ノッ・オロ'에서 유래하였다.

맵북 P.34-A3 발음 노토로미사키 주소 網走市能取岬 가는 방법 JR 아바시리 網走역에서 자동차로 20분. 주차장 50대 키워드 노토로 곶

두 개 바위 二つ岩

해안가에 커다란 두 바위가 나란히 서 있다고 하여 붙여진 이름. 노토로곶으로 향하는 길목에서 발견할 수 있다.

맵북 P.34-A3 발음 후타츠이와 주소 網走市二ツ岩 가는 방법 아바시리 網走 버스 터미널에서 자동차 6분. 키워드 쌍암

모자 바위 帽子岩

홋카이도 원주민 아이누족이 수호신으로 여겼던 모자 모양의 바위.

맵북 P.34-A3 발음 보우시이와 주소 道網走市北1条東2 가는 방법 아바시리 網走 버스 터미널에서 도보 10분. 키워드 boushi iwa

시레토코 오호 知床五湖

시레토코를 대표하는 야생의 대자연. 시레토코 연산 知床連山이 보이는 원시림 속 숨어 있는 다섯 개의 호수를 말한다. 호수를 도는 데에는 나무로 된 산책로를 따라 호수를 둘러보는 고가목도 高架木道와 숲속을 탐험하듯 자연적으로 형성된 길을 따라 산책하는 지상 산책로 地上遊歩道 두 가지 방법이 있다.

고가목도는 별도의 신청 없이 무료로 산책 가능하며, 전기 울타리가 설치되어 있어 큰 곰의 출몰을 걱정하지 않아도 된다. 하지만 시레토코 오호 중 1호만 감상할 수 있어 전체를 돌아보려면 지상 산책로로 가야 한다.

지상 산책로는 고가목도와 반대로 사전 예약 후 요금을 지불해야만 둘러볼 수 있다. 왕복 1.6km의 소루프와 3km의 대루프 두 코스로 되어 있는데, 어느 코스든 큰 곰이 생식하는 곳이므로 산책로에 들어서기 전 10분 정도의 강의를 통해 주의할 점을 숙지한다. 산책 시기에 따라 무성한 식물들로 인해 토양 침식이 우려되는 '식생 보호기', 큰 곰이 활발하게 활동하는 '큰 곰 활동기'가 있다.

맵북 P.35-D3 발음 시레코토고코 **주소** 斜里郡斜里町遠音別村 **전화** 0152-24-3323 **홈페이지** www.goko.go.jp **운영** 07:30~18:30(시기에 따라 상이하므로 홈페이지 참조) **휴무** 11월 하순~4월 중순 **요금** 고가목도-무료, 지상 산책로-아래 표 참조 **가는 방법** 샤리 버스 터미널 斜里バスターミナル 또는 우토로온센 버스 터미널 ウトロ温泉バスターミナル에서 시레토코선 知床線 또는 라우스선 羅臼線 라우스 羅臼행 버스를 승차, 시레토코고코 知床五湖 정류장에서 하차. **주차장** 100대, 1회 ¥500 **키워드** 시레토코고코

● 지상 산책로 요금

시기	코스	12세 이상	6~11세	0~5세
식생 보호기		¥250	¥100	¥100
큰 곰 활동기	대루프(3km)	¥5,000 전후	¥3,000 전후	사전 상담 필요
	소루프(1.6km)	¥3,500	¥2,000	¥2,000 (사전 상담 필요)
큰 곰 활동기 (당일 접수)	대루프(3km)	¥6,000	¥3,000	
	소루프(1.6km)	¥3,500	¥2,000	

주의사항!
고가목도에서 지상 산책로로 내려갈 수 없음.

고가목도 高架木道
지상 산책로 地上遊歩道(소루프)
지상 산책로 地上遊歩道(대루프)

까막딱따구리가 파낸 구멍

3호 三湖

남개연 (식물)

큰 곰 발톱 자국

1호 一湖 청동오리

앉은부채 (식물)

2호 二湖

까막 딱따구리

황금새

오색 딱따구리

4호 四湖

휘파람새

에조 다람쥐

분비나무

물참나무

덩굴옻나무 (절대 만지지 마세요)

고가목도 입구

지상 산책로 입구

시레토코오호 필드하우스 知床五湖フィールドハウス, 주차장 위치

5호 五湖 논병아리

[주의사항]
❶ 산책에 맞는 복장을 갖출 것
6~9월: 햇볕이 차단되는 모자, 긴소매 얇은 점퍼와 긴 바지, 얇은 장갑 또는 목장갑, 트레킹화 또는 운동화
4~5월 · 10~11월: 따뜻한 모자, 보온성 있는 점퍼와 긴 바지, 보온성 있는 장갑, 트레킹화 또는 운동화
※ 4~5월과 비가 내리는 날에는 장화가 필수! 우산보다는 비옷을 추천한다.
❷ 큰 곰이 출몰했을 시 투어가 취소되므로 출발 전 홈페이지(bear.goko.go.jp)에서 확인을 하거나 시레토코오호 필드하우스知床五湖フィールドハウス에서 정보를 얻는 것이 좋다. 산책 도중이라면 즉시 투어가 중단되는 경우가 있다.
❸ 지상산책로에서 연결 입구 계단을 통해 고가목도로 올라갈 수 있다. 단, 고가목도에서 지상 산책로로 내려갈 수 없으니 주의하자.
※기타 사항은 P.347 [Pick up] 시레토코 오호와 라우스 호수 여행 팁 참조.

Pickup 시레토코 세계유산센터 知床世界遺産センター
본격적인 시레토코 관광 전 들러야 하는 곳. 트레킹을 할 때 지켜야 할 규칙과 주의사항, 실시간 현지 상황을 안내한다.
맵북 P.37 하단-A2·B2 **발음** 시레토코세카이이산센타 **주소** 斜里郡斜里町ウトロ西186-10 **전화** 0152-24-3255 **홈페이지** shiretoko-whcc.env.go.jp **운영** 여름 08:30~17:30, 겨울 09:00~16:30 **휴무** 여름-무휴, 겨울-화요일, 12/29~1/3 **가는 방법** 우토로온센ウトロ温泉 버스 터미널에서 도보 5분. **주차장** 있음 **키워드** shiretoko heritage center

시레토코 관광선 知床観光船

유네스코 세계자연유산으로 지정된 시레토코 반도는 육로로는 만나볼 수 없는 아름다운 절경을 해상에서 즐길
수 있다. 여러 종류의 관광선이 있지만 크게 대형 유람선과 소형 쾌속선 두 가지로 나뉜다. 400명을 수용할 수 있
는 대형 유람선 오로라 おーろら는 흔들림이 적고 넓은 객실 안에서 쾌적하게 감상할 수 있는 점이 특징이다. 고지
라이와칸코 ゴジラ岩観光, 카즈 KAZU, 돌핀 ドルフィン, 폭스 FOX 등 30~70명이 탑승 가능한 소형 쾌속선은 대
형 선박이라면 갈 수 없는 절벽 근처까지 가까이 다가가 눈앞에서 감상할 수 있다.

발음 시레토코칸코센 홈페이지 www.ms-aurora.com/shiretoko

● 코스별 관광선 및 요금

	카무이왓카 폭포 코스	르샤만 코스	시레토코곶 코스
대형 유람선	중학생 이상 ¥3,500	중학생 이상 ¥5,000	중학생 이상 ¥7,800
	초등학생 ¥1,750	초등학생 ¥2,500	초등학생 ¥3,900
소형 쾌속선	중학생 이상 ¥4,000	중학생 이상 ¥6,000	중학생 이상 ¥9,000
	초등학생 ¥2,000	초등학생 ¥3,000	초등학생 ¥4,500

Pickup 시레토코 관광선 매표소

● 대형 유람선 매표소 맵북 P.37 하단-A1·B1

● 소형 쾌속선 매표소 맵북 P.37 하단-B1·B2

관광선 코스 순서

시레토코곶 코스

카무이왓카 폭포 코스

우토로항
1 승선 시 한여름에도 바닷바람으로 추위를 느낄 수도 있으니 겉옷을 준비하자.

푸유니곶
2 구멍이 있는 장소를 의미하는 아이누족 언어에서 유래한 '푸유니곶 プユニ岬'.

후레페 폭포
3 강에서 흘러나온 것이 아닌 눈과 비로 인해 고인 물이 절벽 틈 사이로 터져 나오면서 형성된 후레페 폭포 フレペの滝.

탕화 폭포
4 지하수가 바위틈 사이로 흘러나와 바다로 떨어지는 탕화 폭포 湯の華の滝.

시레토코연산
5 해상에서 바라본 시레토코연산 知床連山. 시레토코 반도 중앙에 일직선으로 위치한 산맥.

카무이왓카 폭포
6 온천수가 폭포를 이루는 카무이왓카 폭포 カムイワッカの滝. 유황 성분으로 인해 바닷물이 노랗게 변색된 점이 특징이다.

르샤만
7 야생동물이 서식하는 특별보호지역 르샤만 ルシャ湾을 지나칠 때 불곰 ヒグマ을 목격할 가능성이 높으므로 자세히 관찰할 것!

카슈니 폭포
8 동굴 위에서 흘러 내려오는 카슈니 폭포 カシュニの滝. 30m 높이에서 수직으로 해수면에 떨어진다.

시레토코곶
9 시레토코 반도의 끝자락 시레토코곶 知床岬. 여름철이면 돌고래와 고래가 목격된다.

우토로의 신비로운 볼거리

해안선 대부분이 낭떠러지에다가 반도 전체가 험한 산으로 이루어져 있어 다른 지역에 비해 개발이 더뎠지만, 그 덕분에 자연 그대로의 형태가 잘 보존된 점은 이 지역의 큰 장점이다.

고질라바위 ゴジラ岩

우토로항 인근에 우뚝 솟은 커다란 바위. 일본 괴수 영화의 주인공 '고질라'를 닮았다 해 이름 붙여졌다.

맵북 P.37 하단-B1 발음 고지라이와 주소 斜里郡斜里町 ウトロ東50 가는 방법 우토로온센 ウトロ温泉 버스 터미널에서 도보 5분. 키워드 고지라이와

오롱코바위 オロンコ岩

높이 60m의 거대한 암석. 이곳에 살았던 원주민족 '오롯코족 オロッコ族'의 이름 혹은 '거기에 앉아 있는 바위'라는 아이누족의 언어에서 유래했다는 설이 있다.

맵북 P.37 하단-A1 발음 오롱코이와 주소 斜里郡斜里町 ウトロ東 가는 방법 우토로온센 ウトロ温泉 버스 터미널에서 도보 5분. 키워드 oronko rock shari

유히다이 夕陽台

시레토코 국설 야영장 일각에 자리한 고지대. 해수면에 비친 붉은 노을이 아름다워 석양 명소로 알려져 있다.

맵북 P.37 하단-B1 발음 유우히다이 주소 斜里郡斜里町 ウトロ 가는 방법 우토로온센 ウトロ温泉 버스 터미널에서 도보 15분. 키워드 yuhidai

오싱코싱폭포 オシンコシンの滝

두 갈래로 갈라져 세차게 내리는 높이 60m의 폭포.

맵북 P.37 하단-A2 발음 오싱코싱노타키 주소 斜里郡斜里町ウトロ西 가는 방법 샤리 버스 터미널 斜里バスターミナル 또는 우토로온센 버스 터미널 ウトロ温泉バスターミナル에서 시레토코선 知床線 시레토코고코 知床五湖행 버스 승차, 오싱코싱노타키 オシンコシンの滝 정류장에서 하차. 키워드 오신코신 폭포

라우스 호수 羅臼湖

시레토코 횡단도로 중앙에 위치한 호수. 출발 지점인 등산로 입구에서 다섯 개의 연못을 거쳐 호수까지 가는 길은 시레토코의 대자연을 만끽하며 즐길 수 있는 최고의 트레킹 코스다. 단조로운 등산로가 아니기 때문에 우거진 수풀 사이를 살짝 헤집고 다니거나 군데군데 진흙탕 위를 건너가야 하지만 너무 걱정할 필요는 없다. 험난한 지형이라고는 할 수 없는 약간의 불편함을 감수해야 할 정도의 움직임을 요하는 여정이다. 어느 하나 빼놓을 수 없이 아름답지만 특히 세 번째 연못은 빼어난 절경으로 유명한 구간이다. 연못에 비친 시레토코 반도의 최고봉 라우스산 羅臼岳의 풍경이 훤히 내다보이도록 작은 전망대를 설치해 놓았다.

맵북 P.35-D3 발음 라우스코 **주소** 目梨郡羅臼町湯ノ沢町 **홈페이지** shiretokorausu-vc.env.go.jp/lake **가는 방법** 우토로온센 버스 터미널 ウトロ温泉バスターミナル에서 라우스선 羅臼線 라우스 羅臼행 버스 승차, 라우스코이리구치 羅臼湖入口 정류장에서 하차. **키워드** 라우스 호수

Pickup 이것만은 반드시 체크!

❶ 여름철에도 안개가 다수 발생하므로 방수 재질의 겉옷과 신발을 착용하자.
❷ 등산로 입구에는 주차장이 없다. 렌터카를 이용하는 경우 라우스 호수로 가는 도중에 있는 시레토코 고개 知床峠*에 주차하고 노선버스를 이용해 등산로 입구까지 이동한다.

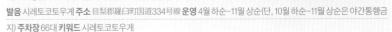

시레토코 고개 知床峠

해발 738m의 시레토코 연산 봉우리. 우토로와 라우스를 잇는 국도 334호 '시레토코 횡단도로'에서 시원하게 솟은 고개를 감상할 수 있다. 주차시설과 공중 화장실이 마련되어 있다.

발음 시레토코토우게 **주소** 目梨郡羅臼町国道334号線 **운영** 4월 하순~11월 상순(단, 10월 하순~11월 상순은 야간통행금지) **주차장** 66대 **키워드** 시레토코토우게

● 등산로 사이에는 화장실이 없다. 시레토코 고개에 있는 공중 화장실에 꼭 들렀다 가도록 한다.
● 등산로 입구에 설치된 방명록에 이름을 기입하고 들어갈 것.
● 라우스 호수는 불곰이 출몰하는 지역! 곰이 갑자기 등장하는 것을 막으려면 종을 가방에 매달아 울리거나 소리를 내어 사람이 지나가고 있다는 것을 알려야 한다.

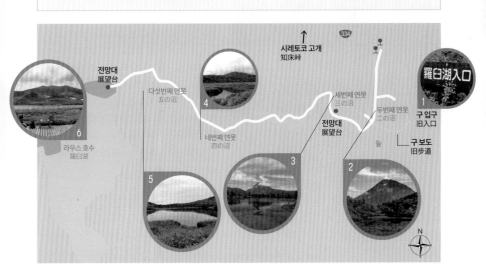

01 아바시리·시레토코 미식탐방
아바시리 맛집

라멘 다루마야 ラーメンだるまや

아바시리를 대표하는 관광명소로 자리 잡은 라멘집. 다른 지역에서 일부러 찾아올 정도로 유명한 맛집이다. 이 집의 대표 라멘은 도로라멘 どろラーメン. 돈코츠 육수와 간장을 적절한 비율로 조합하여 차별화된 맛을 선보인다. 일본식 닭튀김 카라아게 唐揚げ와 밥이 포함된 세트 메뉴도 ¥1,150에 즐길 수 있다. 라멘 가격이 ¥900인 경우에만 적용되며, 그 이상이라면 차액을 지불해야 한다. 간장, 소금, 된장 베이스의 풍부한 라멘 메뉴 구성을 자랑한다.

추천메뉴 도로 라멘 どろラーメン ¥900

맵북 P.36-B1 **발음** 라아멘다루마야 **주소** 網走市南6条西1-1 **전화** 0152-44-7877 **영업** 11:00~21:00 **휴무** 첫째 주 월요일 **가는 방법** 아바시리 버스 터미널에서 도보 5분. **주차장** 있음 **키워드** darumaya ramen abashiri

사이카 菜華

현지인의 단골집으로 자주 언급되는 일본식 중화요리 전문점. 게살볶음밥, 칠리새우, 일본식 만두인 교자 등 중화요리로 유명하지만 정작 가게가 추천하는 메뉴는 따로 있다. 부동의 인기 1위를 차지하는 메뉴가 바로 앙카케 야키소바 あんかけ焼きソバ다. 아바시리의 신선한 해산물과 제철 채소를 듬뿍 사용하여 소금으로 간을 한 전분소스가 면과 잘 어우러져 기가 막힌 맛을 낸다.

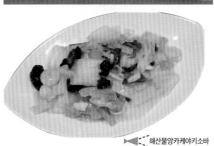

추천메뉴 해산물 앙카케 야키소바 海鮮あんかけ焼きソバ ¥1,130

맵북 P.36-B1 **발음** 사이카 **주소** 網走市南4条西2-1 本間ビル1F **전화** 0152-44-1350 **영업** 11:30~14:00, 17:00~21:00(마지막 주문 20:30) **휴무** 부정기 **가는 방법** 아바시리 버스 터미널에서 도보 2분. **주차장** 없음 **키워드** saika

▶ 해산물양카케야키소바

식당 만마 食堂 manma

오호츠크 문화교류센터 안에 위치한 카페 겸 레스토랑. 아기자기한 가게 분위기와 메뉴 구성으로 현지 젊은 여성에게 인기가 높다. 아바시리산 재료를 사용한 캐주얼한 일본식 양식부터 파티셰가 만든 각종 수제 디저트까지 다채로운 메뉴를 제공하며, 맥주, 와인 등 각종 주류도 즐길 수 있다. 카운터석은 콘센트가 비치되어 있어 공부, 독서, 작업을 하기에도 좋다.

추천메뉴 런치세트 ランチメニュー ¥1,200~1,300

런치세트

맵북 P.36-B1 **발음** 쇼쿠지카훼만마 **주소** 網走市北2条西3-3 オホーツク文化交流センター 1F **전화** 0152-61-4828 **영업** 11:00~14:30 **휴무** 첫째 주·셋째 주·다섯째 주 월요일, 12/29~ 1/3 **가는 방법** 아바시리 버스 터미널에서 도보 5분. **주차장** 있음 **키워드** echo center 2000 (건물 1층)

키네마관 キネマ館

아바시리산 오호츠크 연어를 널리 알리기 위해 아바시리 관광협회가 고안한 음식인 연어 튀김 덮밥 잔기동 オホーツク網走ザンギ丼을 맛볼 수 있는 음식점. 생선 특유의 비린내를 없애고 천연 조미료인 생선 장, 고추장, 참기름으로 만든 특제 소스로 맛을 내어 누구나 부담 없이 즐길 수 있다. 아바시리 토산품과 기념품을 판매하고 관광 정보를 얻을 수 있는 아바시리 휴게소 2층에 위치해 있으며, 쇼와시대 일본 영화 촬영지로 유명했던 지역 특성을 살려 영화를 테마로 꾸며져 있다.

오호츠크
아바시리잔기동

추천메뉴 오호츠크아바시리잔기동 オホーツク網走ザンギ丼 ¥900

맵북 P.36-B1 **발음** 키네마칸 **주소** 網走市南3条東4-5-1 **전화** 0152-44-0688 **홈페이지** www.takahasi.co.jp **영업** 11:00~16:30(마지막 주문 15:30) **휴무** 12/31~1/1 **가는 방법** 아바시리 버스 터미널에서 도보 8분. **주차장** 100대 **키워드** Kinema-kan

화이트하우스 ホワイトハウス

아바시리 시민이라면 모르는 사람이 없을 정도로 유명할 뿐 아니라 현지 관광객에게도 인기인 일본식 경양식 식당. 이곳이 이토록 인기인 요인을 꼽으라면 오호츠크해와 아바시리산 신선한 재료를 사용한다는 점, 굳이 곱빼기를 시키지 않아도 엄청난 양을 자랑하는 점, 그럼에도 말도 안 되게 저렴한 가격이라 할 수 있다. 대표 메뉴인 비프와 콤비덮밥 ビーフとコンビ丼은 2,400엔이란 가격에 비프 스테이크와 성게&연어알 덮밥, 미소된장국이 세트로 구성되어 있어 가성비가 뛰어나다.

추천메뉴 비프와 콤비덮밥 ビーフとコンビ丼 ¥2,700

맵북 P.36-B1 **발음** 호와이토하우스 **주소** 網走市南四条西2-5 **전화** 0152-44-9552 **영업** 11:30~14:30, 17:00~19:30 **휴무** 부정기 **가는 방법** JR전철 아바시리 網走역에서 도보 13분. **주차장** 없음 **키워드** 화이트하우스 아바시리

02 아바시리 · 시레토코 미식탐방
시레토코 맛집

우토로 어협부인부 식당 ウトロ漁協婦人部食堂

현지 어부, 낚시꾼 사이에서 입소문이 퍼지면서 유명해진 음식점으로 현지인은 물론 관광객을 사로잡은 맛으로 정평이 나 있다. 우토로항에서 건져 올린 싱싱한 해산물을 사용한 메뉴가 주를 이루는데 특히 성게(우니, うに)와 연어알(이쿠라, いくら)을 밥 위에 얹은 덮밥 메뉴가 인기 있다. 잘게 썬 구운 연어와 연어알을 하얀 쌀밥과 사케오야코동 鮭親子丼이 이곳의 대표 메뉴. 성게가 제철인 5월 상순~8월에는 성게덮밥을 제공한다.

추천메뉴 사케오야코동 鮭親子丼 ¥2,000

맵북 P.37 하단-B1 **발음** 우토로교쿄오후진부쇼쿠도오 **주소** 斜里郡斜里町ウトロ東117 **전화** 0152-24-3191 **영업** 4월 하순~10월 08:30~14:30 **휴무** 11~4월 중순 **가는 방법** 우토로온센 ウトロ温泉 버스 터미널에서 도보 4분. **주차장** 4대 **키워드** fujinbu shokudo

본즈홈 ボンズホーム

민박집도 겸하고 있는 카페 겸 레스토랑. 홋카이도의 대표적인 작물인 감자 요리를 먹고 싶다면 이곳을 방문해보자. 시레토코산 감자로 만든 그라탕, 치즈구이, 버터구이 등의 식사 메뉴와 더불어 감자로 만든 푸딩 등 디저트 메뉴를 제공한다. 7일간 푹 끓여낸 카레라이스 또한 인기. 모든 메뉴는 테이크아웃이 가능하다.

추천메뉴 감자그라탕 栗じゃが芋のグラタン ¥850, 감자푸딩 栗じゃが芋のプリン ¥580

감자그라탕

맵북 P.37 하단-B2 **발음** 본즈호오무 **주소** 斜里郡斜里町ウトロ東217 **전화** 0152-24-2271 **홈페이지** www.bonshome.com **영업** 11:30~15:00(여름철 11:00~16:00) **휴무** 부정기(7~9월은 무휴) **가는 방법** 우토로온센 ウトロ温泉 버스 터미널에서 도보 2분. **주차장** 없음 **키워드** 본즈홈

쿠마노야 くまのや

문을 연 지 40년이 넘은 노포 음식점. 오호츠크해의 신선한 회와 해산물로 만든 덮밥을 비롯해 구이, 절임 등 다양한 방식으로 조리된 메뉴를 선보인다. 시레토코 근해에서 잡히는 연어 1만 마리 가운데 한 마리가 있을까 말까 한 귀한 백연어 케이지 鮭児, 연어의 간을 젓갈로 만든 메훈 メフン, 시레토코산에서 채취한 후박나무잎 등 진귀한 산해진미를 맛볼 수 있다.

추천메뉴 시레토코 해물탕면 知床海鮮湯麺 ¥850

맵북 P.37 하단-A2 **발음** 쿠마노야 **주소** 斜里郡斜里町ウトロ西187-11 **전화** 0152-24-2271 **영업** 11:00~16:00, 17:00~20:00 **휴무** 월~화요일 **가는 방법** 우토로온센 ウトロ温泉 버스 터미널에서 도보 5분. **주차장** 있음 **키워드** Kumanoya seafood

유빙 체험 관광선

몬베츠의 상징,
거대 집게발

관광선 승선장

몬베츠 紋別

현지인 사이에서 오호츠크해 유빙 명소라 하면 아바시리 網走와 더불어 몬베츠를 떠올리는 이들이 많다. 유빙을 체험할 수 있는 관광선이 바로 아바시리와 몬베츠에서 출항하기 때문이다. 겨울이 되면 몬베츠에서 출항한 '가린코 ガリンコ호'는 드넓은 오호츠크해에서 장대하게

홈페이지 가린코호 o-tower. co.jp 요금 시기마다 다르므로 홈페이지 확인 키워드 몬베쓰

펼쳐진 유빙을 눈앞에서 생생하게 지켜볼 수 있다. 최대 승선 인원 235명, 366톤 규모로 가린코호의 3대째 관광선인 이메루 IMERU가 2021년 취항하면서 이전보다 더 많은 여행객을 태울 수 있게 되었다. 최대 승선 인원 450여 명의 500톤 규모 대형 유람선 '오로라 おーろら호'보다 규모는 작지만 조금 더 가까이서 유빙을 관찰할 수 있는 장점을 지니고 있으며 배 앞부분에 스크루가 달려있어 유빙을 깨부수며 나아가기 때문에 보다 박력 있는 체험이 가능하다. 각자 지니고 있는 매력이 뚜렷하기에 유빙 명소로 어느 곳을 선택할 지 고민이 되거나 삿포로에서의 접근성을 고려한다면 아바시리가, 한국인 관광객에게는 덜 알려져 있어 신선한 체험을 원한다면 몬베츠가 좋은 선택지가 될 것이다.

Pickup 오호츠크 몬베츠 화이트카레 オホーツク紋別ホワイトカレー
몬베츠 시내의 일부 레스토랑에서 몬베츠의 유빙과 가린코호를 형상화한 카레라이스를 만나볼 수 있다. 대표적인 곳으로는 오호츠크 팔레스 호텔 ホテルオホーツクパレス 내에 위치한 레스토랑 마리나 マリーナ. 게살, 관자, 새우가 얹어진 밥과 함께 유빙을 연상케 하는 머랭을 띄운 카레가 함께 나온다. 부드럽고 진한 맛이 일품. 볼륨 있는 양과 그에 비해 합리적인 가격을 자랑하여 현지인과 여행자 모두에게 인기가 높다.

[마리나] 발음 마리이나 주소 紋別市幸町5-1-35 전화 0158-26-3600 영업 11:00~14:30, 17:00~21:30 휴무 부정기 가는 방법 몬베츠 버스 터미널에서 도보 1분. 주차장 150대 키워드 okhotsk palace hotel

왓카나이 稚内
WAKKANAI

SAPPORO
삿포로

왓카나이는 일본 최북단에 위치한 도시로, 일본인에게는 나라의 북쪽 끄트머리라는 사실만으로도 큰 의미가 있는 여행지다. 어업과 낙농업이 발달한 영향으로 미식가에게는 정복(?)하고 싶은 맛집들이 많은 지역으로도 잘 알려져 있다. 최북단 지역을 중심으로 모여 있는 인공 동상, 기념탑, 방파제 등의 명소들이 특별한 훼손 없이 잘 보존된 대자연과 조화롭게 어우러져 있다. 버스, 렌터카, 도보 어떠한 방식으로 돌아다녀도 즐거운 추억이 될 것이다.

왓카나이 Must Do

일본 최북단에 자리한 왓카나이의 깨알 같은 명소들 탐방하기 P.375~

왓카나이에서 페리로 단 45분! 숨은 비경을 간직한 리시리섬과 레분섬 여행 P.379

Pickup 왓카나이 알차게 여행하는 법

1 JR 왓카나이 稚内역에서는 일본 최북단 전철역을 방문했음을 기념하는 증명서를 판매하는데, 기념품으로 간직해 볼 만하다. 또한 역 곳곳에는 최북단 역임을 알리는 간판이 있어 기념촬영하기에도 좋다.

2 렌터카 여행자라면 오타루를 출발해 왓카나이까지 해안선을 따라 달리는 380km의 드라이브 코스인 오로롱라인 オロロンライン을 달려보자. 231, 232번 국도와 106번 국도를 따라 시원한 바닷바람을 맞으며 드라이브를 즐길 수 있다.

3 뚜벅이 여행자는 소야버스 宗谷バス에서 운행하는 정기 관광버스를 이용하면 편리하다. 왓카나이 공원과 두 군데 곶 등 왓카나이의 주요 명소를 4시간 동안 둘러보는 일정으로, 오전 A코스와 오후 B코스로 이루어져 있다. 2개월 전부터 인터넷을 통해 예약할 수 있으며, JR 왓카나이역 앞 버스 터미널에서 출발하여 돌아온다. 요금 A코스-성인 ¥3,600, 어린이 ¥1,900, B코스-성인 ¥3,900, 어린이 ¥2,000 전화 0162-32-5151
홈페이지 www.soyabus.co.jp/teikan

왓카나이 당일치기 여행코스

Travel course

1 북방파제돔 P.376
파도와 강풍을 막기 위해
만들어진 방파제. 고대 로마 고
딕양식을 본 떠 만들어 방파제
라고는 생각하기 힘든 고풍스
러움이 느껴진다.

2 소야곶 P.377
일본 최북단에 위치한 곳.
'일본 최북단의 비석이 자리한다.

▼

자동차 10분

자동차 30분

3 소야구릉 P.377
소야곶에서 펼쳐지는 구
릉지대. 빙하기에 형성된 지형
으로 홋카이도 유산으로 지정
돼 있다.

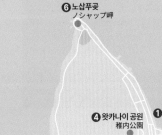

❻ 노샵푸곶
ノシャップ岬

❹ 왓카나이 공원
稚内公園

❶ 북방파제돔
北防波堤ドーム

❺ 왓카나이시 북방기념관·개기백년 기념탑
稚内市北方記念館·開基百年記念塔

🚉 왓카나이역
稚内駅

소야본선 宗谷本線

40

238

홋카이도립 소야후레아이 공원
北海道立宗谷ふれあい公園

코에토이 큰 연못
声問大沼

40

N
0　　　　1km

왓카나이시
稚内市

❷ 소야곶
宗谷岬

자동차 40분

4 왓카나이공원 P.375
왓카나이 서쪽 끝에 자리한 공원. 제2차 세계대전 당시 목숨을 잃은 이들을 위한 위령비 등 전쟁 관련 시설이 많다.

❸ 소야 구릉
宗谷丘陵

도보 1분

자동차 10분

238

소야만
宗谷湾

238

5 왓카나이시 북방 기념관·개기백년기념탑 P.375 왓카나이 공원 내 전망대. 왓카나이시 개기 100주년과 시정 집행 30주년을 맞이하여 세워졌다.

6 노샵푸곶 P.376
왓카나이 끝에 있는 곶. 끝없는 수평선을 탁 트인 시야로 감상할 수 있으며, 해가 지는 모습이 아름다워 석양 명소로 손꼽힌다.

레분섬
礼文島

왓카나이
稚内

리시리섬
利尻島

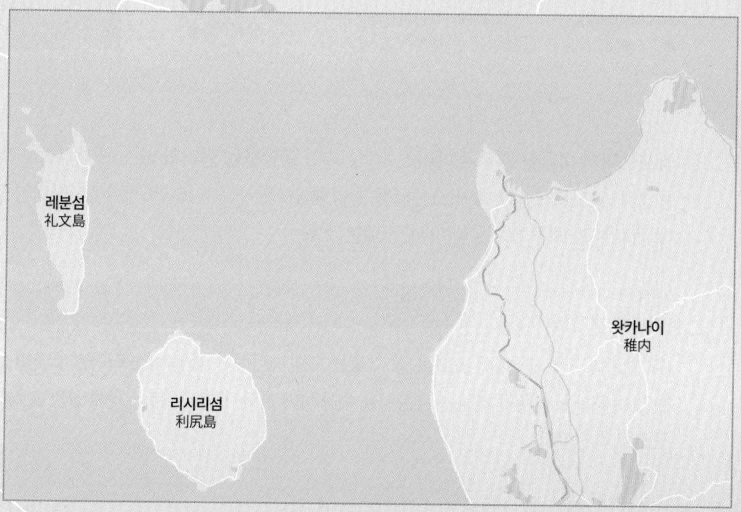

Transportation in Wakkanai | 왓카나이 교통

왓카나이로 이동하기

| 삿포로 | 방법❶ 비행기 55분(신치토세 新千歲 공항 출발) | 왓카나이 |

비행기
한국에서 왓카나이까지 직항을 운영하는 항공사는 없다. 대신 삿포로 신치토세 新千歲 공항으로 입국 하여 국내선을 타고 왓카나이 稚內 공항으로 이동하는 방법이 있다. 신치토세 공항에서 취항하는 항공 사는 전일본공수(ANA)이며 55분이 소요된다.

● 왓카나이 공항에서 왓카나이 시내로 이동하는 방법
소야버스 宗谷バス가 운영하는 연락버스가 있다. 모든 버스는 도착 하는 비행기에 맞춰 운영되며, JR 왓카나이 稚內역과 페리 터미널 등에 정차한다. 30~35분 소요되며, 요금은 편도 기준 성인 ¥700, 어린이 ¥350.

페리 터미널

열차
삿포로 札幌와 아사히카와 旭川에서 JR 직통열차를 운행한다.

왓카나이 열차

도시명	열차명	소요 시간
삿포로 札幌	특급소야 特急宗谷	5시간 10분
아사히카와 旭川	특급소야·특급사로베츠 特急宗谷·特急サロベツ	3시간 50분

버스
삿포로에서 이동할 경우 소야버스 宗谷バス가 운영하는 장거리 버스 왓카나이호 わっかない号를 이 용하자. 오오도오리 大通 버스센터를 출발해 JR 왓카나이 稚內역 앞 버스 터미널 또는 페리 터미널 에 정차한다. 하루 6편 운행, 5시간 50분 소요.

왓카나이 시내 교통수단

JR 왓카나이 稚內역에서 도보로 갈 수 있는 북방파제돔과 역 앞 버스 터미널에서 버스를 타고 갈 수 있 는 소야곶과 노샵푸곶 외에는 자동차를 이용해야 한다. 도보 30분 거리에 있는 왓카나이 공원은 산책 코스로 추천한다.

왓카나이 공원 稚内公園

왓카나이시 서쪽 끝자락 구릉지대에 있는 공원. 제2차 세계대전 당시 러시아 사할린(일본에서는 카라후토 樺太라고 부른다)에서 목숨을 잃은 이들을 위한 높이 8m의 위령비 '빙설의 문 氷雪の門'과 소련군의 침공을 피해 자결한 이들을 기리기 위한 '위령비 아홉 소녀의 비석 九人の乙女の碑' 등 전쟁 관련 시설이 많은 편이다. 저 멀리 사할린과 왓카나이 시가지가 내려다보여 한 번쯤은 들러볼 만하다.

맵북 P.38-A3 발음 왓카나이코오엔 주소 稚内市ヤムワッカナイ 가는 방법 JR 왓카나이 稚内역에서 도보 30분, 자동차 10분. 주차장 50대 키워드 왓카나이 공원

① 전망대에서 바라본 왓카나이시 전경 ② 북방기념관 개기백년기념탑의 모습 ③ 왓카나이시 전경이 보이는 전망대 ④ 자료 전시관

왓카나이시 북방기념관·개기백년기념탑 稚内市北方記念館·開基百年記念塔

왓카나이 공원 내에 자리한 전망대이자 자료 전시관. 왓카나이시 개기 100주년과 시정 집행 30주년을 맞이하여 1978년 세워진 것으로, 높이 80m 철근 콘크리트 건축물 상층부는 왓카나이와 주변 섬을 360도 파노라마로 조망이 가능한 전망대이고, 하층부는 왓카나이와 카라후토(현 러시아 사할린) 관련 자료를 모아둔 전시관이다.

맵북 P.38-A3 발음 왓카나이시홋포키넨칸카히키햐쿠넨키넨토 주소 稚内市ヤムワッカナイ 전화 0162-24-4019 홈페이지 w-shinko.co.jp/hoppo-kinenkan 운영 4/27~10/31 09:00~17:00 휴무 월요일(공휴일인 경우 다음 날, 6~9월은 무휴) 요금 야간(18:00 이후) 고등학생 이상 ￥400, 초등·중학생 ￥200 가는 방법 JR 왓카나이 稚内역에서 도보 30분, 자동차 10분. 주차장 50대 키워드 개기 100년 기념탑

북방파제돔 北防波堤ドーム

1936년 파도와 강풍을 막기 위해 만들어진 방파제. 길이 427m, 높이 13.6m의 고대 로마 고딕양식을 본뜬 모양으로, 70개의 원형 기둥과 완만한 곡선형 아치가 특징이다. 현재는 방파제로서의 기능을 하고 있진 않지만 왓카나이를 상징하는 건축물로서, 홋카이도 유산 北海道遺産으로 보존되고 있다.

맵북 P.38-A3 ▶ 발음 키타보오하테도오무 주소 稚内市開運 1 가는 방법 JR 왓카나이 稚内역에서 도보 5분. 주차장 인근 키타린코키타 北臨港北 주차장 이용, 100대 키워드 왓카나이항 북방파제 돔

노샵푸곶 ノシャップ岬

홋카이도 원주민 아이누족의 언어로 '곶이 턱처럼 돌출된 곳', '파도가 부서지는 장소'란 의미를 지녔다. 하늘과 바다가 맞닿은 끝없는 수평선을 탁 트인 시야로 감상할 수 있으며, 특히 이곳에서 바라보는 일몰이 아름다워 석양 명소로도 잘 알려져 있다. 소야 宗谷 해협을 지나던 돌고래를 형상화한 동상과 42.7m 높이 스트라이프 무늬가 특징인 왓카나이 등대가 방문객들을 반긴다.

맵북 P.38-A2 ▶ 발음 노샵푸미사키 가는 방법 JR 왓카나이 稚内역 앞 버스 터미널 2번 정류장에서 소야버스 宗谷バス 노샵푸 ノシャップ행 승차하여 노샵푸 ノシャップ 정류장에서 하차. 주차장 18대 키워드 노샷푸곶

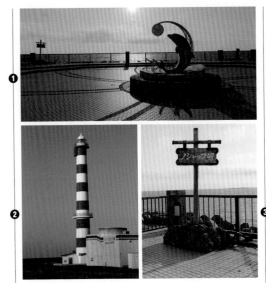

❶ 곶에 자리한 돌고래 시계 동상 ❷ 흰색과 빨간색 줄무늬로 이뤄진 왓카나이 등대 ❸ 노샵푸곶임을 의미하는 푯말

소야곶 宗谷岬

북위 45도 31분 22초 일본 최북단에 위치한 곳. 주요 볼거리는 기념물이다. 북극의 상징인 북극성의 모서리 부분을 본떠 만든 일본 최북단의 비석 日本最北端の地の碑 중앙은 북쪽을 뜻하는 영어 'N'이, 하단 원형은 '평화와 협조'를 나타내는 것이다. 1983년 사할린 상공에서 발생한 소련 공군의 대한항공 격추 사건을 추모하고자 세워진 위령탑도 만나볼 수 있다.

맵북 P.39-D1 발음 소오야미사키 **주소** 稚内市宗谷岬 **가는 방법** JR 왓카나이 稚内역 앞 버스 터미널 1번 정류장에서 소야버스 宗谷バス 하마톤베츠 浜頓別행 승차하여 소야미사키 宗谷岬 정류장에서 하차. **주차장** 72대 **키워드** 소야곶

❶ 일본 최북단의 비석 ❷ 소련 공군의 격추 사건을 추모하는 위령탑

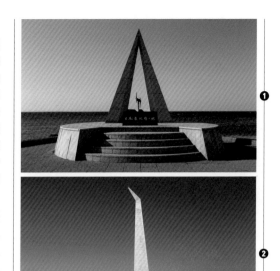

소야 구릉 宗谷丘陵

소야곶에서 남쪽으로 펼쳐지는 광활한 구릉지대. 약 1만 년 전 빙하기에 형성된 지형으로 홋카이도 유산으로 지정되어 있다. 구릉에 설치된 57대의 풍력발전시설과 초원을 누비는 흑소들이 멋스러운 풍경을 만들어낸다. 오솔길이 있어 구릉 사이를 산책할 수 있으며, 드라이브 코스로도 인기가 높다.

맵북 P.39-D1 발음 소오야큐우료오 **주소** 稚内市宗谷村宗谷岬 **가는 방법** JR 왓카나이 稚内역에서 자동차 30분. **주차장** 9대 **키워드** 백조개의 길

❶ 구릉에 설치된 57대의 풍력발전시설
❷ 드넓게 펼쳐진 소야 구릉의 모습

왓카나이 미식탐방
왓카나이 사람들의 소울푸드

앙카케 야키소바라
불리는 차멘

요시오카
よしおか

JR 왓카나이 稚内
역 인근에 위치한 음식
점으로, 왓카나이 시민의 소울푸드인 차멘 チャ
ーメン을 맛볼 수 있다. 차멘은 일반적으로 앙카
케 야키소바라 불리며, 바삭하게 구운 면 위에 전
분을 넣어 걸쭉해진 간장쇼유 소스를 부어 먹는
음식이다. 매콤한 소스 안에는 돼지고기, 새우,
조개관자, 오징어, 양파, 피망, 배추 등의 재료가
듬뿍 들어있다.

추천메뉴 **차멘** チャーメン **¥1,000**

맵북 P.38-A3 **발음** 요시오카 **주소** 稚内市中央2-2-7
전화 0162-22-6364 **영업** 17:30~24:00 **휴무** 일요일
(7~9월 무휴), 부정기 **가는 방법** JR 왓카나이 稚内역에
서 도보 4분. **주차장** 8대 **키워드** Shokudo Yoshioka

쿠루마야 · 겐지 車屋 · 源氏

왓카나이 부근 해안에서 잡은 싱싱한 해산물을
맛볼 수 있는 음식점이다. 얇게 썬 문어 다리를
뜨거운 육수에 살짝 넣은 다음 오리지널 소스에
찍어 먹는 문어 샤부샤부 たこしゃぶ가 이 집의
간판 메뉴. 문어의 부드럽고 말랑한 식감이 참깨
소스와 어우러져 최고의 궁합을 자랑한다. 이외
에도 게, 고등어, 연어알, 성게 등으로 만든 다양
한 해산물 요리도 있다.

추천메뉴 **문어샤부샤부** たこしゃぶ **¥2,500**

맵북 P.38-A3 **발음** 쿠루마야겐지 **주소** 稚内市中央2-8-
22 **전화** 0162-23-4111 **홈페이지** kurumaya-genji.jp
영업 11:00~13:30, 17:00~21:00(마지막 주문 20:30) **휴
무** 부정기 **가는 방법** JR 왓카나이 稚内역에서 도보 5분.
주차장 20대 **키워드** 쿠루야마 겐지

PLUS AREA

리시리섬·레분섬
利尻島·礼文島

일본 최북단에 있는 리시리섬과 레분섬. 왓카나이만을 둘러보고 가기에 아쉬움이 느껴진다면 고속 페리를 타고 작은 섬 여행을 떠나보는 것은 어떨까.

리시리섬의 여행 포인트는 섬 중앙에 자리한 상징적인 존재를 다양한 각도에서 감상하는 것에 있다. 바로 홋카이도의 명물과자 '시로이코이비토'의 패키지에 등장하는 해발 1,721m의 리시리산 利尻山. 여행자에 따라선 동서남북 요리조리 둘러보고자 렌터카로 돌아다니는 경우도 있다.

레분섬은 상하로 기다란 형태를 띤 섬으로, 서해안을 따라 내려가면서 곶과 기암을 돌아보면 좋다. 고산대에 나타나는 식물이 자라나는 보기 드문 곳이라 꽃을 찾아다니며 트레킹 코스를 즐기는 사람들도 많다. 맵북 P.39-C4, P.40

리시리섬 가는 방법

왓카나이 稚内 페리 터미널에서 하트 랜드 페리 ハートランド
フェリー 오시도마리 鴛泊 페리 터미널행 탑승, 45분 소요.
홈페이지 www.heartlandferry.jp

리시리섬 볼거리

❶ 히메누마 姫沼 맵북 P.40-B1
원시림에 둘러싸인 리시리산을 바라보기에 좋은 호수. 맑고
바람이 적은 날이면 수면에 비친 산의 모습이 선명하게 보인다.

❷ 오타토마리누마 オタトマリ沼 맵북 P.40-B2
리시리섬에서 가장 큰 호수로 히메누마와는 또 다른 산의 풍
경을 즐길 수 있다.

❸ 시로이코이비토 언덕 白い恋人の丘 맵북 P.40-B2
시로이코이비토 패키지 속 그림과 가장 흡사한 형태의 산을
볼 수 있어 유명해진 언덕.

❹ 센호시곶 공원 仙法志御崎公園 맵북 P.40-B2
섬 최남단에 위치한 공원으로 화산의 분화로 생긴 기암들과
바닷 속에 사는 바다표범을 관찰할 수 있다. 공원 부근에는 리
시리섬의 역사를 알 수 있는 박물관이 있다.

❺ 인면암 · 잠자는 곰의 바위 人面岩 · 寝熊の岩
사람의 옆모습과 잠든 곰의 모습처럼 보인다 하여 이름 붙여
진 바위. 맵북 P.40-A2

레분섬 가는 방법

왓카나이 稚内 페리 터미널에서 하트 랜드 페리 ハー
トランドフェリー 카후카 香深 페리 터미널행 탑승,
45분 소요.
홈페이지 www.heartlandferry.jp

레분섬 볼거리

❶ 스카이곶 澄海岬 맵북 P.40-A1
'투명한 바다 곶'이라는 명칭 뜻대로 발군의 투명도를
자랑하는 곳.

❷ 스코톤곶 スコトン岬 맵북 P.40-A1
레분섬 최북단에 위치한 곳으로 끝자락에 마련된 전망
대에서는 맑은 날이면 러시아 사할린이 보인다.

❸ 북 카나리아 파크 北のカナリアパーク
일본 영화 〈북쪽의 카나리아들〉의 촬영지를 그대로 보
존해 전시하고 있다. 맵북 P.40-A2

❹ 복숭아 바위·고양이 바위 桃岩·猫岩
커다란 복숭아와 고양이가 바다를 바라보고 있는 것
같은 모양의 바위를 만날 수 있다. 맵북 P.40-A2

❺ 지장암 地蔵岩 맵북 P.40-A2
높이 50m의 기암. 석양 명소로 인기 있다.

Pickup 정기 관광버스
렌터카를 대여해 드라이브를 즐기거나 트레킹 코
스 위주로 돌면서 도보여행을 즐기기에도 좋지만
가장 무난하면서도 편하게 둘러보려면 소야버스
에서 운행하는 정기 관광버스를 이용하면 편리하
다. 5~9월 사이에만 이용할 수 있는 관광버스는
짧게는 2시간 25분, 길게는 4시간 15분 코스로 이
루어져 있다. 성수기인 6~9월에는 오전 A코스,
오후 B코스로 하루 두 번 진행하는데, 페리 시간
만 잘 맞추면 두 섬을 당일치기로 즐길 수 있다.
요금 리시리A·B코스-성인 ¥3,500 어린이 ¥2,000,
레분 A코스-성인 ¥3,600, 어린이 ¥1,900, 레분
B코스-성인 ¥3,300, 어린이 ¥1,800 홈페이지
www.soyabus.co.jp/teikan

홋카이도 여행의 숙박
Accommodation

Information | 홋카이도의 숙소 정보

01 | 숙소 선택하기

여행을 준비하는 과정 중 하나인 숙소 선정은 여행의 만족도
를 좌우하는 중요한 요소다. 누구나 합리적인 가격에 깔끔한
시설, 관광하기 좋은 위치를 겸비한 숙소를 찾고 싶어 한다. 홋
카이도가 일본의 대표적인 관광지라지만 숙박시설 현황은 도
시마다 제각각이라 한마디로 정의하기는 다소 어렵다. 외국인
관광객의 증가로 인해 삿포로, 하코다테와 같은 대도시에는
다양한 형태의 숙박시설이 늘어난 반면 쿠시로, 왓카나이 등

소도시 관광지는 여전히 수요를 따라가지 못해 미리 예약하지 않으면 원하는 숙소를 잡기 어렵기 때문이다.
또한 단순히 잠자리로서의 기능을 하는 숙박시설뿐만 아니라 일본의 문화를 체험하고 온천도 즐기는 료칸 이
용도 높은 편이므로 숙박 선정의 고심이 깊어지는 지역이기도 하다. 가격, 시설, 위치 등 자신이 중요시하는 부
분을 잘 고려해서 고르도록 하며, 여행 일정이 확정되었다면 신속히 숙소 예약에 돌입하자.

02 | 숙소 예약하기

숙소 예약은 해당 숙소의 공식 홈페이지를 이용할 수 있으나 호텔 예약 홈페이지 또는 여행사를 통해 예약할
경우 더 저렴한 요금으로 이용할 수 있다. 특히 호텔 예약 홈페이지를 이용하면 가격대, 위치, 조식 포함/불포
함 여부 등 원하는 조건에 부합하는 숙소를 찾을 수 있어 편리하다. 호텔 예약 홈페이지로는 부킹닷컴(www.
booking.com), 아고다(www.agoda.com/ko-kr), 익스피디아 (www.expedia.co.kr), 호텔스닷컴(kr.
hotels.com), 트리바고(www.trivago.co.kr), 호텔스컴바인(www.hotelscombined.co.kr) 등이 있다.

> **Pickup** 성수기 시즌엔 빠른 예약이 생명!
> 골든위크(4월 하순~5월 상순)와 실버위크(9월 하순), 연말연시는 일본의 극성수기다. 전체적으로 가격이 높아지고 조
> 기에 만실이 되므로 되도록 피하는 것이 좋지만, 부득이하게 일정이 겹친다면 빠른 예약이 무엇보다도 중요하다. 참고로
> 일본인의 여름 휴가철은 일본 최대의 명절 '오봉(8월 15일)'의 전후로, 앞서 언급한 시기와 함께 성수기로 분류된다.

Information | 홋카이도의 숙소 특징

01 | 대욕장

홋카이도는 대표적인 온천 지역답게 객실 내 욕탕과는 별도로 호텔 내 대욕장을 갖추고 있는 호텔들이 많다.
온천 관광지 못지않게 시설이 좋은 경우가 많을뿐더러, 경우에 따라 노천온천까지도 겸비하고 있어 아름다운
홋카이도의 풍경을 즐기며 따뜻한 온천을 즐길 수도 있다. 호텔에 따라 숙박비에 이용료가 포함된 경우가 있
고, 따로 지불을 해야 하는 경우가 있으니 확인 후 이용하자.

02 | 조식

홋카이도는 싱싱한 제철 식재료로 유명한 여행지인 만큼, 홋카이도의 대부분 호텔에서는 이런 신선한 제철 식
재료를 사용해 요리를 만든다. 호텔 내 레스토랑은 물론, 조식 메뉴가 풍부하고 퀄리티가 높은 편이므로 조식
서비스를 꼭 이용해 보자.

03 │ 셔틀버스

도시의 중심 철도역에서 약간 떨어진 곳에 위치한 호텔의 경우, 역에서 호텔까지 무료로 셔틀버스를 운행하는 호텔들이 있다. 체크인 또는 체크아웃 일에는 짐이 많아 불편하니 무료 셔틀버스 서비스가 있는지 확인 후 이용하면 편리하다. 후라노나 비에이, 토야, 노보리베츠 등 소도시의 경우 호텔에 따라 삿포로-호텔 간 셔틀버스를 운행하기도 한다. 단, 사전 예약제가 많으니 공식 홈페이지를 확인하자.

> **Pickup** 선택지로 선별한 홋카이도 숙소
> 『프렌즈 홋카이도』에서 소개하는 홋카이도 숙소 중 여행자들이 주로 선호하는 선택지에 따라 선별해 보았다.

● 도시 교통의 중심이 되는 중앙역 인근에 위치해 치안이 좋고 교통이 편리한 숙소

역명	호텔명	페이지
삿포로역	JR 타워 호텔 닛코 삿포로	P.387
	삿포로 그랜드 호텔	P.387
	크로스 호텔 삿포로	P.387
	솔라리아 니시테츠 호텔 삿포로	P.388
	호텔 그레이스리 삿포로	P.388
시영지하철 삿포로역	리치먼드 호텔 삿포로 에키마에	P.388
오타루역	도미 인 프리미엄 오타루	P.391
후라노역	후라노 내추럭스 호텔	P.393
비에이역	호텔 라브니르	P.394
	민슈쿠 크레스	P.394
아사히카와역	토요코인 아사히카와 에키 히가시구치	P.395
	JR 인 아사히카와	P.395
하코다테역	프리미어 캐빈 프레지던트 하코다테	P.399
아바시리역	호텔 루트 인 아바시리 에키마에	P.403

역명	호텔명	페이지
왓카나이역	서필 호텔 왓카나이	P.405
	더 스테이 왓카나이	P.405

● 관광지 인근에 위치한 숙소

역명	호텔명	페이지
오타루 운하	호텔 노드 오타루	P.391
	호텔 소니아 오타루	P.391
팜 토미타	후라노 호스텔	P.393
청의 호수, 하얀 수염폭포	모리노 료테이 비에이	P.394
하코다테 관광 명소	라 비스타 하코다테 베이 (카네모리 아카렌가 창고)	P.399
	보로 노구치 하코다테 (유노카와 온천)	P.399
	라 졸리 모토마치 (모토마치, 하코다테산)	P.400
	쉐어 호텔 하코바 하코다테(모토마치)	P.400
노보리베츠 온천	노보리베츠 전 호텔	P.397 P.398

● 호텔만의 독특한 특징이 있는 숙소

역명	호텔명	특징	페이지
전 지역	도미 인 ドーミーイン (Dormy Inn) 호텔 체인	매일 21:30~23:00 시간대에 간장 라멘이 무료로 제공된다.	-
후라노	신 후라노 프린스 호텔	호텔 자체가 후라노의 대표 관광 명소. 호텔 내에만 있어도 볼거리, 즐길 거리가 가득하다.	P.393

information | 홋카이도의 숙박세와 입탕세

01 | 숙박세 宿泊税

숙박세는 관광자원의 매력 향상과 여행지의 환경 개선 등 관광 진흥에 필요한 비용을 충당하고자 마련된 제도다. 현재는 홋카이도에서 니세코 리조트로 알려진 홋카이도 쿳찬 俱知安에 위치하는 호텔 또는 료칸, 호스텔에 숙박하는 투숙객에게만 세금이 부과된다. 할인과 혜택을 받은 금액을 제외하고 최종적으로 결제한 금액의 2%가 부과된다. 숙박세는 결제한 최종 숙박비에 포함되어 있는 경우가 있으며, 그렇지 않은 경우 체크인 또는 체크아웃 시 별도로 지불하는 방식이다. 2024년 11월 현재 쿳찬을 제외한 다른 지역은 아직 숙박세는 없으나 현재 검토 중이므로 근시일 내에 시행될 가능성이 높다. 2026년에 시행될 가능성이 높은 숙박세는 숙박요금이 ¥2만 미만이면 ¥100, ¥2만~5만 미만이면 ¥200, ¥5만 이상이면 ¥500을 부과할 것으로 예상된다.

02 | 입탕세 入湯税

료칸이나 온천 시설을 이용하는 경우 지불하는 입탕세 제도도 시행하고 있다. 숙박세와 달리 입탕세는 홋카이도 전역에서 시행하고 있으며, 지역과 온천시설에 따라 내야 할 금액은 조금씩 달라진다. 초등학생 이하 어린이는 면제된다.

구분	세율
삿포로·오타루·니세코	
숙박	¥150
당일치기	¥100
토야·노보리베츠	
숙박	¥300
당일치기	¥50
쿠시로	
숙박	¥250
당일치기	¥90
하코다테	
숙박	¥150
당일치기	
아사히카와·토카치	
숙박	¥150
당일치기	¥70
왓카나이	
숙박	¥100
당일치기	¥50

Sapporo | 삿포로 숙소

JR타워 호텔 닛코 삿포로 JRタワーホテル日航札幌 4성급

일본의 숙박 예약 홈페이지 '자란 じゃらん'에서 숙박객들이 뽑은 최고의 홋카이도 숙소 1위에 빛나는 호텔. 삿포로 札幌역과 연결돼 교통이 편리하고, 삿포로 시내가 한눈에 보이는 JR타워에 자리해 객실에서 보이는 전망이 훌륭하고 조식이 뛰어나다는 평을 얻고 있다.

맵북 P.7-C2 **발음** 제이아루호테루닛코삿포로 **주소** 札幌市中央区北5条西2-5 **전화** 011-251-2222 **홈페이지** www.jrhotels.co.jp/tower **요금** ¥25,000~ **체크인** 15:00 **체크아웃** 11:00 **가는 방법** JR 삿포로 札幌역 남쪽 출구에서 바로 연결. **키워드** jr타워 호텔 닛코 삿포로

삿포로 그랜드 호텔 札幌グランドホテル 4성급

삿포로 札幌역과 오도리 大通역 사이에 위치한 호텔. 삿포로 주요 관광명소를 도보로 이동할 수 있으며, 삿포로역 지하상가와도 바로 연결돼 편리하다. 특히 퀄리티 높은 조식이 인기가 높은데, 일식과 양식 중 선택할 수 있다.

맵북 P.7-C4 **발음** 삿포로그란도호테루 **주소** 札幌市中央区北1条西4 **전화** 011-261-3311 **홈페이지** www.grand1934.com **요금** ¥15,000~ **체크인** 15:00 **체크아웃** 11:00 **가는 방법** JR 삿포로 札幌역 남쪽 출구에서 도보 8분. **키워드** 삿포로 그랜드 호텔

크로스 호텔 삿포로 クロスホテル札幌 4성급

깔끔하면서도 감각적인 디자인이 돋보이는 호텔. 이 호텔의 하이라이트는 최상층에 위치한 대욕장이다. 삿포로의 상징인 삿포로 티비탑이 한눈에 보이는 환상적인 전망을 배경으로 즐길 수 있는 노천 온천이 매력적. 삿포로 관광을 안내하는 콘시어지 Concierge 서비스를 제공한다.

맵북 P.7-C3 **발음** 크로스호테루삿포로 **주소** 札幌市中央区北2条西2-23 **전화** 011-272-0010 **홈페이지** www.crosshotel.com/sapporo **요금** ¥21,000~ **체크인** 15:00 **체크아웃** 11:00 **가는 방법** JR 삿포로 札幌역 남쪽 출구에서 도보 5분. **키워드** 크로스 호텔 삿포로

삿포로 프린스 호텔 札幌プリンスホテル 4성급

일본 유명 호텔 체인의 삿포로 지점으로, 원형 모양의 독특한 건물이 인상적이다. 여독을 풀 수 있는 노천 온천(성인 ¥500, 4~11세 ¥350)과 홋카이도 제철 재료를 사용한 다양한 메뉴로 호평을 받는 조식 뷔페가 인기다. 삿포로 札幌역과 호텔을 오가는 무료 셔틀버스를 운행한다.

맵북 P.8-A3 **발음** 삿포로프린스호테루 **주소** 札幌市中央区南2条西11 **전화** 011-241-1111 **홈페이지** www.princehotels.co.jp/sapporo **요금** ¥13,000~ **체크인** 15:00 **체크아웃** 11:00 **가는 방법** 시영지하철 토자이 東西선 니시주잇초메 西11丁目역 2번 출구에서 도보 3분. **키워드** 삿포로 프린스 호텔

솔라리아니시테츠호텔삿포로 ソラリア西鉄ホテル札幌 `4성급`

현지인은 물론 한국인 여행자에게 이미 알려질 대로 알려진 호텔 체인의 삿포로 지점. JR전철 삿포로 역에서 도보 5분, 지하철 남북선 삿포로 역에서 도보 2분이면 도착하는 탁월한 위치를 자랑한다. 호텔 건물 지하 1층에 숙박객 전용 대욕장이 있어 호평을 얻고 있다.

맵북 P.6-B2 **발음** 소라리아니시테츠호테루삿포로 **주소** 札幌市中央区北4条西5-1-2 **전화** 011-208-5555 **홈페이지** nnr-h.com/solaria/sapporo **요금** ￥12,000~ **체크인** 15:00 **체크아웃** 11:00 **가는 방법** JR 삿포로 역 남쪽 출구에서 도보 5분 **키워드** 솔라리아 니시테츠 호텔 삿포로

리치몬드 호텔 삿포로 에키마에 リッチモンドホテル札幌駅前 `3성급`

일본 호텔 고객 만족도 지수(JCSI)에서 3년 연속 1위를 차지한 호텔. 전 객실 공기청정기 배치, 가성비 좋은 어메니티 제공, 더블베드를 비치한 싱글룸이 특징이다. 시영지하철 삿포로 さっぽろ역 바로 앞에 위치한다. 체크인 시 로비에 있는 기계를 사용해 결제하는 시스템이 독특하다.

맵북 P.7-C3 **발음** 리치몬도호테루삿포로에키마에 **주소** 札幌市中央区北3条西1-1-7 **전화** 011-218-8555 **홈페이지** richmondhotel.jp/sapporo-ekimae **요금** ￥12,000~ **체크인** 14:00 **체크아웃** 11:00 **가는 방법** JR 삿포로 札幌역 남쪽 출구에서 도보 7분. **키워드** 리치몬드 호텔 삿포로 에키마에

호텔 그레이스리 삿포로 ホテルグレイスリー札幌 `4성급`

다이마루 삿포로점 大丸札幌店과 마주 보고 있는 호텔로, 전면이 유리로 된 독특한 외관을 자랑한다. JR 삿포로 札幌역 지하 통로로 바로 연결돼 접근성이 편리하다. 삿포로 관광 정보를 고객 맞춤으로 제공하는 콘시어지 서비스가 좋은 평가를 받고 있다. 프런트 데스크는 7층에 위치한다.

맵북 P.6-B2 **발음** 호테루그레이스리삿포로 **주소** 札幌市中央区北四条西4-1 **전화** 011-251-3211 **홈페이지** gracery.com/sapporo **요금** ￥7,500~ **체크인** 14:00 **체크아웃** 11:00 **가는 방법** JR 삿포로 札幌역 남쪽 출구에서 도보 2분. **키워드** 호텔 그레이스리 삿포로

도미 인 프리미엄 삿포로 ドーミーインPREMIUM札幌 `3성급`

일본은 물론 우리나라에도 지점을 보유한 호텔 체인. 노면전차 다누키코지 狸小路역, 시영지하철 스스키노역에서 가깝다. 사우나를 갖춘 대욕장, 일식과 양식이 풍부한 조식, 저녁에 무료로 제공되는 소바 등이 특징. 출입구 한쪽이 상점가 아케이드 안에 있어 날씨가 궂은 날에도 찾아가기 쉽다.

맵북 P.8-B3 **발음** 도오미인프레미아무삿포로 **주소** 札幌市中央区南2条西6-4-1 **전화** 011-232-0011 **홈페이지** dormy-hotels.com/ko/dormyinn/hotels/premium_sapporo **요금** ￥20,000~ **체크인** 15:00 **체크아웃** 11:00 **가는 방법** 토자이 東西선 스스키노 すすきの역 2번 출구에서 도보 10분. **키워드** 도미 인 프리미엄 삿포로

호텔 게이한 삿포로 ホテル京阪札幌 `3성급`

삿포로 札幌역에서 도보 4분 거리에 위치한 호텔. 삿포로역 근처에 묵고 싶으나 역 근처의 시끌벅적한 분위기가 싫은 사람에게 제격이다. 다양한 홋카이도 특선 요리를 제공하는 조식과 코인세탁기, 택배 서비스, 아기 관련 물품 대여 등의 서비스를 제공한다.

`맵북 P.6-A2` 발음 호테루케에한삿포로 주소 札幌市北区北６条西6-1-9 전화 011-758-0321 홈페이지 www.hotelkeihan.co.jp/sapporo 요금 ￥10,000~ 체크인 15:00 체크아웃 11:00 가는 방법 JR 삿포로 札幌역 서쪽 출구에서 도보 4분. 키워드 호텔 게이한 삿포로

OMO3 삿포로 스스키노 OMO3札幌すすきの by 星野リゾート

`3성급`

일본의 유명 호텔 체인인 호시노 리조트가 야심차게 선보이는 도심형 체험 숙박 체인의 스스키노 지점. 삿포로 여행에 도움이 될 여행 안내 미팅, 24시간 푸드 코너, 스스키노 먹거리 투어 등 다양한 즐길 거리를 제공한다.

`맵북 P.8-B3` 발음 오모스리삿포로스스키노 주소 札幌市中央区南5条西6丁目14-1 전화 050-3134-8095 홈페이지 hoshinoresorts.com/ja/hotels/omo3sapporo susukino 요금 ￥15,000~ 체크인 15:00 체크아웃 11:00 가는 방법 시영지하철 스스키노すすきの역 4번 출구에서 도보 5분. 키워드 OMO3 삿포로 스스키노

호텔 WBF 삿포로 추오 ホテルWBF札幌中央 `3성급`

지하철 오오도오리역은 물론이고 오오도오리 공원, 니조시장, 타누키코지 상점가 등 주요 명소에서 인접하여 편리한 접근성을 자랑하는 호텔. 천장이 높고 여타 비즈니스 호텔보다 비교적 넓은 객실이 특징이다. 니조시장에서 즐기는 해산물조식도 있으니 참고하자.

`맵북 P.9-D2` 발음 오모스리삿포로스스키노 주소 札幌市中央区南２条西１丁目2-2 전화 011-290-3000 홈페이지 www.hotelwbf.com/sapporo-chuo 요금 ￥15,000~ 체크인 15:00 체크아웃 11:00 가는 방법 시영지하철 오오도오리 大通역 35번 출구에서 도보 1분. 키워드 hotel WBF sapporo chuo

도큐스테이 삿포로 오도리 東急ステイ札幌大通 `3성급`

삿포로의 가장 큰 중심가인 오오도오리에 위치한 신규 오픈 호텔. 모든 객실에 세탁건조기와 전자레인지를 설치해 두었으며, 일부 객실에는 소규모 주방시설과 간단한 조리기구, 식기도 구비되어 있다. 중장기 숙박 고객이라면 쾌적하게 이용할 수 있는 곳이다.

`맵북 P.9-C2` 발음 토오큐우스테이삿포로오오도오리 주소 札幌市中央区南二条西5-26-2 전화 011-200-3109 홈페이지 www.tokyustay.co.jp/hotel/SPO 요금 ￥10,000 체크인 15:00 체크아웃 11:00 가는 방법 시영지하철 오오도오리 大通역 3번 출구에서 도보 3분. 키워드 도큐스테이 삿포로 오도리

호텔 리브맥스 삿포로 스스키노
ホテルリブマックス札幌すすきの `3성급`

2019년 1월에 새롭게 문을 연 비지니스 호텔. 영국 왕실이 인증한 영국 침구 브랜드 '슬럼버랜드 Slumberland'을 사용하여 안락함을 추구하며, 모던하면서도 일본의 전통미가 느껴지는 실내 디자인을 사용해 일본의 아름다움을 강조하였다.

맵북 P.9-C4 **발음** 호테루리브막스삿포로스스키노 **주소** 札幌市中央区南7条西6-4-1 **전화** 011-552-9200 **홈페이지** www.hotel-livemax.com/sp/hokkaido/sapporo_susukino **요금** ¥8,000~ **체크인** 15:00 **체크아웃** 10:00 **가는 방법** 시영지하철 스스키노すすきの역 5번 출구에서 도보 8분. **키워드** hotel livemax susukino

호텔 멧츠 삿포로 JR東日本ホテルメッツ札幌 `3성급`

전 객실에 화장실과 욕실을 별도로 설치하였으며, 미국의 수면 침구 전문 브랜드 시몬스 침대의 침구를 사용하여 편안함을 추구했다. 호텔 내 조명에도 각별히 신경을 쓰고 역세권에 위치하는 점 등 전체적으로 휴식에 초점을 맞추었다.

맵북 P.7-C1 **발음** 호테루멧츠삿포로 **주소** 札幌市北区北7条西2丁目5-3 **전화** 011-729-0011 **홈페이지** www.hotelmets.jp/sapporo **요금** ¥11,500~ **체크인** 15:00 **체크아웃** 11:00 **가는 방법** JR 삿포로 札幌역 북쪽 출구에서 도보 2분. **키워드** mets sapporo

컴포트 호텔 삿포로 스스키노 コンフォートホテル札幌すすきの
`2성급`

전 세계 호텔 수 2위를 자랑하는 호텔 체인의 스스키노지점. 무료 조식과 웰컴 드링크 제공을 비롯해 전 객실 금연을 내세워 섬세한 서비스를 지향한다. 객실 내 가습기 겸 공기청정기를 구비해 두었고 호텔 내 동전세탁기가 놓여져 있다.

맵북 P.9-D3 **발음** 콘포오토호테루삿포로스스키노 **주소** 札幌市中央区南5条西1-2-10 **전화** 011-513-4111 **홈페이지** www.choice-hotels.jp/hotel/sapporosusukino **요금** ¥10,000~ **체크인** 12:00 **체크아웃** 12:00 **가는 방법** 시영지하철 호스이스스키노豊水すすきの역 5번 출구에서 도보 1분. **키워드** 컴포트 호텔 삿포로 스스키노

텐 토 텐 삿포로 스테이션 Ten to Ten Sapporo Station
`2성급`

삿포로 札幌역에서 도보 10분 거리에 있는 호스텔. 지하 1층부터 3층까지 도미토리, 개인실로 이루어져 있으며, 이 밖에도 코인세탁기, 독서 공간, 카페 겸 바 등의 부대시설을 갖춘 대형 호스텔이다.

맵북 P.6-A2 **발음** 텐토텐삿포로스테에숀 **주소** 札幌市北区北6条西8丁目3-4 **전화** 011-214-1164 **요금** ¥4,000~ **체크인** 16:00 **체크아웃** 11:00 **가는 방법** JR 삿포로 札幌역 서쪽 출구에서 도보 10분. **홈페이지** tentotenten.com/hostel/sapporostation **키워드** 텐 투 텐 삿포로 스테이션

Otaru | 오타루 숙소

도미 인 프리미엄 오타루 ドーミーインPREMIUM小樽

`3성급`

JR 오타루 小樽역에서 나오자 마자 정면에 바로 보이는 호텔. 접근성이 좋아 인기가 높지만 무엇보다도 이 호텔의 하이라이트는 2층 대욕장이다. 객실 내 욕실에 욕조가 따로 없는데, 이는 호텔 2층에 사우나를 갖춘 천연 온천인 대욕장이 있기 때문. 이 밖에도 홋카이도산 신선한 재료로 만든 조식 뷔페 또한 평이 좋다.

`맵북P.14-A2` 발음 도오미인프레미아무오타루 주소 小樽市稲穂3-9-1 전화 0134-21-5489 홈페이지 www.hotespa.net/hotels/otaru 요금 ￥16,000~ 체크인 15:00 체크아웃 11:00 가는 방법 JR 오타루 小樽역에서 도보 1분. 키워드 도미 인 프리미엄 오타루

호텔 노드 오타루 ホテルノルド小樽 `3성급`

오타루 운하 바로 옆에 위치해 환상적인 전망을 선사하는 호텔. 입구의 스테인드글라스를 비롯해 호텔 외관과 내부가 전체적으로 앤티크한 느낌을 자아낸다. 전체적으로 관리가 잘 되어 깔끔한 편이지만, 2017년에 전 객실을 리모델링하면서 시설이 더욱 깨끗해졌다. 객실 어디서든 창밖으로 보이는 전망이 좋고 특히 호텔 최상층에서는 오타루 전경을 감상할 수 있다.

`맵북P.14-B2` 발음 호테루노르도오타루 주소 小樽市色内1-4-16 전화 0134-24-0500 요금 ￥16,000~ 체크인 15:00 체크아웃 11:00 가는 방법 JR 오타루 小樽역에서 도보 7분. 홈페이지 www.hotelnord.co.jp 키워드 호텔 노르드 오타루

호텔 소니아 오타루 ホテルソニア小樽 `3성급`

호텔 노드 오타루와 나란히 위치한 호텔. 영국식 앤티크 가구를 사용한 고풍스러운 인테리어가 특징이다. 외관과 내부시설이 다소 낡은 느낌이 들지만 전체적으로 관리가 잘 된 편이라 불편함이 들 정도는 아니다. 호텔은 1관과 2관으로 나뉘어 있으며 두 개의 건물은 나란히 자리한다. 체크인과 체크아웃은 2관에서 가능하다.

`맵북P.14-B2` 발음 호테루소니아오타루 주소 小樽市色内1-4-20 전화 0134-23-2600 요금 ￥17,000~ 체크인 15:00 체크아웃 11:00 가는 방법 JR 오타루 小樽역에서 도보 7분. 홈페이지 sonia-otaru.com 키워드 호텔 소니아 오타루

언와인드 호텔&바 오타루
UNWIND HOTEL&BAR OTARU 3성급

홋카이도 첫 외국인 전용 호텔로서 1931년에 건설되어 오타루시가 지정한 역사적 건축물, 일본 정부에서 지정한 근대화 산업 유산에 빛나는 건축물을 외관은 그대로 두되 내부는 과감한 재건축을 시행하여 부티크 호텔로 재탄생시켰다. 무료 와인 서비스(17:00~18:30), 홋카이도 식재료로 만든 무료 조식을 제공해 최고의 서비스를 추구한다.

맵북 P.14-A2·B2 발음 안와인도호테루안도바 주소 小樽市色内1-8-25 전화 0134-64-5810 홈페이지 www.hotel-unwind.com/otaru 요금 ¥20,000~ 체크인 15:00 체크아웃 11:00 가는 방법 JR 오타루 小樽역에서 도보 10분. 키워드 unwind hotel otaru

호텔 토리피토 오타루 운하
ホテルトリフィート小樽運河 3성급

오타루 지역에 9년 만에 생긴 신규 호텔로 큰 화제를 불러 일으켰다. 옛 창고, 연석, 선 禅, 비밀기지 등 오타루를 연상케 하는 네 가지를 테마로 하여 편안한 휴식을 연출하고 있다. 일본에 3명 밖에 없는 욕탕 전문 화가의 회화가 장식된 대욕탕을 운영하여 하루의 피로를 싹 날려버릴 수 있다.

맵북 P.14-A2 발음 호테루토리피이토오타루운가 주소 小樽市色内1-5-7 전화 0134-20-2200 홈페이지 torifito.jp/otarucanal/ko 요금 ¥17,000~ 체크인 15:00 체크아웃 11:00 가는 방법 JR 오타루 小樽역에서 도보 7분. 키워드 호텔 토리피토 오타루 커낼

게스트하우스 야도카리 바미코
GUEST HOUSE YADOKARI バミコ 1성급

전 객실 개인 침대로 이루어진 게스트하우스. 여러 명이서 함께 객실을 사용하는 도미토리, 일본식 다다미 구조로 되어 있거나 일반 침대로 구성된 개인실이 갖추어져 있어 다양한 선택지를 제공한다. 조식은 제공하지 않으나 인근에 편의점은 물론 번화가가 위치해 있어 불편함은 없다.

맵북 P.14-A2 발음 게스토하우스야도카리바미코 주소 小樽市稲穂2-3-13 전화 0134-61-1569 홈페이지 reserva.be/yadokari0835 요금 ¥3,500~ 체크인 15:00 체크아웃 12:00 가는 방법 JR 오타루 小樽역에서 도보 3분. 키워드 tabino sanpoyado otaru

Furano | 후라노 숙소

후라노 내추럭스 호텔 Furano Natulux Hotel [4성급]

JR 후라노 富良野역 바로 옆에 위치한 호텔. 후라노에 호텔이 많지 않은 편인데, 그중에서도 접근성이 가장 좋고 다양한 객실을 갖추고 있어 인기가 높다. 전반적으로 세련되고 모던한 인테리어가 인상적이다. 풍부한 메뉴를 자랑하는 조식, 사우나와 암반욕 시설을 갖춘 욕탕도 평이 좋다. 탤런트 장근석과 소녀시대 윤아가 열연한 TV 드라마 『사랑비』(2012) 촬영지로도 알려져 있다.

맵북 P.18-B1 발음 후라노나츄락쿠스호테루 주소 富良野市朝日町1-35 전화 0167-22-1777 홈페이지 www.natulux.com 요금 ¥10,000~ 체크인 15:00 체크아웃 10:00 가는 방법 JR 후라노 富良野역에서 도보 1분. 키워드 후라노 네츄럭스 호텔

신 후라노 프린스 호텔 新富良野プリンスホテル [3성급]

후라노를 대표하는 호텔. JR 후라노 富良野역 중심에서는 조금 벗어난 지역에 위치해 있지만, 호텔 자체가 관광, 쇼핑 명소로 명성이 높다. 호텔 내부에 드라마 세트장으로 사용된 시설들이 그대로 운영되고 있어 구경하는 재미가 쏠쏠하다. 이 때문에 각종 미디어의 촬영지로 각광받고 있다(자세한 내용은 P.202 참조). 사우나 시설을 갖춘 노천 온천과 깔끔한 객실도 좋은 평을 얻고 있다.

맵북 P.18-A2 발음 신후라노프린스호테루 주소 富良野市中御料 전화 0167-22-1111 홈페이지 www.princehotels.co.jp/newfurano 요금 ¥20,000~ 체크인 15:00 체크아웃 11:00 가는 방법 JR 비에이 美瑛역 앞에서 후라노버스 ふらのバス 아사히카와 旭川선 신후라노프린스호테루 新富良野プリンスホテル행 승차하여 종점 하차, 도보 1분. 키워드 신 후라노 프린스 호텔

후라노 호스텔 ふらのホステル [3성급]

후라노의 대표 관광지 '팜 토미타' 부근에 위치한 호스텔. JR 나카후라노 中富良野역에서 도보 5분 거리에 위치해 있다. 고요한 전원 속 펜션과 같은 분위기로 인기를 얻고 있다. 숙박비에 조식과 석식이 포함되어 있으며, 주인장 부부가 친절하다. 예약제로 운영되고 있으며, 예약은 호스텔 홈페이지를 통해서만 가능하다.

맵북 P.16-A3 발음 후라노호스테루 주소 空知郡中富良野町丘町3-20 전화 0167-44-4441 홈페이지 furanohostel.sakura.ne.jp 요금 ¥3,700 체크인 16:00 체크아웃 09:30 가는 방법 JR 나카후라노 中富良野역에서 도보 5분. 키워드 furano hostel

Biei | 비에이 숙소

호텔 라브니르 비에이 ホテルラヴニール 3성급

JR 비에이 美瑛역에서 나와 좌회전한 후 직진하면 등장하는 비에이 관광안내소 옆에 위치한 호텔. 역에서의 접근성이 좋아 비에이 숙소 중 가장 인기가 높다. 홋카이도산 신선한 식재료로 만든 조식이 숙박비에 포함돼 있다. 호텔 안에는 비에이산 기념품을 판매하는 휴게소도 있다.

맵북 P.17-A1 발음 호테루라브니이루 주소 上川郡美瑛町本町1-9-21 전화 0166-92-5555 홈페이지 www.biei-lavenir.com 요금 ￥10,000~ 체크인 15:00 체크아웃 10:00 가는 방법 JR 비에이 美瑛역에서 도보 3분. 키워드 hotel lavenir biei

민슈쿠 크레스 民宿クレス 2성급

JR 비에이 美瑛역 인근에 위치한 민박집. 침대, TV, 테이블로 구성된 심플하지만 깔끔한 싱글룸과 트윈룸 등 총 12개 객실이 있다. 화장실과 욕실 모두 공용시설이지만, 깨끗하고 최신 시설이라 이용에 손색이 없다. 조식 포함/불포함 여부에 따라 요금이 달라진다. 독특한 점은 애완동물 동반이 가능하다는 점! 단 객실 안에서 함께 묵을 수는 없으며, 1마리당 ￥3,000의 요금을 받는다.

맵북 P.17-A1 발음 민슈쿠크레스 주소 上川郡美瑛町北町1-10-5 전화 0166-92-4411 홈페이지 bieicress.wixsite.com/biei-cress4411 요금 ￥4,500~ 체크인 16:00 체크아웃 09:00 가는 방법 JR 비에이 美瑛역에서 도보 5분. 키워드 민슈쿠 크레스

모리노 료테이 비에이 森の旅亭びえい 3성급

청의 호수, 하얀 수염 폭포가 있는 시로가네 온천 지역에 위치한 고급 료칸. 총 17개 객실을 보유하고 있으며, 일반실과 노천탕이 딸린 별채로 나뉜다. 고급 료칸답게 정갈한 카이세키 요리로 식사가 제공된다. 아름다운 주변 경관 속에 둘러싸여 있어 힐링에는 제격이다.

맵북 P.16-B3 발음 모리노료테이비에이 주소 上川郡美瑛町字白金10522-1 전화 0166-68-1500 홈페이지 r-resort.com 요금 ￥25,000~ 체크인 15:00 체크아웃 11:00 가는 방법 JR 비에이 美瑛역에서 자동차 25분. 키워드 morinoryotei biei

Asahikawa | 아사히카와 숙소

호텔 WBF 그란데 아사히카와

ホテルWBFグランデ旭川　3성급

천연 온천과 암반욕이 완비된 호텔로 JR 아사히카와 旭川역에서 도
보 2분 거리에 위치해 접근성이 좋다. 특히 온천이 좋기로 유명해 현지
인들도 온천을 즐기기 위해 많이 찾는 호텔이다. 숙박을 하지 않아도
온천만 이용할 수도 있다(천연 온천-중학생 이상 ¥1,400, 3세 이상
¥700, 2세 이하 무료, 암반욕 ¥500, 암반욕은 10세 이하 어린이는
사용 불가). 어린이 놀이시설이 잘 되어 있다.

맵북 P.20-A2 **발음** 호테루그란데아사히카와 **주소** 旭川市宮下通10-3-3 **전화**
0166-23-8000 **홈페이지** www.hotelwbf.com/grande-asahikawa **요금**
¥11,000~ **체크인** 15:00 **체크아웃** 11:00 **가는 방법** JR 아사히카와 旭川역 동쪽
출구에서 도보 2분. **키워드** 호텔 WBF 그랜드 아사히카와

토요코인 아사히카와에키 히가시구치

東横イン旭川駅東口　2성급

호텔 WBF 그란데 아사히카와와 대각선으로 마주하고 있는 호텔. 우
리나라에도 지점이 있는 일본의 대표적인 비즈니스 호텔 체인이다. 일
식 위주의 조식이 숙박비에 포함되어 있으며, 체인 호텔답게 군더더기 없
는 깔끔한 시설을 자랑한다. 코인세탁기도 비치되어 있다.

맵북 P.20-A2 **발음** 토오요코인아사히카와에키히가시구치 **주소** 旭川市宮下
通11-1176 **전화** 0166-25-2045 **홈페이지** www.toyoko-inn.com/search/
detail/00173 **요금** ¥6,500~ **체크인** 16:00 **체크아웃** 10:00 **가는 방법** JR 아사
히카와 旭川역 동쪽 출구에서 도보 3분. **키워드** 토요코인 아사히카와에키 히가
시구치

JR 인 아사히카와 JRイン旭川　3성급

JR 아사히카와 旭川역과 바로 연결되어 있어 교통이 매우 편리하고 대
형 쇼핑몰인 이온몰 Aeon Mall과도 연결돼 먹을 거리를 사러 가기에
도 편리하다. 무엇보다도 이 호텔의 장점은 숙박객의 쾌적한 수면을 위
해 매트리스와 베개에 정성을 들였다. 침구 전문 브랜드인 시몬스의 고
급 매트리스와 21개 종류의 다양한 베개를 제공한다(베개 선택은 5층
에서 가능).

맵북 P.20-A2 **발음** 제이아루인아사히카와 **주소** 旭川市宮下通7-2-5 **전화**
0166-24-8888 **홈페이지** www.jr-inn.jp/asahikawa **요금** ¥10,000~ **체크인**
15:00 **체크아웃** 10:00 **가는 방법** JR 아사히카와 旭川역에서 바로 연결. **키워드**
JR 인 아사히카와

Toya | 토야 숙소

레이크 뷰 토야 노노카제 리조트
ザ レイクビュー TOYA 乃の風リゾート 〔4성급〕

토야호 바로 앞에 자리해 토야호의 빼어난 경치를 바라보며 숙박할 수 있는 리조트 호텔. 전 객실은 물론 노천 온천, 뷔페 레스토랑에서도 토야 호수 전망이 한눈에 보인다. 삿포로에서 출발해 숙소까지 오는 셔틀버스를 예약제로 운행한다.

맵북 P.29상단-B2 발음 자레이크뷰토오야노노카제리조오토 **주소** 虻田郡洞爺湖町洞爺湖温泉29-1 **전화** 0142-75-2600 **홈페이지** nonokaze-resort. com **요금** ¥35,000~ **체크인** 15:00 **체크아웃** 11:00 **가는 방법** 토야코온센 洞爺湖温泉 버스 터미널에서 도보 5분. **키워드** 레이크 뷰 토야 노노카제 리조트

토야 선 팰리스 리조트 앤 스파
洞爺サンパレス リゾート&スパ 〔4성급〕

토야 호수 앞에 위치한 리조트 호텔. 노천 온천과 남녀노소 누구나 즐길 수 있는 대형 수영장이 특징이다. 삿포로에서 출발하는 셔틀버스를 운행한다(예약제).

맵북 P.29상단-B2 발음 토오야아산파레스리조오토안도스파 **주소** 有珠郡壯瞥町洞爺湖温泉7-1 **전화** 0142-75-1111 **홈페이지** www.toyasunpalace.co.jp **요금** ¥12,000~ **체크인** 14:00 **체크아웃** 10:00 **가는 방법** 토야코온센 洞爺湖温泉 버스 터미널에서 도보 15분. **키워드** 토야 선팔레스 리조트 앤 스파

윈저 호텔 토야 리조트 앤 스파
ザ・ウィンザーホテル洞爺リゾート&スパ 〔5성급〕

토야 호수가 한눈에 내려다보이는 산 위에 자리한 최고급 리조트 호텔. 골프, 테니스, 스키 등 각종 스포츠를 즐길 수 있을 뿐만 아니라, 엄선해 사용하는 홋카이도산 식재료로 만든 고급 레스토랑이 호평을 받고 있다. 2008년 홋카이도 G8 정상회의가 열린 장소로도 유명하다.

맵북 P.29상단-A1 발음 윈자아호테루토오야리조오토안도스파 **주소** 虻田郡洞爺湖町清水 **전화** 0120-290-500 **요금** ¥45,000~ **체크인** 15:00 **체크아웃** 12:00 **가는 방법** 토야코온센 洞爺湖温泉 버스 터미널에서 자동차 20분(예약제 셔틀버스 있음) **홈페이지** www.windsor-hotels.co.jp **키워드** 윈저 호텔 토야 리조트 앤 스파

Noboribetsu | 노보리베츠 숙소

파크 호텔 미야비테 名湯の宿パークホテル雅亭 `3성급`

온천 지역 노보리베츠의 수많은 온천 호텔 중에서도 원천 바로 위에 지어진 호텔이라 보다 진하고 강렬한 온천수를 즐길 수 있어 매력적이다. 이외에도 서비스, 식사도 좋은 평을 얻고 있다.

`맵북 P.28-A2` **발음** 파아크호테루미야비테 **주소** 登別市登別温泉100 **전화** 0143-4-2335 **홈페이지** www.miyabitei.jp **요금** ￥12,000~ **체크인** 14:00 **체크아웃** 10:00 **가는 방법** 노보리베츠온센 登別温泉 버스 터미널에서 도보 7분. **키워드** 파크 호텔 미야비테이

오야도 기요미즈야 御やど清水屋 `3성급`

고급 전통 료칸으로 최상의 접객 서비스와 카이세키 요리가 큰 호응을 얻고 있어 대부분 재방문 고객이 주를 이룬다. 원천 100%의 유황 온천도 즐길 수 있다.

`맵북 P.28-A2` **발음** 키요미즈야 **주소** 登別温泉町173 **전화** 0143-84-2145 **홈페이지** www.kiyomizuya.co.jp **요금** ￥17,000~ **체크인** 14:00 **체크아웃** 10:00 **가는 방법** 노보리베츠온센 登別温泉 버스 터미널에서 도보 9분. **키워드** 오야도 기요미즈야

다이이치 타키모토 본관 第一滝本館 `4성급`

문을 연 지 160년이 넘는 유서 깊은 온천 호텔. 7개의 원천으로 만들어진 대형 욕탕으로 유명하다. 인근에 조금 더 저렴한 자매 호텔 '타키모토인 滝本イン'도 있으니 선호하는 가격대에 맞춰 방문하면 좋다.

`맵북 P.28-B2` **발음** 다이이치타키모토혼칸 **주소** 登別温泉町55 **전화** 0143-84-2123 **홈페이지** www.takimotokan.co.jp **요금** 1인 ￥17,000~ **체크인** 14:00 **체크아웃** 10:00 **가는 방법** 노보리베츠온센 登別温泉 버스 터미널에서 도보 7분. **키워드** 다이이치 타키모토칸

노보리베츠 만세이카쿠 登別万世閣 `3성급`

노보리베츠 초입에 자리한 호텔. 어린이 전용 조식 뷔페, 놀이공간, 수유실이 완비되어 있으며, 어린이 장난감 대여 서비스도 있어 어린이를 동반한 가족 여행에 최적화된 호텔이다.

`맵북 P.28-A2` **발음** 노보리베츠만세카쿠 **주소** 登別市登別温泉町21 **전화** 0143-84-3500 **홈페이지** www.noboribetsu-manseikaku.jp **요금** 1인 ￥10,000~ **체크인** 15:00 **체크아웃** 10:00 **가는 방법** 노보리베츠온센 登別温泉 버스 터미널에서 도보 1분. **키워드** 노보리멘츠 만세이카쿠

노보리베츠 그랜드 호텔 登別グランドホテル [4성급]

정원풍의 노천 온천과 돔 형태의 로마풍 욕탕이 인기를 끌고 있는 호텔. 가족과 연인이 함께 즐길 수 있도록 프라이빗한 온천 공간을 대여해 주기도 한다.

맵북 P.28-A2 **발음** 노보리베츠그란도호테루 **주소** 登別市登別温泉町154 **전화** 0143-84-2101 **홈페이지** www.nobogura.co.jp **요금** ¥17,000~ **체크인** 15:00 **체크아웃** 10:00 **가는 방법** 노보리베츠온센 登別温泉 버스 터미널에서 도보 1분. **키워드** 노보리베츠 그랜드 호텔

료테이 하나유라 旅亭 花ゆら [4성급]

노보리베츠 온천을 만끽할 수 있는 고급 료칸. 풍경을 감상하며 노천욕을 즐기는 욕탕이 객실 내에 있다. 현지 재료로 만든 요리와 에스테틱이 인기다.

맵북 P.28-A2 **발음** 료테이하나유라 **주소** 登別市登別温泉町100 **전화** 0143-84-2322 **홈페이지** www.hanayura.com **요금** ¥25,000~ **체크인** 14:00 **체크아웃** 10:00 **가는 방법** 노보리베츠온센 登別温泉 버스 터미널에서 도보 7분. **키워드** ryotei hanayura

타키노야 登別温泉郷 滝乃家 [4성급]

호텔 내 자리한 일본식 정원과 노천 온천을 즐기며 바라 보는 전망이 아름답기로 이름난 고급 료칸. 여행의 피로를 풀어주는 스파 살롱과 최고급 카이세키 요리를 전문으로 하는 레스토랑으로도 유명하다.

맵북 P.28-A2 **발음** 타키노야 **주소** 登別市登別温泉162 **전화** 0143-84-2222 **홈페이지** www.takinoya.co.jp **요금** ¥35,000~ **체크인** 14:00 **체크아웃** 11:00 **가는 방법** 노보리베츠온센 登別温泉 버스 터미널에서 도보 3분. **키워드** noboribetsu kyo takinoya

호텔 마호로바 ホテル まほろば [3성급]

대형 노천 온천과 31개의 온천으로 구성된 온천 리조트. 게임, 노래방, 마사지, 골프 등 각종 시설이 갖추어져 있어 휴식에 탁월하다.

맵북 P.28-A2 **발음** 호테루마호로바 **주소** 登別市登別温泉町65 **전화** 0143-84-2211 **홈페이지** www.h-mahoroba.jp **요금** ¥20,000~ **체크인** 14:00 **체크아웃** 10:00 **가는 방법** 노보리베츠온센 登別温泉 버스 터미널에서 도보 3분. **키워드** 호텔 마호로바

유모토 노보리베츠 ゆもと登別 [3성급]

네 종류의 다른 온천수 천질을 경험할 수 있는 호텔. 욕탕, 노천 온천과 함께 즐길 수 있는 매점, 노래방 시설도 갖추고 있다.

맵북 P.28-A2 **발음** 유모토노보리베츠 **주소** 登別市登別温泉町29 **전화** 0143-87-2277 **홈페이지** www.yumoto-noboribetu.com **요금** ¥20,000~ **체크인** 15:00 **체크아웃** 10:00 **가는 방법** 노보리베츠온센 登別温泉 버스 터미널에서 도보 1분. **키워드** yumoto noboribetsu

Hakodate | 하코다테 숙소

프리미어 호텔 캐빈 프레지던트 하코다테

プレミアホテル -CABIN PRESIDENT- 函館 `3성급`

JR 하코다테 函館역과 노면전차 하코다테에키마에 函館駅前역 사이에 위치한 호텔. 브라운과 아이보리색을 적절하게 사용한 모던하면서도 깔끔한 인테리어를 자랑한다. 층수가 높은 건물은 아니지만 인근에 높은 건물이 없어 상층 객실일수록 하코다테 전경을 조망할 수 있다.

`맵북 P.24-B2` 발음 푸레미아호테루카빈푸레지덴토하코다테 주소 函館市若松町14-10 전화 0138-22-0111 요금 ¥8,500~ 체크인 14:00 체크아웃 11:00 가는 방법 JR 하코다테 函館역에서 도보 1분. 홈페이지 cabin.premierhotel-group.com/hakodate 키워드 premier hotel cabin president hakodate

라 비스타 하코다테 베이 ラビスタ函館ベイ `4성급`

JR 하코다테 函館역에서는 조금 떨어져 있지만, 하코다테 베이가 한눈에 바라보이는 최고의 전망을 자랑하는 4성급 호텔. 하코다테의 주요 관광지 중 하나인 카네모리 아카렌가 창고 金森赤レンガ倉庫 부근에 자리한다. 호텔의 최상층에 있는 천연 온천은 아름다운 하코다테 베이 전경을 배경 삼아 즐길 수 있어 인기가 높다. 신선한 홋카이도산 식재료로 만든 다양한 메뉴의 조식도 이 호텔의 인기 요인. 전망, 식사, 서비스 3박자를 모두 갖춘 하코다테 인기 호텔이다.

`맵북 P.27-C2` 발음 라비스타하코다테베이 주소 函館市豊川町12-6 전화 0138-23-6111 홈페이지 www.hotespa.net/hotels/lahakodate 요금 ¥20,000~ 체크인 15:00 체크아웃 11:00 가는 방법 JR 하코다테 函館역에서 도보 15분. 키워드 라 비스타 하코다테 베이

보로 노구치 하코다테 望楼 NOGUCHI 函館 `4성급`

홋카이도 3대 온천으로 손꼽히는 유명 온천 마을 유노카와 湯の川에 위치한 호텔식 료칸. 보통의 료칸처럼 일본 전통식 디자인과 현대식 디자인이 적절하게 섞여 있어 세련된 느낌을 자아낸다. 노면전차 유노카와온센 湯の川温泉역에서 가까워 교통도 편리하다. 꼭대기 층에 자리한 노천 온천과 평이 좋은 카이세키 요리도 유명하다.

`맵북 P.23-C2` 발음 보로오노구치하코다테 주소 函館市湯川町1-17-22 전화 0120-59-3556 홈페이지 www.bourou-hakodate.com 요금 ¥45,000~ 체크인 15:00 체크아웃 12:00 가는 방법 JR 하코다테 函館역에서 자동차 15분. 키워드 보우로우 노구치 하코다테

라 졸리 모토마치 ラ・ジョリー元町 [3성급]

모토마치, 하코다테산, 카네모리 아카렌가 창고 등 하코다테 주요 관광지에 인접한 호텔. 2015년에 문을 연 호텔이라 매우 깨끗하다. 전 객실에 공기청정기와 커피메이커를 비치해 두었으며, 코인세탁기, 독서공간, 라운지 시설 등이 있다.

맵북 P.27-C3 발음 라조리모토마치바이다브류비에후 주소 函館市末広町6-6 전화 0138-23-3322 홈페이지 lajolie-hakodate.com 요금 ¥10,000~ 체크인 15:00 체크아웃 10:00 가는 방법 JR 하코다테 函館역에서 도보 18분(셔틀버스 운행). 키워드 La Jolie Motomachi

호텔 글로벌 뷰 하코다테
ホテルグローバルビュー函館 [3성급]

에스테틱, 노천 온천, 사우나 등을 갖춘 천연 온천으로 좋은 평을 얻고 있는 호텔. 객실 바닥이 마룻바닥으로 되어 있어 청결하며, 대부분의 일본 호텔들이 객실이 좁은 반면 객실 넓이가 큰 편이라 편리하다. 코인세탁기, 게임 코너, 매점, 제빙기 코너 등 고객 편의에 맞춘 시설이 있다.

맵북 P.25-D3 발음 호테루루파코하코다테 주소 函館市大森町25-3 전화 0138-23-8585 홈페이지 www.rio-hotels.co.jp/hakodate 요금 ¥10,000~ 체크인 15:00 체크아웃 11:00 가는 방법 JR 하코다테 函館역에서 도보 10분. 키워드 호텔 글로벌 뷰 하코다테

쉐어 호텔 하코바 하코다테
The Share Hotels HakoBA 函館 [3성급]

하코다테 관광의 중심 모토마치의 역사적 건축물을 개조해 만든 호텔 겸 호스텔. 지은 지 85년된 후지은행 건물의 외형은 그대로 두고 내부만 깔끔하고 세련된 인테리어로 리모델링했다는 점에서 의미가 있다. 마치 과거와 현대가 공존하는 묘한 분위기를 자아내는 곳으로, 옆에 있는 붉은색 벽돌 건물까지 호텔로 사용하고 있다.

맵북 P.27-C2 발음 세아호테루하코바하코다테 주소 函館市末広町23 전화 0138-27-5858 요금 도미토리 ¥5,000~, 호텔 ¥8,000~ 체크인 15:00 체크아웃 10:00 가는 방법 JR 하코다테 函館역에서 도보 20분. 홈페이지 www.thesharehotels.com/hakoba 키워드 쉐어 호텔 하코바 하코다테

Muroran | 무로란 숙소

도미 인 히가시 무로란 ドーミーイン東室蘭 `3성급`

천연 온천 대욕장과 60여 종류의 풍부한 메뉴를 갖춘 조식으로 유명한 호텔 체인. 코인세탁기, 만화 코너, 컴퓨터 코너 등 편의 시설로 인기를 얻고 있다.

`맵북 P.29하단-B1` 발음 도오미인히가시무로란 주소 室蘭市中島町2-30-11 전화 0143-41-5489 요금 ￥10,000~ 체크인 15:00 체크아웃 11:00 가는 방법 JR 히가시무로란 東室蘭역에서 도보 5분. 홈페이지 www.hotespa.net/hotels/higashimuroran 키워드 도미 인 히가시 모로란

Obihiro | 오비히로 숙소

콤포트 호텔 오비히로 コンフォートホテル帯広 `3성급`

뷔페 스타일의 무료 조식(06:00~09:00), 웰컴 드링크(14:00~24:00), 호텔 내 독서 카페, 초등학생 이하 어린이 무료 숙박, 전 객실 금연 등 다양한 서비스를 실시하는 호텔. JR 오비히로역 인근에 위치하여 접근성도 우수하다.

`맵북 P.31-B1` 발음 콘포오토호테루오비히로 주소 帯広市西１条南13-2 전화 0155-28-5811 요금 ￥9,000~ 체크인 15:00 체크아웃 10:00 가는 방법 JR 오비히로 帯広역 북쪽 출구에서 도보 2분 홈페이지 www.choice-hotels.jp/hotel/obihiro 키워드 Comfort Hotel Obihiro

프리미엄 호텔 캐빈 오비히로 プレミアホテル-CABIN-帯広
`4성급`

넓은 온천 시설을 비롯해 에스테틱, 코인세탁기, 노래방, 기념품 숍, 루프톱 비어 가든(여름 한정) 등 다양한 시설을 갖춘 호텔.

`맵북 P.31-B1` 발음 프레미아무호테루카빈오비히로 주소 帯広市西１条南11 전화 0155-66-4205 요금 ￥12,000~ 체크인 15:00 체크아웃 11:00 가는 방법 JR 오비히로 帯広역 북쪽 출구에서 도보 3분. 홈페이지 cabin.premierhotel-group.com/obihiro 키워드 cabin obihiro

도미 인 오비히로 ドーミーイン帯広 `3성급`

노천 온천이 포함된 홋카이도산 식물성 천연 온천과 오비히로산 식재료로 만든 조식으로 인기 있는 호텔. 살짝 출출한 기운이 도는 21:30~23:00에 소바를 무료로 제공하는 이색 서비스를 실시한다.

`맵북 P.31-B1` 발음 도오미인오비히로 주소 帯広市西２条南9-11-1 전화 0155-21-5489 홈페이지 www.hotespa.net/hotels/obihiro 요금 ￥16,000~ 체크인 15:00 체크아웃 11:00 가는 방법 JR 오비히로 帯広역 북쪽 출구에서 도보 3분. 키워드 도미 인 오비히로

Kushiro | 쿠시로 숙소

호텔 루트 인 쿠시로 에키마에
ホテルルートイン釧路駅前 [3성급]

JR 쿠시로 釧路역 바로 앞에 위치한 호텔로, 숙박 시 조식과 대욕장, 커피(15:00~22:00)를 무료로 제공한다. 전 객실에 공기청정기가 구비되어 있어 쾌적하다.

[맵북 P.33-A2] 발음 호테루루우토인쿠시로에키마에 주소 釧路市北大通13-2-10 전화 0154-32-1112 홈페이지 www.route-inn.co.jp 요금 ¥11,000~ 체크인 15:00 체크아웃 10:00 가는 방법 JR 쿠시로 釧路역에서 도보 2분. 키워드 호텔 루트 인 쿠시로 에키마에

쿠시로 프린스 호텔 釧路プリンスホテル
[3성급]

JR 쿠시로 釧路역에서 조금 떨어진 쿠시로 시가지에 위치한 호텔. 시가지에 위치한 호텔 중에서 최대 규모를 자랑한다. 석양 명소로 이름난 누사마이 다리 부근에 위치해 전망이 훌륭하다. 전망 좋은 최상층 레스토랑에서 조식을 제공해 매력적이다.

[맵북 P.33-A2] 발음 쿠시로프린스호테루 주소 釧路市幸町7-1 전화 0154-31-1111 홈페이지 www.princehotels.co.jp/kushiro 요금 ¥17,000~ 체크인 14:00 체크아웃 11:00 가는 방법 JR 쿠시로 釧路역에서 도보 10분. 키워드 쿠시로 프린스 호텔

슈퍼 호텔 쿠시로 에키마에
スーパーホテル釧路駅前 [2성급]

JR 쿠시로 釧路역 바로 옆에 자리한 호텔로, 한 리서치 업체가 실시한 고객 만족도 조사에서 4년 연속 1위를 수상했다. 호텔 1층은 쿠시로 버스 터미널이다. 천연 온천 완비.

[맵북 P.33-A2] 발음 스으파호테루쿠시로에키마에 주소 釧路市末広町14-1-2 전화 0154-25-9000 홈페이지 www.sh-mb.com 요금 ¥10,000~ 체크인 15:00 체크아웃 10:00 가는 방법 JR 쿠시로 釧路역에서 도보 1분. 키워드 슈퍼 호텔 쿠시로 에키마애

Abashiri | 아바시리 숙소

아바시리 센트럴 호텔 網走セントラルホテル

`3성급`

맛집과 쇼핑이 포진한 아바시리 시내 중심가에 위치한 호텔. 호텔 3층에 무료로 이용할 수 있는 세탁기가 구비되어 있으며, 주류와 소프트드링크 전용 자동 판매기와 제빙기가 있다.

맵북 P.36-B1 **발음** 아바시리센토라루호테루 **주소** 網走市南2条西3-7 **전화** 0152-44-5151 **홈페이지** www.abashirich.com **요금** ￥10,500~ **체크인** 15:00 **체크아웃** 11:00 **가는 방법** 아바시리 網走 버스터미널에서 도보 3분. **키워드** 아바시리 센트럴 호텔

도미 인 아바시리 ドーミーイン網走 `3성급`

아바시리 중심가에 위치한 체인 호텔. 사우나를 갖춘 천연 온천과 코인세탁기, 만화책을 읽으며 쉴 수 있는 공간(9층), 드라이 사우나(9층) 등 다양한 시설이 있다. 21:30~23:00에 무료 제공되는 소바 등 매력적인 서비스가 많다.

맵북 P.36-B1 **발음** 도오미인아바시리 **주소** 網走市南2条西3-1-1 **전화** 0152-45-5489 **홈페이지** www.hotespa.net/hotels/abashiri **요금** ￥10,000~ **체크인** 15:00 **체크아웃** 11:00 **가는 방법** 아바시리 網走 버스 터미널에서 도보 2분. **키워드** 도미 인 아바시리

호텔 루트 인 아바시리 에키마에

ホテルルートイン網走駅前 `3성급`

JR 아바시리 網走역 앞에 자리한 호텔. 일본 가정식으로 나오는 조식, 로비에 비치된 무료 이용 컴퓨터, 무료 제공 커피(15:00~22:00), 대중 목욕탕 등을 갖추고 있다. 전 객실에 공기청정기 완비.

맵북 P.36-A1 **발음** 호테루루우토인아바시리에키마에 **주소** 網走市新町1-2-13 **전화** 0152-44-5511 **요금** ￥12,000~ **체크인** 15:00 **체크아웃** 10:00 **가는 방법** JR 아바시리 網走역에서 도보 1분. **홈페이지** www.route-inn.co.jp **키워드** 호텔 루트 인 아바시리 에키마에

Shiretoko | 시레토코 숙소

키키 시레토코 네이처 리조트
KIKI 知床ナチュラルリゾート `3성급`

본래는 시레토코 프린스 호텔이라는 이름이었으나 2018년 4월 '시레토코의 숲'을 형상화하여 새롭게 단장하여 문을 열었다. 노천 온천, 암반욕, 사우나 시설 등을 갖추고 있다.

맵북 P.37 하단-B1 **발음** 키키시레토코나츄라루리조오토 **주소** 斜里郡斜里町ウトロ香川192 **전화** 0152-24-2104 **홈페이지** kikishiretoko.co.jp **요금** ¥25,000~ **체크인** 15:00 **체크아웃** 10:00 **가는 방법** 우토로 ウトロ 버스 터미널에서 도보 20분. **키워드** 키키 시레코토 내추럴 리조트

키타코부시 시레토코 호텔 & 리조트
北こぶし知床 ホテル＆リゾート `3성급`

시레토코항 앞에 위치한 리조트형 호텔. 시레토코 해안선이 보이는 스파와 온천 시설은 근육통, 신경통, 수족냉증 등에 효능이 있다고 알려져 인기가 높다.

맵북 P.37 하단-B1 **발음** 키타코부시시레토코 **주소** 斜里郡斜里町ウトロ東172 **전화** 0152-24-2021 **홈페이지** www.shiretoko.co.jp **요금** ¥27,000~ **체크인** 15:00 **체크아웃** 11:00 **가는 방법** 우토로 ウトロ 버스 터미널에서 도보 5분. **키워드** Kitakobushi Shiretoko Hotel

시레토코 다이이치 호텔 知床第一ホテル
`3성급`

80여 개의 엄청난 메뉴 수는 물론 퀄리티 높은 맛을 자랑하는 조식으로 이름난 호텔. 일본 전국 호텔 중 식사가 맛있는 호텔로 항상 순위권에 이름을 올릴 정도라고 한다. 넓직한 객실과 끝없이 펼쳐지는 오호츠크해를 바라보며 즐길 수 있는 대욕장도 인기.

맵북 P.37 하단-B2 **발음** 시레토코다이이치호테루 **주소** 斜里郡斜里町ウトロ香川306 **전화** 0152-24-2334 **홈페이지** shiretoko-1.com **요금** ¥20,000~ **체크인** 15:00 **체크아웃** 10:00 **가는 방법** 우토로 ウトロ 버스 터미널에서 도보 10분(무료 셔틀버스 운행). **키워드** 시레코토 다이이치 호텔

Wakkanai | 왓카나이 숙소

서필 호텔 왓카나이
サフィールホテル稚内 **3성급**

일본 최북단에 위치한 호텔이라 화창한 날이면 객실 창밖을
통해 러시아의 섬들까지 조망이 가능하다. 바다가 훤히 보
이는 곳에서 즐길 수 있는 조식 뷔페가 이색적이다.

맵북P.38-A3 발음 사휘르호테루왓카나이 **주소** 稚内市開運
1-2-2 **전화** 0162-23-8111 **홈페이지** www.surfeel-wakkanai.
com **요금** ¥14,000~ **체크인** 13:00 **체크아웃** 11:00 **가는 방법** JR
왓카나이 稚内역에서 도보 3분. **키워드** 서필 호텔 왓카나이

도미 인 왓카나이 ドーミーイン稚内 **3성급**

노천 욕탕과 사우나 시설이 있는 천연 온천을 즐길 수 있는
체인 호텔. 조식은 영양을 고려한 일식과 양식으로 이루어
져 있다.

맵북P.38-A3 발음 도오미이인왓카나이 **주소** 稚内市中央2-7-
13 **전화** 0162-24-5489 **홈페이지** www.hotespa.net/hotels/
wakkanai **요금** ¥20,000~ **체크인** 15:00 **체크아웃** 11:00 **가는
방법** JR 왓카나이 稚内역에서 도보 2분. **키워드** 도미 인 왓카나이

더 스테이 왓카나이
THE STAY WAKKANAI **2성급**

JR 왓카나이 稚内역에서 가장 가까운 숙소. 트윈룸, 트리
플룸, 로프트룸 등 개인실과 남녀 혼성, 여성 전용 도미토
리 등 선택지가 다양하다. 코인 세탁기, 공용 키친, 공용 라
운지 등 다양한 시설을 구비하고 있다.

맵북P.38-A3 발음 자스테이왓카나이 **주소** 稚内市中央2-12-16
전화 0162-73-4610 **홈페이지** thestay.jp/wakkanai **요금**
¥9,000~ **체크인** 15:00 **체크아웃** 10:00 **가는 방법** JR 왓카나이
稚内역에서 도보 1분. **키워드** THE STAY WAKKANAI

여행 준비하기
Before the Travel

여행 계획 세우기

01 여행 목적

우선 동행자의 여부에 따라 여행의 스타일은 확연히 달라진다. 나 홀로 여행이라면 기간과 예산에 맞춰 여행의 주된 목적과 동선을 자유롭게 세울 수 있다는 장점이 있다. 물론 특별한 일정 없이 즉흥적으로 움직이는 것 또한 가능하다. 반대로 가족, 친구 등 동행자가 있는 경우라면 목적을 확실히 하는 것이 일정 짜기에도 편리하다. 부모님을 모시고 가는 효도 관광이라면 일정을 느슨하게 잡고 온천을 추가하고, 아이를 동반한 가족 여행이라면 어린이들이 좋아할 만한 동물원이나 체험활동을 포함하는 등 구체적으로 계획을 세우는 것이 좋다.

02 여행 방법

여행 기간과 동행자가 정해졌다면 항공권과 숙소를 예약하자. 예약 방법은 세 가지가 있다. 자신이 항공권과 숙소를 직접 예약하고 일정도 자유롭게 정할 수 있는 '자유여행'과 항공권, 숙소만을 여행사가 대행해 예약해주는 '에어텔', 항공권과 숙소 예약뿐만 아니라 전체 일정을 여행사가 모두 정하고 가이드까지 동반하는 '패키지 여행'이다. 자유여행은 자신이 원하는 대로 모든 일정을 정할 수 있지만, 모든 걸 스스로 해결해야 하는 점이 단점으로도 꼽힌다. 계획을 세우는 데 시간적 여유가 없거나 여행 경험이 부족한 경우에는 부담감으로 작용할 수 있다. 에어텔은 항공권과 숙소만 예약되어 있으므로 나머지 일정은 자신이 자유롭게 짤 수 있지만, 호텔 위치에 맞춰 일정을 정해야 하는 점, 갑작스럽게 계획에 차질이 생겨 변경과 취소를 해야 하는 경우 번거롭다는 단점이 있다. 패키지 여행은 부모님을 모시고 가는 경우 추천하지만, 불특정 다수 혹은 소수와 함께 하는 단체 여행이므로 정해진 틀에 맞춰 움직이는 것이 불편하거나 익숙하지 않다면 피하는 것이 좋다.

여권과 비자 준비하기

여권과 비자는 해외여행의 필수품이다. 기본적으로 여권 만료일이 6개월 이상 남아 있다면 대부분 국가로 여행이 가능하다. 일본은 비자면제 협정국으로 여행 목적으로 입국한 경우 최장 90일까지 체류할 수 있는 상륙 허가 스탬프를 찍어준다. 귀국편 비행기 E-티켓 등 출국을 입증할 서류를 지참하는 것이 입국심사에 유리하다.

01 | 여권 만들기

여권 종류 | 단수여권과 복수여권 두 종류가 있다. 말 그대로 단수여권은 1회성이고, 복수여권은 기간 만료일 이내에 무제한 사용 가능한 여권이다.

준비물 | 여권 발급 신청서(접수처에 비치), 여권용 사진 1매(가로 3.5cm, 세로 4.5cm 흰색 바탕에 상반신 정면 사진, 정수리부터 턱까지가 3.2 ~ 3.6cm, 여권 발급 신청일 6개월 이내 촬영한 사진), 신분증, 병역 관계 서류(미필자에 한함)

※ 유효기간이 남아 있는 여권을 소지하고 있다면 여권을 반납해야 함.

여권 발급 절차 | 발급기관인 전국의 도·시·군청과 광역시의 구청을 방문(서울특별시청은 제외) → 접수처에 비치된 신청서 작성 → 접수 → 수수료 납부 → 여권 수령

Pickup 달라진 여권 사진 규정

까다로웠던 여권 사진 규정이 2018년 완화되었다. 기존 규정 중 ▶ 뿔테 안경 지양 ▶ 양쪽 귀 노출 필수 ▶ 가발 및 장신구 착용 지양 ▶ 눈썹 가림 불가 ▶ 제복·군복 착용 불가 ▶ 어깨 수평 유지 등의 항목이 삭제되었다. 개정된 여권 사진 규정은 반드시 외교부 여권 안내 홈페이지(www.passport.go.kr/issue/photo.php)를 통해 확인해야 한다.

---

02 | 여권 발급 수수료

여권 종류	유효기간	사증면	금액	대상
복수여권	10년	26면	47,000원	만 18세 이상
		58면	50,000원	
	5년	26면	39,000원	만 8세~만 18세 미만
		58면	42,000원	
		26면	30,000원	만 8세 미만
		58면	33,000원	
단수여권	1년		20,000원	1회 여행 시에만 가능
잔여 유효기간 부여	-		15,000원	여권 분실 및 훼손으로 인한 재발급
기재사항 변경			5,000원	사증란을 추가하거나 동반 자녀 분리할 경우

항공권 예약하기

인천공항 또는 부산 김해공항을 통해 홋카이도의 삿포로 신치토세 공항으로 취항하는 항공사로는 국적기인 아시아나항공과 진에어, 제주항공, 에어부산 등의 저비용 항공사가 있다. 최근 삿포로 노선의 취항과 증편으로 비행편이 증가하여 선택의 폭이 넓어졌으며, 저렴한 항공권도 예년에 비해 비교적 손쉽게 구입할 수 있게 되었다. 특히 저가항공은 가격 할인 프로모션을 자주 진행하고 있어, 이벤트 시기를 잘 노린다면 더욱 저렴하게 구입할 수 있다. 탑승 일자가 다가올수록 어느 항공사든 가격이 상승하므로 미리 예약해두는 것이 좋다. 인천-삿포로 간은 2시간 40분, 부산-삿포로 간은 2시간 15분이 소요된다.

01 | 홋카이도 취항 항공사

출발지	신치토세 공항(CTS)	출발지	신치토세 공항(CTS)
인천 (ICN)	아시아나항공	부산 (PUS)	아시아나항공
	진에어		대한항공
	제주항공		
	티웨이항공		진에어
	이스타항공		
	아시아나항공		에어부산

Pickup 인천공항 제2여객터미널

2018년 인천공항에 제2여객터미널이 문을 열었다. 기존 터미널과 거리가 다소 떨어져 있어 이용하는 항공사가 어디인지 확인후 반드시 사전에 E-티켓에 적힌 터미널을 확인해야 한다. 대한항공, 델타항공, 에어프랑스항공, KLM네덜란드항공, 아에로멕시코, 중화항공, 가루다인도네시아, 샤먼항공, 진에어 등 9개의 항공사를 이용하는 여행자들은 제2여객터미널을 이용해야 하며, 아시아나항공, 저비용 항공사 및 기타 외국 국적 항공사를 이용하는 여행자들은 기존의 제1여객터미널을 이용하면 된다. 아시아나 항공이 대한항공과 합병함에 따라 가까운 시일 내에 2터미널로 옮길 것을 예고했다. 공항철도 또는 자동차 이용 시 바로 제2여객터미널로 갈 수 있으며, 제1여객터미널에서 이동하려면 무료 셔틀버스를 이용하면 된다.

셔틀버스 승차장 위치 제1여객터미널 3층 중앙 8번 출구, 제2여객터미널 3층 중앙 4, 5번 출구 사이 **소요시간** 15~18분(배차간격 5분)

02 | 항공권 구입

항공권은 각 항공사 홈페이지를 통해 구입이 가능하다. 저가항공 프로모션은 미리 회원가입을 해두면 메일을 통해 이벤트가 공지되며 공식 홈페이지를 통해서 예약할 수 있다. 대표적인 가격 비교 사이트인 네이버항공권, 스카이스캐너, 인터파크와 여행사인 하나투어, 모두투어, 노란풍선 등도 활용해보자. 원하는 날짜를 검색하면 가격 순으로 항공권을 확인할 수 있어 편리하다.

여행 준비물

분류	체크	준비물	분류	체크	준비물
기본 준비물		여권	의류 및 잡화		상의 및 하의
		여권 사본 (여권 분실에 대비해 따로 보관할 것)			속옷
		항공권 E-티켓			양말
		여행자보험			잠옷
		현금(엔화) 및 신용카드			겉옷
		국제학생증 또는 국제운전면허증 (학생 할인 및 렌터카 이용 시)			방한용품(겨울)
		레일패스 및 바우처 (한국에서 예약한 경우)			운동화
		숙소 바우처			실내 슬리퍼(숙소에서 이용)
생활 용품		세면도구 및 수건			보조가방
		화장품			우산
		여성용품	전자 용품		 멀티플러그 (일본 플러그 형태는 A타입)
		비상약			
		자물쇠(도난 방지용)			스마트폰
여행 관련		『프렌즈 홋카이도』			카메라
		여행 일정표			각종 충전기(카메라, 스마트폰 등)
		필기도구 및 노트			

통신수단

01 우편 이용

엽서를 보낼 때 필요한 우표는 우체국 창구나 편의점에서 구입할 수 있다. 우체국은 일본어로 유우빙쿄쿠 郵便局로 오렌지색 간판이 특징이며 주말과 공휴일은 운영하지 않는다. 엽서 1장당 ¥70의 우표가 필요하고 7일 정도 소요된다. 받는 이 주소 칸에 반드시 'SOUTH KOREA', 'AIR MAIL'를 기입해야 한다.

02 데이터 이용

해외에서 스마트폰 데이터를 이용할 수 있는 두 가지 방법. 첫 번째, 일본 국내 전용 유심칩(심카드 SIM Card)을 구입하는 것이다. 기존의 한국 유심칩이 끼워진 자리에 일본 전용 유심칩을 끼우고 사용설명서대로 설정하면 손쉽게 데이터를 이용할 수 있는 시스템이다. 온라인에서 판매하는 심카드는 보통 5~8일간 기준 1GB·2GB의 데이터는 5G·4G 속도로, 나머지는 3G속도로 무제한 이용할 수 있는 것이 일반적이다. 최근에는 유심칩을 별도로 끼우지 않아도 데이터 이용이 가능한 eSIM도 새롭게 등장했다. 온라인에서 상품을 구매한 다음 판매사에서 발송된 QR코드 또는 입력정보를 통해 설치 후 바로 개통되는 시스템이다. 판매사에 기재된 방법대로 연결해야 하지만 그다지 어렵지는 않다. 단, 설치 시 인터넷이 연결된 환경에서만 개통 가능한 점을 명심하자. eSIM 사용이 가능한 단말기 기종이 한정적인 점도 아쉬운 부분. 유심과 eSIM은 일본에서도 구입 가능하나 여행 전 국내 여행사나 소셜커머스에서 구입하면 더욱 저렴하다.

docomo 심카드

포켓와이파이

두 번째는 포켓와이파이를 대여하는 것이다. 포켓와이파이는 1일 대여비 약 3,000~4,000원대로 별도의 기기를 소지하여 Wi-Fi를 무제한 사용할 수 있는 서비스다. 저렴한 가격에 여러 명 혹은 여러 대의 기기가 하나의 포켓와이파이에 동시 접속이 가능하다는 것이 강점으로 꼽힌다. 하지만 여행 최소 1주일 전에 예약해야 하고 임대 기기를 수령하고 반납해야 하는 단점이 있다. 또 기기를 항시 소지해야 하며, 배터리 문제도 신경 써야 하는 점도 포켓와이파이를 대여하기 전 유의해야 할 사항이다.

여행에 유용한 애플리케이션

👤 길찾기

 구글 맵스 Google Maps : 현재 위치에서 목적지까지 가는 방법을 차량, 대중교통, 도보 등 다양한 방식으로 알려주는 지도 앱.

 노리카에 안나이 乗換案内 : 일본 내비게이션 전문 업체가 개발한 일본 전국의 전철, 지하철, 노면 전차 등의 경로 안내 전문 앱.

🔊 번역

 네이버 파파고 Papago : 네이버가 개발한 번역 애플리케이션. 번역 정확도가 구글맵보다 높다. 음성 번역과 이미지 번역 등을 제공.

 구글 번역 Google Translate : 구글이 개발한 번역 애플리케이션. 파파고와 마찬가지로 음성 번역과 이미지 번역을 제공한다.

🚌 교통

 IC카드 IC CARD : 파스모(PASMO), 스이카(Suica) 등 일본 교통카드를 출국 전 만들고 싶다면 애플리케이션을 다운 받는다.

 IC카드 잔액 확인 : 스마트폰에 카드를 갖다 대면 일본 교통카드의 잔액을 실시간 확인 가능한 앱.

✈ 출국

 스마트 패스 SMARTPASS : 여권, 안면정보, 탑승권을 사전 등록하면 출국장에서 얼굴 인증만으로 통과 가능한 패스트트랙 앱.

 면세점 어플 Duty Free : 롯데, 신세계, 신라 면세점 앱에서 출국 시 줄을 서지 않고 면세품 인도장의 대기표를 발권 받을 수 있다.

환전 및 카드 사용하기

일본의 화폐 단위는 엔(¥, Yen)이 사용된다. 화폐 종류로는 1000, 2000, 5000, 10000엔 4가지 지폐와 1, 5, 10, 50, 100, 500엔 6가지 동전으로 구성되어 있다.

01 환전

일본 현지에서의 카드와 간편 결제 사용이 늘어남에 따라 한국에서 무리하게 환전해가는 방식이 이제는 옛말이 되었다. 더불어 트래블로그, 트래블월렛과 같은 선불식 충전카드가 인기를 끌면서 여행지에서 필요한 금액만큼만 사전에 충전하여 사용하는 이들도 늘어났다. 선불식 충전카드가 편리한 건 환전 수수료가 없고 충전 시 매매기준율로 환전되어 꽤나 큰 비용을 아낄 수 있기 때문이다. 또한 큰 금액의 현금을 직접 소유할 필요가 없어 여행자의 부담도 줄어든다. 그러므로 여행지에서 사용 예정인 금액은 대부분 선불식 충전카드에 넣어 두거나 충전할 수 있도록 따로 빼두자. 당장 필요할 때 사용할 수 있는 비상금 정도의 소액만 은행 애플리케이션을 통해 환전 신청 후 가까운 은행 영업점이나 인천공항 내 은행 환전소에서 수령하면 좋다. 현지에서 현금이 필요하다면 트래블로그와 트래블월렛을 통해 ATM 출금을 하면 된다.

환전 기계

02 신용카드

개인이 운영하는 작은 상점 이외에 대부분의 쇼핑 명소에서는 신용카드 사용이 가능하지만 음식점의 경우 아직은 카드사용이 제한된 곳도 있다. 신용카드 브랜드 가운데 비자 VISA, 마스터 카드 Master Card, 아메리칸 익스프레스 American Express, JCB, 은련카드 Union Pay를 사용할 수 있다. 단, 해외에서 사용 가능한 카드인지 반드시 확인해 두어야 한다. 카드 사용 시 주의할 점으로 카드 뒤에 서명이 반드시 있어야 하고, 실제 전표에 사인을 할 때도 그 서명을 사용해야 한다. 한국에서 하는 것처럼 하트를 그리거나 서명과 다르게 사인한다면 결제를 거부당할 수도 있다. 신용카드의 현금 서비스와 체크카드의 현금 인출은 일본 우체국 유초은행 ゆうちょ銀行과 세븐일레븐 편의점 내 세븐은행 セブン銀行의 ATM 등에서 이용 가능하다(트래블로그 카드인 경우 세븐은행 セブン銀行 ATM, 트래블월렛은 이온 イオン ATM에서 인출할 경우 수수료 무료).

세븐은행 ATM

일본 현지에서 이용 가능한 네이버페이와 카카오페이

앞서 언급한 바와 같이 일본에서도 간편 결제 서비스가 점차 확대되고 있는 실정이다. 일본의 주요 간편 결제 서비스로는 페이페이(PayPay), 라인페이(LINE Pay), 라쿠텐페이(R Pay), 알리페이(ALI PAY) 등이 있다. 이 중 한국에서 많이 사용하는 네이버페이와 카카오페이는 일본 간편 결제 시스템과 연계하여 일본 현지에서도 이용할 수 있게 되었는데, 네이버페이는 유니온페이와 알리페이, GNL, 카카오페이는 알리페이와 연계하여 일본에서 이용 가능하다. 이용 시 환율은 당일 최초 고시 매매기준율이 적용되며, 별도 수수료는 없다. 네이버페이와 카카오페이 모두 각 포인트와 머니로만 결제되므로 잔액 확인 후 사용하도록 한다(선물받은 포인트와 머니는 사용 불가). 이용 시 아래 절차를 참고하자.

네이버페이, 카카오페이 이용 방법

 결제방법

❶ 네이버페이 애플리케이션에서 '현장결제' 클릭
❷ 'N Pay 국내'를 클릭
❸ 결제 방법 중 '알리페이 플러스 또는 유니온페이 중국 본토 외'를 선택
❹ 유니온페이로 전환된 바코드로 결제 진행

 결제방법

❶ 카카오톡 내 카카오페이 창을 열어 '결제' 클릭
❷ 화면 상단 오른쪽 첫 번째 지구본 아이콘 클릭
❸ 국가/지역 선택에서 '일본' 클릭
❹ 알리페이로 전환된 바코드로 결제 진행

UnionPay 銀聯 유니온 페이

支 支付宝 ALIPAY 알리 페이

 TRAVEL TIP

주요 사용처
· 카카오페이 : 이온몰, 빅카메라, 다이마루 백화점, 돈키호테, 에디온, 로손 편의점, 패밀리마트 편의점, 츠루하 드러그 스토어, 신치토세 공항, 사츠도라 드러그스토어, 세븐일레븐 편의점 등
· 네이버페이 : 빅카메라, 야마다전기, 코코카라파인 드러그스토어, 웰시아 드러그스토어, 마츠야 규동전문점, 신치토세 공항, 로프트, 토이자러스, 로손 편의점, 패밀리마트 편의점, 세븐일레븐 편의점, ABC마트 등

일부 편의점과 슈퍼마켓의 계산 방식 변화

트렌드 키워드에서 여전히 주목받고 있는 '비대면'은 일본의 일상생활에서도 큰 변화를 불러일으키고 있다. 처음부터 끝까지 모두 터치스크린 키오스크를 통한 셀프 계산대 방식을 적용하기보단 일부만을 차용해 일본만의 독특한 비대면 거래 방식을 도입한 곳이 늘어났는데, 대표적으로 세븐일레븐과 같은 편의점이나 라이프 등의 슈퍼마켓 등이 있다. 물건 구매 시 계산대에서 점원이 직접 바코드로 물건을 찍는 흐름까지는 종래 방식과 동일하나 다음 절차인 결제부터는 터치스크린 키오스크를 통해 구매자가 직접 진행해야 하는 점이 상이하다. 구매자는 최종 결제 금액을 보고 결제수단을 고른 후 지불 방식에 따라 절차를 진행해야 한다. 현금으로 지불할 경우 키오스크 하단에 장착된 기계에 직접 돈을 넣어야 하며, 신용카드나 선불식 충전카드를 선택한 경우 기계 우측에 있는 결제 시스템을 통해 결제를 처리해야 한다. 결제에 어려움을 느낀다면 점원에게 도움을 요청하자.

화면에서 결제 방법을 선택

· 바코드 결제
· 나나코(세븐일레븐카드)
· 현금
· 기타(간편 결제)
· 신용카드
· 교통카드
  (스이카, 파스모, 이코카 등)

신용카드나 선불식 충전카드는
기기 우측을 통해 결제

현금 결제는기기 하단 이용
동전은 좌측에, 지폐는 우측에 삽입

기타(간편 결제 서비스인
페이 애플리케이션)를 선택한 경우
점원에게 바코드나 QR코드를 제시하여 결제 완료

쇼핑할 때 주의할 점

대부분의 쇼핑 명소는 외국인 관광객을 위한 편의 서비스가 잘 정비되어 있는 편이다. 특히 한국인의 입소문으로 인해 필수 코스가 된 곳은 한국어가 가능한 직원 배치나 한국어 브로슈어 구비 등 한국인에 특화된 서비스를 실시하고 있다. 무엇이든 저렴하게 원하는 것을 구하면 좋겠지만 어느 정도의 발품이 필요하므로 적정선에서 구입하면 된다. 생활용품 전문점이나 편의점에서 사지도 않은 제품이 영수증에 포

함되어 있거나 구입한 수량보다 훨씬 많은 수량으로 계산되었다는 후기가 심심찮게 들려오고 있는 요즘, 무엇보다도 영수증을 꼼꼼하게 확인하는 것이 중요하다. 또한 면세 절차 후 이루어지는 밀봉 과정에서 구입한 제품이 누락되는 경우도 있다고 하니 잘 지켜보자.

세금 환급 받기

일본 체류 6개월 미만의 외국인 여행자에 한해 세금 환급을 신청하면 소비세 8%(2019년 10월부터 10%로 인상)의 면세를 적용받을 수 있다. 모든 쇼핑 명소가 면세가 되는 것은 아니므로 매장에 표기된 'Tax-free Shop' 마크를 발견하거나 인포메이션 센터에서 확인한 후 구입하도록 하자. 면세 적용 범위는 하루에 동일한 장소에서 면세대상 물품인 일반 물품과 소모품 합산 ¥5,000 이상 구입했을 경우이며, 반드시 본인의 여권을 지참하여야 한다. 단, 구입 후 30일 이내에 일본에서 반출하는 것을 원칙으로 한다. 환급 금액은 매장에서 계산할 때 세금을 제하고 계산하는 경우와 세금 포함된 금액으로 계산 후 쇼핑센터 내 면세카운터에서 차액을 환급 받는 경우 두 가지가 있다. 점포마다 돌려받는 방식이 상이하므로 영수증에 계산된 금액을 꼼꼼히 확인하자.

01 | 세금 환급 절차

| 한 곳에서 하루에 ¥5,000 이상 구매 | 매장 직원에게 'Tax refund, please' 요청, 여권을 제시하고 환급 서류에 서명 | 세금 제외 금액으로 계산 또는 세금 포함 금액으로 계산하고 면세카운터에서 금액 환급받기 | 출국할 때 공항 내에 위치한 '세관 税関' 카운터 방문 | 여권, 항공권, 구입한 제품 (사용하지 않은 것을 원칙으로 함), 환급 서류, 영수증 제시 | 확인 후 직원이 서류 회수 |

02 | 일본 입국 시 면세 관련 규정

면세 범위 | 주류 3병(1병당 760ml), 담배 4보루(일본산, 외국산 각각 두 보루씩), 향수 2온스(1온스 약 28ml, 오드투왈렛과 오드코롱은 적용 외)

반입 금지 물품 | 생고기와 육가공품을 포함한 모든 육류제품, 마약(대마초, 아편, 각성제 등), 아동포르노, 저작권이나 상표권을 침해한 물품

사이즈표

성 별	국가	XS	S	M	L	XL
여성복	한국	44/85	55/90	66/95	77/100	88/105	–
여성복	일본	5/34	7/36	9/38	11/40	13/42	–
남성복	한국	–	90	95	100	105	110
남성복	일본	–	36	38	40	42	44
여성 신발							
한국	220	225	230	235	240	245	250	255	260
일본	22	22.5	23	23.5	24	24.5	25	25.5	26
남성 신발							
한국	245	250	255	260	265	270	275	280	285
일본	24.5	25	25.5	26	26.5	27	27.5	28	28.5

사건 · 사고 대처

01 긴급 연락처

긴급 전화 | 110
대한민국영사콜센터 | 001-010-800-2100-0404
주 삿포로 대한민국 총영사관

주소 札幌市中央区北2条西12-1-4 **전화** 011-218-0288, 080-1971-0288(긴급 연락처) **운영** 08:45~17:00(점심시간 12:00~13:00) **휴무** 토·일요일 및 공휴일(주재국 경축일, 우리나라 4대 공휴일*) **가는방법** 시영지하철 토자이東西선 니시주잇초메西11丁目 역 1번 출구에서 도보 7분(홋카이도 대학 식물원 근처).
*우리나라 4대 공휴일: 삼일절(3/1), 광복절(8/15), 개천절(10/3), 한글날(10/9)

02 여권을 분실한 경우

가까운 경찰서(交番, 코오방)를 방문하여 여권 분실 신고서 작성 → 신고서, 여권용 컬러사진 1매, 신분증, 귀국 항공권 사본을 들고 한국영사관 방문 → 수수료를 내고 여권 발급(¥6,240, 엔화 현금으로만 지불, 신용카드 사용불가)

03 여행 중 갑작스럽게 부상을 당하거나 아플 경우

부상이나 병의 증세가 심해졌다면 긴급전화 119로 통화하여 구급차를 부르는 것이 좋다. 전화가 연결되면 우선 외국인임을 밝히고 위치와 증상을 차분히 설명한 다음 구급차를 부탁하면 된다. 일본은 긴급 상황에 대비하여 통역 서비스를 운영하므로 일본어를 못하더라도 안심하고 한국어로 대응하자. 3개월 미만의 여행자에게는 의료보험이 적용되지 않으므로 병원비가 매우 비싸다. 이런 경우를 대비하여 여행 전 반드시 여행자보험을 가입하는 것이 좋다.

04 여행자보험

해외여행 시 뜻하지 않은 사건, 사고를 당하게 된다면 여행자보험의 실효성이 여실히 드러난다. 사고나 질병으로 인해 병원 신세를 졌거나 도난으로 손해를 입었을 경우 가입 내용에 따라 어느 정도 보상을 받을 수 있다. 보험사마다 종류와 보장한도가 다르므로 꼼꼼히 확인해보고 결정하는 것이 좋다.
실제로 사건, 사고를 겪었다면 그 사실을 입증할 수 있는 서류는 기본적으로 준비해두어야 한다. 병원에 다녀왔다면 의사의 소견서와 영수증, 사고증명서 등이 필요하고, 도난을 당했다면 경찰서를 방문하여 도난신고서를 발급받아둬야 한다.

여행 일본어 회화

인사

안녕하세요. (아침 인사)	おはようございます。	🔊 오하요 고자이마스
안녕하세요. (점심 인사)	こんにちは。	🔊 콘니치와
안녕하세요. (저녁 인사)	こんばんは。	🔊 콤방와
감사합니다.	ありがとうございます。	🔊 아리가또 고자이마스
실례합니다. (죄송합니다.)	すみません。	🔊 스미마셍

레스토랑에서

메뉴를 볼 수 있을까요?	メニューをもらえますか。	🔊 메뉴오 모라에마스까
(메뉴를 가리키며)이걸로 할게요.	これにします。	🔊 코레니 시마스
추천 메뉴는 무엇인가요?	お勧めは何ですか。	🔊 오스스메와 난데쓰까
계산서 주세요.	お会計をお願いします。	🔊 오카이케오 오네가이시마스
카드 결제 가능한가요?	クレジットカードは使えますか。	🔊 크레짓또카도와 츠카에마스까

호텔에서

체크인하고 싶어요.	チェックインお願いします。	🔊 체크인 오네가이시마스
(종업원)여권을 보여주시겠어요?	パスポートお願いします。	🔊 파스포토 오네가이시마스
택시 좀 불러주시겠어요?	タクシーを呼んで下さい。	🔊 타크시오 욘데 쿠다사이
몇 시에 체크아웃인가요?	チェックアウトは何時ですか。	🔊 체크아우또와 난지데쓰까
체크아웃하고 싶어요.	チェックアウトお願いします。	🔊 체크아우또 오네가이시마스

쇼핑할 때

입어 봐도 되나요?	試着してもいいですか。	◀) 시차쿠시떼모 이이데스까
좀 더 큰(작은) 사이즈는 있나요?	もっと大きい(小さい)ものはありますか。	◀) 못또 오오키이(치이사이)모노와 아리마스까
이 아이템의 다른 색은 있나요?	他の色はありますか。	◀) 호카노 이로와 아리마스까
이걸로 구매할게요.	これください。	◀) 코레 쿠다사이
얼마인가요?	いくらですか。	◀) 이쿠라데스까

관광할 때

○○역은 어디인가요?	すみませんが、oo駅はどこですか。	◀) 스미마셍가 ○○에키와 도꼬데스까
주변에 은행이 있나요?	近くに銀行はありますか。	◀) 치카쿠니 깅꼬와 아리마스까
돈을 환전하고 싶어요.	両替がしたいのですが。	◀) 료가에가 시따이노데스가
사진촬영은 가능한가요?	写真を撮ってもいいですか。	◀) 샤싱오 톳떼모 이이데스까
화장실은 어딘가요?	トイレはどこですか。	◀) 토이레와 도꼬데스까

숫자

1◀) 이치　2◀) 니　3◀) 상　4◀) 욘,시　5◀) 고　6◀) 로쿠　7◀) 나나,시치　8◀) 하치　9◀) 큐　10◀) 쥬

한 개 ひとつ ◀) 히토츠　두 개 ふたつ ◀) 후타츠　세 개 みっつ ◀) 밋츠　네 개 よっつ ◀) 욧츠
다섯 개 いつつ ◀) 이츠츠　여섯 개 むっつ ◀) 뭇츠　일곱 개 ななつ ◀) 나나츠
여덟 개 やっつ ◀) 얏츠　아홉 개 ここのつ ◀) 코코노츠　열 개 とお ◀) 토오

Pickup 번역 애플리케이션

스마트폰 번역 애플리케이션을 이용하면 더욱 손쉽게 의견을 전달할 수 있다. 한글로 원하는 문장을 입력한 후 '번역' 버튼을 누르면 끝! 스피커 버튼을 누르면 음성 지원이 되어 더욱 편리하다. 대표적인 번역 애플리케이션으로는 구글 번역 Google Translate과 포털 사이트 네이버가 만든 통·번역 애플리케이션 파파고 Papago가 있다. 아이폰 사용자는 앱 스토어 App Store에서, 안드로이드 사용자는 구글 플레이 Google Play에서 다운로드 받아 사용한다.

인덱스

프렌즈 시리즈 30

Hokkaido
MAP BOOK

프렌즈
홋카이도 맵북

중앙books

홋카이도 전도

N
0 20km

왓카나이
稚内

왓카나이 공항
稚内空港

레분섬
礼文島

리시리섬
利尻島

나요로
名寄

시베츠
士別

아사히카와
旭川

아사
旭기

삿포로 코쿠사이 스키장
札幌国際スキー場

비에이
美瑛町

키로로 스노우 월드
キロロスノーワールド

타키카와
滝川

후라노스키장
富良野スキー場

샤코탄
積丹

오타루
小樽

조잔케이 온천
定山渓温泉

후라노
富良野

요이치
余市町別

삿포로
札幌

호시노 리조트 토마무
星野リゾートトマム

토마무
トマム

쿳찬
倶知安町

시코츠 호수
支笏湖

유바리
夕張

니세코 유나이티드
ニセコユナイテッド

치토세
千歳

니세코
ニセコ町

루스츠 리조트
ルスツリゾート

신치토세 공항
新千歳空港

토야
洞爺湖町

토마코마이
苫小牧

노보리베츠
登別

무로란
室蘭

오오누마 국정공원
大沼国定公園

홋카이도 신칸센 北海道新幹線

하코다테 공항
函館空港

하코다테
函館

● 책에서 소개한 지역

몬베츠
紋別

몬베츠 공항
紋別空港

아바시리
網走

시레토코 반도
知床半島

샤리*
斜里町

아사히다케
B岳

라 공항

39

키타미
北見

메만베츠 공항
女満別空港

쿳샤로 호수
屈斜路湖

마슈 호수
摩周湖

아칸 호수
阿寒湖

네무로
根室

44

오비히로
帯広

탄초쿠시로 공항
たんちょう釧路空港

쿠시로
釧路

44

오비히로 공항
帯広空港

38

중국

홋카이도

조선민주주의
인민공화국

동해

대한민국

황해

일본

동중국해

대만

*일본의 행정 단위상 정町. 시市보다 작은 행정 단위다.

테이네역
手稲駅

이나즈미코엔역
稲積公園駅

JR 하코다테본선 函館本線

JR삿쇼선 札沼線

타이헤역
太平駅

신코토니역
新琴似駅

시영지하철 난보쿠선 南北線

신카와역
新川駅

핫사무역
発寒駅

핫사무추오역
発寒中央駅

하치켄역
八軒駅

시로이코이비토파크
白い恋人パーク

코토니역
琴似駅

홋카이도 대학교
北海道大学

키타노구루메
北のグルメ

소엔역
桑園駅

삿포로역
札幌駅

카페 레인
Cafe Rain

홋카이도청 구 본청사
北海道庁旧本庁舎

삿포로 오오쿠라산 전망대
札幌大倉山展望台

오오도오리 공원
大通公園

스스키
すすき

마루야마 공원
円山公園

모리히코
森彦

마루야마팬케이크
円山ぱんけーき

마루야마 동물원
札幌市円山動物園

노면전차
市電

삿포로 모이와산 로프웨이
札幌もいわ山ロープウェイ

모이와산
もいわ山

230

36

● 관광　● 식당

유리가하라역
百合が原駅

모에레누마 공원
モエレ沼公園

로이즈 카카오&초콜릿 타운
ロイズカカオ&チョコレートタウン

삿포로 광역

0　　　　1km

시영지하철 토호선
市営地下鉄 東豊線

삿쇼자동차도 札幌自動車道

도오자동차도 道央自動車道

JR타워 전망실 타워스리에이트
JRタワー展望室 タワー・スリエイト

삿포로맥주 박물관
サッポロビール博物館

나에보역
苗穂駅

포로시 시계탑
幌市時計台

삿포로 티비탑
さっぽろテレビ塔

시로이시역
白石駅

헤이와역
平和駅

아츠베츠역
厚別駅

JR 치토세선 千歳線

신삿포로역
新札幌駅

가지마 공원
鳥公園

멘야 사이미
麺屋 彩未

시영지하철 토자이선 東西線

훗카이도 볼파크 F 빌리지
北海道ボールパークFビレッジ

삿포로돔
札幌ドーム

삿포로 히츠지가오카 전망대
さっぽろ羊ヶ丘展望台

마코마나이 타키노 공원묘지
真駒内滝野霊園

5

클라크 동상
クラーク像

홋카이도 대학교
北海道大学

클라크 동상
クラーク像

키타하치조 거리 北8条通

시영지하철 난보쿠선 南北線

햐쿠나나주고도 데노 탄탄멘
175°DENO担担麺

북쪽출구

키타나나조 거리 北7条通

요도바시카메라
ヨドバシカメラ

JR 삿포로
JR 札幌

텐 토 텐 삿포로 스테이션
Ten to Ten Sapporo Station

호텔 게이한 삿포로
ホテル京阪札幌

남쪽출구

다이마루 삿포로점
大丸札幌店

JR 하코다테본선 函館本線

니시니조메 거리 西7丁目通

3

호텔 그레이스리 삿포로
ホテルグレイスリー札幌

6

모리에르 카페 훗떼모하레떼모
Moliere Cafe 降っても晴れても

커리하우스
콜롬보
カリーハウスコロンボ

솔라리아 니시테츠 호텔 삿포로
ソラリア西鉄ホテル 札幌

키타요조 거리 北4条通

홋카이도대학 식물원
北海道大学 植物園

홋카이도청 구 본청사
北海道庁旧本庁舎

아카렌가
赤れんが

삿포로 그
札幌グラン

키타카로
北菓楼

● 관광　● 식당　● 쇼핑　● 숙소

삿포로역 부근

호텔 멧츠 삿포로
東日本ホテルメッツ札幌

북쪽출구

시영지하철 토호선 東豊線

JR 타워 전망실 타워스리에이트
JRタワー展望室 タワー・スリエイト

스텔라플레이스 ステラプレイス

와 호텔 닛코 삿포로
ーホテル日航札幌
남쪽출구

아피아
アピア

에스타
エスタ

네무로 하나마루 回転寿司 根室花まる
토카치부타동 잇뻥 十勝豚丼いっぴん
홋카이도 사계 마르쉐 北海道四季マルシェ

라멘삿포로 이치류앙
ラーメン札幌一粒庵

오쿠시바 쇼텐
奥芝商店

삿포로역(삿포로시에)
さっぽろ駅

삿포로 토큐 백화점
さっぽろ東急百貨店

롯카테이
六花亭

리치먼드호텔 삿포로 에키마에
リッチモンドホテル札幌駅前

크로스 호텔 삿포로
クロスホテル札幌

피칸티
Picante

유키지루시 팔러
雪印パーラー 本店

키타니조 거리 北2条通

삿포로시 시계탑
札幌市時計台

키타이치조 거리 北1条通

오오도오리 공원, 스스키노

7

스스키노 부근

N
0 ——— 130m

훗카이도대학 식물원
北海道大学 植物園

키타카로
北菓楼

얌차 하루노소라
飲茶はるのそら

오오도오리 공원
大通公園

오오도오리 大通

시영지하철 토자이선 東西線

니시주잇초메역
西11丁目駅

조라
ZORA

미나미이치조 거리 南1条通

니시핫초메
西8丁目

노면전차 市電

도미 인 프리미엄 삿포로
ドーミーインPREMIUM札幌

미나미니조 거리 南2条通

로하스
LOHAS

타누키코지 상점가
狸小路

미나미산조 거리 南3条通

삿포로 프린스 호텔
札幌プリンスホテル

시세칸쇼갓코마에
資生館小学校前

OMO3 삿포로 스스키노
OMO3札幌すすきの by 星野リゾート

노면전차 市電

산도리아
サンドリア

에비소바 이치겐
えびそば 一幻

●관광 ●식당 ●쇼핑 ●숙소

삿포로시 시계탑
札幌市時計台

삿포로 티비탑
さっぽろテレビ塔

이시야카페
Ishiya Café

오니기리노 아린코
おにぎりのありんこ

오오도리 버스 센터 (버스 터미널)
大通バスセンター

패뷸러스
FAbULOUS

오오도리역
大通駅

커피와 샌드위치가게 사에라
珈琲とサンドイッチの店 さえら

마루이이마이 삿포로 본점
丸井今井札幌本店

동구리
どんぐり

밍가스 커피 Mingus Coffee

마루미 커피 丸美珈琲店

삿포로 미츠코시
札幌三越

파르페, 커피, 술, 사토
パフェ、珈琲、酒、佐藤

소세가와 공원
創成川公園

니시욘초메
西4丁目

바리스타트 커피
Baristart Coffee

삿포로 파르코
札幌パルコ

호텔 WBF 삿포로 추오
ホテルWBF札幌中央

노스컨티넨트 마치노나카
ノースコンチネント まちのなか

니조 시장
二条市場

토큐스테이 삿포로 오도리
東急ステイ札幌大通

아오아오 삿포로
AOAO SAPPORO

수프카레 가라쿠
スープカレーGARAKU

타누키코지역
狸小路

돈카츠 스미다가와
とんかつ すみだ川

후우게츠
風月

메가돈키호테
MEGAドン・キホーテ

미요시노
みよしの

멘에이지
Men-Eiji

스미레
すみれ

홋카이도 카니쇼군
北海道 かに将軍

노리아
nORIA

스스키노역
すすきの駅

스스키노역
すすきの駅

컴포트 호텔 삿포로 스스키노
コンフォートホテル札幌すすきの

코코노 스스키노
COCONO SUSUKINO

호스이스스키노역
豊水すすきの駅

징기스칸 다루마
成吉思汗だるま本店

스테이크&함바그 히게
ステーキ・ハンバーグ ひげ

호텔 리브맥스 삿포로 스스키노
ホテルリブマックス札幌すすきの

멘야 유키카제
麺屋雪風

징기스칸 주테츠
ジンギスカン 十鉄

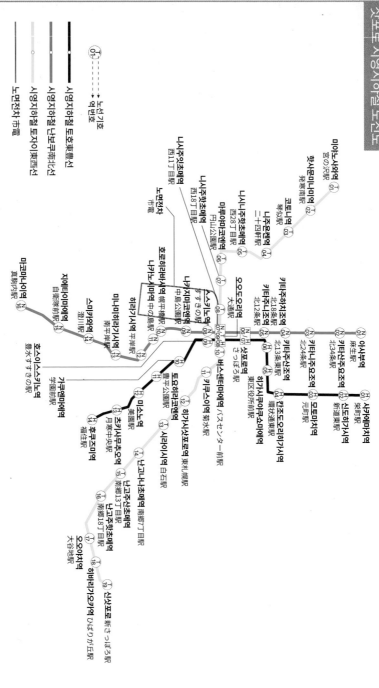

삿포로 시영지하철 노선도

삿포로 노면전차 노선도

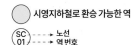

○ 시영지하철로 환승 가능한 역

(SC 01) ---→ 노선
(SC 01) ---→ 역 번호

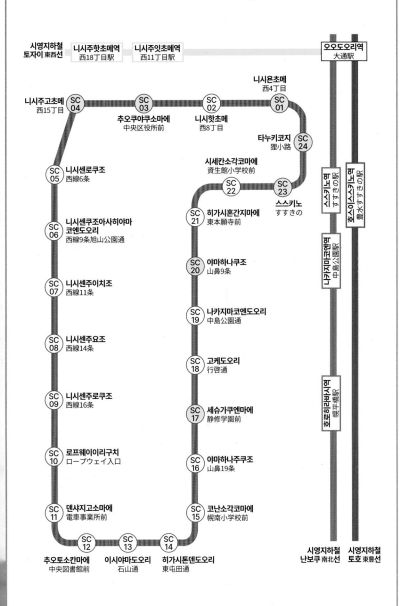

시영지하철 토자이 東西線

니시주핫초메역 西18丁目駅

니시주잇초메역 西11丁目駅

오오도오리역 大通駅

니시주고초메 西15丁目 (SC 04)

추오쿠야쿠소마에 中央区役所前 (SC 03)

니시핫초메 西8丁目 (SC 02)

니시욘초메 西4丁目 (SC 01)

타누키코지 狸小路 (SC 24)

시세칸소각코마에 資生館小学校前 (SC 22)

스스키노 すすきの (SC 23)

니시센로쿠조 西線6条 (SC 05)

히가시혼간지마에 東本願寺前 (SC 21)

니시센쿠조아사히야마코엔도오리 西線9条旭山公園通 (SC 06)

야마하나쿠조 山鼻9条 (SC 20)

니시센주이치조 西線11条 (SC 07)

나카지마코엔도오리 中島公園通 (SC 19)

니시센주요조 西線14条 (SC 08)

고케도오리 行啓通 (SC 18)

니시센주로쿠조 西線16条 (SC 09)

세슈가쿠엔마에 静修学園前 (SC 17)

로프웨이이리구치 ロープウェイ入口 (SC 10)

야마하나주쿠조 山鼻19条 (SC 16)

덴샤지고소마에 電車事業所前 (SC 11)

코난소각코마에 幌南小学校前 (SC 15)

추오토소칸마에 中央図書館前 (SC 12)

이시야마도오리 石山通 (SC 13)

히가시톤덴도오리 東屯田通 (SC 14)

스스키노역 すすきの駅

호스이스스키노역 豊水すすきの駅

나카지마코엔역 中島公園駅

호헤이바시역 幌平橋駅

시영지하철 난보쿠 南北線

시영지하철 토호 東豊線

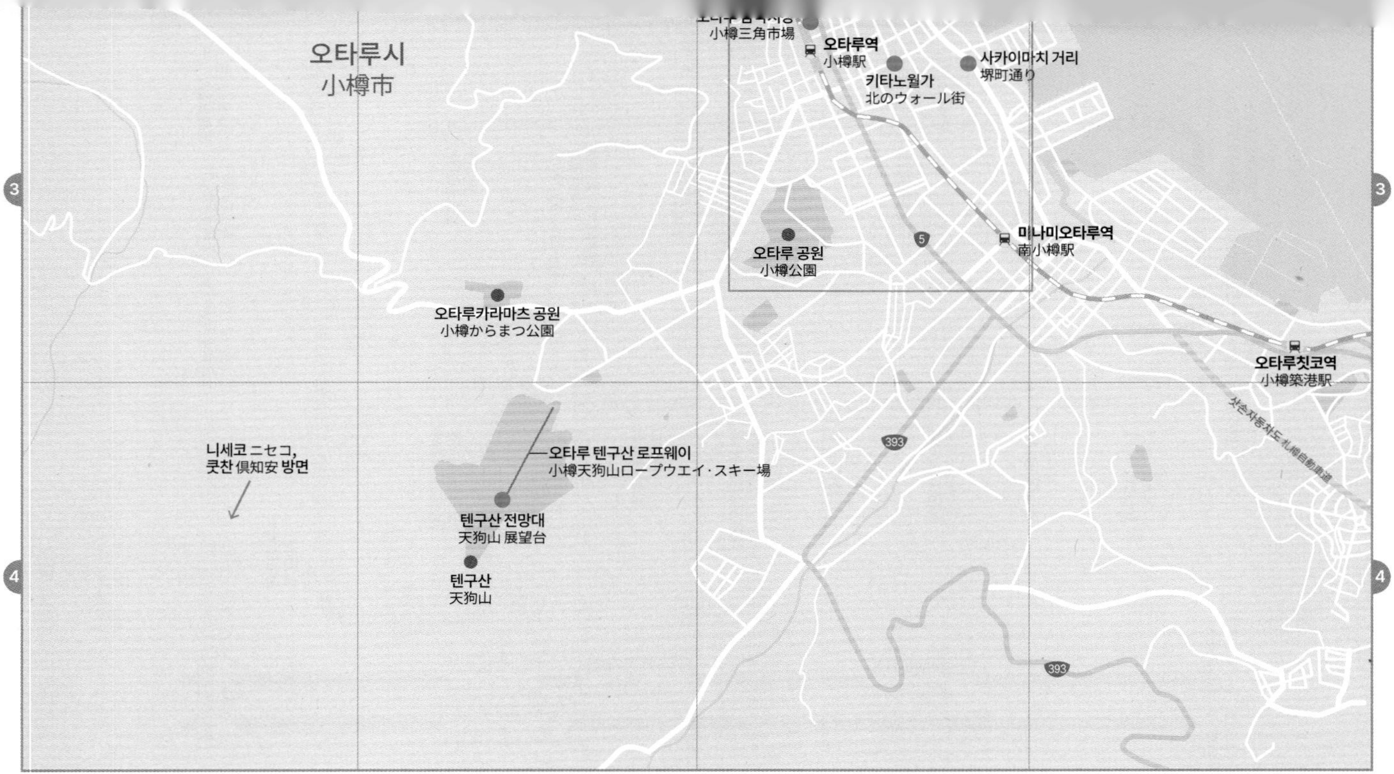
오타루시
小樽市
小樽三角市場
오타루역
小樽駅
키타노월가
北のウォール街
사카이마치 거리
堺町通り
오타루 공원
小樽公園
미나미오타루역
南小樽駅
오타루카라마츠 공원
小樽からまつ公園
오타루칫코역
小樽築港駅
삿손자동차도 札樽自動車道
오타루 텐구산 로프웨이
小樽天狗山ロープウエイ · スキー場
니세코 ニセコ,
쿳찬 倶知安 방면
텐구산 전망대
天狗山 展望台
텐구산
天狗山
393
5
3
4

● 관광

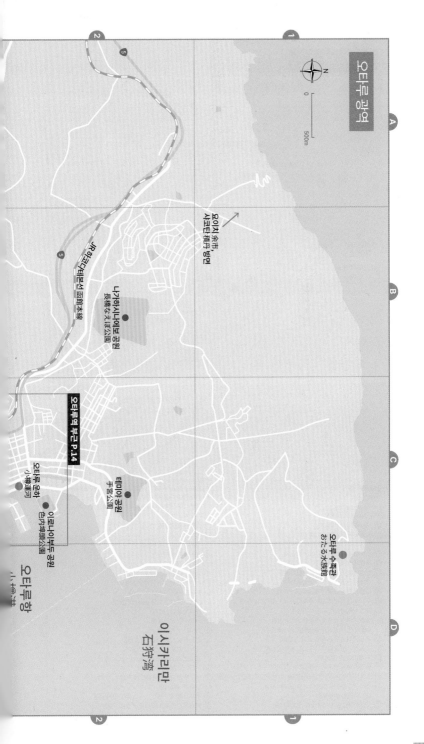

오타루 광역

N

0   500m

JR 하코다테본선 函館本線

요이치 余市,
샤코탄 積丹 방면

나카하시네이토 공원
長橋なえぼ公園

오타루역 부근 P.14

테미야 공원
手宮公園

오타루 운하
小樽運河

이로나이부두 공원
色内埠頭公園

오타루항
小樽港

오타루 수족관
おたる水族館

이시카리만
石狩湾

13

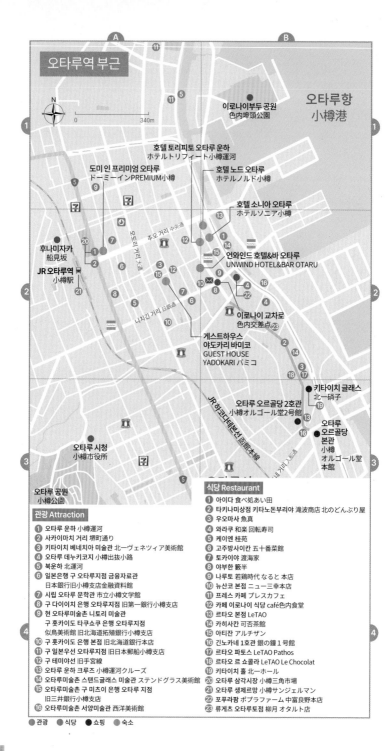

오타루역 부근

N
0 — 340m

이로나이부두 공원
色内埠頭公園

오타루항
小樽港

호텔 토리피토 오타루 운하
ホテルトリフィート小樽運河

도미 인 프리미엄 오타루
ドーミーインPREMIUM小樽

호텔 노드 오타루
ホテルノルド小樽

호텔 소니아 오타루
ホテルソニア小樽

후나미자카
船見坂

JR 오타루역
小樽駅

추오 거리 中央通

언와인드 호텔&바 오타루
UNWIND HOTEL&BAR OTARU

오도리 거리 大通

니지간 거리 虹色通

이로나이 교차로
色内交差点

게스트하우스
야도카리 바미코
GUEST HOUSE
YADOKARI バミコ

JR 하코다테선 函館本線

키타이치 글래스
北一硝子

오타루 오르골당 2호관
小樽オルゴール堂2号館

오타루
오르골당
본관
小樽
オルゴール堂
本館

오타루 시청
小樽市役所

오타루 공원
小樽公園

관광 Attraction

1. 오타루 운하 小樽運河
2. 사카이마치 거리 堺町通り
3. 키타이치 베네치아 미술관 北一ヴェネツィア美術館
4. 오타루 데누키코지 小樽出抜小路
5. 북운하 北運河
6. 일본은행 구 오타루지점 금융자료관
   日本銀行旧小樽支店金融資料館
7. 시립 오타루 문학관 市立小樽文学館
8. 구 다이이치 은행 오타루지점 旧第一銀行小樽支店
9. 현 오타루미술촌 니토리 미술관
   구 홋카이도 타쿠쇼쿠 은행 오타루지점
   似鳥美術館旧北海道拓殖銀行小樽支店
10. 구 홋카이도 은행 본점 旧北海道銀行本店
11. 구 일본우선 오타루지점 旧日本郵船小樽支店
12. 구 테미야선 旧手宮線
13. 오타루 운하 크루즈 小樽運河クルーズ
14. 오타루미술촌 스탠드글라스 미술관 ステンドグラス美術館
15. 오타루미술촌 구 미츠이 은행 오타루 지점
    旧三井銀行小樽支店
16. 오타루미술촌 서양미술관 西洋美術館

식당 Restaurant

1. 아이다 食べ処あい田
2. 타키나미상점 키타노돈부리야 滝波商店 北のどんぶり屋
3. 우오마사 魚真
4. 와라쿠 和楽 回転寿司
5. 케이엔 桂苑
6. 고주방사이칸 五十番菜館
7. 토카이야 渡海家
8. 야부한 籔半
9. 나루토 본점 若鶏時代 なると 本店
10. 뉴산코 본점 ニュー三幸本店
11. 프레스 카페 プレスカフェ
12. 카페 이로나이 식당 café色内食堂
13. 르타오 본점 LeTAO
14. 카히사칸 可否茶館
15. 아티잔 アルチザン
16. 긴노카네 1호관 銀の鐘 1 号館
17. 르타오 파토스 LeTAO Pathos
18. 르타오 르 쇼콜라 LeTAO Le Chocolat
19. 키타이치 홀 北一ホール
20. 오타루 삼각시장 小樽三角市場
21. 오타루 생제르망 小樽サンジェルマン
22. 포푸라팜 ポプラファーム 中富良野本店
23. 류게츠 오타루토점 柳月 オタルト店

● 관광 ● 식당 ● 쇼핑 ● 숙소

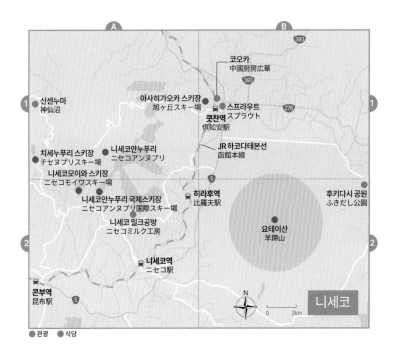

후라노·비에이 광역

0   3.2km

N

🚏 치요가오카역
　千代ヶ岡駅

세븐스타 나무
セブンスターの木

카시와 공원
かしわ園公園

오야코 나무 親子の木

켄과 메리의 나무
ケンとメリーの木

🚏 키타비에이역
　北美瑛駅

마일드세븐의 언덕
マイルドセブンの丘

제루부 언덕·아토무 언덕
ぜるぶの丘・亜斗夢の丘

호쿠세이 언덕 전망공원
北西の丘展望公園

🚉 비에이역
　美瑛駅

산아이 언덕 전망공원 三愛の丘展望公園

크리스마스트리 나무
クリスマスツリーの木

빨간 지붕집
赤い屋根の家

치요다 언덕 전망대
千代田の丘見晴台

칸노 팜 かんのファーム

🚏 비바우시역
　美馬牛駅

제트코스터의 길
ジェットコースターの路

사계채 언덕
四季彩の丘

타쿠신칸
拓真館

청의 호수
青い池

흰 수염 폭포
白ひげの滝

플라워 랜드 카미후라노
フラワーランドかみふらの

카미후라노
上富良野

모리노 료테이 비에이
森の旅亭びえい

🚏 카미후라노역
　上富良野駅

히노데 공원
日の出公園

후라노 호스텔
ふらのホステル

🚉 니시나카역
　西中駅

팜 토미타
ファーム富田

포푸라팜
ポプラファーム 中富良野本店

🚏 라벤더바타케역
　ラベンダー畑駅

나카후라노
라벤더 농원
中富良野町営
ラベンダー園

🚏 나카후라노역
　中富良野駅

🚏 시카우치역
　鹿討駅

JR 후라노선 JR 富良野線 · JR 函館本線

🚏 가쿠덴역
　学田駅

🚉 후라노역
　富良野駅

신 후라노 프린스 호텔
新富良野プリンスホテル

● 관광 　● 숙소

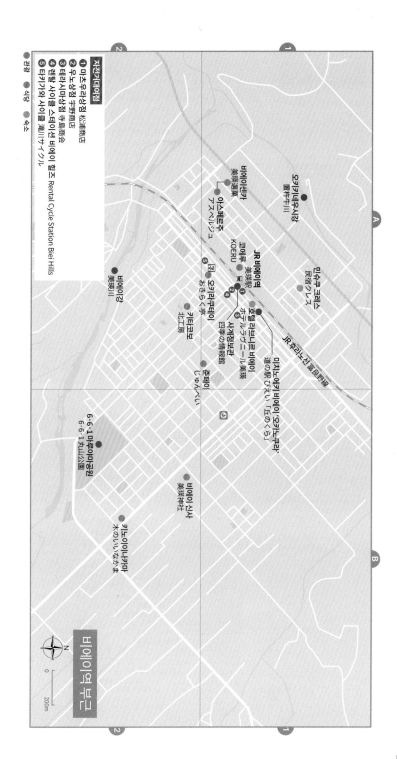

비에이역 부근

자전거대여점
① 미쓰우라상점 松浦商店
② 우노상점 宇野商店
③ 테라시마상점 寺島商会
④ 렌탈 사이클 스테이션 비에이 힐즈 Rental Cycle Station Biei Hills
⑤ 타키가와 사이클 滝川サイクル

● 관광   ● 식당   ● 숙소

오카게쓰사강
置杵牛川

민슈쿠 크레스
民宿クレス

비에이센카
美英選菓

이스페르주
アスベルジュ

코에루
KOERU

JR 비에이역
美瑛駅

호텔 라비니르 비에이
ホテルラヴニール美瑛

미치노에키 비에이 '오카노쿠라'
道の駅 びえい「丘のくら」

사계정보관
四季の情報館

JR 후라노선 富良野線

오키라쿠테이
おきらく亭

키타코보
北工房

준페이
じゅんぺい

비에이강
美瑛川

6·6·1 마루야마공원
6·6·1 丸山公園

비에이신사
美瑛神社

키노이이나카마
木のいいなかま

N
0 ── 200m

17

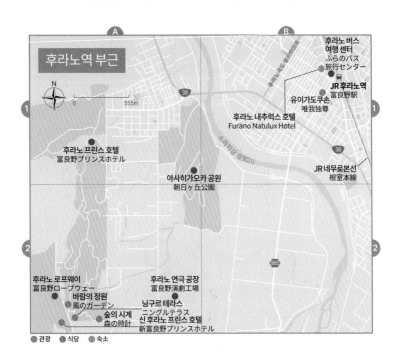

후라노역 부근

N
0   555m

38

후라노 프린스 호텔
富良野プリンスホテル

아사히가오카 공원
朝日ヶ丘公園

후라노 버스 여행 센터
ふらのバス旅行センター

JR 후라노역
富良野駅

유이가도쿠손
唯我独尊

후라노 내추럭스 호텔
Furano Natulux Hotel

JR 네무로본선
根室本線

38

985

후라노 로프웨이
富良野ロープウェー
바람의 정원
風のガーデン
숲의 시계
森の時計

후라노 연극 공장
富良野演劇工場
닝구르 테라스
ニングルテラス
신 후라노 프린스 호텔
新富良野プリンスホテル

● 관광　● 식당　● 숙소

토마무

N
0   300m

운해 테라스
雲海テラス
클라우드 나인
Cloud9

호시노리조트 토마무 스키장 ●
星野リゾートトマムスキー場

오토 세테 토마무
OTTO SETTE TOMAMU
소라
天空-SORA
리조나레 토마무
リゾナーレトマム

호타루 스트리트
ホタルストリート
니니누푸리
森のレストランニニヌプリ

물의 교회
水の教会
할
hal-ハル

미나미나비치
ミナミナビーチ
아이스 빌리지
アイスヴィレッジ

토마무 더 타워
トマム ザ・タワー
팜 호시노의농장 구역
ファームエリア

JR전철 토마무역
JRトマム駅

136

GAO아웃도어 센터
GAOアウトドアセンター

136

18

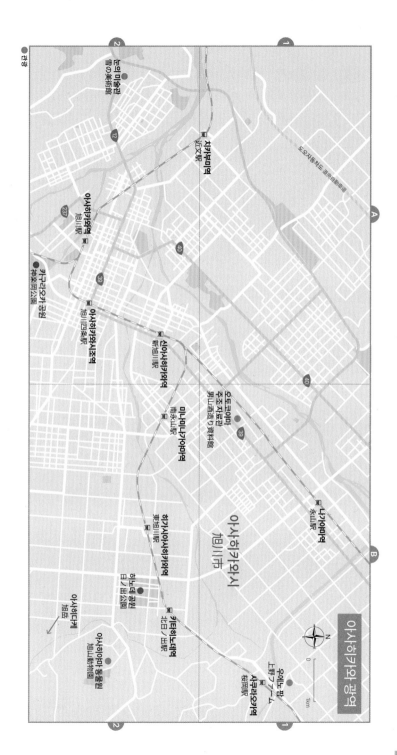

아사히카와 관광

관광

도요미술관
雪の美術館

치카부미역
近文駅

아사히카와역
旭川駅

카구라오카공원
神楽岡公園

아사히카와시조역
旭川四条駅

신아사히카와역
新旭川駅

미나미나가야마역
南永山駅

오토코야마
주조 자료관
男山酒造り資料館

나가야마역
永山駅

아사히카와시
旭川市

히가시아사히카와역
東旭川駅

히노데공원
日ノ出公園

아사히다케
旭岳

아사히야마 동물원
旭山動物園

키타히노데역
北日ノ出駅

우에노팜
上野ファーム

사쿠라오카역
桜岡駅

N

0   1km

아사히카와 관광

19

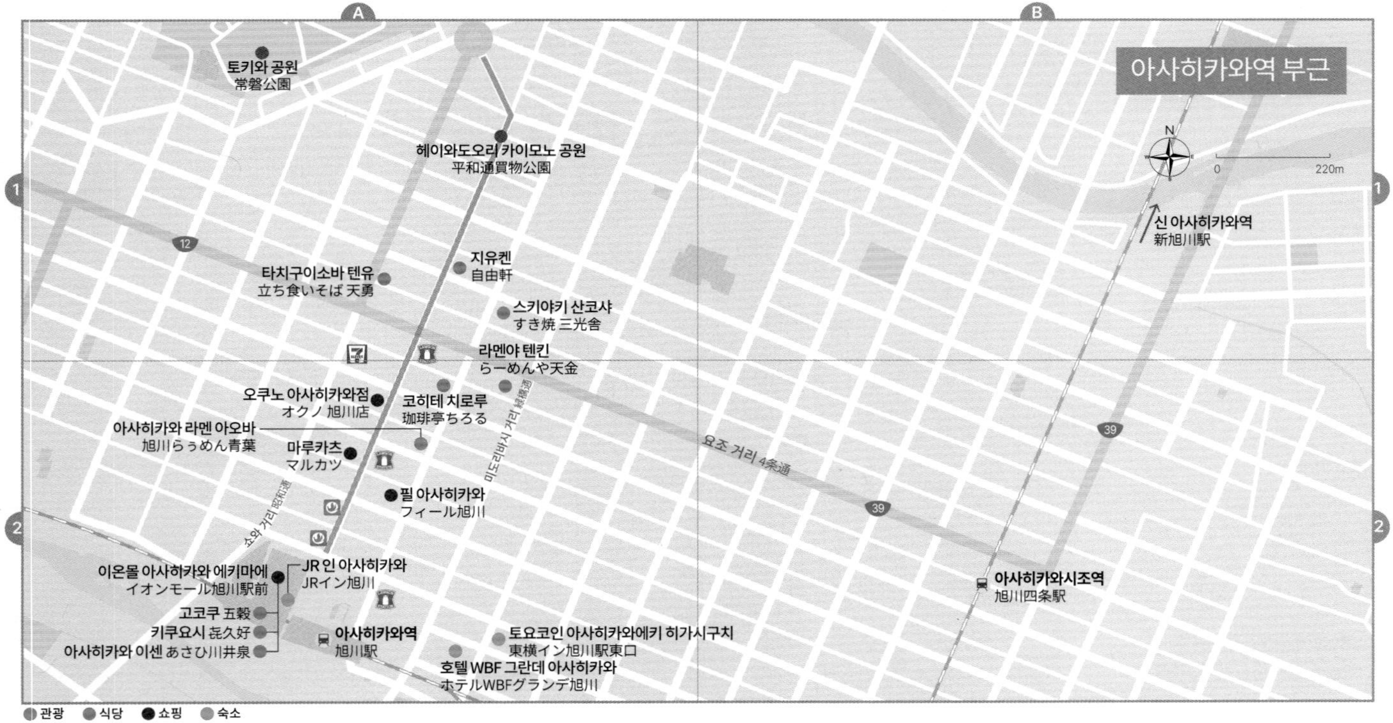

아사히카와역 부근

● 관광 ● 식당 ● 쇼핑 ● 숙소

도카치외 공원
常磐公園

하이와도오리카이모노 공원
平和通買物公園

타치구이소바 텐류
立ち食いそば天勇

지유켄
自由軒

스키야키 산코사
すき焼 三光舎

라멘야 텐킨
らーめん天金

코히테이 치로루
珈琲亭ちろる

오쿠노 아사히카와점
オクノ旭川店

마루카츠
マルカツ

팔 아사히카와
フィール旭川

이온몰 아사히카와에키마에
イオンモール旭川駅前

아사히카와 라멘 이요바시
旭川らうめん青葉

고큐루 五穀屋

기쿠요시 名久好

아사히카와 이센 あさひ川井泉

JR 인 아사히카와
JR イン旭川店

아사히카와역
旭川駅

토요코인 아사히카와에키 히가시구치
東横イン旭川駅東口

호텔 WBF 그란데 아사히카와
ホテルWBFグランデ旭川

아사히카와시조역
旭川四条駅

신 아사히카와역
新旭川駅

쇼와 거리 昭和通

미도리바시 거리 緑橋通

료조 거리 4号通

12

39

39

1

2

A

B

N

0   220m

20

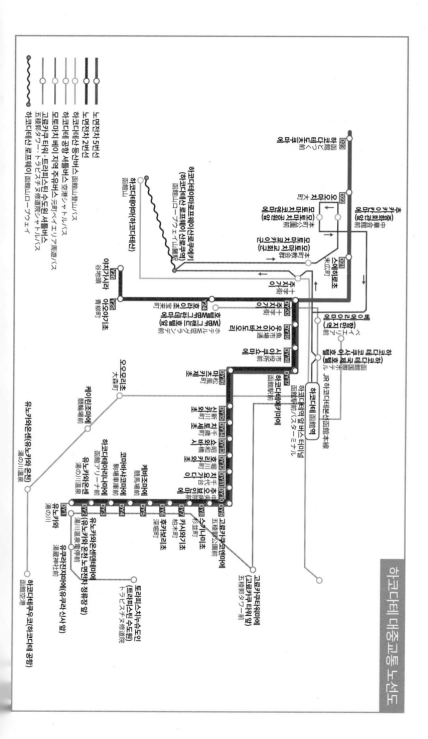

하코다테 대중교통 노선도

노면전차 5번선
노면전차 2번선
하코다테산 등산버스
하코다테 공항 셔틀버스·하코다테산 등산버스
모토마치·베이 지역 주유버스·원더링 셔틀버스
고료가쿠 타워·트라피스틴 수도원·원더링 셔틀버스
오량곽 타워·트라피스틴 수도원 주유 셔틀버스
하코다테산 로프웨이(함관산로프웨이)

函館山 하코다테산(하코다테산)

やまのかみ 谷地頭 V26 하코다테산(하코다테산)
あおやぎちょう 青柳町 V25 아오야기초
十字街 십자가
하코다테산로프웨이산로쿠에키(하코다테산로프웨이산로쿠역)
函館山ロープウェイ山麓駅
하코다테에키마에(하코다테역앞)

十字街 십자가 D20
うおいちば・どおり 魚市場通 大町 オオマチ 오마치 D17
(WBF) 宝来町 호라이초(WBF 하코다테) D19
しやくしょまえ 市役所前 시청앞 D18
はこだてえきまえ 函館駅前 하코다테에키마에(하코다테역앞) D12
하코다테에키마에 함관역전버스터미널 함관역전버스터미널
JR 하코다테선·함관본선

べっかい 別海 D23
中央病院前 추오뵤인마에(중앙병원앞) D22
本町 モトマチ 모토마치 스에히로초
すえひろちょう 末広町 스에히로초 D21
松風町 マツカゼチョウ 마쓰카제초
はこだてえきまえ 함관 バスセンター 함관 버스센터(버스센터 앞) D16

大森町 오오모리초 D16
松風町 마쓰카제초 D15
新川町 신카와초 D14
昭和橋 쇼와바시 D13
千代台 지요가다이 D12
中央病院前 추오뵤인마에(중앙병원앞) D11
柏木町 가시와기초 D10
深堀町 후카보리초 D9
杉並町 스기나미초 D8
五稜郭公園前 고료카쿠코엔마에(오량곽공원앞) D7
고료카쿠타워앞 오량곽타워
고료가쿠타워(고료카쿠타워 앞)
函館アリーナ 하코다테아리나(하코다테아레나)

競馬場前 게이바조마에(경마장앞)
コミュニティセンター前 코뮤니티센터마에
湯の川温泉 유노카와온센(유노카와 온천)
トラピスチヌ修道院前 (트라피스틴 수도원)
유노카와온센노멘덴샤테이류조 (유노카와온센 노면전차 정류장 앞)
유쿠라진자마에(유쿠라신사 앞)
湯倉神社前
유노카와 湯の川 DY2 DY3 DY4 DY5
湯の川温泉 유노카와온센(유노카와 온천)
하코다테쿠코(하코다테 공항)
函館空港

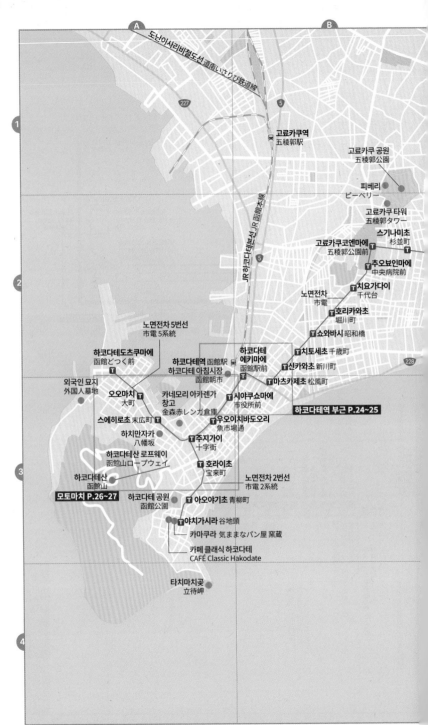

道南いさりび鉄道線 道南いさりび鉄道線

227

5

고료카쿠역
五稜郭駅

고료카쿠 공원
五稜郭公園

피베리
ピーベリー

고료카쿠 타워
五稜郭タワー

스기나미초
杉並町

고료카쿠코엔마에
五稜郭公園前

추오뵤인마에
中央病院前

치요가다이
千代台

노면전차
市電

호리카와초
堀川町

JR 하코다테본선 JR 函館本線

5

쇼와바시 昭和橋

노면전차 5번선
市電 5系統

치토세초 千歳町

신카와초 新川町

하코다테도츠쿠마에
函館どつく前

하코다테역
函館駅
하코다테 아침시장
函館朝市

하코다테
에키마에
函館駅前

마츠카제초 松風町

228

외국인 묘지
外国人墓地

오오마치
大町

카네모리 아카렌가
창고
金森赤レンガ倉庫

시야쿠쇼마에
市役所前

우오이치바도오리
魚市場通

하코다테역 부근 P.24~25

스에히로초 末広町

하치만자카
八幡坂

주지가이
十字街

하코다테산 로프웨이
函館山ロープウェイ

호라이초
宝来町

노면전차 2번선
市電 2系統

하코다테산
函館山

하코다테 공원
函館公園

아오야기초 青柳町

모토마치 P.26~27

야치가시라 谷地頭

카마쿠라 気ままなパン屋 窯蔵

카페 클래식 하코다테
CAFÉ Classic Hakodate

타치마치곶
立待岬

● 관광 ● 식당 ● 숙소

22

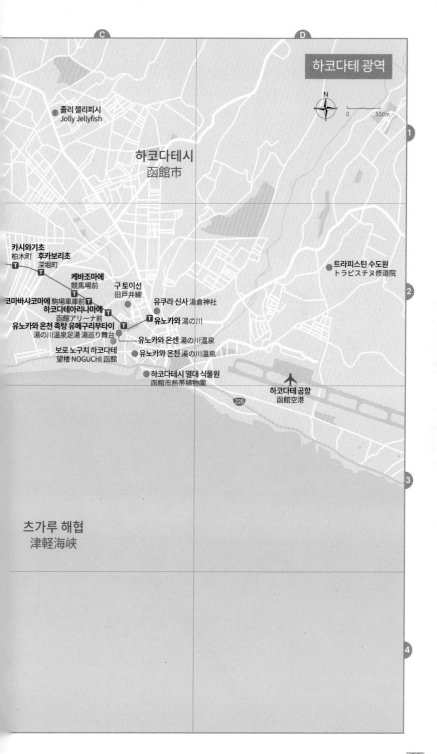

하코다테 광역

N
0　　550m

졸리 젤리피시
Jolly Jellyfish

하코다테시
函館市

카시와초 후카보리초
柏木町 深堀町

케바조마에
競馬場前

구 토이선
旧戸井線

코마바샤코마에 駒場車庫前
하코다테아리나마에
函館アリーナ前
유노카와 온천 족탕 유메구리부타이
湯の川温泉足湯 湯巡り舞台

유쿠라 신사 湯倉神社

유노카와 湯の川

유노카와 온센 湯の川温泉

유노카와 온천 湯の川温泉

트라피스틴 수도원
トラピスチヌ修道院

보로 노구치 하코다테
望楼 NOGUCHI 函館

하코다테시 열대 식물원
函館市熱帯植物園

하코다테 공항
函館空港

228

츠가루 해협
津軽海峡

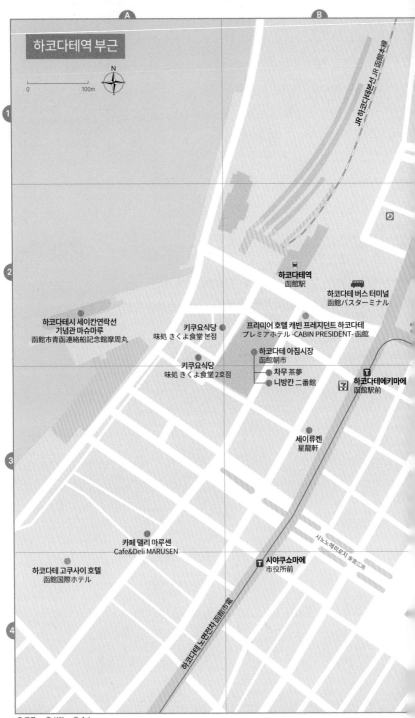

하코다테역 부근

N

0 ——— 100m

A **B**

JR 하코다테본선 JR 函館本線

하코다테역
函館駅

하코다테 버스 터미널
函館バスターミナル

**하코다테시 세이칸연락선
기념관 마슈마루**
函館市青函連絡船記念館摩周丸

키쿠요식당
味処 きくよ食堂 본점

프리미어 호텔 캐빈 프레지던트 하코다테
プレミアホテル -CABIN PRESIDENT- 函館

하코다테 아침시장
函館朝市

차무 茶夢

니방칸 二番館

하코다테에키마에
函館駅前

키쿠요식당
味処 きくよ食堂 2호점

세이류켄
星龍軒

카페 델리 마루센
Cafe&Deli MARUSEN

시노노메히로지 東雲広路

하코다테 고쿠사이 호텔
函館国際ホテル

시야쿠쇼마에
市役所前

하코다테노면전차 函館市電

● 관광 ● 식당 ● 숙소

24

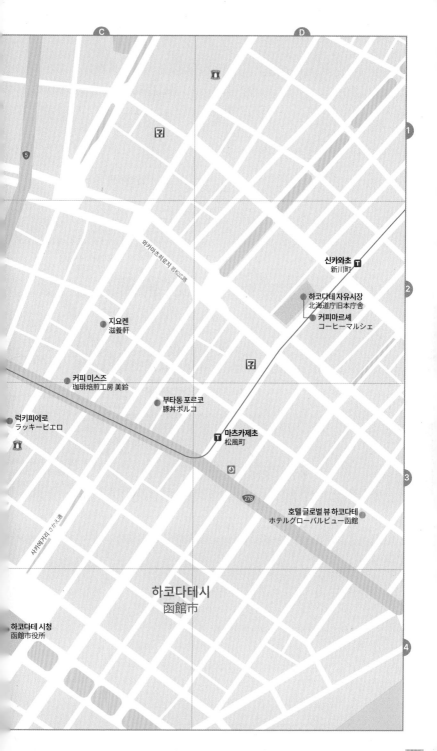

신카와초
新川町

하코다테 자유시장
北海道庁旧本庁舎

커피마르셰
コーヒーマルシェ

지요켄
滋養軒

커피 미스즈
珈琲焙煎工房 美鈴

부타동 포르코
豚丼ポルコ

럭키피에로
ラッキーピエロ

마츠카제초
松風町

호텔 글로벌 뷰 하코다테
ホテルグローバルビュー函館

하코다테시
函館市

하코다테 시청
函館市役所

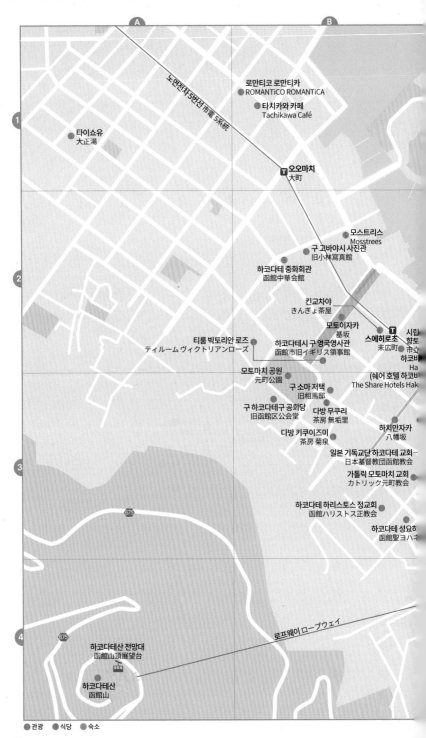

로만티코 로만티카
● ROMANTiCO ROMANTiCA

● 타치카와 카페
Tachikawa Café

● 타이쇼유
大正湯

🚃 **오오마치**
大町

● 모스트리스
Mosstrees

● 구 고바야시 사진관
旧小林寫眞館

● 하코다테 중화회관
函館中華会館

● 킨교차야
きんぎょ茶屋

● 모토이자카
基坂

🚃 스에히로초
末広町

시립
향토
市立
하코비
Ha

● 티룸 빅토리안 로즈
ティルーム ヴィクトリアンローズ

● 하코다테시 구 영국영사관
函館市旧イギリス領事館

(쉐어 호텔 하코비
The Share Hotels Hak

● 모토마치 공원
元町公園

● 구 소마 저택
旧相馬邸

● 구 하코다테구 공회당
旧函館区公会堂

● 다방 무쿠리
茶房 無垢里

● 하치만자카
八幡坂

● 다방 키쿠이즈미
茶房 菊泉

● 일본 기독교단 하코다테 교회─
日本基督教団函館教会

● 가톨릭 모토마치 교회
カトリック元町教会

● 하코다테 하리스토스 정교회
函館ハリストス正教会

● 하코다테 성요하
函館聖ヨハ

(675)

로프웨이 ロープウェイ

(675)

● 하코다테산 전망대
函館山頂展望台

● 하코다테산
函館山

● 관광 ● 식당 ● 숙소

26

모토마치

0 ——— 100m

N

미도리노섬
緑の島

JR 하코다테 函館역

노면전차 市電

스타벅스 하코다테 베이 사이드점
スターバックスコーヒー函館ベイサイド店

럭키피에로(마리나스에히로점)
ラッキーピエロ (マリーナ末広店)

관광유람선 블루문
観光遊覧船 ブルームーン

라 비스타 하코다테 베이
ラビスタ函館ベイ

프티 메르베이유
Petite Merveille

우오이치바도오리
魚市場通

테 박물관
!物館郷土資料館
:테
함
(館)

카네모리 아카렌가 창고
金森赤レンガ倉庫

하코다테 타카다야 카헤이 박물관
箱館高田屋嘉兵衛資

럭키피에로 ラッキーピエロ

하세가와 스토어
ハセガワストア

캘리포니아 베이비
カリフォルニア・ベイビー

다방 큐차야테이
茶房 旧茶屋亭

일본에서 가장 오래된
콘크리트 전신주

주지가이
十字街

하코다테 공예사
はこだて工芸舎

하코다테시
函館市

소바사이사이 쿠루하
蕎麦彩彩 久留葉

톤보로
mbolo

레스토랑 셋카테이
レストラン雪河亭

하코다테 지역교류센터
函館地域交流まちづくりセンター

라 졸리 모토마치
ラ・ジョリー元町

모토마치
元町

카페 디시
Café D'ici

톤에츠
とん悦

로프웨이 산로쿠역
ロープウェイ山麓駅

다방 히시이
茶房 ひし伊

호라이초
宝来町

아사리 본점
阿佐利 本店

카페 라미네어
Cafe' LAMINAIRE

27

노보리베츠

登別市
노보리베츠시

N
0   100m

오오유누마
大湯沼

오쿠노유
奥の湯

오오유누마 천연 족탕
大湯沼天然足湯

타이쇼지고쿠
大正地獄

아버지와 아들 도깨비
歓迎親子鬼像

권령 도로 大湯沼

노보리베츠시
登別市

지고쿠다니
地獄谷

권령 도로 大湯沼

오야도 기요미즈야
御やど清水屋

파크 호텔 미야비테
名湯の宿パークホテル雅亭

료테이 하나유라
旅亭 花ゆら

노보리베츠 大湯沼

홍 도깨비와
청 도깨비
鬼祠

다이이치 타키모토 본관
第一滝本館

센겐 공원
泉源公園

타키모토인
滝本イン

엔마도
閻魔堂

타키노야
滝乃家

밀키하우스
ミルキィーハウス

노보리베츠 온천 로프웨이
登別温泉ロープウェイ

호텔 마호로바
ホテル まほろば

노보리베츠 관광협회
登別観光協会

후쿠안
福庵

무병장수를 기원하는 도깨비
湯かけ鬼蔵

유모토 노보리베츠
ゆもと登別

노보리베츠 그랜드 호텔
登別グランドホテル

노보리베츠 만세이카쿠
登別万世閣

도남버스 버스 터미널
道南バス登別温泉バスターミナル

노보리베츠온센거리 登別温泉通

●관광　●식당　●숙소

토야

윈저 호텔 토야 리조트 앤 스파
ザ・ウィンザーホテル洞爺リゾート＆スパ

나카지마
中島

0   500m

N

토야코정
洞爺湖町

토야 호수
洞爺湖

230

레이크 뷰 토야 노노카제 리조트
ザ レイクビュー TOYA 乃の風リゾート

토야 선 팰리스 리조트 앤 스파
洞爺サンパレス リゾート＆スパ

토야 호수 조각공원
とうや湖ぐるっと彫刻公園

토야 호수 유람선
洞爺湖汽船

토야 호수 비지터센터
洞爺湖ビジターセンター

230

콘피라 화구
재해 유구 산책로
金比羅火口災害遺構散策路

니시야마
화구 산책로
西山火口散策路

보요테 望羊蹄
오카다야 岡田屋

토야코온센 버스 터미널
洞爺湖温泉バスターミナル

토야역
洞爺駅

JR 무로란본선 室蘭本線

**로프웨이
우스산조역**
有珠山頂駅

쇼와신산
昭和新山

**로프웨이
쇼와신잔역**
昭和新山駅

우스산
有珠山

우스산 로프웨이
有珠山ロープウェイ

● 관광 ● 식당 ● 숙소

하쿠초만 전망대
白鳥湾展望台

무로란시
室蘭市

37

도미 인 히가시
무로란
ドーミーイン東室蘭

하쿠초대교
白鳥大橋

아지신 味しん
아지노 다이오
味の大王

하쿠초대교 전망대
白鳥大橋展望台

미타라 무로란 휴게소
奥の湯道の駅みたら室蘭

슈쿠츠 공원 전망대
祝津公園展望台

잇페이
一平

히가시무로란역
東室蘭駅

36

JR 무로란본선 室蘭本線

와니시역
輪西駅

36

미사키역
御崎駅

소쿠료산
測量山

토콕쿠
とん食っ食

무로란역
室蘭駅

보코이역
母恋駅

무로란

N

0   500m

톳카리쇼
トッカリショ

지구곶 地球岬

● 관광 ● 식당 ● 숙소

타이세역
大成駅

니시오비히로역
西帯広駅

JR 네무로본선
JR根室本線

반에이토카치
ばんえい十勝

부타동노톤타
ぶた丼のとん田

오비히로역
帯広駅

오비히로 동물원
おびひろ動物園

토카치 천년의 숲
十勝千年の森

마나베 정원
真鍋庭園

오비히로·해로오 자동차도(무료 구간) 帯広·広尾自動車道(無料区間)

토카치힐즈
十勝ヒルズ

1

아이코쿠역(애국역)
愛国駅

사츠나이강 札内川

오비히로시
帯広市

236

236

토카치 눕푸쿠 가든 레스토랑
十勝ヌップクガーデンレストラン

어비히로·해로오 자동차도(무료 구간) 帯広·広尾自動車道(無料区間)

시치쿠 가든
紫竹ガーデン

사츠나이강 札内川

사츠나이강 札内川

코후쿠역(행복역)
幸福駅

토카치 오비히로 공항
とかち帯広空港

2

236

롯카의 숲
六花の森
나카사츠나이 휴게소
道の駅 なかさつない

롯카테이 나카사츠나이 미술촌
六花亭 中札内美術村

N

0   1km

토카치 광역

● 관광   ● 식당

오비히로역 부근

오비히로강 帯広川

236

오비히로시
帯広市

0 ────── 200m

N

오비히로 중앙공원
帯広中央公園

반에이토카치
ばんえい十勝

도미 인 오비히로
ドーミーイン帯広

프리미엄 호텔 캐빈 오비히로
プレミアホテル CABIN 帯広

토카치플라자
とかちプラザ

오비히로 버스 터미널
函館バスターミナル

콤포트 호텔 오비히로
コンフォートホテル帯広

오비히로역
帯広駅

JR네무로본선 根室本線

식당 Restaurant

1 판초 ばんちょう
2 하게텐 본점 はげ天本店
3 카레 숍 인데안 カレーショップ インデアン
4 아틀리에 카페 마론 Atelier café Marron
5 키타노야타이 北の屋台
6 롯카테이 六花亭
7 류게츠 柳月
8 타카하시 만주야 高橋まんじゅう屋
9 크랜베리 クランベリー
10 마스야 満寿屋

미도리가오카 공원
緑ヶ丘公園

오비히로 미술관
北海道立帯広美術館

오비히로 동물원
おびひろ動物園

● 관광　● 식당　● 숙소

오비히로 나카사츠나이 미술촌

쿠시로 광역

0   13km

N

243

391

쿳샤로 호수
屈斜路湖

이오잔
硫黄山

카와유온센역
川湯温泉駅

마슈 호수
摩周湖

243

팡케 연못
パンケ沼

241

아칸 호수
阿寒湖

JR 네무로본선 根室本線

274

시벳차역
標茶駅

274

JR 네무로본선 根室本線

가야누마역
茅沼駅

쿠시로역 부근 P.33

쿠시로 습원
釧路湿原

토로역
塘路駅

391

토로 호수
塘路湖

쿠시로 습원역
釧路湿原駅

탁고부 연못
達古武沼

호소오카 전망대
細岡展望台

쿠시로시 습원 전망대
釧路市湿原展望台

탄초쿠시로 공항
たんちょう釧路空港

JR 센모본선 釧網本線

쿠시로역
釧路駅

● 관광

32

쿠시로역 부근

N
0 1km

쿠시로 습원
釧路湿原

쿠시로 습원역
釧路湿原駅

호소오카역
細岡駅

호소오카 전망대
細岡展望台

쿠시로시 습원 전망대
釧路市湿原展望台

JR 센모본선 JR 釧網本線

토오야역
遠矢駅

쿠시로 역 앞 버스 터미널
釧路駅前バスターミナル

JR 센모본선 JR 釧網本線

호텔 루트 인 쿠시로 에키마에
ホテルルートイン釧路駅前

슈퍼 호텔 쿠시로 에키마에
スーパーホテル釧路駅前

JR 네무로본선 JR 根室本線

쿠시로역 釧路駅

벳포역
別保駅

히가시쿠시로역 東釧路駅

무사역 武佐駅

와쇼 시장 和商市場

쿠시로 프린스 호텔
釧路プリンスホテル

쿠시로 피셔맨즈 와프 MOO
釧路フィッシャーマンズワーフ MOO

카도야 かど屋

칸베키로바타 岸壁炉ばた

누사마이 다리
幣舞橋

이즈미야 泉屋

● 관광　● 식당　● 숙소

전망대에서 바라본 쿠시로 습원의 모습

33

아바시리·시레토코 광역

N
0   11.5km

몬베츠
紋別

노토로곶
能取岬

아바시리
網走

노토로 호수
能取湖

두 개 바위
二つ岩

모자 바위
帽子岩

아바시리역
網走駅

아바시리 P.36

오호츠크 유빙관
オホーツク流氷館

아바시리 감옥 박물관
博物館網走監獄

아바시리 호수
網走湖

JR 키타하마역
北浜駅

토후츠 호수
トウフツ湖

코시미즈 원생화원 小清水 原生花園,
JR 겐세카엔역 原生花園駅

JR 세키호쿠혼센 JR石北本線

JR 세모호쿠JR 釧網

244

391

메만베츠 공항
女満別空港

334

釧網

●관광

34

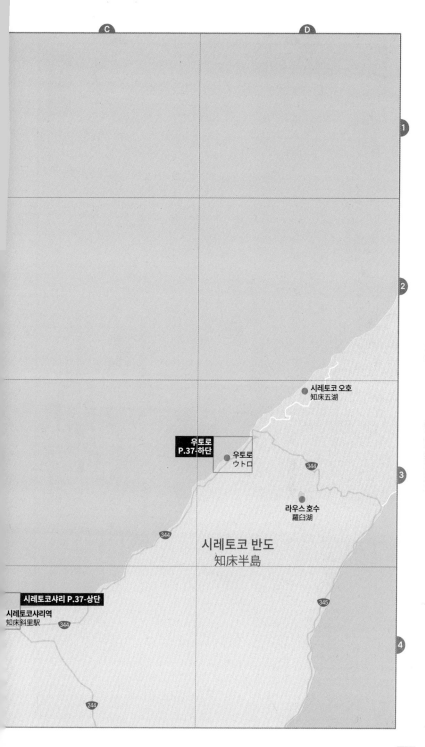

C D

1

2

시레토코 오호
知床五湖

우토로
P.37-하단
● 우토로
ウトロ

344

3

라우스 호수
羅臼湖

344

시레토코 반도
知床半島

시레토코샤리 P.37-상단
시레토코샤리역
知床斜里駅
344

345

4

244

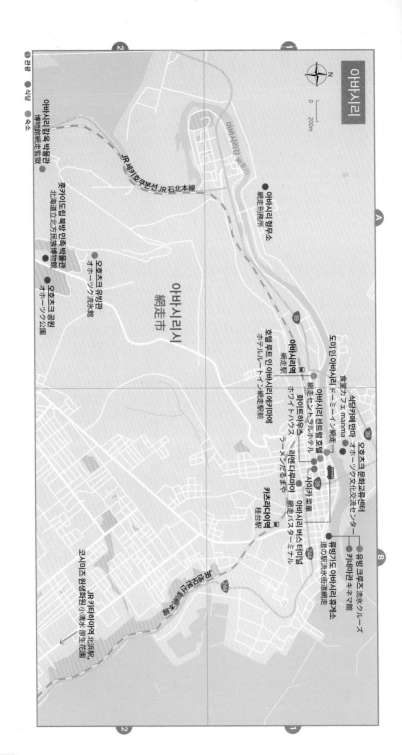

아바시리

N
0   200m

JR 세키호쿠본선 JR 石北本線

아바시리강 網走川

아바시리 형무소
網走刑務所

아바시리시
網走市

● 호카이도립 북방민족박물관
北海道立北方民族博物館

● 오호츠크유빙관
オホーツク流氷館

오호츠크공원
オホーツク公園

아바시리시립 향토박물관
博物館網走監獄

식당카페 manma
食堂カフェ manma

오호츠크문화교류센터
オホーツク文化交流センター

도민인 아바시리 ドーミーイン網走

호텔루트인 아바시리에키마에
ホテルルートイン網走駅前

아바시리역
網走駅

화이트하우스
ホワイトハウス

아바시리센트럴호텔
網走セントラルホテル

라멘 다루마야 사이카 菜華
ラーメンだるまや

아바시리버스터미널
網走バスターミナル

키조리에키역
桂台駅

유빙가도 아바시리 후카이소
道の駅流氷街道網走

유빙코즈 유빙크루즈

키네마칸 キネマ館

● 관광
● 식당
● 숙소

JR 키조리에키역 北浜駅

코시미즈 원생화원 小清水原生花園

시레토코샤리

A | B

N
0 —— 100m

JR 센모본선 JR 釧網本線

샤리초 초민공원
斜里町 町民公園

802

769

샤리 버스 터미널
斜里バスターミナル

샤리 휴게소
道の駅しゃり

92

폴라리스
ポラリス

시레토코샤리역
知床斜里駅

802

● 식당

관광 Attraction
1. 고질라 바위 ゴジラ岩
2. 오롱코 바위 オロンコ岩
3. 유히다이 夕陽台
4. 대형 유람선 오로라 매표소
   知床観光船おーろら
5. 오로라 승선장 観光船おーろら号乗り場
6. 소형 쾌속선 FOX 매표소
   知床世界遺産クルーズフォックス
7. 소형 쾌속선 시레토코 유람선 知床遊覧船
8. 소형 쾌속선 돌핀 매표소 観光船ドルフィン
9. 소형 쾌속선 고지라이와칸코 매표소
   ゴジラ岩観光
10. 오싱코싱 폭포 オシンコシンの滝

334

우토로항
ウトロ漁港

키키 시레토코
네이처 리조트
Kiki Shiretoko
Nagural Resort

5
우토로
어협부인부 식당
ウトロ
漁協婦人部食堂

키타코부시
시레토코
호텔&리조트
Kitakobushi Shiretoko
Hotel & Resort

시레토코
다이이치 호텔
知床第一ホテル

본즈홈
ボンズホーム

시레토코 세계유산센터
知床世界遺産センター

우토로 시리에토쿠 휴게소
道の駅うとろ・シリエトク

우토로온센 버스 터미널
ウトロ温泉バスターミナル

쿠마노야
くまのや

334

우토로

N
0 —— 100m

● 관광 ● 식당 ● 숙소

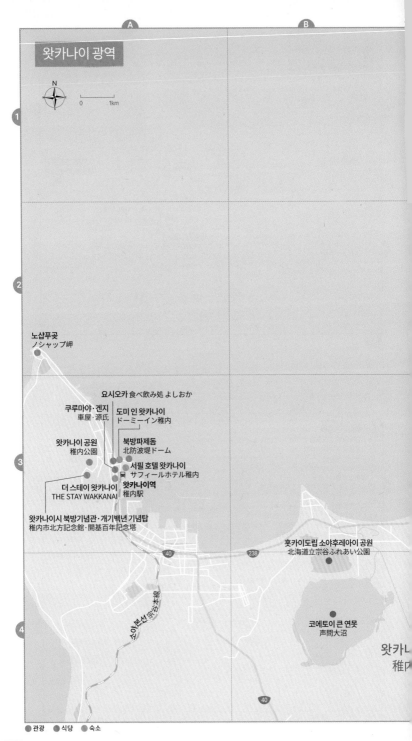

왓카나이 광역

N
0   1km

A   B

1

2

노샵푸곶
ノシャップ岬

요시오카 食べ飲み処 よしおか

쿠루마야·겐지   도미 인 왓카나이
車屋·源氏   ドーミーイン稚内

왓카나이 공원   북방파제돔
稚内公園   北防波堤ドーム

                  서필 호텔 왓카나이
                  サフィールホテル稚内

더 스테이 왓카나이   왓카나이역
THE STAY WAKKANAI   稚内駅

왓카나이시 북방기념관·개기백년 기념탑
稚内市北方記念館·開基百年記念塔

3

홋카이도립 소야후레아이 공원
北海道立宗谷ふれあい公園

소야본선 宗谷本線

40   238

코에토이 큰 연못
声問大沼

왓카ㄴ
稚内

4

40

● 관광   ● 식당   ● 숙소

소야곶
宗谷岬

소야 구릉
宗谷丘陵

소야만
宗谷湾

238

레분섬
礼文島

왓카나이
稚内

리시리섬
利尻島

리시리섬·레분섬

레분섬
礼文島

리시리섬
利尻島

스코튼곶
スコトン岬

스카이곶
澄海岬

지장암
地蔵岩

복숭아바위·고양이바위
桃岩·猫岩

북카나리아 파크
北のカナリアパーク

카후카항 페리 터미널
香深港フェリーターミナル

쿠츠가타항 페리 터미널
沓形港フェリーターミナル

인면암·잠자는 곰의 바위
人面岩·寝熊の岩

센호시곶 공원
仙法志御崎公園

오타토마리누마
オタトマリ沼

시로이코이비토
언덕
白い恋人の丘

리시리산
利尻山

리시리공항
利尻空港

유히가오카전망대
夕日ヶ丘展望台

오시도마리항 페리 터미널
鴛泊港フェリーターミナル

페시곶 전망대
ペシ岬展望台

히메누마
姫沼

리시리산
利尻山

0 1km

N

A

B

1

2

1

2

프렌즈 시리즈 30

프렌즈 홋카이도

발행일 | 초판 1쇄 2018년 4월 16일
　　　　개정 4판 1쇄 2024년 12월 9일

지은이 | 정꽃나래 · 정꽃보라

발행인 | 박장희
대표이사 · 제작총괄 | 정철근
본부장 | 이정아
파트장 | 문주미
책임편집 | 박수민

기획위원 | 박정호

마케팅 | 김주희, 한륜아, 이현지
디자인 | 정원경, 변바희, 김미연
지도 디자인 | 김민영

발행처 | 중앙일보에스(주)
주소 | (03909) 서울시 마포구 상암산로 48-6
등록 | 2008년 1월 25일 제2014-000178호
문의 | jbooks@joongang.co.kr
홈페이지 | jbooks.joins.com
네이버 포스트 | post.naver.com/joongangbooks
인스타그램 | friends_travelmate

ⓒ 정꽃나래 · 정꽃보라, 2025

ISBN 978-89-278-8069-1 14980
ISBN 978-89-278-8063-9(세트)